中国国家标准汇编

2010年修订-34

中国标准出版社　编

中国质检出版社
中国标准出版社
北　京

图书在版编目（CIP）数据

中国国家标准汇编：2010年修订. 34/中国标准出版社编.—北京：中国标准出版社，2011

ISBN 978-7-5066-6477-6

Ⅰ.①中… Ⅱ.①中… Ⅲ.①国家标准-汇编-中国-2010 Ⅳ.①T-652.1

中国版本图书馆CIP数据核字（2011）第187733号

中国质检出版社
中国标准出版社 出版发行

北京市朝阳区和平里西街甲2号(100013)
北京市西城区三里河北街16号(100045)

网址：www.spc.net.cn
总编室：(010)64275323 发行中心：(010)51780235
读者服务部：(010)68523946
中国标准出版社秦皇岛印刷厂印刷
各地新华书店经销

*

开本 880×1230 1/16 印张 34.75 字数 974 千字
2011年11月第一版 2011年11月第一次印刷

*

定价 220.00 元

出 版 说 明

1.《中国国家标准汇编》是一部大型综合性国家标准全集。自1983年起，按国家标准顺序号以精装本、平装本两种装帧形式陆续分册汇编出版。它在一定程度上反映了我国建国以来标准化事业发展的基本情况和主要成就，是各级标准化管理机构，工矿企事业单位，农林牧副渔系统，科研、设计、教学等部门必不可少的工具书。

2.《中国国家标准汇编》收入我国每年正式发布的全部国家标准，分为“制定”卷和“修订”卷两种编辑版本。

“制定”卷收入上一年度我国发布的、新制定的国家标准，顺延前年度标准编号分成若干分册，封面和书脊上注明“20××年制定”字样及分册号，分册号一直连续。各分册中的标准是按照标准编号顺序连续排列的，如有标准顺序号缺号的，除特殊情况注明外，暂为空号。

“修订”卷收入上一年度我国发布的、修订的国家标准，视篇幅分设若干分册，但与“制定”卷分册号无关联，仅在封面和书脊上注明“20××年修订-1，-2，-3，……”字样。“修订”卷各分册中的标准，仍按标准编号顺序排列（但不连续）；如有遗漏的，均在当年最后一分册中补齐。需提请读者注意的是，个别非顺延前年度标准编号的新制定的国家标准没有收入在“制定”卷中，而是收入在“修订”卷中。

读者配套购买《中国国家标准汇编》“制定”卷和“修订”卷则可收齐上一年度我国制定和修订的全部国家标准。

3.由于读者需求的变化，自1996年起，《中国国家标准汇编》仅出版精装本。

4.2010年我国制修订国家标准共2846项。本分册为“2010年修订-34”，收入新制修订的国家标准9项。

中国标准出版社

2011年8月

目　　录

ICS 29.180
K 41

中华人民共和国国家标准

GB 20840.1—2010

互感器　第1部分：通用技术要求

Instrument transformers—Part 1: General requirements

(IEC 61869-1: 2007, MOD)

2010-09-02 发布　　2011-08-01 实施

中华人民共和国国家质量监督检验检疫总局
中国国家标准化管理委员会　发布

前　言

本部分第 1 章、第 2 章、第 3 章、第 4 章及 7.4、7.5 和第 8 章为推荐性的，其余为强制性的。

GB 20840《互感器》拟分为以下几个部分：

——第 1 部分：通用技术要求；

——第 2 部分：电流互感器；

——第 3 部分：电磁式电压互感器；

——第 4 部分：组合互感器；

——第 5 部分：电容式电压互感器；

——第 6 部分：电流互感器暂态特性；

——第 7 部分：电子式电压互感器；

——第 8 部分：电子式电流互感器；

——第 9 部分：电子式互感器补充要求及数字接口；

——第 10 部分：低功率独立式电流传感器。

本部分为 GB 20840 的第 1 部分。

本部分修改采用 IEC 61869-1:2007《互感器　第 1 部分：通用技术要求》(英文版)。

本部分根据 IEC 61869-1:2007 起草。在附录 A 中列出了本部分章条编号与 IEC 61869-1:2007 章条编号的对照一览表。

在采用 IEC 61869-1:2007 时，本部分做了一些修改。有关技术差异已编入正文中，并在它们所涉及的条款的页边空白处用垂直单线标识。在附录 B 中给出了这些技术性差异及其原因的一览表以供参考。

为了便于使用，本部分还对 IEC 61869-1:2007 做了下列编辑性修改：

a)　“本标准”一词改为“本部分”；

b)　删除了 IEC 61869-1:2007 的前言和参考文献；

c)　第 2 章的引导语按 GB/T 1.1—2000 的要求作了修改；

d)　小数点由“,”改为“.”；

e)　部分电器图形符号按 GB/T 4728.6—2000 进行了调整。

本部分的附录 E 为规范性附录，附录 A、附录 B、附录 C、附录 D、附录 F 和附录 G 为资料性附录。

本部分由中国电器工业协会提出。

本部分由全国互感器标准化技术委员会(SAC/TC 222)归口。

本部分起草单位：沈阳变压器研究院、国网电力科学研究院、传奇电气(沈阳)有限公司、阿塔其大一互电气有限公司、中山市泰峰电气有限公司、南京南瑞继保电气有限公司、日新电机(无锡)有限公司、北京国电四维电力技术有限公司、特变电工沈阳康嘉互感器有限公司、江苏靖江互感器厂有限公司、大连互感器有限公司、宁波华通互感器制造有限公司、国电南京自动化股份有限公司、南京新宁光电自动化有限公司、宁波同禾互感器有限公司、西安同维科技发展有限责任公司、北京北益电工制品有限公司、江苏思源赫兹互感器有限公司。

本部分主要起草人：高祖绵、魏朝晖、肖耀荣、章忠国、叶国雄、尹世安、李俊芳、吴植榛、张军、安作平、徐世超、黄德祥、孙敏、苏术海、刘玉凤、曹晓娥、贺春安、陈应林、徐大可、董平、杨桂平、毛立新、张少波。

引　言

由于IEC/TC 38的标准体系已将以前的IEC 60044系列调整为现在的IEC 61869系列，为了更好地采用国际标准，全国互感器标准化技术委员会(SAC/TC 222)决定，将以前的各单项互感器国家标准按与IEC 61869系列标准一一对应的关系进行重组，转换为通用技术要求部分和各专用技术要求部分，并构成的一套新的互感器系列国家标准。

拟构成的新互感器系列国家标准总体情况如下：

<table>
<tr><th colspan="2">通用部分标准号及名称</th><th>专用部分
标准号</th><th>专用部分标准名称</th><th>对应的
原标准号</th></tr>
<tr><td rowspan="8">GB 20840.1
互感器通用技术要求</td><td rowspan="5"></td><td>GB 20840.2</td><td>电流互感器</td><td>GB 1208</td></tr>
<tr><td>GB 20840.3</td><td>电磁式电压互感器</td><td>GB 1207</td></tr>
<tr><td>GB 20840.4</td><td>组合互感器</td><td>GB 17201</td></tr>
<tr><td>GB 20840.5</td><td>电容式电压互感器</td><td>GB/T 4703</td></tr>
<tr><td>GB 20840.6</td><td>电流互感器暂态特性</td><td>GB 16847</td></tr>
<tr><td rowspan="2">GB 20840.9
电子式互感器补充要求及数字接口</td><td>GB 20840.7</td><td>电子式电压互感器</td><td>GB/T 20840.7</td></tr>
<tr><td>GB 20840.8</td><td>电子式电流互感器</td><td>GB/T 20840.8</td></tr>
<tr><td></td><td>GB 20840.10</td><td>低功率独立式电流传感器</td><td></td></tr>
</table>

本部分包含以前各单项互感器国家标准的全部通用技术要求内容，并补充下列新技术内容：

——气体绝缘互感器的要求；

——补充的特殊试验；

——内部电弧故障防护要求；

——外壳防护等级要求；

——耐腐蚀要求；

——考虑安全和环境的要求。

本部分作为新互感器系列国家标准的基础部分首次颁布。作为互感器的通用技术要求的本部分，应与有关的互感器专用技术要求部分相结合方能使用。

互感器　第1部分：通用技术要求

1　范围

GB 20840 的本部分适用于供电气测量仪表或电气保护装置使用、额定频率为 15 Hz~100 Hz、新制造的模拟量或数字量输出互感器。

本部分仅包含通用技术要求。对于每一类互感器，其产品标准由本部分和有关的专用技术要求部分组成。

2　规范性引用文件

下列文件中的条款通过 GB 20840 的本部分的引用而成为本部分的条款。凡是注日期的引用文件，其随后所有的修改单(不包括勘误的内容)或修订版均不适用于本部分，然而，鼓励根据本部分达成协议的各方研究是否可使用这些文件的最新版本。凡是不注日期的引用文件，其最新版本适用于本部分。

GB 311.1　高压输变电设备的绝缘配合(GB 311.1—1997,neq IEC 60071-1:1993)

GB/T 2421.1　电工电子产品环境试验　概述和指南(GB/T 2421.1—2008,IEC 60068-1:1988,IDT)

GB/T 2423.17　电工电子产品环境试验　第2部分:试验方法　试验 Ka:盐雾(GB/T 2423.17—2008,IEC 60068-2-11:1981,IDT)

GB/T 2423.23　电工电子产品环境试验　试验 Q:密封(GB/T 2423.23—1995,idt IEC 60068-2-17:1994)

GB/T 2423.55　电工电子产品环境试验　第2部分:环境试验　试验 Eh:锤击试验(GB/T 2423.55—2006,IEC 60068-2-75:1997,IDT)

GB 4208—2008　外壳防护等级(IP代码)(IEC 60529:2001,IDT)

GB/T 4798.3　电工电子产品应用环境条件　第3部分:有气候防护场所固定使用(GB/T 4798.3—2007,IEC 60721-3-3:2003,MOD)

GB/T 4798.4　电工电子产品应用环境条件　第4部分:无气候防护场所固定使用(GB/T 4798.4—2007,IEC 60721-3-4:1995,MOD)

GB/T 5169.2　电工电子产品着火危险试验　第2部分:着火危险评定导则　总则(GB/T 5169.2—2002,idt IEC 60695-1-1:1999)

GB/T 5169.9　电工电子产品着火危险试验　第9部分:着火危险评定导则　预选试验规程的使用(GB/T 5169.9—2006,IEC 60695-1-30:2002,IDT)

GB/T 5169.18　电工电子产品着火危险试验　第18部分:将电工电子产品的火灾中毒危险减至最小的导则　总则(GB/T 5169.18—2005,IEC 60695-7-1:1993,IDT)

GB/T 5465.2　电气设备用图形符号　第2部分:图形符号(GB/T 5465.2—2008,IEC 60417 DB:2007,IDT)

GB/T 7354　局部放电测量(GB/T 7354—2003,IEC 60270:2000,IDT)

GB 7674　额定电压 72.5 kV 及以上气体绝缘金属封闭开关设备(GB 7674—2008,IEC 62271-203:2003,MOD)

GB/T 8905　六氟化硫电气设备中气体管理和检测导则(GB/T 8905—1996,neq IEC 60480:1974)

GB/T 11021　电气绝缘　耐热性分级(GB/T 11021—2007,IEC 60085:2004,IDT)

GB/T 11022　高压开关设备和控制设备标准的共同技术要求(GB/T 11022—1999,eqv IEC

60694:1996)

GB/T 11604 高压电器设备无线电干扰测试方法(GB/T 11604—1989,eqv CISPR 18-1:1982,CISPR 18-2:1986)

GB/T 15022(所有部分) 电气绝缘用树脂基活性复合物(IEC 60455,MOD)

GB/T 16927.1 高电压试验技术 第1部分:一般试验要求(GB/T 16927.1—1997,eqv IEC 60060-1:1989)

GB/T 17623 绝缘油中溶解气体组分含量的气相色谱测定法(GB/T 17623—1998,neq IEC 60567:1992)

GB/T 20138—2006 电器设备外壳对外界机械碰撞的防护等级(IK代码)(IEC 62262:2002,IDT)

GB/T 21221 绝缘液体 以合成芳烃为基的未使用过的绝缘液体(GB/T 21221—2007,IEC 60867:1993,MOD)

GB/T 21429 户外和户内电气设备用空心复合绝缘子 定义、试验方法、接收准则和设计推荐(GB/T 21429—2008,IEC 61462:1998,MOD)

JB/T 5895 污秽地区绝缘子 使用导则(JB/T 5895—1991,neq IEC 60815:1986)

IEC 60296 电工流体 变压器和开关的未使用的矿物绝缘油

IEC 60376 电气设备用六氟化硫(SF_6)技术等级规范

IEC 61634 高压开关和控制设备 高压开关和控制设备中六氟化硫(SF_6)的使用和管理

IEC 62155 额定电压超过1 000 V的电气设备用加压式和非加压式空心的瓷和玻璃绝缘子

IEC 62271-2 高压开关和控制设备 第2部分:额定电压72.5 kV及以上的耐地震性评定

IEC 导则 109 环境方面 电工产品标准中包含的内容

ISO 3231 油漆和清漆 对含有二氧化硫潮湿大气的抵抗能力测定

3 术语和定义

下列术语和定义适用于本部分。

3.1 通用定义

3.1.1

互感器 instrument transformer

旨在向测量仪器、仪表和保护或控制装置或者类似电器传送信息信号的变压器。

3.1.2

外壳 enclosure

能提供适合于预期用途的防护类型及其等级的壳形件。

3.1.3

一次端子 primary terminals

施加被变换电压或电流的端子。

3.1.4

二次端子 secondary terminals

向测量仪器、仪表和保护或控制装置或者类似电器传送信息信号的端子。

3.1.5

二次电路 secondary circuit

接收互感器二次端子所供给信息信号的外部电路。

3.1.6

线段 section

互感器的导电部件,它与其他类似件绝缘并装有端子。

3.2 有关电气绝缘额定值的定义

3.2.1

系统最高电压　highest voltage for a system

U_{sys}

在正常运行条件下，系统中任意点在任何时间的相对相运行电压的最高值(方均根值)。

3.2.2

设备最高电压　highest voltage for equipment

U_m

相对相电压的最高方均根值，设备依据它设计其绝缘以及有关设备标准按此电压规定其他特性。

3.2.3

额定绝缘水平　rated insulation level

一组电压值，它表征互感器绝缘所能承受的耐压强度。

3.2.4

中性点绝缘系统　isolated neutral system

除了中性点经保护或测量用的高阻抗接地外，无中性点接地的系统。

3.2.5

谐振接地系统(通过消弧线圈接地的系统)　resonant earthed system

一个或多个中性点通过电抗接地的系统，借以大体补偿单相对地故障电流的电容分量。

注：在谐振接地系统中，其剩余的故障电流被限制到能使空气中的故障电弧自行熄灭。

3.2.6

接地故障因数　earth fault factor

对于一定的系统布置，当系统任意点发生接地故障影响一相或多相时，在三相系统中某一给定位置，其非故障相的相对地最高工频电压方均根值与无故障时该位置相对地工频电压方均根值之比。

3.2.7

中性点接地系统　earthed neutral system

中性点直接接地或通过小电阻或电抗接地的系统，该电阻或电抗值应小到能抑制暂态振荡，又能给出足够的电流供选择接地故障保护用。

a)　给定位置的三相中性点有效接地系统，是指该点接地故障因数不超过1.4的系统。

注：如整个系统布置中的零序电抗与正序电抗之比小于3，且零序电阻与正序电抗之比小于1，则该条件一般均能得到。

b)　给定位置的三相中性点非有效接地系统，是指该点接地故障因数超过1.4的系统。

3.2.8

中性点直接接地系统　solidly earthed neutral system

中性点直接接地的系统。

3.2.9

中性点阻抗接地系统　impedance earthed neutral system

中性点通过阻抗接地以限制接地故障电流的系统。

3.2.10

暴露安装　exposed installation

设备会遭受大气过电压的一种安装。

注：这种安装通常是直接或经过一段短电缆与架空输电线路连接。

3.2.11

非暴露安装　non-exposed installation

设备不会遭受大气过电压的一种安装。

注：这种安装通常是与地下电缆网络连接。

3.3 有关电流或电压额定值的定义

见各专用部分标准。

3.4 有关准确度的定义

3.4.1

实际变比 actual transformation ratio

k

实际一次电压或电流与实际二次电压或电流之比。

3.4.2

额定变比 rated transformation ratio

k_r

额定一次电压或电流与额定二次电压或电流之比。

3.4.3

比值差 ratio error

ε

互感器在测量中由于实际变比与额定变比不相等所引入的误差。

3.4.4

相位差 phase displacement

$\Delta\varphi$

一次电压相量或电流相量与二次电压相量或电流相量的相位差，相量方向是按理想互感器的相位差为零来选定的。

若二次电压相量或电流相量超前一次电压相量或电流相量，则相位差为正值。它通常用分或厘弧表示。

注1：此定义仅在电压或电流为正弦波时正确。

注2：电子式互感器可能由于数字数据传输和数字信号处理而引入延迟时间。

3.4.5

准确级 accuracy class

对互感器所给定的等级，表示它在规定使用条件下的比值差和相位差保持在规定的限值以内。

3.4.6

负荷 burden

二次电路的导纳(或阻抗)，用西门子(或欧姆)及功率因数表示。

注：负荷通常以视在功率的伏安数表示，它是在规定功率因数及额定二次电压或电流下所汲取的。

3.4.7

额定负荷 rated burden

本部分的准确级要求所依据的负荷值。

3.4.8

额定输出 rated output

S_r

在额定二次电压或电流下及接有额定负荷时，互感器所供给二次电路的视在功率值(在规定功率因数下的伏安数)。

3.5 有关其他额定值的定义

3.5.1

额定频率 rated frequency

f_r

本部分的技术要求所依据的频率值。

3.5.2

机械载荷　mechanical load

F

互感器各部分所受的力。主要作用力有下述4种：

——线路连接对端子的力；

——风力；

——地震力；

——短路电流产生的电动力。

3.5.3

内部电弧故障防护的互感器　internal arc fault protection instrument transformer

互感器设计为对其内部电弧故障具有指定的防护水平。

3.6　有关气体绝缘的定义

3.6.1

压力释放装置　pressure relief device

用于限制互感器内部危险过压力的一种装置。

3.6.2

气体绝缘金属封闭式互感器　gas-insulated metal-enclosed instrument transformer

安装在气体绝缘组合电器(GIS)壳内或壳外的金属封闭式互感器。

3.6.3

封闭压力系统　closed pressure system

由人工连接外部气源仅作周期性补气的容积系统。

3.6.4

额定充气压力　rated filling pressure

气体绝缘互感器在投运前或周期性补气的充气压力，为相对于标准大气条件(20 ℃和101.3 kPa)的压力。

3.6.5

最低工作压力　minimum functional pressure

气体绝缘互感器保持其额定绝缘和其他性能及需要补气的最低压力，为相对于标准大气条件(20°C和101.3 kPa)的压力。

3.6.6

外壳的设计压力　design pressure of the enclosure

用于确定外壳厚度的压力。它至少等于在最高温度下外壳的最大压力，温度为所用绝缘气体在最严重使用条件下可能达到的数值。

3.6.7

外壳的设计温度　design temperature of the enclosure

在使用条件下外壳可能达到的最高温度。

3.6.8

绝对泄漏率　absolute leakage rate

单位时间的气体逸出量，用 $Pa \cdot m^3/s$ 表示。

3.6.9

相对泄漏率　relative leakage rate

F_{rel}

在额定充气压力(或密度)下,相对于互感器气体总量的绝对泄漏率。它以每年的百分数表示。

3.7 符号与名称

IT	互感器
CT	电流互感器
VT	(电磁式)电压互感器
CVCT	组合互感器
CVT	电容式电压互感器
ECT	电子式电流互感器
EVT	电子式电压互感器
AIS	空气绝缘开关站
GIS	气体绝缘组合电器
k	实际变比
k_r	额定变比
ε	比值差
$\Delta\varphi$	相位差
S_r	额定输出
U_{sys}	系统最高电压
U_m	设备最高电压
f_r	额定频率
F	机械载荷
F_{rel}	相对泄漏率

4 正常和特殊使用条件

4.1 一般要求

除非另有规定,互感器额定性能的使用条件是4.2所列的正常使用条件。

如果实际使用条件与正常使用条件不同,则互感器应依据用户要求的任何特殊使用条件设计,或者须作适当调整(见4.3)。

有关环境条件分类的详细信息见GB/T 4798.3(户内)和GB/T 4798.4(户外)。

对于气体绝缘金属封闭式互感器见GB 7674。

4.2 正常使用条件

4.2.1 环境温度

环境温度分为3类,见表1。

表1 温度类别

类别	最低温度 ℃	最高温度 ℃
−5/40	−5	40
−25/40	−25	40
−40/40	−40	40

注1:在选择温度类别时,储存和运输条件亦应考虑。

注2:如互感器组装在其他设备(例如GIS、断路器)中,互感器应按有关设备的温度条件作规定。

4.2.2 海拔

海拔不超过 1 000 m。

4.2.3 振动或地颤

由外部原因引起的互感器振动或地颤可以忽略。

4.2.4 户内互感器的其他使用条件

所考虑的其他使用条件如下：

a) 太阳幅射影响可以忽略；

b) 环境空气无明显灰尘、烟、腐蚀性气体、蒸气或盐的污染；

c) 湿度条件如下：

  1) 24 h 内测得的相对湿度平均值不超过 95%；

  2) 24 h 内的水蒸气压强平均值不超过 2.2 kPa；

  3) 一个月内的相对湿度平均值不超过 90%；

  4) 一个月内的水蒸气压强平均值不超过 1.8 kPa。

在上述条件下，凝露可能会偶尔出现。

注 1：在高湿度期间，凝露可能在温度突然变化时出现。

注 2：为了能够承受高湿度和凝露的作用，防止绝缘击穿或金属件腐蚀，应采用按此条件设计的互感器。

注 3：采用特殊设计的壳套，采取适当的通风和加热或者使用除湿设备，可以防止凝露。

4.2.5 户外互感器的其他使用条件

所考虑的其他使用条件如下：

a) 24 h 内测得的环境气温平均值不超过 35 ℃；

b) 太阳幅射水平高达 1 000 W/m^2(晴天中午)时应予考虑；

c) 环境空气可能有灰尘、烟、腐蚀性气体、蒸气或盐的污染。其污染不超过 JB/T 5895 规定的污秽等级；

d) 风压不超过 0.7 kPa(相当于风速为 34 m/s)；

e) 应考虑出现凝露或降水；

f) 覆冰厚度不超过 20 mm。

4.3 特殊使用条件

4.3.1 一般要求

当互感器使用条件与 4.2 所列的正常使用条件不同时，用户的要求应参照下述标准化要求的进行规范。

4.3.2 海拔

4.3.2.1 海拔对外绝缘的影响

海拔超过 1 000 m 时，外绝缘破坏性放电电压会受到空气密度减小的影响。见 6.6.2。

4.3.2.2 海拔对温升的影响

海拔超过 1 000 m 时，互感器的热特性会受到空气密度减小的影响。见 6.4.2。

4.3.3 环境温度

安装地点的环境温度明显超出 4.2.1 所列的正常使用条件范围时，优先的最低和最高温度范围应规定为：

a) 严寒气候，−50 ℃和+40 ℃；

b) 酷热气候，−5 ℃和+50 ℃。

在频繁出现暖湿气流的某些地区，可能发生温度突然变化以致凝露，即使在户内也如此。

注：在某些太阳幅射条件下，可能需要采取例如遮盖、吹风等适当措施，以避免温升超过规定。也可降低额定值使用。

4.3.4 振动或地颤

开关操作或短路电动力可引发振动。

组装在其他设备(GIS 或 AIS)内的互感器,应考虑该设备产生的振动。

4.3.5 地震

对于很可能发生地震的安装地点,应由用户按照 IEC 62271-2 规定其相应的烈度水平。

为满足此特殊要求,如果适用,须按有关标准的规定,通过计算或试验进行验证。

4.4 系统接地

所考虑的系统接地为:

a) 中性点绝缘系统(见 3.2.4);

b) 谐振接地系统(见 3.2.5);

c) 中性点接地系统(见 3.2.7)

  1) 中性点直接接地系统(见 3.2.8),

  2) 中性点阻抗接地系统(见 3.2.9)。

5 额定值

5.1 一般要求

互感器及其辅助设备(如果适用)的共用额定值,应按下列选择:

a) 设备最高电压(U_m);

b) 额定绝缘水平;

c) 额定频率(f_r);

d) 额定输出;

e) 额定准确级。

额定值适用于 GB 311.1 规定的标准大气条件(温度 20 ℃、气压 101.3 kPa 和湿度 11 g/m³)。

5.2 设备最高电压

标准值按表 2 选取。

设备最高电压的选取,应与等于或高于设备安装处的系统最高电压 U_{sys} 的 U_m 标准值接近。

表 2 互感器的一次端额定绝缘水平

设备最高电压 U_m(方均根值)kV	额定工频耐受电压(方均根值)kV	额定雷电冲击耐受电压(峰值)kV		额定操作冲击耐受电压(峰值)kV
		电流互感器	电压互感器	
(U_n≤0.66)	3	—		—
3.6	18/25	40		—
7.2	23/30	60		—
12	30/42	75		—
17.5	40/55	105		—
24	50/65	125		—
40.5	80/95	185	185/200	—
72.5	140	325		—
	160	350		—

表 2（续）

设备最高电压 U_m（方均根值）kV	额定工频耐受电压（方均根值）kV	额定雷电冲击耐受电压（峰值）kV		额定操作冲击耐受电压（峰值）kV
		电流互感器	电压互感器	
126	185/200	450	450/480	—
			550	
252	360	850		—
	395	950		—
	460	1 050		—
363	460	1 050		850
	510	1 175		950
550	630	1 425		1 050
	680	1 550		1 175
	740	1 675		1 300
800	880	1 950		1 425
	975	2 100		1 550

注 1：对于暴露安装，推荐选用最高的绝缘水平。

注 2：对于斜线下的数值，额定工频耐受电压为设备外绝缘干状态下的耐受电压值，额定雷电冲击耐受电压为设备内绝缘的耐受电压值。

注 3：不接地电压互感器的感应耐压试验采用斜线上的额定工频耐受电压值。

注 4：对于安装在 GIS 的互感器，其额定工频耐受电压水平按照 GB 7674，但可能有差别。

注 5：另外可供选择的的绝缘水平，见 GB 311.1。

注 6：如用户另有要求，额定绝缘水平可参照附录 C 的规定选取，但应在订货合同中注明。

5.3 额定绝缘水平

5.3.1 一般要求

对于大多数的设备最高电压（U_m）值，有多个额定绝缘水平供不同的性能规范或过电压模式使用。其选取应考虑快波前和缓波前过电压的出现几率、系统中性点的接地方式和过电压限制装置的类型。

5.3.2 一次端额定绝缘水平

互感器的一次端额定绝缘水平应以表 2 所列的设备最高电压 U_m（或 U_n）为依据。

运行时拟接地一次端子的绝缘水平按 U_n 为 0.66 kV 选取。

安装在气体绝缘变电站的互感器，其额定绝缘水平、试验程序和验收标准皆按 GB 7674。并根据 GB 7674 的规定选取适用的相对地绝缘作为其额定绝缘水平。

5.3.3 一次端的其他绝缘要求

5.3.3.1 局部放电

局部放电要求适用于 $U_m \geq 7.2$ kV 的互感器。

局部放电水平应不超过表 3 规定的限值。试验程序见 7.3.3.2。

表 3　局部放电测量电压及允许水平

系统中性点接地方式	互感器类型	局部放电测量电压 （方均根值） kV	局部放电最大允许水平 pC 绝缘类型	
			液体浸渍或气体	固体
中性点有效接地系统 （接地故障因数≤1.4）	电流互感器和 接地电压互感器	U_m $1.2U_m/\sqrt{3}$	10 5	50 20
	不接地电压互感器	$1.2U_m$	5	20
中性点绝缘或 非有效接地系统 （接地故障因数＞1.4）	电流互感器和 接地电压互感器	$1.2U_m$ $1.2U_m/\sqrt{3}$	10 5	50 20
	不接地电压互感器	$1.2U_m$	5	20

注 1：如果系统中性点的接地方式未指明时，则按中性点绝缘或非有效接地系统考虑。

注 2：局部放电最大允许水平也适用于非额定值的频率。

5.3.3.2　截断雷电冲击

如有附加规定，除安装在 GIS 装置以外的其他互感器，应能承受施加在一次端的截断雷电冲击电压，其峰值与额定雷电冲击耐受电压的关系见表 4。

表 4　截断雷电冲击（内绝缘）耐受电压

额定雷电冲击耐受电压 （峰值） kV	截断雷电冲击（内绝缘）耐受电压 （峰值） kV
40	45
60	65
75	85
105	115
125	140
185/200	220
325	360
350	385
450/480	530
550	
850	950
950	1 050
1 050	1 175
1 175	1 300
1 425	1 550
1 550	1 675
1 675	1 925
1 950	2 245
2 100	2 415

注：如用户另有要求，额定绝缘水平可参照附录 C 的规定选取，但应在订货合同中注明。

5.3.3.3 电容量和介质损耗因数

本要求仅适用于 $U_m \geqslant 40.5$ kV、液体浸渍一次绝缘和采用电容均压绝缘结构的其他绝缘的互感器。

5.3.4 段间绝缘要求

对相互连接的各线段，其段间绝缘的额定工频耐受电压应为 3 kV。

5.3.5 二次端绝缘要求

二次端绝缘的额定工频耐受电压应为 3 kV。

5.4 额定频率

额定频率的标准值为 50 Hz。

注：如用户另有要求，额定频率可参照附录 C 的规定选取，但应在订货合同中注明。

5.5 额定输出

见产品专用部分标准。

5.6 额定准确级

见产品专用部分标准。

6 设计和结构

6.1 设备所用液体的要求

6.1.1 一般要求

制造方应规定设备所用液体的类型及要求的数量和品质。

6.1.2 液体品质

对于充油设备，新绝缘油应符合 IEC 60296 的要求。

对于充合成液体的设备见 GB/T 21221。

6.1.3 液位装置

如果提供，在运行时，液位检查装置应指示液位是否在工作范围之内。

6.1.4 液体密封性能

不允许液体泄漏。液体的任何泄漏表示绝缘有遭受污染的危险。

6.2 设备所用气体的要求

6.2.1 一般要求

制造方应规定设备所用气体的类型及要求的数量和品质。

6.2.2 气体品质

新 SF_6（六氟化硫）应符合 IEC 60376 的要求，而使用过的 SF_6 应符合 GB/T 8905 的要求。

SF_6 的管理应依据 IEC 61634。

对于额定充气密度达到要求的气体绝缘互感器，其内部最大允许含水量应对应于 20 ℃测量的露点不高于－30 ℃。在其他温度测量应作适当校正。露点的测量和确定见 IEC 60376 和 GB/T 8905。

6.2.3 气体监测装置

最低工作压力超过 0.2 MPa 的气体绝缘互感器，应配备压力或密度监测装置。气体监测装置可以单独提供或随同附属设备提供。

6.2.4 气体密封性能

6.2.4.1 一般要求

下列技术要求适用于所有采用气体作为绝缘介质的互感器，但使用大气压的空气除外。

6.2.4.2 气体封闭压力系统

制造方所规定的封闭压力系统的密封特性应符合维护和检测最少的原则。

气体封闭压力系统的密封性能是以各气室的相对泄漏率 F_{rel} 进行规定。

标准值为每年 0.5%，适用于 SF_6 和 SF_6 混合气体。

应提供能够对运行中设备气体系统安全补气的工具。

注：按照国家有关法规和地区性常规，可规定更低的泄漏率。

在极限温度下增大的泄漏率（如果有关标准要求这种试验）是可接受的，只要该泄漏率在正常环境温度下的恢复值不超过相应的最大允许值。增大的暂时性泄漏率应不超过表 5 所列值。

通常，参照 GB/T 2423.23 采用适当的试验方法。

表 5 气体系统允许的暂时性泄漏率

温度级别 ℃	允许的暂时性泄漏率
+40 和+50	$3F_p$
环境温度	F_p
−5/−10/−15/−25/−40	$3F_p$
−50	$6F_p$

6.2.5 压力释放装置

装置应有免受意外损伤的防护措施。

对 GIS 用互感器见 GB 7674 的有关要求。

6.3 设备所用固体材料的要求

用于户内或户外的互感器所使用的有机材料（例如环氧树脂、聚氨酯树脂、脂环族环氧树脂、复合材料等），其技术要求见 GB/T 15022 系列标准。

注：在互感器整机上，考虑某些例如温度突然变化、可燃性和老化现象的试验尚未标准化。户内绝缘可以 IEC 60660 为导则，户外绝缘可以 IEC 61109 为导则。

6.4 对零件和部件的温升要求

6.4.1 一般要求

当互感器在规定的额定条件下运行时，其绕组、磁路和任何其他零部件的温升应不超过表 6 所列的相应值。这些数值对应于 4.2.1 所列的使用条件。

绕组的温升受绕组本身绝缘或嵌入绕组的周围介质中最低绝缘等级的限制。

如果互感器装在外壳内使用，应注意外壳内环境冷却介质所达到的温度。

如果规定的环境温度超过 4.2.1 所列值，表 6 的允许温升值应减去环境温度所超出部分的数值。

表 6 互感器各种零部件、材料和介质的温升限值

互感器各部分	温升限值 K
1. 油浸式互感器	
——顶层油	50
——顶层油（对于全密封结构）	55
——绕组平均	60
——绕组平均（对于全密封结构）	65
——接触油的其他金属件	与绕组相同

表 6（续）

互感器各部分	温升限值 K
2. 固体或气体绝缘互感器	
——绕组平均(对于接触下列等级绝缘材料[a])：	
• Y	45
• A	60
• E	75
• B	85
• F	110
• H	135
——接触上列等级绝缘材料的其他金属件	与绕组相同
3. 用螺栓或类似件紧固的连接接触处	
——裸铜、裸铜合金或裸铝合金	
• 在空气中	50
• 在 SF_6 中	75
• 在油中	60
——被覆银或镍	
• 在空气中	75
• 在 SF_6 中	75
• 在油中	60
——被覆锡	
• 在空气中	65
• 在 SF_6 中	65
• 在油中	60
[a] 绝缘等级的定义见 GB/T 11021。	

6.4.2 海拔对温升的影响

如果互感器规定在海拔超过 1 000 m 处使用而试验处海拔低于 1 000 m 时，表 6 的温升限值 ΔT 应按使用处海拔超出 1 000 m 后的每 100 m 减去下列数值(见图 1)：

a) 油浸式互感器：0.4%；

b) 干式和气体绝缘互感器：0.5%。

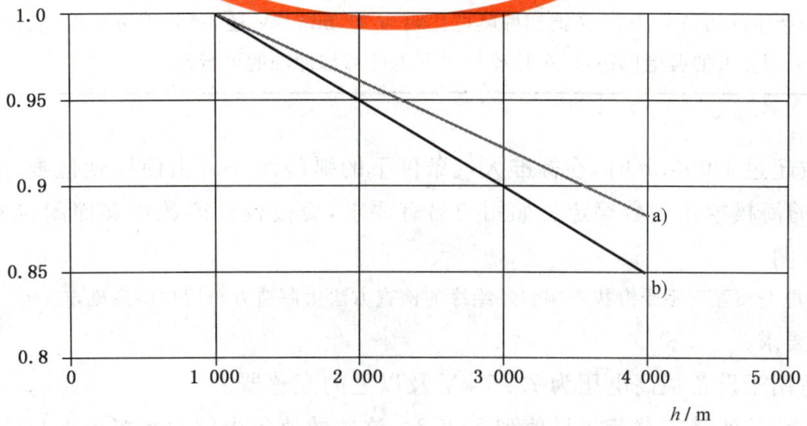

图 1 温升的海拔校正因数

温升的海拔校正因数 $K_0=\frac{\Delta T_h}{\Delta T_{h0}}$

式中：

ΔT_h——海拔 $h>1\ 000$ m 处的温升；

ΔT_{h0}——表 6 规定的温升限值 ΔT(海拔 $h_0\leqslant 1\ 000$ m 处)。

6.5 设备的接地要求

6.5.1 一般要求

每台设备装置的座架，如果打算接地，应提供可靠的接地端子，以供连接适合于规定故障条件的接地导体。连接处应标有接地符号。接地符号按 GB/T 5465.2 的规定。

6.5.2 外壳的接地

气体绝缘组合电器(GIS)用互感器的外壳应接地。所有不属于电源或辅助电源的金属件应接地。

6.5.3 电气连贯性

接地电路的连贯性应保证满足所可能承载电流引起的发热作用和电气作用。

对外壳及座架等的相互连接、紧固连接(例如螺栓紧固或焊接)可视为具有电气连贯性。

6.6 外绝缘要求

6.6.1 污秽

对带有易受污染的瓷绝缘子的户外互感器，其给定各污秽等级的爬电距离列于表 7。聚合材料或复合绝缘子的爬电距离正在考虑中。

表 7 爬电距离

污秽等级	最小标称爬电比距 mm/kV[a,b]	比值＝爬电距离/弧闪距离
Ⅰ轻	16	≤3.5
Ⅱ中	20	
Ⅲ重	25	≤4.0
Ⅳ严重	31	

a 爬电比距为相对地的爬电距离除以设备最高电压(见 GB 311.1)。

b 爬电距离的制造公差和更多的信息见 JB/T 5895。

注 1：公认绝缘子的形状对其表面绝缘性能的影响很大。

注 2：在污秽很轻的地区，根据运行经验，可采用小于 16 mm/kV 的标称爬电比距。常用的下限值为 12 mm/kV。

注 3：在特别严重的污秽条件下，可能标称爬电比距为 31 mm/kV 还不够，则可根据运行经验和/或试验室试验结果，采用更大的爬电比距，但在某些情况下也可考虑冲洗的可行性。

6.6.2 海拔

安装处海拔超过 1 000 m 时，在标准大气条件下的弧闪距离应由使用地区要求的耐受电压乘以按 GB 311.1 规定的海拔校正因数确定。如用户另有要求，海拔校正因数可参照附录 C 的规定选取，但应在订货合同中注明。

注：内绝缘的电介质强度不受海拔影响。外绝缘的检查方法由制造方与用户协商确定。

6.7 机械强度要求

本要求仅适用于设备最高电压为 72.5 kV 及以上的互感器。

互感器应能承受的静态载荷指导值列于表 8。这些数值包含风力和覆冰引起的载荷。

规定的试验载荷可施加于一次端子的任意方向。

表 8 静态承受试验载荷

设备最高电压 U_m kV	静态承受试验载荷 F_R N		
	互感器的		
	电压端子	电流端子	
		Ⅰ类载荷	Ⅱ类载荷
72.5	500	1 250	2 500
126	1 000	2 000	3 000
252～363	1 250	2 500	4 000
≥550	1 500	4 000	5 000

注 1：在常规运行条件下，作用载荷的总和不得超过规定承受试验载荷的 50%。

注 2：在某些应用情况中，互感器的通电流端子应能承受很少出现的急剧动态载荷(例如短路)，它不超过静态试验载荷的 1.4 倍。

注 3：对于某些应用情况，可能需要一次端子具有防转动的能力。试验时施加的力矩由制造方与用户商定。

注 4：如果互感器组装在其他设备(例如组合电器)内，相应设备的静态试验载荷不得因组装过程而降低。

注 5：如用户另有要求，静态承受试验载荷可参照附录 C 的规定选取，但应在订货合同中注明。

6.8 一次端多次截断冲击

如有附加规定，U_m≥300 kV 的油浸式互感器一次端应按照 7.4.2 承受多次截断冲击。

注：本要求和试验涉及承载高频暂态电流的内部电屏及其连接的性能，该电流主要起因于开关切分操作。本试验也可用于额定值低于此电压水平的情况。

6.9 内部电弧故障防护要求

本要求适用于 U_m≥72.5 kV 的油浸和气体绝缘的独立式互感器，且有内部电弧故障防护级别的补充规定。

注 1：本试验不是在所有短路情况下避免失控的保证，而是验证符合某种认可安全水平的试验。

注 2：本试验是新的试验，因而试验程序未来将可能改进。

如有附加规定，互感器应能承受规定电流和持续时间的内部电弧。

施加的电流为非对称电流。方均根值电流应按照 GB/T 11022 在 R10 系列的标准对称单相短路值中选取。电流的第一个峰值应为方均根值电流的 1.7 倍。

注：降低的内部电弧试验水平应由制造方与用户商定。经验表明，试验电流选为 100% 系统故障水平时，在统计上需要互感器一定程度的过功能设计，因为局部故障水平通常比较低。

电弧持续时间应按照表 9。

如果互感器通过 7.4.5 规定的试验，则认为已经满足要求。

表 9 电弧故障持续时间和特征判据

内部电弧故障电流方均根值 kA	防护阶段	电弧故障持续时间 s	内部电弧故障防护级别Ⅰ	内部电弧故障防护级别Ⅱ
<40	1	0.2	允许容器破碎和着火，但所有的飞逸碎片被遏制在限定区内	除配用的压力释放装置动作外无外部效应
	2	0.5		无破碎(可有烧穿或着火)
≥40	1	0.1		除配用的压力释放装置动作外无外部效应
	2	0.3		无破碎(可有烧穿或着火)

6.10 外壳的防护等级

6.10.1 一般要求

如果适用，对于互感器包含电源电路零件可从外部穿入的所有外壳，以及所属低电压控制和/或辅助电路的所有外壳，应按照 GB 4208 规定其防护等级。

6.10.2 防止触及危险零件的人身防护和防止固体异物进入的设备防护

外壳提供的防止触及电源电路、控制和/或辅助电路危险零件的人身防护等级，应按照 GB 4208 规定的标志方式表示。

第一个特征数字表示外壳提供涉及人身的防护等级，以及防止固体异物进入的外壳内互感器的防护。

GB 4208 列出了各防护等级外壳所"排斥"物体的详细内容。术语"排斥"的含义是，固体异物不能完全进入外壳，及人体局部或手持物件不能进入外壳，或者一旦进入时将保持适当间距不会触及危险零件。

注：防止触及互感器电源电路或控制或辅助电路危险零件的人身防护，和防止异物的互感器防护，通常可以由靠近互感器的外围物提供，例如变电站围栏、建筑物和组合件外壳等。更多的防护可作为互感器整体或其部件的特性要求提出。

6.10.3 防止进水的防护

外壳提供的防止进水的防护等级应按照 GB 4208 规定的标志方式表示。

第二个特征数字表示外壳提供的防护等级考虑水的危害作用，无论是大气或其他来源的水。

6.10.4 户内互感器

对户内装置的互感器，规定不具有按 IP 代码第二个特征数字表示防止有害进水的防护等级（第二个特征数字为×）。

户内互感器的低电压控制和/或辅助电路外壳，其最低防护等级推荐为 GB 4208 的 IP20。本要求不适用于互感器未先断电和无保证安全的控制手段（例如联锁、书面操作指令等）时禁止工作人员接近互感器的设施的情况。在这种情况下，所需的这些外部安全手段应在互感器产品文件中作清楚说明。

6.10.5 户外互感器

户外互感器的低电压控制和/或辅助电路外壳，其最低防护等级推荐为 GB 4208 的 IP44。

对户外装置的互感器提供防雨和其他气候条件的补充防护特性时，应规定用补充字母 W 加在第二个特征数字之后，或加在补充字母（如果有）之后。

6.10.6 正常使用条件下抗机械冲击的设备防护

互感器的外壳应有足够的机械强度。

相应的试验在 7.2.7.2 规定。瓷绝缘子不考虑冲击试验。

对于户内装置，抗机械冲击作用的防护水平推荐为 GB/T 20138 的冲击水平 IK7。

对于户外装置，如无补充机械防护要求的，用户可规定更高的冲击水平。

6.11 电磁兼容(EMC)

6.11.1 一般要求

电磁兼容是一种性能，表示一台设备或一个系统在它的电磁环境下能满意地运行，且不对该环境中的任何物件产生过量的电磁骚扰。

对互感器，规定下列的电磁兼容要求和试验：

——发射要求（无线电干扰电压 RIV）。适用于设备的高电压部分。

——抗扰度要求。仅适用于设备的电子部分。

——传递过电压要求（特殊试验）。

6.11.2 无线电干扰电压(RIV)要求

无线电干扰电压要求适用于安装在空气绝缘变电站的 $U_m \geqslant 126$ kV 互感器。

在 $1.1U_m/\sqrt{3}$ 电压下无线电干扰电压应不超过 2 500 μV。

注：纳入此要求是为了满足某些电磁兼容规则的规定。

6.11.3 抗扰度要求

电磁抗扰度要求和试验仅对互感器包含有源电子元器件的各部分作规定。

（详细内容参见正在考虑中的产品专用部分标准 GB 20840.9）。

6.11.4 传递过电压要求

这些要求适用于 $U_m \geqslant 72.5$ kV 的互感器。

由一次传递到二次端子的过电压值，在 7.4.3 的试验和测量条件下，应不超过表 10 所列值。

A 类冲击波要求适用于空气绝缘开关站的互感器，而 B 类冲击波要求适用于安装在气体绝缘金属封闭式组合电器(GIS)中的互感器。A 类和 B 类冲击波的图形见图 2。

按照 7.4.3 规定的方法测量和列于表 10 的传递过电压峰值限值，能够使二次绕组所接电子设备获得足够的保护。

表 10 传递过电压限值

冲击波类型	A	B
施加电压峰值(U_p)	$1.6\times\frac{\sqrt{2}}{\sqrt{3}}\times U_m$	$1.6\times\frac{\sqrt{2}}{\sqrt{3}}\times U_m$
波形参数：		
——常规波前时间(T_1)	$0.50\times(1\pm20\%)$ μs	—
——半峰值时间(T_2)	≥50 μs	—
——波前时间(T_1)	—	$10\times(1\pm20\%)$ ns
——波尾长度(T_2)	—	>100 ns
传递过电压峰值限值(U_s)	1.6 kV	1.6 kV
注 1：各波形参数代表开关操作所引起的电压振荡。 注 2：见图 2。		

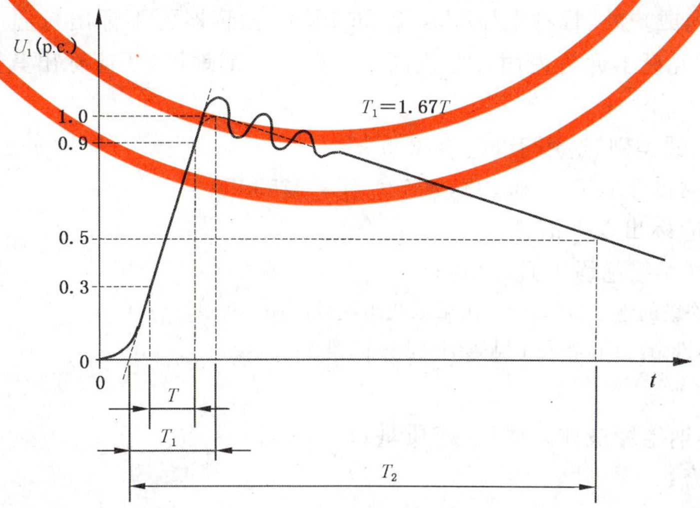

波形 A

图 2 传递过电压测量：冲击试验波形

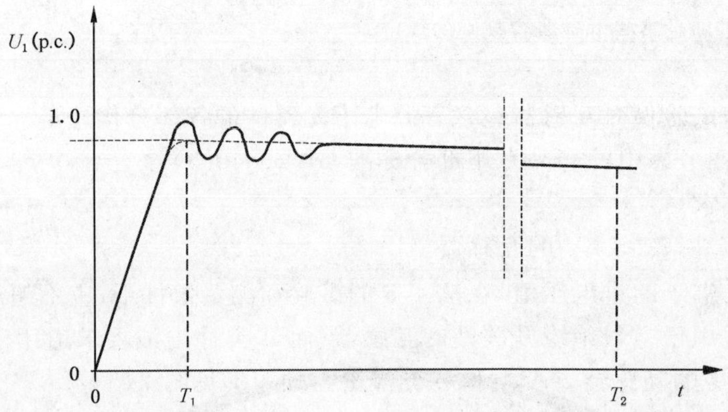

波形 B

图 2（续）

6.12 腐蚀

必须注重设备在寿命期内的防腐蚀。

电源电路和外壳的所有螺栓或螺纹紧固件应保持容易拆卸。

应注意接触材料之间的电化学腐蚀，因为它能导致密封性能破坏。

某些氧化可认为是自保护性防腐蚀。

目测外观应保持可接受的程度。

6.13 标志

所有互感器应至少带有以下标志：

a) 制造单位名及其所在地的地名或国名（出口产品），以及其他容易识别制造单位的标志、生产序号和日期；

b) 互感器型号及名称、采用标准的代号、计量许可标志及计量许可批号；

c) 额定频率（例如：50 Hz）；

d) 设备最高电压 U_m（例如：72.5 kV）；

e) 额定绝缘水平（例如：140/325 kV）；

f) 设备种类：户内或户外（标称电压 $U_n \leqslant 0.66$ kV 的互感器可不标出）、温度类别（非正常使用环境温度）、如果互感器允许使用在海拔高于 1 000 m 的地区，还应标出其允许使用的最高海拔；

g) 总质量（≥50 kg 时）；

h) 机械强度要求的类别（适用于 $U_m \geqslant 72.5$ kV）；

注：上述 d）和 e）两项可以合并为一个标志（例如：72.5/140/325 kV）。

另外，根据需要还应标出以下信息：

i) 绝缘耐热等级（A 级绝缘不必标出）；

注：如果采用了多种等级的绝缘材料，应标出限制绕组温升的那一种。

j) 所有与测量特性相关的指标（见专用部分标准）；

k) 绝缘液体的类型；

l) 互感器内所容纳绝缘液体的体积（或质量）；

m) 额定充气压力；

n) 最低工作压力。

所有信息应牢固地标在互感器本体，或标在与互感器牢靠固定的铭牌上。

6.14 着火危险

见附录 D。

7 试验

7.1 一般要求

7.1.1 试验分类

本部分所规定的试验分类如下：

——型式试验：对设备进行的试验，用以验证按同一技术规范制造的设备应满足的，在例行试验中未包括的各项要求。

——例行试验：每台设备承受的试验。例行试验是为了反映制造上的缺陷。这些试验不损伤试品的特性和可靠性。

——特殊试验：型式试验或例行试验之外经制造方与用户协商同意的试验。

——抽样试验：对指定生产批量中抽取的一台或多台完整互感器进行选定的型式试验或特殊试验。

7.1.2 试验项目

试验项目见表11。

表11 试验项目

试　验	条　款
型式试验	7.2
温升试验	7.2.2
一次端冲击耐压试验	7.2.3
户外型互感器的湿试验	7.2.4
电磁兼容(EMC)试验	7.2.5
准确度试验	7.2.6
外壳防护等级的检验	7.2.7
环境温度下密封性能试验	7.2.8
压力试验	7.2.9
例行试验	7.3
气体露点测量	7.3.1
一次端工频耐压试验	7.3.2
局部放电测量	7.3.3
电容量和介质损耗因数测量	7.3.4
段间工频耐压试验	7.3.5
二次端工频耐压试验	7.3.6
准确度试验	7.3.7
标志的检验	7.3.8
环境温度下密封性能试验	7.3.9
压力试验	7.3.10
特殊试验	7.4
一次端截断雷电冲击耐压试验[a]	7.4.1
一次端多次截断冲击试验	7.4.2
传递过电压试验	7.4.3

表 11（续）

试　验	条　款
机械强度试验	7.4.4
内部电弧故障试验	7.4.5
低温和高温下的密封性能试验	7.4.6
腐蚀试验	7.4.7
着火危险试验	7.4.8
抽样试验	7.5
[a] 对于电磁式、电容式和电子式电压互感器的一次端截断冲击试验可作为型式试验项目。	

在气体绝缘互感器试验时，其气体的类型和压力应按照表 12 的规定。

表 12　型式试验、例行试验和特殊试验时气体的类型和压力

试验	气体类型	压力
绝缘[a] 无线电干扰电压[a] 准确度 温升	与运行中的相同	最低工作压力
内部电弧 短路 机械强度 密封 气体露点	与运行中的相同	额定充气压力
传递过电压	无影响	降低的压力
[a] 对安装在 GIS 上气体绝缘互感器，湿试验和无线电干扰电压试验皆不适用。		

7.1.3　**试验顺序**

互感器在经受 7.2 所列各项绝缘型式试验后，应经受 7.3 所列全部例行试验。

对于不同类型的互感器，更多的试验项目和试验顺序参见各产品专用部分标准。

如果特殊试验必须进行，则可能影响试验顺序。

7.2　**型式试验**

7.2.1　**一般要求**

7.2.1.1　**试验要求**

除非另有规定，所有的绝缘型式试验应在同一台互感器上进行。

所有的型式试验应最多在 2 台试品上进行。

注：在结构性差别较少的互感器上所做的型式试验也可认为有效。这些差别须经制造方与用户协商同意。

所有的型式试验应在环境温度为 5 ℃～40 ℃下进行。

7.2.1.2　**确认试品的资料**

制造方应向承试实验室提交正规的图样和其他资料，所包含的信息应足以对所送试品的主要详情和部件进行确切的认定。各图样或资料清单应是专用的，并包含制造方保证其图样或资料目录真实代表所送试品的声明。

认定完成后，详细图样和其他资料应返回制造方保存。

制造方应保存所送试品全部组成件的详细设计记录，并应确保它们与图样和资料清单包含的信息

一致。

承试实验室应检查图样和资料清单能足够代表所送试品的主要详情和组部件，但不对具体资料的准确性承担责任。

对于有关标准规定应认定的试品的组部件，制造方要向承试实验室提交所要求的专门图样或资料。

注：结构细节的变动不必重复进行相应项目的型式试验，只要制造方能证明其变动不影响该项型式试验的结果。

提交图样的目录见附录 E。

7.2.1.3　**型式试验报告的内容**

全部型式试验的结果应记录在型式试验报告中，包括：

a)　认定文件，按照 7.2.1.2 和附录 E 的规定。

b)　试验布置：

- 详细的试验布置（包含试验电路图）；
- 试验时所用装置的支撑结构的总体详情；
- 试验前后的试品状态及现场照片。

c)　试验资料：

- 试验大纲；
- 按照有关标准的规定，每项试验时各试验量的记录；
- 叙述试品在试验时的表现和在试验后的状态，以及在试验中任何部分的更新或修复（适用时）；
- 结论。

7.2.2　**温升试验**

进行本试验以验证符合 6.4 的要求。

试验时，互感器的安装应代表其实际使用情况。

绕组的温升应采用电阻法测量（如可行），但对电阻值很小的绕组可采用热电偶测量。

绕组以外部位的温升可用温度计或热电偶测量。

当温升变化值不超过 1 K/h 时，则认为互感器已达到稳定温度。

对于需要测量温度的关键元件的认定，和有关试验布置和程序的更多信息，参见各产品专用标准。

7.2.3　**一次端冲击耐压试验**

7.2.3.1　**一般要求**

冲击试验应按照 GB/T 16927.1 的规定进行，如果需要，还应按照有关的互感器专用部分标准的规定。

座架、箱壳（如果有）和铁心（如需接地）及二次系统所有端子均应接地。

冲击试验通常由施加参考电压和额定电压水平组成。参考冲击电压应为额定冲击耐受电压的 50%～75%。冲击电压的峰值和波形应作记录。

参考电压和额定耐受电压下两者间波形的变异，可作为试验中绝缘损坏的证据。

为了改善示伤能力，可以记录对地电流波形作为电压录波的补充。

试验电压应依据设备最高电压和规定的绝缘水平取表 2 的相应值。

7.2.3.2　**一次端额定雷电冲击耐压试验**

7.2.3.2.1　**U_m＜300 kV 的互感器**

试验应在正和负两种极性下进行。应施加每一极性连续冲击 15 次，不作大气条件校正。

下述 GB/T 16927.1 的程序 B，是适应于兼有自恢复和非自恢复绝缘高压设备的优选试验程序。如果满足下列条件，则认为互感器通过各极性冲击试验：

——每一组试验(正极性和负极性)至少冲击15次;

——非自恢复绝缘不发生破坏性放电。对此确认的条件是跟随一次破坏性放电后能耐受连续冲击5次;

——每一组试验的自恢复绝缘破坏性放电不超过2次;

——此程序使每一组试验最多可能冲击25次;

——未发现绝缘损坏的证据(例如,作为验证试验的例行试验时的各记录量波形的变异)。

如果试验时发生破坏性放电,而无证据显示破坏性放电发生在自恢复绝缘上,则互感器应在绝缘试验完成后拆开检查。如发现非自恢复绝缘损坏,应认为互感器未通过本试验。

注:施加正、负极性冲击各15次是针对外绝缘试验而规定的。如果制造方与用户协商同意用其他方法检查外绝缘,则每一极性下的雷电冲击数可减少到3次,不作大气条件校正。

7.2.3.2.2 $U_m \geqslant 300$ kV 的互感器

试验应在正和负两种极性下进行。应施加每一极性连续冲击3次,不作大气条件校正。

如果情况如下,则认为互感器通过本试验:

——不发生破坏性放电;

——未发现绝缘损伤的证据(例如,作为验证试验的例行试验时的各记录量波形的变异)。

7.2.3.3 操作冲击耐压试验

试验应在正极性下进行。应施加连续冲击15次,须作大气条件校正。

对户外型互感器,试验应在湿状态下进行。淋雨程序应按照GB/T 16927.1的规定。

下述GB/T 16927.1的程序B,是适应于兼有自恢复和非自恢复绝缘高压设备的优选试验程序。如果满足下列条件,则认为互感器通过冲击试验:

——试验至少冲击15次;

——非自恢复绝缘不发生破坏性放电。对此确认的条件是跟随一次破坏性放电后能耐受连续冲击5次;

——破坏性放电不超过2次;

——此程序使试验最多可能冲击25次;

——未发现绝缘损坏的证据(例如,作为验证试验的例行试验时的各记录量波形的变异)。

如果试验时发生破坏性放电,而无证据显示破坏性放电发生在自恢复绝缘上,则互感器应在绝缘试验完成后拆开检查。如发现非自恢复绝缘损坏,则认为互感器未通过本试验。

对实验室墙壁或天花板闪络的冲击应不计。

7.2.4 户外型互感器的湿试验

淋雨试验程序应按照GB/T 16927.1的规定。

对于$U_m < 300$ kV的互感器,试验应以工频电压进行,依据设备最高电压取表2的相应电压值,须作大气条件校正。

对于$U_m \geqslant 300$ kV的互感器,试验应以正极性操作冲击电压进行,依据设备最高电压和规定的绝缘水平取表2的相应电压值。

7.2.5 电磁兼容(EMC)试验

7.2.5.1 无线电干扰电压(RIV)试验

由于无线电干扰电压水平可能受绝缘子上沉积的纤维或尘埃的影响,因此允许在测量前用干净揩布擦拭绝缘子。

试验程序如下:

包括附件在内的装配完整的互感器应干燥和清洁,其温度接近于试验时的实验室室温。

试验应在下列大气条件下进行:

——温度：5 ℃～40 ℃；

——气压：87 kPa～107 kPa；

——相对湿度：45%～75%。

注 1：GB/T 16927.1 所述的大气条件校正因数不适用于无线电干扰试验。

试验连接线及其端头不应成为无线电干扰电压源。

模拟运行条件的一次端子屏蔽件应用以防止虚假放电。推荐采用球形端头的分段管件。

试验电压应施加在试品(C_a)一次绕组的一个端子与地之间。座架、箱壳(如果有)和铁心(如需接地)及各二次绕组的一个端子皆应接地。

测量电路(见图 3)应符合 GB/T 11604 的规定。最好将测量电路调谐到频率为 0.5 MHz～2 MHz 范围内，并记录测量频率。测量结果应以微伏(μV)表示。

试验用导线与地之间的阻抗，即图 3 中的 $Z_S+(R_1+R_2//R_M)$，在测量频率下应为 300 Ω±40 Ω 和相角不超过 20°。

电容器 C_S 也可用以代替滤波阻抗 Z_S，其电容量 1 000 pF 通常适用。

注 2：可能需要特殊设计的电容器以避免谐振频率过低。

滤波器 Z 在测量频率下应呈现为高阻抗，使工频电源与测量电路隔开。此阻抗在测量频率下的适当值为 10 000 Ω～20 000 Ω。

无线电干扰背景水平(由外界电磁场和高压变压器产生的无线电干扰)应低于规定的无线电干扰水平至少 6 dB(最好 10 dB)。

注 3：应注意防止邻近物体对被试互感器、试验电路和测量电路产生干扰。

测量仪器和测量电路的校正方法见 GB/T 11604。

应施加预加电压 $1.5U_m/\sqrt{3}$ 并保持 30 s。

然后，在约 10 s 时间将电压降低至 $1.1U_m/\sqrt{3}$，保持此电压 30 s 后测量无线电干扰电压。

如果在电压 $1.1U_m/\sqrt{3}$ 下的无线电干扰水平符合 6.11.2 的规定，则认为互感器通过本试验。

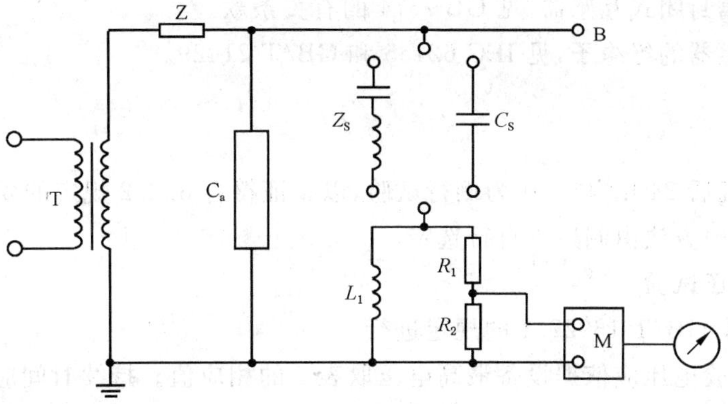

T——试验变压器；

C_a——试品；

Z——滤波器；

B——无电晕端头；

M——测量装置，输入电阻 R_M；

$Z_S+\left(R_1+\dfrac{R_2\cdot R_M}{R_2+R_M}\right)=300\ \Omega$；

Z_S，C_S，L_1，R_1，R_2 见 GB/T 11604。

图 3 无线电干扰电压测量电路

7.2.5.2 **抗扰度试验**

（见正在考虑中的 GB 20840.9）。

7.2.6 **准确度试验**

见专用部分标准。

7.2.7 **外壳防护等级的检验**

7.2.7.1 **IP 代码的检验**

按照 6.10 规定的要求，按使用条件装配完整的试品所有部件的外壳应按照 GB 4208 进行试验。

7.2.7.2 **机械冲击试验**

按照 6.10.6 规定的要求，各外壳应承受冲击试验。对外壳上视为最薄弱的各点施加 3 次冲击。但（外壳上的）接插件、显示器等设施不进行本试验。

推荐采用 GB/T 2423.55 规定的弹簧式冲击试验装置。

试验后，外壳不应出现破裂，外壳的变形应不影响互感器的正常性能，且不降低规定的防护等级。表面的损伤，例如漆膜脱落、散热翅或类似件的破损或少量凹痕可以忽略。

7.2.8 **环境温度下密封性能试验**

对于气体绝缘互感器，其气体封闭压力系统的密封性能试验应验证它符合 6.2.4.2 规定的要求，并应在完整的互感器上和环境温度 20 ℃±10 ℃下进行。

试验方法应是 GB/T 2423.23 规定的封闭压力系统的累积法（Qm 试验的方法 1）。

互感器气体封闭压力系统上每一个开口应以原有的密封手段密封。

互感器应充以运行时所用的同一种混合气体，达到环境温度 20 ℃时的额定充气压强。

泄漏测量的灵敏度应能检测出相当于约每年 0.25%的泄漏率。

注 1：泄漏测量的灵敏度，随测漏仪的灵敏度、所测量的容积和两次浓度测量的间隔时间而变化。

为了测量准确，试验应在互感器充气完成至少 1 h 后开始进行。

注 2：如果密封性能例行试验采用累积法（Qm 试验的方法 1）进行，则密封性能型式试验不需要进行。

7.2.9 **压力试验**

对于气体绝缘金属封闭式互感器，见 GB 7674 的有关条款。

对于气体绝缘互感器的绝缘子，见 IEC 62155 和 GB/T 21429。

7.3 **例行试验**

7.3.1 **气体露点测量**

气体露点应在充气后 24 h 测定，作为例行试验，以验证符合 6.2.2 规定的要求。

如无其他协议，试验方法由制造方自行选定。

7.3.2 **一次端工频耐压试验**

工频耐压试验应按 GB/T 16927.1 的规定进行。

除非另有规定，试验电压应依据设备最高电压取表 2 的相应值。持续时间应为 60 s。

试验电压应施加在：

——一次端子与地之间；

——一次端子之间，适用时。

各二次端子、座架、箱壳（如果有）和铁心（如需接地）皆应接地。

一次端的重复工频耐压试验应以规定试验电压值的 80%进行。

7.3.3 **局部放电测量**

7.3.3.1 **试验电路和测试设备**

所用试验电路和测试设备应符合 GB/T 7354 的要求。试验电路的一些示例见图 4～图 6。

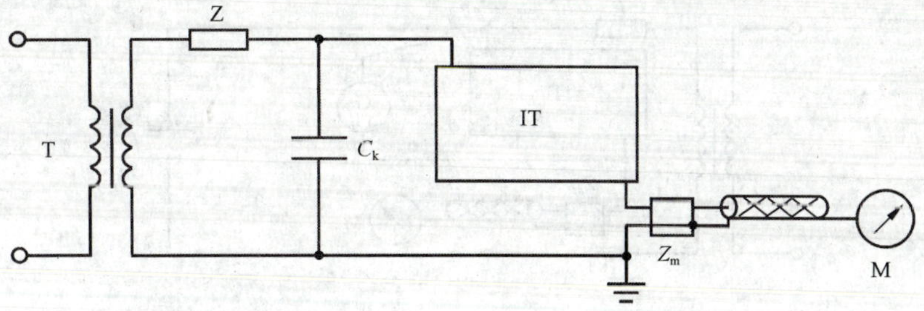

T——试验变压器；

IT——被试互感器；

C_k——耦合电容器；

M——局部放电测量仪器；

Z_m——测量阻抗；

Z——滤波器(如果 C_k 是试验变压器的电容，则不需要)。

图 4　局部放电测量的试验电路

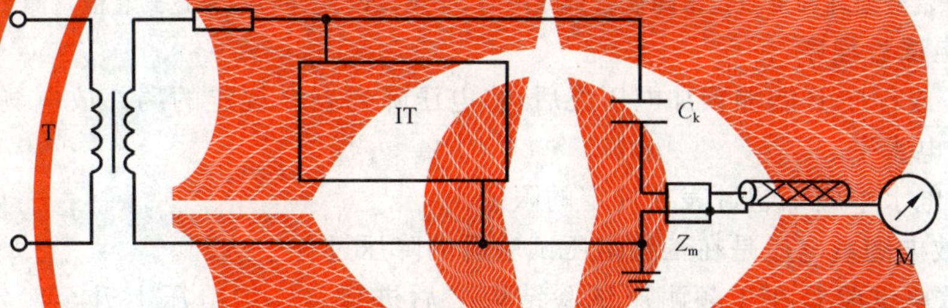

符号含义见图 4。

图 5　局部放电测量的另一试验电路

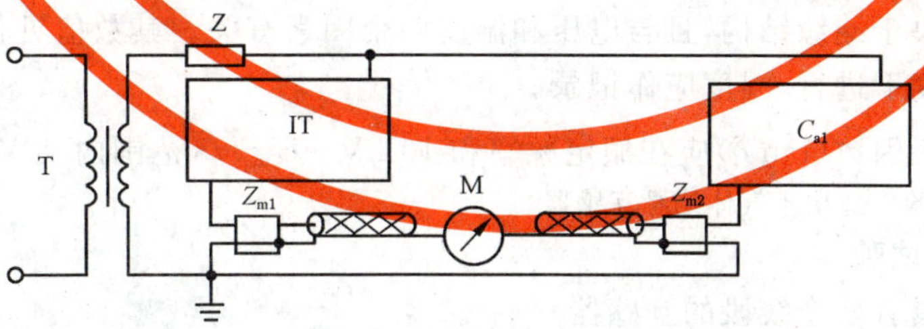

符号含义见图 4。

Z——滤波器；

C_{a1}——无局部放电的辅助试品；

Z_{m1} 和 Z_{m2}——测量阻抗。

图 6　局部放电测量的平衡试验电路示例

所用仪器应测量以皮库(pC)表示的视在电荷量 q。其校准应在试验电路上进行(见图 7 示例)。

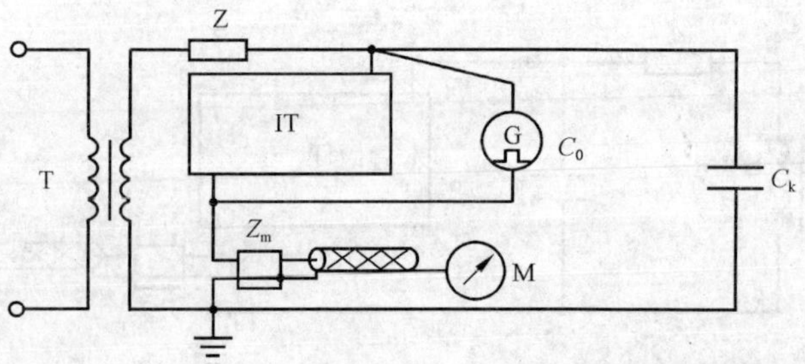

符号含义见图 4。

G——电容量为 C_0 的脉冲发生器；

T——局部放电用试验变压器。

图 7 局部放电测量的校准电路示例

宽频带仪器的带宽应至少为 100 kHz，其上限截止频率不超过 1.2 MHz。

窄频带仪器的谐振频率应在 0.15 MHz～2 MHz 范围内。优先值应在 0.5 MHz～2 MHz 范围内，但如有可能，测量应在灵敏度最高的频率下进行。

灵敏度应能检测出 5 pC 的局部放电水平。

注 1：噪声应远低于灵敏度。已知的外部干扰脉冲可以忽略。

注 2：为了抑制外部噪声，适宜采用平衡试验电路（见图 6）。

注 3：当采用电子信号处理和复原技术降低背景噪声时，必须以改变其参数来达到它能检测重复出现的脉冲。

7.3.3.2 局部放电试验程序

在按照程序 A 或程序 B 施加预加电压之后，将电压降到表 3 规定的局部放电测量电压，在 30 s 内测量相应的局部放电水平。

测得的局部放电水平应不超过表 3 规定的限值。

程序 A：局部放电测量电压是在工频耐压试验后的降压过程中达到。

程序 B：局部放电试验是在工频耐压试验结束之后进行。施加电压上升至额定工频耐受电压的 80%，至少保持 60 s，然后不间断地降低到规定的局部放电测量电压。

除非另有规定，程序的选择由制造方自行选定。所用的试验方法应在试验报告中说明。

7.3.4 电容量和介质损耗因数测量

本试验的主要目的是检查产品的一致性。允许变化的限值可由制造方与用户协商确定。

试验应在一次端工频耐压试验后进行。

介质损耗因数取决于绝缘结构，且与电压和温度两个因素有关。其数值见相关专用部分标准。

试验应在环境温度下进行，温度应作记录。

电容量和介质损耗因数（$\tan\delta$）应在额定频率和 10 kV～$U_m/\sqrt{3}$ 范围内某一电压下测量。

注：介质损耗因数试验不适用于气体绝缘互感器。

7.3.5 段间工频耐压试验

本试验仅适用于具有多个线段的互感器。

按照 5.3.4 规定的试验电压应依次施加到端子短接的各线段之间，持续 60 s。

座架、箱壳（如果有）、铁心（如需接地）和所有其他端子皆应连在一起接地。

7.3.6 二次端工频耐压试验

按照 5.3.5 规定的试验电压应依次施加到端子短接的各绕组间及各绕组与地之间，持续 60 s。

座架、箱壳（如果有）、铁心（如需接地）和所有其他端子皆应接地。

7.3.7 准确度试验

见各专用部分标准。

7.3.8 标志的检验

验证铭牌标志和端子标志皆应正确。

7.3.9 环境温度下的密封性能试验

7.3.9.1 气体封闭压力系统

对气体绝缘互感器的密封性能试验应验证它符合 6.2.4 规定的要求，应在完整的互感器上和环境温度(20±10)℃下进行。

如果可能，试验方法采用 GB/T 2423.23 规定的封闭压力系统的累积法(Qm 试验的方法 1)。泄漏检测可采用嗅气式装置。如果用检漏仪检测泄漏，这时应以累积法对泄漏进行定量。

为了测量准确，试验应在互感器充气完成至少 1 h 后开始进行。

泄漏测量的灵敏度应能检测出相当于约每年 0.25%的泄漏率。

7.3.9.2 液体系统

密封性能试验的目的是验证没有泄漏。

试品应按使用条件装有其全部附件及其规定的液体，安装应尽可能接近运行状态。

7.3.10 压力试验

见 7.2.9。

7.4 特殊试验

7.4.1 一次端截断雷电冲击耐压试验

本试验应仅以负极性进行，并按下述方式与负极性额定雷电冲击试验结合进行。

电压应是 GB/T 16927.1 规定的标准雷电冲击波在 2 μs～5 μs 处截断。截断冲击电路的布置应使所记录冲击波的反冲值限制约为峰值的 30%。

额定雷电冲击试验电压应依据设备最高电压和规定的绝缘水平取表 2 的相应值。

截断雷电冲击试验电压应按 5.3.3.2 的规定。

施加冲击的顺序如下：

a) U_m<300 kV 的互感器：

- 1 次额定雷电冲击；
- 2 次截断雷电冲击(不接地电压互感器为 4 次截断雷电冲击)；
- 14 次额定雷电冲击。

对于不接地电压互感器，每一个端子应施加 2 次截断雷电冲击和约为 15 次一半的额定雷电冲击次数。

b) U_m≥300 kV 的互感器

- 1 次额定雷电冲击；
- 2 次截断雷电冲击；
- 2 次额定雷电冲击。

以截断雷电冲击前后所施加额定雷电冲击波形的变异作为内部损坏的指示。

截断雷电冲击沿自恢复外绝缘上的闪络，应不纳入对绝缘性能的评价之中。

7.4.2 一次端多次截断冲击试验

进行本试验以验证符合 6.8 的要求。

本试验应以靠近峰值处截断的负极性冲击波施加多次进行。

试验电压应施加在电流互感器的一次端子(连在一起)与地之间，不接地电压互感器的 2 个一次高压端子间或接地电压互感器的一次高压端子与一次接地端子之间。座架、箱壳(如果有)、铁心(如需接地)和所有二次绕组端子皆应接地。

——规定的试验电压峰值为额定雷电冲击耐受电压的 70%。试验电压的波形应是 1.2/50 μs 的波前段。

——按 GB/T 16927.1 测量的电压有效截断时间应不超过 0.5 μs，电路的布置应使反冲值约为规定电压峰值的 30%。

应施加 600 次连续冲击，其速率约为每分钟冲击 1 次。

注：经制造方与用户协商同意，冲击次数可降低到 100 次。

在试验开始和结尾以及至少每 100 次冲击后，应记录波形。

结果的评价准则应依据下列要求：

——比较试验开始和结尾以及每 100 次冲击后所记录的各次冲击电压波，应不出现有任何改变的迹象，这些改变可能是由于内部放电；

——测得的局部放电水平应不超过表 3 的规定值；

——除去由于所用试验方法和可能影响结果的微小因素（例如绝缘材料的温度）所造成的不确定度外，在试验前和试验结束至少 24 h 后测量的电容量和介质损耗因数，其结果应相同；

——在试验结束 72 h 后测得的油中溶解气体增量应不超过下列值：

- 氢（H_2）：20 μL/L（最小检测水平 3 μL/L）；
- 甲烷（CH_4）：5 μL/L（最小检测水平 0.1 μL/L）；
- 乙炔（C_2H_2）：1 μL/L（最小检测水平 0.1 μL/L）。

油样取样程序应按照 GB/T 17623 的规定。

当所列要求的任何一项不满足时，则认为互感器未通过本试验。

7.4.3 传递过电压试验

进行本试验以验证符合 6.11.4 的要求。

低电压冲击波（U_1）应施加在任一一次端子与地之间（见图 8）。

对于 GIS 用互感器，应按图 9 通过 50 Ω 同轴电缆适配器施加冲击波。GIS 外壳应按运行方式接地。

对于其他应用情况，试验电路应按图 8 所示。

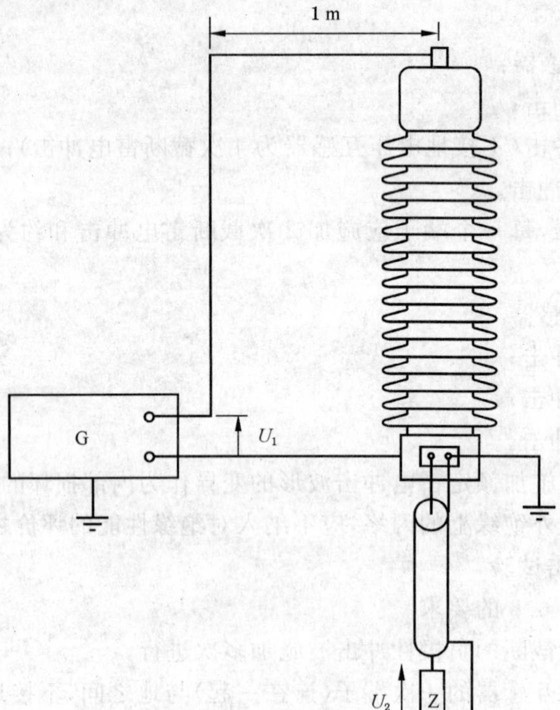

G——试验发生器；

U_1——试验电压；

U_2——传递电压；

CRO——示波器。

图 8　传递过电压测量：一般试验布置

拟接地的二次绕组端子应与座架连接并接地。

传递电压(U_2)应在开路的二次端子上测量，通过 50 Ω 同轴电缆连接输入阻抗为 50 Ω 且带宽不低于 100 MHz 的示波器读取峰值。

注 1：经制造方与用户协商同意，可采用避免测量受到干扰的其他试验方法。

如果互感器有多个二次绕组，应依次对每一个二次绕组进行测量。

在二次绕组具有中间抽头时，只需在绕组满匝数对应的出头上进行测量。

以规定的过电压(U_p)施加到一次绕组，所传递到二次绕组的过电压(U_s)应按下式计算：

$$U_s = U_p \times U_2 / U_1$$

当峰值处有振荡时，须绘制平均曲线，以此曲线的最大幅值作为 U_1 的峰值计算传递电压。

注 2：电压波形的振荡幅值和振荡频率可能影响传递电压。

如果传递过电压不超过表 10 所列的限值，则认为互感器通过本试验。

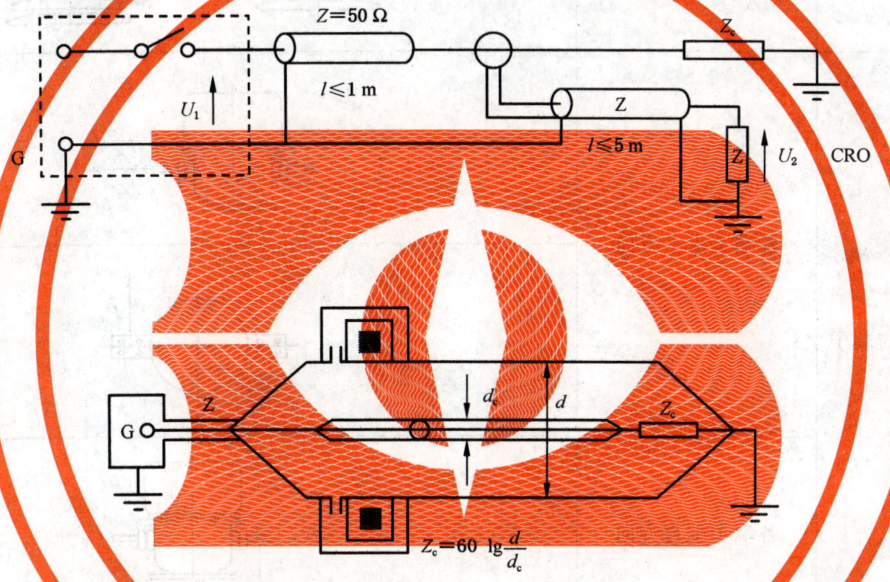

G——试验发生器；

Z——50 Ω 同轴馈送连接器；

CRO——示波器；

U_1——试验电压；

U_2——传递电压；

Z——50 Ω 同轴电缆；

Z_c——负荷。

图 9　传递过电压测量：试验电路和 GIS 试验布置(电流互感器)

7.4.4　机械强度试验

进行本试验以验证互感器能满足 6.7 规定的要求。

互感器应装配完整，垂直安装且座架牢固固定。

液体浸渍互感器应装有规定的绝缘介质，并达到工作压力。

气体绝缘的独立式互感器应充以额定充气压力的规定气体或混合气体。

按照表 13 所示的各种情况，试验载荷应在 30 s～90 s 内平稳上升到表 8 所列试验载荷值，并在此载荷值下至少保持 60 s。在此期间应测量挠度。然后平稳解除试验载荷，并应记录残留挠度。

如果不出现损坏的迹象(明显变形、破裂或泄漏)，则认为互感器通过本试验。

表 13　线路一次端子上试验载荷的施加方式

互感器类型		施加方式
具有电压的端子	水平方向	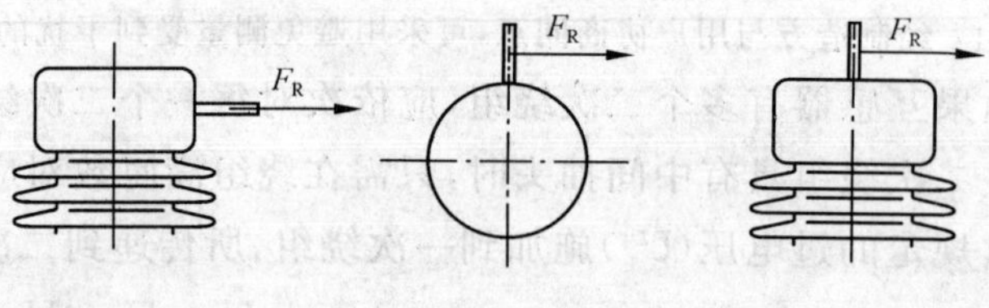
	垂直方向	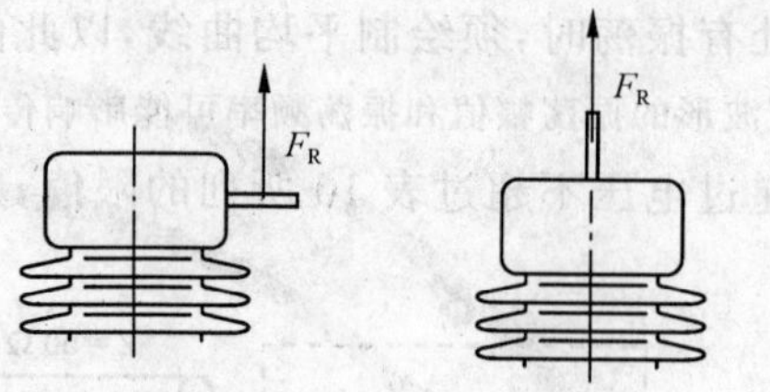
具有电流通过的端子	各端子水平方向	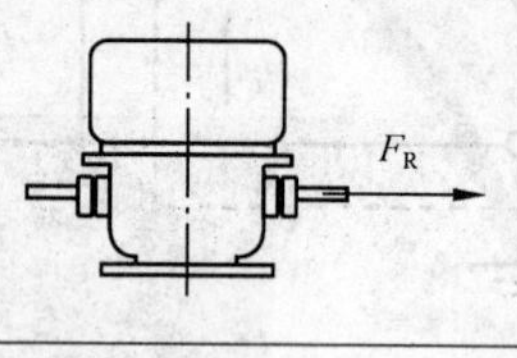
		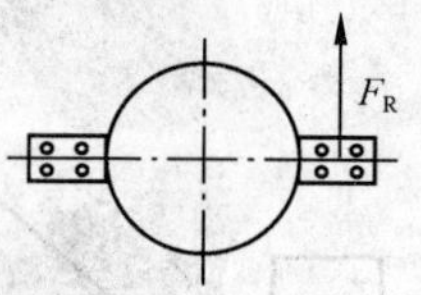
	各端子垂直方向	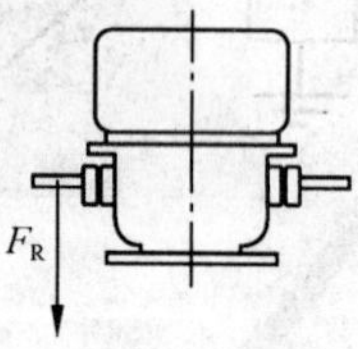
注：试验载荷应施加在端子的中心位置。		

7.4.5　内部电弧故障试验

进行本试验以验证符合 6.9 的要求。互感器应装有其全部附件并应模拟使用状态安装。

互感器底座应安装在至少 500 mm 高的支架上。对于气体绝缘互感器，其充气压强应不低于 20 ℃时的额定充气压力。

对内部故障试验，应规定被试品周围作为碎片飞逸的遏制区。此区域的直径应等于互感器对径(最大尺寸)加上两倍试品高度，最小直径为 2 m。

对互感器的试验应在环境温度下进行。

试验电流的频率应为 48 Hz～62 Hz。

试验电流应按 6.9 的规定。

允许偏差如下：

——方均根值为±5%；

——持续时间为±5%。

电源功率应足以在整个试验持续时间内实际上保持正弦波电弧故障电流。

引发试品内部电弧，可以在高压和低压电屏之间穿越主绝缘放置直径 1 mm～3 mm 的导线，或相当的方法。

对于气体绝缘互感器，电弧引发位置应在电场强度最高区域。

对于油浸式互感器，电弧引发位置由制造方与用户商定。

注：对于铁心在顶部的油浸式电流互感器，运行中初始发生故障的区域多数在上部主绝缘。对于发夹型油浸式互感器，此区域通常在底部主绝缘。

如果满足 6.9 规定的特征判据，则认为互感器成功通过本试验。

在类似结构的互感器已经得到验证的情况下，对未进行补充试验验证的互感器，制造方应提供文件证明它具有耐受内部电弧故障的能力。

7.4.6 低温和高温下的密封性能试验

气体绝缘互感器的密封性能试验应验证它符合 6.2.4.2 规定的要求，应在完整互感器上和所规定温度类别的各极限值下进行。

试验方法应是 GB/T 2423.23 规定的封闭压力系统的累积法（Qm 试验的方法 1）。

互感器外壳上每一个开口应以原有的密封手段密封。

由于环境实验室实际条件的限制，互感器的状态可能与使用状态不相同。

环境温度测量应最少用 3 个传感器，它们距离互感器约 0.3 m 且沿互感器高度等距分布。

为了测量准确，试验应在互感器充气完成至少 1 h 后开始进行。

2 组试验应如下进行：

——在环境温度(20±10)℃下测量泄漏率；

——环境实验室的温度以平均速率±10 K/h 下降（或上升）至对应于互感器温度类别的下限（或上限）温度；

——测量泄漏率之前，互感器应在最低（或最高）温度下保持至少 24 h，允许偏差±5 K；

——在低（或高）温下测量泄漏率；

——环境实验室的温度应以平均速率±10 K/h 上升（或下降）到环境温度；

——当互感器已稳定在环境温度(20±10)℃之后测量泄漏率。

7.4.7 腐蚀试验

7.4.7.1 试验程序

专门的腐蚀试验应按有关标准进行，参照 GB/T 2421。

试验可在代表性模型上进行，模型采用所考察互感器使用的相同材料。

例如：

——被试设备应按照 GB/T 2423.17 承受环境试验 Ka（盐雾）。试验持续时间为 168 h。

——另外，对于涂漆表面，其抵抗含二氧化硫潮湿空气的试验应按照 ISO 3231 进行。

7.4.7.2 试验合格的准则

——代表性模型的紧密性应不受腐蚀的影响，用目测或者测量。

——如表面为涂漆，应无降解变质的痕迹可见。

——代表性模型的有关功能应不受影响。

——各组装件的拆卸应不受影响。

——如果有腐蚀，应在试验报告中记明腐蚀程度。

7.4.8 着火危险试验

见附录 D。

7.5 抽样试验

见附录 F。

8 运输、储存、安装、运行和维修规则

见附录 G。

9 安全性

高电压设备仅在按照有关安装守则安装以及依据制造方说明书使用和维护时才能是安全的，涉及：

——电气方面；

——机械方面；

——热学方面。

高电压设备应仅能由核准人员操作和维护。可能接近互感器的场所仅允许这些核准人员进入，但在接近互感器不受限制的场所，可要求增加安全措施。

10 产品对自然环境的影响

现已公认，必须尽力减小互感器在其寿命期内的所有阶段对自然环境的不利影响。

IEC 的 109 指导文件，列出了对寿命期间不利影响及寿命终结时重新利用和处置的导则。

制造方应指明互感器在其运行寿命期、设备拆除和处置时任何涉及环境方面的信息。

附　录　A
（资料性附录）
本部分章条编号与 IEC 61869-1:2007 章条编号对照

表 A.1 给出了本部分章条编号与 IEC 61869-1:2007 章条编号对照一览表。

表 A.1　本部分章条编号与 IEC 61869-1:2007 章条编号对照

本部分章条编号	对应 IEC 61869-1:2007 章条编号
7.2.1.1	—
7.2.1.2	7.2.1.1
7.2.1.3	7.2.1.2
—	7.2.3.3.1
—	7.2.8.1
7.3.1	7.4.8
7.3.2	7.3.1
7.3.3	7.3.2
7.3.4	7.4.3
7.3.5	7.3.3
7.3.6	7.3.4
7.3.7	7.3.5
7.3.8	7.3.6
7.3.9	7.3.7
7.3.10	7.3.8
7.4.3	7.4.4
7.4.4	7.4.5
7.4.5	7.4.6
7.4.6	7.4.7
7.4.7	7.4.9
7.4.8	7.4.10
附录 A	—
附录 B	—
附录 C	—
附录 D	附录 C
附录 E	附录 A
附录 F	附录 D
附录 G	附录 B

附 录 B
（资料性附录）
本部分与 IEC 61869-1:2007 技术性差异及其原因

表 B.1 给出了本部分与 IEC 61869-1:2007 的技术性差异及其原因一览表。

表 B.1 本部分与 IEC 61869-1:2007 的技术性差异及其原因

本部分章条编号	技术性差异	原因
2	引用了采用国际标准的我国标准，而非直接引用国际标准。	为适应我国国情及便于标准使用者查找。
3.7	电压互感器前增加了"（电磁式）"；补充了"组合互感器"、"电子式电流互感器"和"电子式电压互感器"的缩写索引。	使缩写索引更全面。
5.2	删除第 3 段和第 4 段及注，表 2 互感器一次端额定绝缘水平改为按 GB 311.1 的规定。同时将 IEC 61869-1 规定的一次端额定绝缘水平纳入附录 C 中。	因 GB 311.1 与 IEC 61869-1 有差异，而我国电力系统均采用 GB 311.1。
5.3.2	运行时拟接地的"一次端的 U_m 取 0.72 kV"更改为"一次端子的绝缘水平按 U_n 为 0.66 kV 选取"。	因 GB 311.1 与 IEC 61869-1 有差异，而我国电力系统均采用 GB 311.1。
5.3.3.1	将"中性点接地系统"更改为"中性点有效接地系统"； "VT"和"CT"分别更改为"电压互感器"和"电流互感器"，并删除注 3。	使所指范围更明确。
5.3.3.2	截断雷电冲击电压更改为按 GB 311.1 的规定，并将 IEC 61869-1 的截断雷电冲击电压规定纳入附录 C 中。	因 GB 311.1 与 IEC 61869-1 有差异，而我国电力系统均采用 GB 311.1。
5.3.3.3	将适合范围由 $U_m \geqslant 72.5$ kV 扩大到 $U_m \geqslant 40.5$kV。	扩大控制互感器制造质量的产品范围。
5.4	删除了 16⅔ Hz、25 Hz 和 60 Hz 的额定频率的标准值。	为适应我国国情。
6.2.2	将对应于 20 ℃测量的露点调整为"不高于－30 ℃"。	使互感器制造质量控制更趋严格，确保产品性能的稳定。
6.6.2	将海拔校正因数修改为按 GB 311.1 确定，并将 IEC 61869-1 的海拔要求纳入附录 C 中。	因 GB 311.1 与 IEC 61869-1 有差异，而我国电力系统均采用 GB 311.1。
6.7	将表 8 设备最高电压 U_m 按 GB 311.1 进行了调整，并将 IEC 61869-1 的机械强度要求纳入附录 C 中。	因 GB 311.1 与 IEC 61869-1 有差异，而我国电力系统均采用 GB 311.1。
6.13	对标志内容进行了调整。	为适应我国国情。
7.1.2	将表 11 中的原特殊试验"露点测量"和"电容量和介质损耗因数测量"调整为例行试验；并提出"对于电磁式、电容式和电子式电压互感器的一次端截断冲击试验可作为型式试验项目"。	使互感器制造质量控制更趋严格，确保产品性能的稳定。
7.2.1	将型式试验环境温度调整为 5 ℃～40 ℃。	为适应我国国情。
7.2.1.1	增加条标题"试验要求"，以下条号顺延。	按标准编写要求修改。
7.2.1.2	删除注 1（本条中"注 2"改为"注"）。	避免出现误会。
7.2.3.2.1	将列项后的两段内容调整为列项。	属于试验要求。

表 B.1（续）

本部分章条编号	技术性差异	原　因
7.2.3.3	删除 7.2.3.3.1 标题； 将列项后的两段内容调整为列项。	无必要，不符合标准编写要求； 属于试验要求。
7.2.5.1	将无线电干扰试验温度调整为 5 ℃～40 ℃。	为适应我国国情。
7.2.8	条标题中删除“外壳”字样； 删除 7.2.8.1 标题。	针对产品整体试验； 不符合标准编写要求。
7.2.9	条标题中删除“外壳”字样。	针对产品整体试验。
7.3.1	本条由特殊试验调整为例行试验； 删除第 1 段中的“抽样试验”； 删除原 IEC 61869-1 中本条的第 2 段。	使互感器制造质量控制更趋严格； 已由特殊试验调整为例行试验； 与 6.2.2 叙述重复。
7.3.3.1	将图 6 图注“滤波器”后括号中的内容调整到图 4 中； 调整图 7 中 IT 与 C_0 下端的接线位置。	该内容在图 4 中先出现； 使接线方式更清晰。
7.3.4	本条由特殊试验调整为例行试验； 删除对于电容式电压互感器的特殊要求； 介质损耗因数测量数值要求改为“见相关专用部分标准”。	使互感器制造质量控制更趋严格； 在专用标准部分中规定； 对不同结构的产品要求不同。
7.3.9	条标题中删除“外壳”字样。	针对产品整体试验。
7.3.9.2	删除第 2 段括号中的内容。	无必要举例提示。
7.3.10	条标题中删除“外壳”字样。	针对产品整体试验。
7.4.3	图 9 中图注“阴极射线示波器”更改为“示波器”。	与图 8 保持一致。
7.4.6	条标题中删除“外壳”字样。	针对产品整体试验。
E.2	示例中的“电路图”更改为“主电路的主接线图”，“所有元件的型号名称”更改为“主要的元件名称”。	避免不必要的烦琐。
G.3.6	将倒数第 2 段(列项)中 20 ℃测量的露点调整为“不高于 −30 ℃”。	与 6.2.2 对应。

附 录 C
(资料性附录)
IEC 61869-1:2007 标准的一次端额定绝缘水平和海拔

C.1 设备最高电压

标准值按表 C.1 选取。

设备最高电压的选取,应与等于或高于设备安装处的系统最高电压 U_{sys} 的 U_m 标准值接近。

对于安装在与绝缘有关的正常环境条件下的设备,U_m 应至少等于 U_{sys}。

对于安装在与绝缘有关的正常环境条件以外的设备,根据其特定要求,U_m 可选取等于或高于 U_{sys} 并与其接近的稍高一点的 U_m 标准值。

注:例如,选取等于或高于 U_{sys} 并与其接近的稍高一点的 U_m 标准值,可以补偿海拔超过 1 000 m 处安装的设备外绝缘耐受电压的下降。

C.2 一次端额定绝缘水平

互感器的一次端额定绝缘水平应以表 C.1 所列的设备最高电压 U_m 为依据。

运行时拟接地一次端子的 U_m 取 0.72 kV。

安装在气体绝缘变电站的互感器,其额定绝缘水平、试验程序和验收标准皆按 IEC 62271-203。并根据 IEC 62271-203 表 102 和表 103 选取适用的相对地绝缘作为其额定绝缘水平。

表 C.1 互感器的一次端额定绝缘水平

设备最高电压 U_m (方均根值) kV	额定工频耐受电压 (方均根值) kV	额定雷电冲击耐受电压 (峰值) kV	额定操作冲击耐受电压 (峰值) kV
0.72	3	—	
1.2	6	—	
3.6	10	20 40	
7.2	20	40 60	
12	28	60 75	
17.5	38	75 95	
24	50	95 125	
36	70	145 170	
52	95	250	
72.5	140	325	
100	185	450	

表 C.1（续）

设备最高电压 U_m（方均根值）kV	额定工频耐受电压（方均根值）kV	额定雷电冲击耐受电压（峰值）kV	额定操作冲击耐受电压（峰值）kV
123	185	450	
	230	550	
145	230	550	
	275	650	
170	275	650	
	325	750	
245	395	950	
	460	1 050	
300	395	950	750
	460	1 050	850
362	460	1 050	850
	510	1 175	950
420	570	1 300	950
	630	1 425	1 050
550	630	1 425	1 050
	680	1 550	1 175
800	880	1 950	1 425
	975	2 100	1 550

注 1：对于暴露安装，推荐选用最高的绝缘水平。

注 2：对于安装在 GIS 的互感器，其额定工频耐受电压水平按照 IEC 62271-203，可能有差别。

注 3：另外可供选择的绝缘水平，见 IEC 60071-1。

C.3 截断雷电冲击电压

如有补充规定，除 GIS 装置以外的互感器，应能承受施加在一次端的截断雷电冲击电压，其峰值为额定雷电冲击耐受电压的 115%。

C.4 额定频率

额定频率的标准值为 $16\frac{2}{3}$ Hz、25 Hz、50 Hz 和 60 Hz。

C.5 海拔

安装处海拔超过 1 000 m 时，在标准大气条件下的弧闪距离应由使用处要求的耐受电压乘以按图 C.1 查得的海拔校正因数 k 确定。

注：内绝缘的绝缘强度不受海拔影响。外绝缘的检查方法由制造方与用户协商确定。

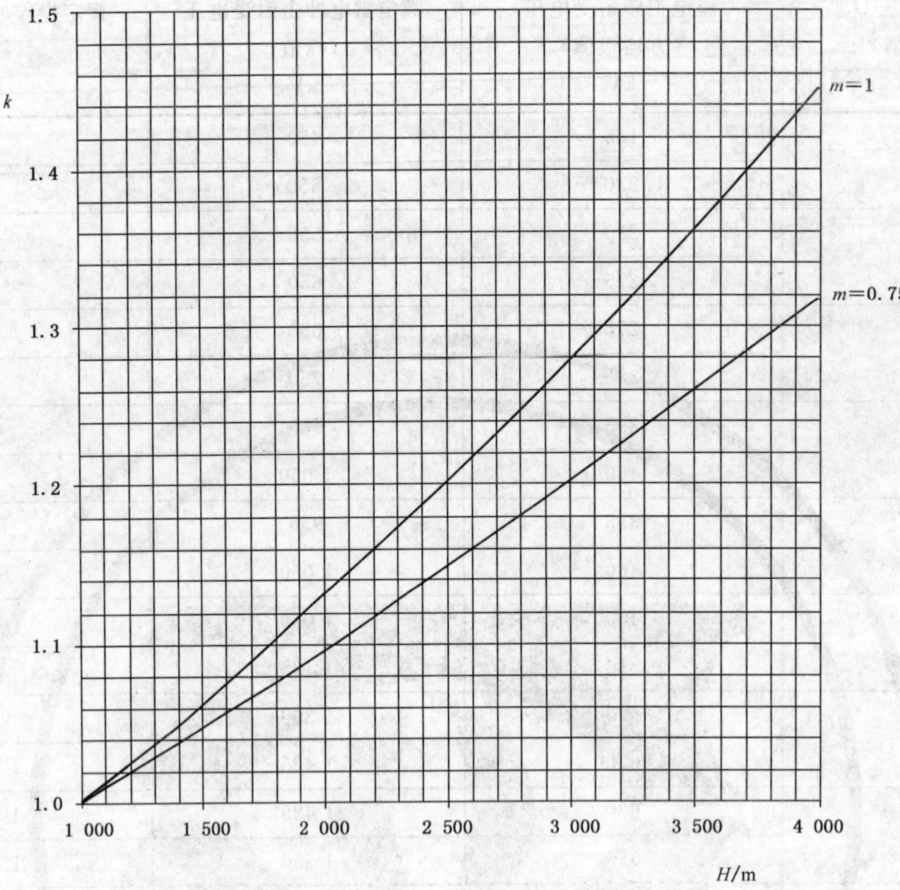

因数 k 可用下述公式计算：

$$k=e^{m(H-1\,000)/8\,150}$$

式中：

H——海拔，m；

$m=1$——适用于工频和雷电冲击电压；

$m=0.75$——适用于操作冲击电压。

图 C.1 海拔校正因数

C.6 机械强度要求

本要求仅适用于设备最高电压 72.5 kV 及以上的互感器。

互感器应能承受的静态载荷指导值列于表 C.2。这些数值包含风力和覆冰引起的载荷。

规定的试验载荷定是指可施加于一次端子任意方向的载荷。

表 C.2 静态承受试验载荷

设备最高电压 U_m kV	静态承受试验载荷 F_R N		
	互感器的		
	电压端子	电流端子	
		Ⅰ类载荷	Ⅱ类载荷
72.5～100	500	1 250	2 500
123～170	1 000	2 000	3 000
245～362	1 250	2 500	4 000
≥420	1 500	4 000	5 000

注 1：在常规运行条件下，作用载荷的总和不得超过规定承受试验载荷的 50%。

注 2：在某些应用情况中，互感器的通电流端子应能承受很少出现的急剧动态载荷(例如短路)，它不超过静态试验载荷的 1.4 倍。

注 3：对于某些应用情况，可能需要一次端子具有防转动的能力。试验时施加的力矩由制造方与用户商定。

注 4：如果互感器组装在其他设备(例如组合电器)内，相应设备的静态试验载荷不得因组装过程而降低。

附 录 D
（资料性附录）
着 火 危 险

D.1 着火危险

无论是在正常使用条件下，还是在万一可预见到的非正常使用、失效或故障时，只要有着火危险的存在，就应减少着火的可能性。

首先是阻止带电件着火。其次是限制火的不利影响。

可能时，材料的选用或零件的设计应能延缓设备中火情的蔓延和减少对局部环境的危害。

如果可能，当产品性能要求采用易燃材料时，产品设计应考虑阻碍起火。

制造方提供的信息应使用户能对正常和非正常运行时的着火风险进行评估。其导则列于表 D.1。

表 D.1 电工产品的着火危险

着火危险的评定导则	将火灾中毒危险减至最小的导则
GB/T 5169.2	GB/T 5169.18

D.2 着火危险试验

如果有要求，则依据 GB/T 5169.9 和 GB/T 5169.18 进行试验。

附　录　E
（规范性附录）
试品的确认

有关各试品的资料和图样，其适用的内容应由制造方向承试实验室提供（但未必是试验报告必须包含的）。试验报告包含的信息按 7.2.1.3 规定。

E.1　资料

——制造方名称；

——产品型号、额定值和序号；

——产品外形图；

——熔断器和保护装置的额定特性，如果有。

E.2　图样

提供图样示例

提供的图样	图样内容 （适用的）
主电路的主接线图	主要部件的名称
总图	外形尺寸 外壳 压力释放装置 主电路的导电件 接地连接 对地电气间距 液体或气体绝缘类型和级别 绝缘子的位置和名称
绝缘子详图	材料 尺寸（包括断面图和爬电距离）
主电路的零件详图和组合元件	主要零件的材料和尺寸 端子详图（尺寸、一次和二次端子的材料）
辅助和控制电路的电路图（如果适用）	主要的元件名称

附 录 F
（资料性附录）
抽 样 试 验

F.1 抽样试验定义

在指定生产批量中抽取的一台或多台完整互感器上进行所选定的型式试验或特殊试验。

F.2 抽样试验

为了监控系列生产充分满足要求的程度，制造方应依据生产数量（例如，使用同一型式试验报告的每 300 台同型产品）界定、执行和用文件规定其抽样试验程序。

推荐的抽样试验为一次端额定雷电冲击试验。

附 录 G
（资料性附录）
运输、储存、安装、运行和维修规则

G.1 一般要求

互感器的运输、储存和安装，以及使用中的运行和维修，务必依据制造方的说明书。

因此，制造方应该及时提供互感器的运输、储存、安装、运行和维修说明书。

G.2 运输、储存和安装时的条件

如果定单上规定的使用条件在运输和储存时不能得到保证，制造方与用户应该签订专门的协议。在运输、储存和安装时以及在通电之前，可能有必要专为保护产品绝缘采取预防措施，以免由于例如雨、雪或凝露而受潮。运输中的振动应予重视。必须提供适当的须知。

气体绝缘互感器的充气气压应足以在运输中使其保持正压。对本部分所列各温度类别的互感器，20 ℃时的出厂充气绝对压强为 130 kPa 是适宜的。

G.3 安装

G.3.1 一般要求

对各型互感器，制造方所提供的说明书应至少包括下列各项。

G.3.2 拆箱和起吊

应给出安全起吊和拆箱的须知，包括必要的专用吊具和定位装置等详细内容。

到达现场时和最后补充绝缘介质之前，互感器须按照制造方的说明书进行检查。对于气体绝缘互感器，在环境温度下测量的气体压强应高于大气压强。

G.3.3 组装

当互感器不是完全组装成整体运输时，所有各运输单件应有清楚标志。这些单件的组装图应随互感器产品一起提供。

G.3.4 安装

互感器、操作装置和辅助设备的安装说明书，应包括位置和基础的足够详细资料，以便完成现场准备工作。

G.3.5 连接

说明书应包含的内容：

a) 导体的连接，包括必要的建议，以防止过热和避免互感器不必要的受力变形，及保持足够的间距；

b) 辅助电路的连接；

c) 液体或气体系统的连接，如果有，包括管路尺寸和布置；

d) 接地的连接；

e) 二次端子连接的缆线类型：制造方应指明所推荐的缆线。

G.3.6 安装的最终检查

说明书应给出互感器在安装和全部连接完成后应进行的检查和试验。

这些说明应包括：

——为建立正确运行所推荐的现场试验一览表；

——实现正确运行可能需要进行的任何调整的程序；

——有助于未来维修决策所应进行和记录的一些有关测量的建议；

——最终检查和投入运行的须知。

注：当采用光系统时，最终检查中重要的是验证其完整性和进行功能试验，以保证光纤安装时未发生物理损伤。

检查和试验结果应记录在投运报告中。

气体绝缘互感器应经受下列最终检查：

——气体压强测量

充气结束在标准大气条件(20 ℃和 101.3 kPa)下测得的气体压强应不低于额定充气压强。

——露点测量

在额定充气压强下和 20 ℃时测得的露点应不高于－30 ℃。在其他温度下的测量应作适当校正。

——外壳密封性能检验

检验应按照对密闭压力系统的探测法进行，见例行试验(7.3.9.1)的规定。为了使泄漏流量达到稳定，检验应在互感器完成充气后间隔至少 1h 开始进行。采用适当的检漏仪，可限于对密封垫、过压力装置、阀门、端子、压力表和温度传感器作检验。

G.4 运行

制造方提供的说明书应包括以下内容：

——设备的概述，着重于对其参数和所有运行特性的技术性说明，使用户充分了解其主要工作原理；

——最小唤醒电流(如果适用)；

——设备的安全性能及其运作的说明；

——有关维修和试验时对设备操作行为的说明。

G.5 维修

G.5.1 一般要求

维修的效果主要依靠制造方编制的说明和用户的实施。

G.5.2 对制造方的建议

a) 制造方应提供包括下列内容的维修手册：

1) 计划的维修频次和有效时间。

2) 维修工作的详细说明：

- 推荐的维修工作场所(户内、户外、在工厂、在现场等)；
- 外观检查、诊断测试、检测、大修和功能检验(限值和允许偏差，例如，光电器件工作效率)的程序；
- 参考的图样；
- 参考的零件编号(适用时)；
- 使用的专用设备或工具(清洁剂和除油剂)；
- 预防性观察(例如洁净度)。

3) 互感器维修用综合详图，具有各部件、组件和重要零件的清晰标记(零件编号和名称)。

注：推荐采用标明各部件和组件中元器件相对位置的放大详图。

4) 推荐的备件表(名称、参考编号、数量等)和储备建议。

5) 预定的维修时间的估计。

6) 如何处置运行寿命终结的设备，要考虑环境保护要求。

b) 制造方应通知特殊类型互感器的用户,有关可能发生系统性缺陷和故障时所要求的正确操作。

c) 备件供应:制造方应负责保证维修用推荐备件的持续供应,其时间自互感器制造完成日期后不少于10年。

G.5.3 对用户的建议

a) 如用户意欲自行维修,应确保其工作人员有足够的资质和丰富的互感器知识。

b) 用户应记录以下信息:

1) 互感器的序号和型号;

2) 互感器投入运行的日期;

3) 在互感器寿命期内所进行全部试验和测量的结果,包括诊断测试;

4) 进行维修工作的日期和范围;

5) 运行历史,包括互感器在特殊运行条件下及其后(例如电网故障及故障后运行状态)的测量记录;

6) 所有故障报告的目录。

c) 如果发生故障和缺陷,用户应编写故障报告,并应通知制造方,且说明当时的情况和采取的措施。根据事故的性质,与制造方一起进行故障分析。

d) 如果拆开后将来重新安装,用户必须记录时间和储存条件。

G.6 故障报告

本故障报告内容是为了使互感器的故障记录标准化,目标如下:

——采用通用术语描述故障;

——为用户统计提供资料;

——向制造方提供有意义的反馈。

以下内容是编写故障报告的导则。

故障报告应包括下列凡是可以得到的资料:

a) 故障互感器的身份
• 变电站名称;
• 互感器的身份(制造者、型号、序号、额定值);
• 互感器的类别(油或 SF_6 绝缘、自支撑或母线支撑、是否与断路器机械耦联);
• 互感器采用的技术(空心线圈、铁心线圈、光学);
• 安装场所(户内、户外);
• 外壳。
b) 互感器的历史
• 储存历史;
• 设备投入运行日期;
• 故障/缺陷发生日期;
• 最近维修日期;
• 最近目测检查油位指示的日期;
• 自制造以来对设备进行任何变动的详细内容;
• 故障/缺陷发现时互感器的状态(运行中、维修中等)。

c) 造成原发故障/缺陷的组件/元器件的区分
● 承受高电压作用的元器件；
● 电气控制和辅助电路；
● 其他元器件。
d) 估计促使故障/缺陷发生的作用因素
● 环境条件(温度、风、雪、冰、污秽、雷击等)；
● 电网状态(开关操作，其他设备故障……)；
● 其他。
e) 故障/缺陷的分类
● 严重故障；
● 轻微故障；
● 缺陷。
f) 故障/缺陷的根源和原因
● 根源(机械的、电气的、电子的、密封性能，如果适用)；
● 报告编写人员认为的原因(设计、制造、说明书不恰当、安装不正确、维修不正确、除此以外的因素等)。
g) 故障或缺陷的后果
● 互感器停机时间；
● 修理耗费的时间；
● 劳务费用；
● 备件费用。

故障报告可以包括下列信息：

——图样，示意图；

——缺陷元器件的照片；

——电站主接线图；

——记录或曲线图；

——有关的维修手册。

参 考 文 献

[1] IEC 60660 Insulators—Tests on indoor post insulators of organic material for systems with nominal voltages greater than 1 kV up to but not including 300 kV

[2] IEC 60071-1 Insulation co-ordination—Part 1:Definitions,principles and rules

[3] IEC 61109 Composite insulation for a. c. overhead lines with a nominal voltage greater than 1 000 V. Definitions,test methods and acceptance criteria

[4] IEC 62271-203 High-voltage switchgear and controlgear—Part 203:Gas-insulated metalenclosed switchgear for rated voltages above 52 kV

ICS 29.035.20
K 15

GB

中华人民共和国国家标准

GB/T 20875.2—2010/IEC 61234-2:1997

电气绝缘材料水解稳定性试验方法 第2部分:热固性模塑材料

Electrical insulating materials—Methods of test for the hydrolytic stability—Part 2:Moulded thermosets

(IEC 61234-2:1997,IDT)

2011-01-14 发布 2011-07-01 实施

中华人民共和国国家质量监督检验检疫总局
中国国家标准化管理委员会 发布

前言

GB/T 20875《电气绝缘材料水解稳定性试验方法》分为2个部分：

——第1部分：塑料薄膜；

——第2部分：热固性模塑材料。

本部分为GB/T 20875的第2部分。

本部分等同采用IEC 61234-2:1997《电气绝缘材料水解稳定性的试验方法　第2部分：热固性模塑材料》(英文版)。

本部分与IEC 61234-2:1997的编辑性差异是：

——删除了其"前言"。

——本标准的引用文件，对已经转化为我国标准的，并列出了我国标准及其与国际标准的转化程度。

本部分由中国电器工业协会提出。

本部分由全国电气绝缘材料与系统评定标准化技术委员会(SAC/TC 301)归口。

本部分起草单位：桂林电器科学研究所、机械工业北京电工技术经济研究所、深圳市标准技术研究院。

本部分主要起草人：阎雪梅、孙伟博、周文、黄曼雪。

电气绝缘材料水解稳定性试验方法 第2部分:热固性模塑材料

1 范围

GB/T 20875 的本部分规定了由室温或高温固化反应树脂制成的热固性模塑材料当其承受水和高温综合作用时,其水解稳定性的测定试验方法。

本部分试验方法适用于测量机械和电气性能不可逆的变化,但不对试样施加机械应力。

2 规范性引用文件

下列文件中的条款通过 GB/T 20875 的本部分的引用而成为本部分的条款。凡是注日期的引用文件,其随后所有的修改单(不包括勘误的内容)或修订版均不适用于本部分,然而,鼓励根据本部分达成协议的各方研究是否可使用这些文件的最新版本。凡是不注日期的引用文件,其最新版本适用于本部分。

GB/T 1040.2—2006 塑料 拉伸性能的测定 第2部分:模塑和挤塑塑料的试验条件(ISO 527-2:1993,IDT)

GB/T 1409—2006 测量电气绝缘材料在工频、音频、高频(包括米波波长在内)下电容率和介质损耗因数的推荐方法(IEC 60250:1969,MOD)

GB/T 10580—2003 固体绝缘材料在试验前和试验时采用的标准条件(IEC 60212:1971,IDT)

GB/T 15022.2—2007 电气绝缘用树脂基活性复合物 第2部分:试验方法(IEC 60455-2:1998,IDT)

GB/T 16839.1—1997 热电偶 第1部分:分度表(idt IEC 60584-1:1995)

GB/T 16839.2—1997 热电偶 第2部分:允差(idt IEC 60584-2:1982)

3 需要测定的性能

按下列国家标准测定电气和机械性能的变化。

3.1 介质损耗因数和介电常数

按 GB/T 15022.2—2007 中 5.6.2 测定。

3.2 拉伸强度

按 GB/T 1040.2—2006 测定。

4 试样

4.1 损耗因数和介电常数

用作评定损耗因数保持率与温度关系的试样,尺寸应为(100±1)mm×(100±1)mm×(1±0.1)mm。用于每一试验温度和时间下的每一项性能,浸水前和浸水后的试验(第7章)应在同一试样上进行。

如果不能制成 1 mm 的试样(由于树脂的高粘度或者高填充率),3 mm±0.1 mm 的试样同样可以被采用。

4.2 拉伸强度

测定每一试验温度和时间下的性能,至少应试验3个试样。对于未经浸水处理的热固性模塑树脂,应试验10个试样。除另有规定外,试样尺寸应符合 GB/T 1040.2—2006 中的1B型要求。

5 试样处理

由室温固化树脂制备的试样，应按 GB/T 10580—2003 在室温下存放 24 h，最后在 80 ℃下固化 24 h。

由高温固化树脂制备的试样，应按制造厂推荐的条件进行处理，以便获得固化完全的试样。试样经高温固化、室温下或在干燥器内正常化处理后，应立即进行试验。浸水后，试样应在 60 ℃±2 ℃、绝对压力小于 100 Pa 下干燥 48 h，然后在进行下一次试验之前，把它存放在干燥器内，于室温下至少 8 h 才可作进一步试验。

6 设备

6.1 老化容器

老化容器容积至少为 5 L。

压力容器在试验温度下经 1 000 h 后允许有不大于 5%的水损失。选择老化容器材料时，应使老化容器能满足下述惰性试验的要求：根据 7.2 去离子水应被加热到最高试验温度 140 ℃±2 ℃并持续 1 000 h。经惰性试验后测得的该去离子水的 pH 值不应从 7.0±0.5 变化到大于 7.0±1.5，其电导率应不超过 500 μs/m～1 000 μs/m 范围。

由室温固化反应树脂制备的试样可以在由铝箔覆盖的玻璃容器内老化。

注：使用压力容器应遵守我国法律和法令。

6.2 温度测量装置

应该采用符合 GB/T 16839.1—1997 和 GB/T 16839.2—1997 的热电偶测量老化容器或玻璃容器内部的温度。

6.3 pH 计

pH 计应具有至少±0.05 pH 的准确度。

7 程序

7.1 概述

本试验的原理：把由模塑热固材料制成的试样浸于不同温度的水中并保持不同时间。然后，按第 5 章再将试样干燥并进行试验以测定其电气和机械性能。

经过与未浸水试样的比较后，报告这些电气和机械性能的保持百分率。

7.2 浸水处理用的水

应采用去离子水作为媒质，在开始浸水处理前，其电导率应小于 500 μs/m 且 pH 值为 7.0±0.5。

7.3 浸水处理的程序

按第 4 章及第 5 章进行试样的制备和条件处理。然后，将试样放入老化容器内作浸水处理。试样应不承受任何物理应力，相邻试样之间也不允许直接接触。该容器中在同一时间应只进行一种型号的热固性模塑材料的试验；在随后的试验中，如果被测试样型号改变，应更换容器中的水。

7.4 浸水处理的温度

应用于由室温固化树脂和高温固化树脂制成试样的处理温度是：

——对温度指数＜100 的模塑热固性材料：90 ℃±2 ℃；

——对温度指数≥100 和≤155 的模塑热固性材料：90 ℃±2 ℃及 120 ℃±2 ℃；

——对温度指数＞155 的模型热固性材料：90 ℃±2 ℃、120 ℃±2 ℃及 140 ℃±2 ℃。

除温度指数＜100 的模塑热固性材料外，试验至少应包括这些温度中的两个。压力容器内的温度应按照 6.2 规定的热电偶测量。

7.5 浸水处理的持续时间

推荐每一温度下浸水处理的时间为 48 h 和 168 h。也可采用 500 h 和 1 000 h 这两个任选的浸水处理周期。

应尽可能缩短从容器中取出试样进行测试而中断的时间。在这过程中损失的水量应予以补充。

8 结果

测得的机械和电气性能试验结果，按性能残值的平均值给出，表示为性能的起始平均值的百分率。按下式计算：

$$P_R = \frac{P(t,T)}{P_c} \times 100\%$$

式中：

P_R——性能保持的百分率；

$P(t,T)$——在时间 t 和温度 T 下的性能平均值；

P_c——性能的起始平均值；

P——可以是 $\tan\delta$(损耗因数)或 ε_r(介电常数)或 σ_{mt}(拉伸强度)。

9 报告

除另有规定外，报告应包括下述内容：

a) 被试材料的完整鉴定，试样尺寸以及制样方法；

b) 试样浸渍处理时所采用的温度；

c) 试样浸渍处理时所持续时间；

d) 每一试验温度和时间下拉伸强度的保持百分率；

e) 每一试验温度和时间下损耗因数和介电常数的保持百分率。

ICS 77.140.50
H 46

中华人民共和国国家标准

GB/T 20887.2—2010

汽车用高强度热连轧钢板及钢带
第2部分:高扩孔钢

Continuously hot rolled high strength steel sheet and strip for automobile—Part 2:High hole expansion steel

2010-09-02 发布 2011-06-01 实施

中华人民共和国国家质量监督检验检疫总局
中国国家标准化管理委员会 发布

前　言

GB/T 20887《汽车用高强度热连轧钢板及钢带》共分为5部分：

——第1部分：冷成形用高屈服强度钢

——第2部分：高扩孔钢

——第3部分：双相钢

——第4部分：相变诱导塑性钢

——第5部分：马氏体钢

本部分为GB/T 20887的第2部分。

本部分的附录A和附录B为资料性附录。

本部分由中国钢铁工业协会提出。

本部分由全国钢标准化技术委员会归口。

本部分起草单位：宝山钢铁股份有限公司、冶金工业信息标准研究院、首钢总公司。

本部分主要起草人：李玉光、涂树林、徐宏伟、黄锦花、于成峰、孙忠明、王晓虎、施鸿雁、许晴、徐海卫、张建苏、陆敏。

汽车用高强度热连轧钢板及钢带 第2部分：高扩孔钢

1 范围

本部分规定了高扩孔钢热连轧钢板及钢带的分类和代号、尺寸、外形、重量、技术要求、检验和试验、包装、标志及质量证明书等。

本部分适用于厚度不大于6 mm的具有高扩孔性能热连轧钢带以及由此横切成的钢板及纵切成的纵切钢带，以下简称钢板及钢带。

2 规范性引用文件

下列文件中的条款通过本部分的引用而成为本部分的条款。凡是注日期的引用文件，其随后所有的修改单(不包括勘误的内容)或修订版均不适用于本部分，然而，鼓励根据本部分达成协议的各方研究是否可使用这些文件的最新版本。凡是不注日期的引用文件，其最新版本适用于本部分。

GB/T 222 钢的成品化学成分允许偏差

GB/T 223.5 钢铁 酸溶硅和全硅含量的测定 还原型硅钼酸盐分光光度法

GB/T 223.9 钢铁及合金 铝含量的测定 铬天青S分光光度法

GB/T 223.12 钢铁及合金化学分析方法 碳酸钠分离-二苯酸铣二肼光度法测定铬量

GB/T 223.17 钢铁及合金化学分析方法 二安替吡啉甲烷光度法测定钛量

GB/T 223.23 钢铁及合金 镍含量的测定 丁二酮肟分光光度法

GB/T 223.26 钢铁及合金 钼含量的测定 硫氰酸盐分光光度法

GB/T 223.54 钢铁及合金化学分析方法 火焰原子吸收分光光度法测定镍量

GB/T 223.59 钢铁及合金 磷含量的测定 铋磷钼蓝分光光度法和锑磷钼蓝分光光度法

GB/T 223.60 钢铁及合金化学分析方法 高氯酸脱水重量法测定硅含量

GB/T 223.62 钢铁及合金化学分析方法 乙酸丁酯萃取光度法测定磷量

GB/T 223.63 钢铁及合金化学分析方法 高碘酸钠(钾)光度法测定锰量

GB/T 223.64 钢铁及合金 锰含量的测定 火焰原子吸收光谱法

GB/T 223.78 钢铁及合金化学分析方法 姜黄素直接光度法测定硼含量

GB/T 228 金属材料 室温拉伸试验方法

GB/T 247 钢板和钢带包装、标志及质量证明书的一般规定

GB/T 709 热轧钢板和钢带的尺寸、外形、重量及允许偏差

GB/T 2975 钢及钢产品 力学性能试验取样位置及试样制备

GB/T 4336 碳素钢和中低合金钢 火花源原子发射光谱分析方法(常规法)

GB/T 6394 金属平均晶粒度测定法

GB/T 8170 数值修约规则与极限数值的表示和判定

GB/T 10561 钢中非金属夹杂物含量的测定——标准评级图显微检验法

GB/T 15825.4 金属薄板成形性能与试验方法 第4部分：扩孔试验

GB/T 17505 钢及钢产品交货一般技术要求

GB/T 20066 钢和铁 化学成分测定用试样的取样和制样方法

GB/T 20123 钢铁 总碳硫含量的测定 高频感应炉燃烧后红外吸收法(常规方法)

GB/T 20125 低合金钢 多元素含量的测定 电感耦合等离子体原子发射光谱法

GB/T 20126 非合金钢 低碳含量的测定 第2部分：感应炉(经预加热)内燃烧后红外吸收法

3 术语和定义

下列术语和定义适用于本部分。

3.1

高扩孔钢 high hole Expansion steels (HE)

高扩孔钢具有较高的抗拉强度、较高的成形性能和良好的凸缘翻边成形性能，显微组织主要为铁素体和贝氏体组织；或主要为强化的铁素体单相组织或贝氏体单相组织等。高扩孔钢有时也称为铁素体贝氏体钢(FB)或高凸缘翻边高强钢(SF)。

4 分类和代号

4.1 钢的牌号由热轧的英文“Hot Rolled”的首位字母“HR”、规定的最小屈服强度值/规定的最小抗拉强度值、和扩孔钢“Hole Expansion”的首位字母“HE”三个部分组成。

示例：HR440/580HE

HR——热轧的英文“Hot Rolled”的首位字母；

440/580——440：规定最小屈服强度值，580：规定最小抗拉强度值；单位为兆帕(MPa)；

HE——扩孔钢的英文“Hole Expansion”的首2位字母。

4.2 钢板及钢带的表面状态分为热轧表面和热轧酸洗表面，当表面状态为热轧酸洗表面时，用代号“P”表示。

4.3 钢板及钢带的表面质量分为普通级表面(FA)和较高级表面(FB)。

5 订货所需信息

5.1 订货时用户需提供以下信息：

a) 产品名称(钢板或钢带)；

b) 本部分号；

c) 牌号；

d) 规格及尺寸、不平度精度；

e) 表面状态、表面质量级别；

f) 边缘状态；

g) 包装方式；

h) 重量；

i) 其他要求。

5.2 订货时，如未说明表面状态，则以热轧表面交货。当表面状态为热轧酸洗表面时，如未说明是否涂油时，则以涂油交货。

6 尺寸、外形、重量及允许偏差

钢板及钢带的尺寸、外形、重量及允许偏差应符合GB/T 709的规定。

7 技术要求

7.1 化学成分

钢的化学成分(熔炼分析)参考值见附录A。如需方对化学成分有要求，应在订货时协商。

7.2 冶炼方法

钢板及钢带所用的钢采用氧气转炉或电炉冶炼。除非另有规定，冶炼方法由供方选择。

7.3 交货状态

7.3.1 钢板及钢带以热轧或控轧状态交货。

7.3.2 钢板及钢带为热轧酸洗表面时，通常以涂油状态供货，所涂油膜应能用碱水溶液去除，在通常的包装、运输、装卸和储存条件下，供方保证自生产完成之日起3个月内不生锈。经供需双方协商，并在合同中注明，热轧酸洗表面也可以不涂油状态交货。不涂油的酸洗钢板及钢带，在运输和加工过程中易产生锈蚀和擦伤。

7.4 力学和工艺性能

钢板及钢带的力学和工艺性能应符合表1的规定。

表 1

牌号	拉伸试验[a]			扩孔率/%
	下屈服强度[b,c] R_{eL}/MPa	抗拉强度 R_m/MPa	断后伸长率 $A_{80\ mm}$/% (L_0=80 mm，b=20 mm)	
HR300/450HE	300～400	≥450	≥24	≥80
HR440/580HE	440～620	≥580	≥14	≥75
HR600/780HE	600～800	≥780	≥12	≥55

a 拉伸试验试样方向为纵向。

b 无明显屈服时采用 $R_{P0.2}$。

c 经供需双方协商同意，对屈服强度下限值可不作要求。

7.5 表面质量

7.5.1 钢板及钢带表面不应有裂纹、结疤、折叠、气泡和夹杂等对使用有害的缺陷，钢板及钢带不应有分层。

7.5.2 钢板及钢带各表面质量级别的特征按表2的规定。

7.5.3 对于钢带，由于没有机会切除带缺陷部分，因此允许带缺陷交货，但有缺陷部分应不超过钢带总长度的6%。

表 2

级别	适用的表面状态	特征
普通级表面(FA)	热轧表面 热轧酸洗表面	表面允许有深度(或高度)不超过钢板及钢带厚度公差之半的麻点、凹面、划痕等轻微、局部的缺陷，但应保证钢板及钢带允许的最小厚度
较高级表面(FB)	热轧酸洗表面	表面允许有不影响成形性的缺陷，如轻微的划伤、轻微压痕、轻微麻点、轻微辊印及色差等

7.6 经供需双方协商并在合同中注明，可补充晶粒度和非金属夹杂测定等。

8 检验和试验

8.1 钢板及钢带的外观用肉眼检查。

8.2 钢板及钢带的尺寸和外形应用合适的测量工具测量。

8.3 每批钢板及钢带的检验项目、试样数量、取样方法和试验方法应符合表3的规定。

表 3

序号	检验项目	试样数量	取样方法	试验方法
1	化学分析	1个/每炉	GB/T 20066	GB/T 223、GB/T 4336、GB/T 20123、GB/T 20125、GB/T 20126
2	拉伸试验	1个	GB/T 2975	GB/T 228
3	扩孔率试验	1组	GB/T 2975	GB/T 15825.4
4	晶粒度	—	—	GB/T 6394
5	非金属夹杂物	—	—	GB/T 10561

8.4 对不切头尾的钢带，试样应在距离轧制钢带头尾大于 6 m 处截取。

8.5 钢板及钢带应成批验收，每批应由重量不大于 40 t 的同牌号、同炉号、同厚度和同轧制制度的钢板或钢带组成。供方在保证技术要求的前提下，可适当调整检验批重量，但每批的最大重量应不大于 75 t。

8.6 钢板及钢带的复验按 GB/T 17505 规定。

9 包装、标志和质量证明书

钢板及钢带的包装、标志及质量证明书应符合 GB/T 247 的规定。

10 数值修约

数值修约按 GB/T 8170 的规定。

11 国内外牌号近似对照

本部分牌号与国外标准牌号的近似对照见附录 B。

附 录 A
（资料性附录）
化学成分参考值

钢的化学成分（熔炼分析）参考值如表 A.1 所示。

表 A.1

<table>
<tr><th rowspan="2">牌 号</th><th colspan="6">化学成分[a]（质量分数）（熔炼分析）/%</th></tr>
<tr><th>C
≤</th><th>Si
≤</th><th>Mn
≤</th><th>P
≤</th><th>S
≤</th><th>Alt[b]
≥</th></tr>
<tr><td>HR300/450HE</td><td rowspan="3">0.18</td><td rowspan="3">1.2</td><td rowspan="3">2.0</td><td rowspan="3">0.050</td><td rowspan="3">0.010</td><td rowspan="3">0.015</td></tr>
<tr><td>HR440/580HE</td></tr>
<tr><td>HR600/780HE</td></tr>
<tr><td colspan="7">a 允许添加其他合金元素，但 Ni+Cr+Mo≤1.5。
b 可用 Als 替代 Alt，此时 Als≥0.010%。</td></tr>
</table>

附 录 B
（资料性附录）
国内外牌号近似对照

本部分牌号与国外标准牌号的近似对照见表 B.1。

表 B.1

GB/T 20887.2—2010	prEN 10338—2007	SAE J2745—2007
HR300/450HE	HDT450F	HHE440T/310Y
HR440/580HE	HDT560F	HHE590T/440Y
HR600/780HE	—	HHE780T/600Y

ICS 77.140.50
H 46

中华人民共和国国家标准

GB/T 20887.3—2010

汽车用高强度热连轧钢板及钢带 第3部分:双相钢

Continuously hot rolled high strength steel sheet and strip for automobile—Part 3:Dual phase steel

2010-09-02 发布

2011-06-01 实施

中华人民共和国国家质量监督检验检疫总局
中国国家标准化管理委员会 发布

前　言

GB/T 20887《汽车用高强度热连轧钢板及钢带》共分为5部分：

——第1部分：冷成形用高屈服强度钢

——第2部分：高扩孔钢

——第3部分：双相钢

——第4部分：相变诱导塑性钢

——第5部分：马氏体钢

本部分为GB/T 20887的第3部分。

本部分的附录A、附录B为资料性附录。

本部分由中国钢铁工业协会提出。

本部分由全国钢标准化技术委员会归口。

本部分起草单位：宝山钢铁股份有限公司、冶金工业信息标准研究院、首钢总公司、湖南华菱涟源钢铁有限公司。

本部分主要起草人：李玉光、涂树林、徐宏伟、黄锦花、于成峰、孙忠明、王晓虎、师莉、焦国华、施鸿雁、许晴、黄镇如、陆敏。

汽车用高强度热连轧钢板及钢带
第3部分:双相钢

1 范围

本部分规定了双相钢热连轧钢板及钢带的分类和代号、尺寸、外形、重量、技术要求、检验和试验、包装、标志及质量证明书等。

本部分适用于厚度不大于6 mm的双相钢热连轧钢带以及由此横切成的钢板及纵切成的纵切钢带,以下简称钢板及钢带。

2 规范性引用文件

下列文件中的条款通过本部分的引用而成为本部分的条款。凡是注日期的引用文件,其随后所有的修改单(不包括勘误的内容)或修订版均不适用于本部分,然而,鼓励根据本部分达成协议的各方研究是否可使用这些文件的最新版本。凡是不注日期的引用文件,其最新版本适用于本部分。

GB/T 222 钢的成品化学成分允许偏差

GB/T 223.5 钢铁 酸溶硅和全硅含量的测定 还原型硅钼酸盐分光光度法

GB/T 223.9 钢铁及合金 铝含量的测定 铬天青S分光光度法

GB/T 223.12 钢铁及合金化学分析方法 碳酸钠分离-二苯碳酰二肼光度法测定铬量

GB/T 223.23 钢铁及合金 镍含量的测定 丁二酮肟分光光度法

GB/T 223.26 钢铁及合金 钼含量的测定 硫氰酸盐分光光度法

GB/T 223.53 钢铁及合金化学分析方法 火焰原子吸收分光光度法测量铜量

GB/T 223.54 钢铁及合金化学分析方法 火焰原子吸收分光光度法测定镍量

GB/T 223.59 钢铁及合金 磷含量的测定 铋磷钼蓝分光光度法和锑磷钼蓝分光光度法

GB/T 223.60 钢铁及合金化学分析方法 高氯酸脱水重量法测定硅含量

GB/T 223.62 钢铁及合金化学分析方法 乙酸丁酯萃取光度法测定磷量

GB/T 223.63 钢铁及合金化学分析方法 高碘酸钠(钾)光度法测定锰量

GB/T 223.64 钢铁及合金 锰含量的测定 火焰原子吸收光谱法

GB/T 223.78 钢铁及合金化学分析方法 姜黄素直接光度法测定硼含量

GB/T 228 金属材料 室温拉伸试验方法

GB/T 247 钢板和钢带包装、标志及质量证明书的一般规定

GB/T 709 热轧钢板和钢带的尺寸、外形、重量及允许偏差

GB/T 2975 钢及钢产品 力学性能试验取样位置及试样制备

GB/T 4336 碳素钢和中低合金钢 火花源原子发射光谱分析方法(常规法)

GB/T 5028 金属材料 薄板和薄带 拉伸应变硬化指数(n值)的测定

GB/T 6394 金属平均晶粒度测定法

GB/T 8170 数值修约规则与极限数值的表示和判定

GB/T 10561 钢中非金属夹杂物含量的测定——标准评级图显微检验法

GB/T 17505 钢及钢产品交货一般技术要求

GB/T 20066 钢和铁 化学成分测定用试样的取样和制样方法

GB/T 20123 钢铁 总碳硫含量的测定 高频感应炉燃烧后红外吸收法(常规方法)

GB/T 20125　低合金钢　多元素含量的测定　电感耦合等离子体原子发射光谱法
GB/T 20126　非合金钢　低碳含量的测定　第2部分:感应炉(经预加热)内燃烧后红外吸收法
GB/T 24174　钢　烘烤硬化值(BH2)的测定方法

3　术语和定义

下列术语和定义适用于本部分。

3.1

双相钢　dual phase steels (DP)

钢的显微组织主要为铁素体和马氏体,马氏体组织以岛状弥散分布在铁素体基体上。双相钢无时效,具有低的屈强比和较高的加工硬化指数以及烘烤硬化值。

4　分类和代号

4.1　钢的牌号由热轧的英文"Hot Rolled"的首位字母"HR"、规定最小屈服强度值/规定最小抗拉强度值,和双相钢"Dual phase"的首位字母"DP"三个部分组成。

示例:HR450/780DP

HR——热轧的英文"Hot Rolled"的首位字母;

450/780——450:规定最小屈服强度值,780:规定最小抗拉强度值,单位为兆帕(MPa);

DP——双相钢的英文"Dual phase"的首位字母。

4.2　钢板及钢带的表面状态分为热轧表面和热轧酸洗表面,当表面状态为热轧酸洗表面时,用代号"P"表示。

4.3　钢板及钢带的表面质量分为普通级表面(FA)和较高级表面(FB)。

5　订货所需信息

5.1　订货时用户需提供以下信息:

a)　产品名称(钢板或钢带);
b)　本部分号;
c)　牌号;
d)　规格及尺寸、不平度精度;
e)　表面状态、表面质量级别;
f)　边缘状态;
g)　包装方式;
h)　重量;
i)　其他要求。

5.2　订货时,如未说明表面状态,则以热轧表面交货。当表面状态为热轧酸洗表面时,如未说明是否涂油时,则以涂油交货。

6　尺寸、外形、重量及允许偏差

钢板及钢带的尺寸、外形、重量及允许偏差应符合GB/T 709的规定。

7　技术要求

7.1　化学成分

钢的化学成分(熔炼分析)参考值见附录A。如需方对化学成分有要求,应在订货时协商。

7.2　冶炼方法

钢板及钢带所用的钢采用氧气转炉或电炉冶炼。除非另有规定,冶炼方法由供方选择。

7.3 交货状态

7.3.1 钢板及钢带以热轧或控轧状态交货。

7.3.2 钢板及钢带为热轧酸洗表面时，通常以涂油状态供货，所涂油膜应能用碱水溶液去除，在通常的包装、运输、装卸和储存条件下，供方保证自生产完成之日起3个月内不生锈。经供需双方协商，并在合同中注明，热轧酸洗表面也可以不涂油状态交货。不涂油的酸洗钢板及钢带，在运输和加工过程中易产生锈蚀和擦伤。

7.4 力学和工艺性能

7.4.1 钢板及钢带的力学和工艺性能应符合表1的规定。

7.4.2 对于n值，供方如能保证可不进行试验。

表 1

牌号	拉伸试验[a]			n值
	下屈服强度[b] R_{eL}/MPa	抗拉强度 R_m/MPa	断后伸长率 $A_{80\ mm}$/% (L_0=80 mm, b=20 mm)	
HR330/580DP	330～470	≥580	≥19	≥0.14
HR450/780DP	450～610	≥780	≥14	≥0.11

a 拉伸试验试样方向为纵向（n值的试样方向问题，或改为试样方向为纵向）。

b 无明显屈服时采用$R_{P0.2}$。

7.5 表面质量

7.5.1 钢板及钢带表面不应有裂纹、结疤、折叠、气泡和夹杂等对使用有害的缺陷，钢板及钢带不应有分层。

7.5.2 钢板及钢带各表面质量级别的特征按表2的规定。

7.5.3 对于钢带，由于没有机会切除带缺陷部分，因此允许带缺陷交货，但有缺陷部分应不超过钢带总长度的6%。

表 2

级别	适用的表面状态	特征
普通级表面（FA）	热轧表面 热轧酸洗表面	表面允许有深度（或高度）不超过钢板及钢带厚度公差之半的麻点、凹面、划痕等轻微、局部的缺陷，但应保证钢板及钢带允许的最小厚度
较高级表面（FB）	热轧酸洗表面	表面允许有不影响成形性的缺陷，如轻微的划伤、轻微压痕、轻微麻点、轻微辊印及色差等

7.6 经供需双方协商并在合同中注明，可补充烘烤硬化值、晶粒度和非金属夹杂测定。

8 检验和试验

8.1 钢板及钢带的外观用肉眼检查。

8.2 钢板及钢带的尺寸和外形应用合适的测量工具测量。

8.3 n值是在10%～20%应变范围内计算得到的。当均匀伸长率小于20%时，其应变范围为10%至均匀伸长结束；当均匀伸长率小于10%时，其应变范围为5%至均匀伸长结束。

8.4 每批钢板及钢带的检验项目、试样数量、取样方法和试验方法应符合表3的规定。

表 3

序号	检验项目	试样数量/个	取样方法	试验方法
1	化学分析	1/每炉	GB/T 20066	GB/T 223、GB/T 4336、GB/T 20123、GB/T 20125、GB/T 20126
2	拉伸	1	GB/T 2975	GB/T 228
3	n 值	1	GB/T 2975	GB/T 5028 和 8.3
4	BH_2	1	GB/T 2975	GB/T 24174
5	晶粒度	—	—	GB/T 6394
6	非金属夹杂物	—	—	GB/T 10561

8.5 对不切头尾的钢带，试样应在距离轧制钢带头尾大于 6 m 处截取。

8.6 钢板及钢带应成批验收，每批应由重量不大于 40 t 的同牌号、同炉号、同厚度和同轧制制度的钢板或钢带组成。供方在保证技术要求的前提下，可适当调整检验批重量，但每批的最大重量应不大于 75 t。

8.7 钢板及钢带的复验按 GB/T 17505 规定。

9 包装、标志和质量证明书

钢板及钢带的包装、标志及质量证明书应符合 GB/T 247 的规定。

10 数值修约

数值修约按 GB/T 8170 的规定。

11 国内外牌号近似对照

本部分牌号与国外标准牌号的近似对照见附录 B。

附 录 A
（资料性附录）
化学成分参考值

钢的化学成分（熔炼分析）参考值如表 A.1 所示。

表 A.1

牌 号	化学成分[a]（质量分数）（熔炼分析）/%							
	C ≤	Si ≤	Mn ≤	P ≤	S ≤	Alt[b] ≥	Cu ≤	B ≤
HR330/580DP	0.23	2.00	3.30	0.090	0.015	0.015	0.40	0.006
HR450/780DP								

[a] 允许添加其他合金元素，但 Ni+Cr+Mo≤1.5。

[b] 可用 Als 替代 Alt，此时 Als≥0.010%。

附　录　B
（资料性附录）
国内外牌号近似对照

本部分牌号与国外标准牌号的近似对照见表B.1。

表B.1

GB/T 20887.3—2010	prEN 10338—2007	SAE J2745—2007	JIS G3134—2006	JFS A1001—1998
—	—	—	SPFH540Y	JSH540Y
HR330/580DP	HDT580X	DP590T/300Y	SPFH590Y	JSH590Y
HR450/780DP	—	DP780T/380Y	—	JSH780Y

ICS 77.140.50
H 46

中华人民共和国国家标准

GB/T 20887.4—2010

汽车用高强度热连轧钢板及钢带 第4部分:相变诱导塑性钢

Continuously hot rolled high strength steel sheet and strip for automobile—Part 4: Transformation induced plasticity steel

2010-09-02 发布　　2011-06-01 实施

中华人民共和国国家质量监督检验检疫总局
中国国家标准化管理委员会　发布

前　言

GB/T 20887《汽车用高强度热连轧钢板及钢带》共分为5部分：

——第1部分：冷成形用高屈服强度钢

——第2部分：高扩孔钢

——第3部分：双相钢

——第4部分：相变诱导塑性钢

——第5部分：马氏体钢

本部分为GB/T 20887的第4部分。

本部分的附录A和附录B为资料性附录。

本部分由中国钢铁工业协会提出。

本部分由全国钢标准化技术委员会归口。

本部分起草单位：宝山钢铁股份有限公司、冶金工业信息标准研究院、首钢总公司。

本部分主要起草人：李玉光、黄锦花、徐宏伟、涂树林、孙忠明、于成峰、王晓虎、师莉、施鸿雁、许晴、陆敏、张建苏。

汽车用高强度热连轧钢板及钢带 第4部分：相变诱导塑性钢

1 范围

本部分规定了相变诱导塑性钢热连轧钢板及钢带的分类和代号、尺寸、外形、重量、技术要求、检验和试验、包装、标志及质量证明书等。

本部分适用于厚度不大于6 mm的相变诱导塑性钢热连轧钢带以及由此横切成的钢板及纵切成的纵切钢带，以下简称钢板及钢带。

2 规范性引用文件

下列文件中的条款通过本部分的引用而成为本部分的条款。凡是注日期的引用文件，其随后所有的修改单(不包括勘误的内容)或修订版均不适用于本部分，然而，鼓励根据本部分达成协议的各方研究是否可使用这些文件的最新版本。凡是不注日期的引用文件，其最新版本适用于本部分。

GB/T 222　钢的成品化学成分允许偏差

GB/T 223.5　钢铁　酸溶硅和全硅含量的测定　还原型硅钼酸盐分光光度法

GB/T 223.9　钢铁及合金　铝含量的测定　铬天青S分光光度法

GB/T 223.12　钢铁及合金化学分析方法　碳酸钠分离-二苯酸铣二肼光度法测定铬量

GB/T 223.23　钢铁及合金　镍含量的测定　丁二酮肟分光光度法

GB/T 223.26　钢铁及合金　钼含量的测定　硫氰酸盐分光光度法

GB/T 223.53　钢铁及合金化学分析方法　火焰原子吸收分光光度法测量铜量

GB/T 223.54　钢铁及合金化学分析方法　火焰原子吸收分光光度法测定镍量

GB/T 223.59　钢铁及合金　磷含量的测定　铋磷钼蓝分光光度法和锑磷钼蓝分光光度法

GB/T 223.60　钢铁及合金化学分析方法　高氯酸脱水重量法测定硅含量

GB/T 223.62　钢铁及合金化学分析方法　乙酸丁酯萃取光度法测定磷量

GB/T 223.63　钢铁及合金化学分析方法　高碘酸钠(钾)光度法测定锰量

GB/T 223.64　钢铁及合金　锰含量的测定　火焰原子吸收光谱法

GB/T 228　金属材料　室温拉伸试验方法

GB/T 247　钢板和钢带包装、标志及质量证明书的一般规定

GB/T 709　热轧钢板和钢带的尺寸、外形、重量及允许偏差

GB/T 2975　钢及钢产品　力学性能试验取样位置及试样制备

GB/T 4336　碳素钢和中低合金钢　火花源原子发射光谱分析方法(常规法)

GB/T 5028　金属材料　薄板和薄带　拉伸应变硬化指数(n值)的测定

GB/T 6394　金属平均晶粒度测定法

GB/T 8170　数值修约规则与极限数值的表示和判定

GB/T 10561　钢中非金属夹杂物含量的测定——标准评级图显微检验法

GB/T 17505　钢及钢产品交货一般技术要求

GB/T 20066　钢和铁　化学成分测定用试样的取样和制样方法

GB/T 20123　钢铁　总碳硫含量的测定　高频感应炉燃烧后红外吸收法(常规方法)

GB/T 20125　低合金钢　多元素含量的测定　电感耦合等离子体原子发射光谱法

GB/T 20126 非合金钢 低碳含量的测定 第2部分:感应炉(经预加热)内燃烧后红外吸收法

GB/T 24174 钢 烘烤硬化值(BH2)的测定方法

3 术语和定义

下列术语和定义适用于本部分。

3.1

相变诱导塑性钢 transformation induced plasticity steels (TR)

钢的显微组织为铁素体、贝氏体和残余奥氏体。在成形过程中,残余奥氏体可相变为马氏体组织。该钢具有较高的加工硬化率、均匀伸长率和抗拉强度。与同等抗拉强度的双相钢相比,具有更高的延伸率。

4 分类和代号

4.1 钢的牌号由热轧的英文"Hot Rolled"的首位字母"HR"、规定最小屈服强度值/规定最小抗拉强度值,和相变诱导塑性的英文"Transformation Induced Plasticity"的首两位英文字母"TR"三个部分组成。

示例:HR400/590TR

HR——热轧的英文"Hot Rolled"的首位字母;

400/590——400:规定最小屈服强度值;590:规定最小抗拉强度值,单位为兆帕(MPa);

TR——相变诱导塑性的英文"Transformation Induced Plasticity"的首两位英文字母。

4.2 钢板及钢带的表面状态分为热轧表面和热轧酸洗表面,当表面状态为热轧酸洗表面时,用代号"P"表示。

4.3 钢板及钢带的表面质量分为普通级表面(FA)和较高级表面(FB)。

5 订货所需信息

5.1 订货时用户需提供以下信息:

a) 产品名称(钢板或钢带);
b) 本部分号;
c) 牌号;
d) 规格及尺寸精度;
e) 表面状态、表面质量级别;
f) 边缘状态;
g) 包装方式;
h) 重量;
i) 其他要求。

5.2 订货时,如未说明表面状态,则以热轧表面交货。当表面状态为热轧酸洗表面时,如未说明是否涂油时,则以涂油交货。

6 尺寸、外形、重量及允许偏差

钢板及钢带的尺寸、外形、重量及允许偏差应符合GB/T 709的规定。

7 技术要求

7.1 化学成分

钢的化学成分(熔炼分析)参考值见附录A。如需方对化学成分有要求,应在订货时协商。

7.2　冶炼方法

钢板及钢带所用的钢采用氧气转炉或电炉冶炼。除非另有规定，冶炼方法由供方选择。

7.3　交货状态

7.3.1　钢板及钢带以热轧或控轧状态交货。

7.3.2　钢板及钢带为热轧酸洗表面时，通常以涂油状态供货，所涂油膜应能用碱水溶液去除，在通常的包装、运输、装卸和储存条件下，供方保证自生产完成之日起3个月内不生锈。经供需双方协商，并在合同中注明，热轧酸洗表面也可以不涂油状态交货。不涂油的酸洗钢板及钢带，在运输和加工过程中易产生锈蚀和擦伤。

7.4　力学和工艺性能

7.4.1　钢板及钢带的力学和工艺性能应符合表1的规定。

7.4.2　对于 n 值，供方如能保证可不进行试验。

表 1

牌　号	拉伸试验[a]			n 值 (10%～20%)
	下屈服强度[b] R_{eL}/MPa	抗拉强度 R_m/MPa	断后伸长率 $A_{80\ mm}$/% (L_0=80 mm, b=20 mm)	
HR400/590TR	≥400	≥590	≥24	≥0.19
HR450/780TR	≥450	≥780	≥20	≥0.15

a　拉伸试验试样为纵向试样。

b　无明显屈服时采用 $R_{P0.2}$。

7.5　表面质量

7.5.1　钢板及钢带表面不应有裂纹、结疤、折叠、气泡和夹杂等对使用有害的缺陷，钢板及钢带不应有分层。

7.5.2　钢板及钢带各表面质量级别的特征按表2的规定。

7.5.3　对于钢带，由于没有机会切除带缺陷部分，因此允许带缺陷交货，但有缺陷部分应不超过钢带总长度的6%。

表 2

级　别	适用的表面状态	特　　征
普通级表面 (FA)	热轧表面 热轧酸洗表面	表面允许有深度(或高度)不超过钢板及钢带厚度公差之半的麻点、凹面、划痕等轻微、局部的缺欠，但应保证钢板及钢带允许的最小厚度
较高级表面 (FB)	热轧酸洗表面	表面允许有不影响成形性的缺欠，如轻微的划伤、轻微压痕、轻微麻点、轻微辊印及色差等

7.6　经供需双方协商并在合同中注明，可烘烤硬化值、补充晶粒度和非金属夹杂测定。

8　检验和试验

8.1　钢板及钢带的外观用肉眼检查。

8.2　钢板及钢带的尺寸和外形应用合适的测量工具测量。

8.3　n 值是在10%～20%应变范围内计算得到的。当均匀伸长率小于20%时，其应变范围为10%至均匀伸长结束；当均匀伸长率小于10%时，其应变范围为5%至均匀伸长结束。

8.4　每批钢板及钢带的检验项目、试样数量、取样方法和试验方法应符合表3的规定。

表 3

序号	检验项目	试样数量/个	取样方法	试验方法
1	化学分析	1/每炉	GB/T 20066	GB/T 223、GB/T 4336、GB/T 20123、GB/T 20125、GB/T 20126
2	拉伸	1	GB/T 2975	GB/T 228
3	*n* 值	1	GB/T 2975	GB/T 5028 和 8.3
4	晶粒度	—	—	GB/T 6394
5	非金属夹杂物	—	—	GB/T 10561

8.5　对不切头尾的钢带，试样应在距离轧制钢带头尾大于 6 m 处截取。

8.6　钢板及钢带应成批验收，每批应由重量不大于 40 t 的同牌号、同炉号、同厚度和同轧制制度的钢板或钢带组成。供方在保证技术要求的前提下，可适当调整检验批重量，但每批的最大重量应不大于 75 t。

8.7　钢板及钢带的复验按 GB/T 17505 规定。

9　包装、标志和质量证明书

钢板及钢带的包装、标志及质量证明书应符合 GB/T 247 的规定。

10　数值修约

数值修约按 GB/T 8170 的规定。

11　国内外牌号近似对照

本部分牌号与国外标准牌号的近似对照见附录 B。

附 录 A
（资料性附录）
化学成分参考值

钢的化学成分（熔炼分析）参考值如表 A.1 所示。

表 A.1

牌 号	化学成分[a]（质量分数）/%						
	C ≤	Si ≤	Mn ≤	P ≤	S ≤	Alt[b] ≥	Cu ≤
HR400/590TR	0.30	2.20	2.50	0.090	0.015	0.015	0.20
HR450/780TR							

a 允许添加其他合金元素，但 Ni+Cr+Mo≤1.5。

b 可用 Als 替代 Alt，此时 Als≥0.010%。

附 录 B
（资料性附录）
国内外牌号近似对照

本部分牌号与国外标准牌号的近似对照见表 B.1。

表 B.1

GB/T 20887.4—2010	SAE J2745—2007
HR400/590TR	TRIP 590T/400Y
HR450/780TR	TRIP 780T/450Y

ICS 77.140.50
H 46

中华人民共和国国家标准

GB/T 20887.5—2010

汽车用高强度热连轧钢板及钢带 第5部分:马氏体钢

Continuously hot rolled high strength steel sheet and strip for automobile—Part 5:Martensitic steel

2010-09-02 发布　　2011-06-01 实施

中华人民共和国国家质量监督检验检疫总局
中国国家标准化管理委员会　发布

前　言

GB/T 20887《汽车用高强度热连轧钢板及钢带》共分为5部分：

——第1部分：冷成形用高屈服强度钢

——第2部分：高扩孔钢

——第3部分：双相钢

——第4部分：相变诱导塑性钢

——第5部分：马氏体钢

本部分为GB/T 20887的第5部分。

本部分的附录A和附录B为资料性附录。

本部分由中国钢铁工业协会提出。

本部分由全国钢标准化技术委员会归口。

本部分起草单位：宝山钢铁股份有限公司、冶金工业信息标准研究院、首钢总公司。

本部分主要起草人：李玉光、黄锦花、徐宏伟、涂树林、于成峰、孙忠明、王晓虎、徐海卫、施鸿雁、许晴、黄镇如、陆敏。

汽车用高强度热连轧钢板及钢带 第5部分：马氏体钢

1 范围

本部分规定了马氏体钢热连轧钢板及钢带的分类和代号、尺寸、外形、重量、技术要求、检验和试验、包装、标志及质量证明书等。

本部分适用于厚度不大于6 mm的马氏体钢热连轧钢带以及由此横切成的钢板及纵切成的纵切钢带，以下简称钢板及钢带。

2 规范性引用文件

下列文件中的条款通过本部分的引用而成为本部分的条款。凡是注日期的引用文件，其随后所有的修改单(不包括勘误的内容)或修订版均不适用于本部分，然而，鼓励根据本部分达成协议的各方研究是否可使用这些文件的最新版本。凡是不注日期的引用文件，其最新版本适用于本部分。

GB/T 222 钢的成品化学成分允许偏差

GB/T 223.5 钢铁 酸溶硅和全硅含量的测定 还原型硅钼酸盐分光光度法

GB/T 223.9 钢铁及合金 铝含量的测定 铬天青S分光光度法

GB/T 223.12 钢铁及合金化学分析方法 碳酸钠分离-二苯酸铣二肼光度法测定铬量

GB/T 223.23 钢铁及合金 镍含量的测定 丁二酮肟分光光度法

GB/T 223.26 钢铁及合金 钼含量的测定 硫氰酸盐分光光度法

GB/T 223.53 钢铁及合金化学分析方法 火焰原子吸收分光光度法测量铜量

GB/T 223.54 钢铁及合金化学分析方法 火焰原子吸收分光光度法测定镍量

GB/T 223.59 钢铁及合金 磷含量的测定 铋磷钼蓝分光光度法和锑磷钼蓝分光光度法

GB/T 223.60 钢铁及合金化学分析方法 高氯酸脱水重量法测定硅含量

GB/T 223.62 钢铁及合金化学分析方法 乙酸丁酯萃取光度法测定磷量

GB/T 223.63 钢铁及合金化学分析方法 高碘酸钠(钾)光度法测定锰量

GB/T 223.64 钢铁及合金 锰含量的测定 火焰原子吸收光谱法

GB/T 228 金属材料 室温拉伸试验方法

GB/T 232 金属材料 弯曲试验方法

GB/T 247 钢板和钢带包装、标志及质量证明书的一般规定

GB/T 709 热轧钢板和钢带的尺寸、外形、重量及允许偏差

GB/T 2975 钢及钢产品 力学性能试验取样位置及试样制备

GB/T 4336 碳素钢和中低合金钢 火花源原子发射光谱分析方法(常规法)

GB/T 6394 金属平均晶粒度测定法

GB/T 8170 数值修约规则与极限数值的表示和判定

GB/T 10561 钢中非金属夹杂物含量的测定——标准评级图显微检验法

GB/T 17505 钢及钢产品交货一般技术要求

GB/T 20066 钢和铁 化学成分测定用试样的取样和制样方法

GB/T 20123 钢铁 总碳硫含量的测定 高频感应炉燃烧后红外吸收法(常规方法)

GB/T 20125 低合金钢 多元素含量的测定 电感耦合等离子体原子发射光谱法

GB/T 20126 非合金钢 低碳含量的测定 第2部分:感应炉(经预加热)内燃烧后红外吸收法

3 术语和定义

下列术语和定义适用于本部分。

3.1

马氏体钢 martensitic steels (MS)

钢的显微组织几乎全部为马氏体组织,马氏体钢具有较高的强度和一定的成形性能。

4 分类和代号

4.1 钢的牌号由热轧的英文"Hot Rolled"的首位字母"HR"、规定最小屈服强度值/规定最小抗拉强度值,和马氏体钢的英文"Martensitic steel"的首位字母"MS"三个部分组成。

示例:HR900/1200MS

HR——热轧的英文"Hot Rolled"的首位字母;

900/1200——900:规定最小屈服强度值;1200:规定最小抗拉强度值,单位为兆帕(MPa);

MS——马氏体的英文"Martensitic steel"的首位字母。

5 订货所需信息

订货时用户需提供以下信息:

a) 产品名称(钢板或钢带);

b) 本部分号;

c) 牌号;

d) 规格及尺寸精度;

e) 边缘状态;

f) 包装方式;

g) 重量;

h) 其他要求。

6 尺寸、外形、重量及允许偏差

钢板及钢带的尺寸、外形、重量及允许偏差应符合GB/T 709的规定。

7 技术要求

7.1 化学成分

钢的化学成分(熔炼分析)参考值见附录A。如需方对化学成分有要求,应在订货时协商。

7.2 冶炼方法

钢板及钢带所用的钢采用氧气转炉或电炉冶炼。除非另有规定,冶炼方法由供方选择。

7.3 交货状态

钢板及钢带以热轧或控轧状态交货。

7.4 力学和工艺性能

7.4.1 钢板及钢带的力学和工艺性能应符合表1的规定。

7.4.2 弯曲试验后，试样的外侧面不得有肉眼可见的裂纹。

表 1

牌号	拉伸试验[a]			180°弯曲试验[b]（d—弯心直径 a—试样厚度）
	下屈服强度[c,d] R_{eL}/MPa	抗拉强度 R_m/MPa	断后伸长率 $A_{80\ mm}$/%（L_0=80 mm，b=20 mm）	
HR900/1200MS	900～1 150	≥1 200	≥5	$d=8a$
HR1050/1400MS	1 050～1 250	≥1 400	≥4	$d=8a$

[a] 拉伸试验试样方向为纵向。

[b] 弯曲试验规定值适用于横向试样。

[c] 无明显屈服时采用 $R_{P0.2}$。

[d] 经供需双方协商同意，对屈服强度下限值可不作要求。

7.5 表面质量

7.5.1 钢板及钢带表面不应有裂纹、结疤、折叠、气泡和夹杂等对使用有害的缺陷，钢板及钢带不应有分层。

7.5.2 表面允许有深度（或高度）不超过钢板及钢带厚度公差之半的麻点、凹面、划痕等轻微、局部的缺陷，但应保证钢板及钢带允许的最小厚度。

7.5.3 对于钢带，由于没有机会切除带缺陷部分，因此允许带缺陷交货，但有缺陷部分应不超过钢带总长度的 6%。

7.6 经供需双方协商并在合同中注明，可补充晶粒度和非金属夹杂测定。

8 检验和试验

8.1 钢板及钢带的外观用肉眼检查。

8.2 钢板及钢带的尺寸和外形应用合适的测量工具测量。

8.3 每批钢板及钢带的检验项目、试样数量、取样方法和试验方法应符合表 2 的规定。

表 2

序号	检验项目	试样数量/个	取样方法	试验方法
1	化学分析	1/每炉	GB/T 20066	GB/T 223、GB/T 4336、GB/T 20123、GB/T 20125、GB/T 20126
2	拉伸试验	1	GB/T 2975	GB/T 228
3	弯曲试验	1	GB/T 2975	GB/T 232
4	晶粒度	—	—	GB/T 6394
5	非金属夹杂物	—	—	GB/T 10561

8.4 对不切头尾的钢带，试样应在距离轧制钢带头尾大于 6 m 处截取。

8.5 钢板及钢带应成批验收，每批应由重量不大于 40 t 的同牌号、同炉号、同厚度和同轧制制度的钢板或钢带组成。供方在保证技术要求的前提下，可适当调整检验批重量，但每批的最大重量应不大于 75 t。

8.6 钢板及钢带的复验按 GB/T 17505 规定。

9 包装、标志和质量证明书

钢板及钢带的包装、标志及质量证明书应符合 GB/T 247 的规定。

10 数值修约

数值修约按 GB/T 8170 的规定。

11 国内外牌号近似对照

本部分牌号与国外标准牌号的近似对照见附录 B。

附 录 A
（资料性附录）
化学成分参考值

钢的化学成分（熔炼分析）参考值如表 A.1 所示。

表 A.1

牌　　号	化学成分[a]（质量分数）/%						
	C ≤	Si ≤	Mn ≤	P ≤	S ≤	Alt[b] ≥	Cu ≤
HR900/1200MS HR1050/1400MS	0.30	2.20	3.00	0.020	0.025	0.015	0.30

[a] 允许添加其他合金元素，但 Ni+Cr+Mo≤1.5。

[b] 可用 Als 替代 Alt，此时 Als≥0.010%。

附 录 B
（资料性附录）
国内外牌号近似对照

本部分牌号与国外标准牌号的近似对照见表 B.1。

表 B.1

GB/T 20887.5—2010	prEN 10338:2007(E)
HR900/1200MS	HDT1200M
HR1050/1400MS	—

ICS 97.130.20
J 73

中华人民共和国国家标准

GB/T 21001.3—2010

冷藏陈列柜
第3部分：试验评定

**Refrigerated display cabinets—
Part 3: Test rating**

2010-08-09 发布　　　　2010-12-01 实施

中华人民共和国国家质量监督检验检疫总局
中国国家标准化管理委员会　发布

前 言

GB/T 21001《冷藏陈列柜》分为以下3个部分：

——第1部分：术语；

——第2部分：分类、要求和试验条件；

——第3部分：试验评定。

本部分为GB/T 21001的第3部分。本部分是对GB/T 21001.2《冷藏陈列柜 第2部分：分类、要求和试验条件》的补充。

本部分由中华人民共和国商务部提出。

本部分由全国制冷标准化技术委员会冷藏柜分技术委员会归口。

本部分负责起草单位：国家商用制冷设备质量监督检验中心、大连三洋冷链有限公司、江苏白雪电器股份有限公司、山东小鸭集团有限责任公司、江苏格林电器有限公司、上海芙蓉实业有限公司、天津商业大学冷冻冷藏技术教育部工程研究中心、上海海立中野冷机有限公司、哈尔滨商业大学、杭州银都餐饮设备有限公司、北京二商福岛机电有限公司、北京工业大学、海信容声(广东)冷柜有限公司、广东星星制冷设备有限公司、爱普塔(青岛)商业设施有限公司、河南兆邦电器有限公司。

本部分主要起草人：刘小朋、申江、孙钟皓、杨一帆、肖杨、严志刚、薛恒荣、周小波、梁俊凯、王晓峰、蒋小林、黄子明、程凯、闫泽生、李红旗、张林强、李雪艳、马献生、杨波。

引　言

随着人们生活质量的提高，食品保鲜、食品卫生、食品安全的要求越来越受到公众的关注和重视，制冷陈列柜在食品销售环节上的作用愈显关键。近年我国制冷陈列柜的生产量逐年提高，一些远销国外。为此，2006年～2007年全国制冷标准化技术委员会组织起草了国家标准GB/T 21001.1—2007《冷藏陈列柜　第1部分：术语》、GB/T 21001.2—2007《冷藏陈列柜　第2部分：分类、要求和试验条件》。GB/T 21001《冷藏陈列柜》的该两部分等同采用国际标准ISO 23953-1:2005和ISO 23953-2:2005，它们的发布填补了我国制冷陈列柜产品国家标准的空白。然而，该标准的前两部分仅规定了要求和试验条件的原则，没有详细规定具体的试验评定指标，也没有规定型式试验和出厂试验的项目、不合格分类和评定标准，不便于我国的实际应用。为了统一这些产品在国内的评定标准，特制定了本部分。本部分是国家标准GB/T 21001.2—2007《冷藏陈列柜　第2部分：分类、要求和试验条件》的补充，本部分的技术内容和适用对象不超出前两部分规定的原则和范围。

GB/T 21001的本部分对规范制冷陈列柜的要求和试验评定有重要意义，并有利于制冷陈列柜系列产品的研发、生产、销售、使用和管理。

冷藏陈列柜
第3部分:试验评定

1 范围

GB/T 21001 的本部分规定了用于销售和陈列食品的冷藏陈列柜的安全和性能的试验评定方法和评定依据标准。

本部分适用于用于销售和陈列食品的冷藏陈列柜。

本部分不适用于制冷自动售货机和拟用于餐饮的非零售用的冷藏柜。

2 规范性引用文件

下列文件中的条款通过 GB/T 21001 的本部分的引用而成为本部分的条款。凡是注日期的引用文件,其随后所有的修改单(不包括勘误的内容)或修订版均不适用于本部分,然而,鼓励根据本部分达成协议的各方研究是否可使用这些文件的最新版本。凡是不注日期的引用文件,其最新版本适用于本部分。

GB 4706.1—2005 家用和类似用途电器的安全 第1部分:通用要求

GB/T 21001.1—2007 冷藏陈列柜 第1部分:术语

GB/T 21001.2—2007 冷藏陈列柜 第2部分:分类、要求和试验条件

SB 10424—2007 家用和类似用途电器的安全 自携或远置冷凝机组或压缩机的商用制冷器具的特殊要求

ISO 817 制冷剂 编号

EN 378-2 制冷系统和热泵 安全与环境要求 第2部分:设计、结构、试验和等级

3 术语和定义

GB/T 21001.1—2007 和 GB/T 21001.2—2007 确立的术语和定义、符号和缩略语以及下列术语和定义适用于 GB/T 21001 的本部分。

3.1

额定值 rated

由制造商标称的数值,如:总展示面积 TDA,容积,柜内温度,能耗。

4 要求

4.1 结构

应符合 GB/T 21001.2—2007 中 4.1 的要求。

4.1.1 几何尺寸

按 GB/T 21001.2—2007 的规定进行测量的外形线性尺寸(如总安装尺寸)值与额定值的误差不应超过±0.3%额定值±3 mm。

4.1.2 总展示面积(TDA)和净容积

按 GB/T 21001.2—2007 的规定,实际测量的总展示面积应不小于额定值,实际测量的净容积应不小于额定值。

4.1.3 安全要求

应符合 GB 4706.1—2005 和 SB 10424—2007 的要求。

4.2 运行特性

4.2.1 温度

陈列柜的温度性能应符合 GB/T 21001.2—2007 表 1 所规定的制造商明示的类型之一，其温度性能应按 GB/T 21001.2—2007 中 5.3.3 所说明的条件和试验方法进行验证。

陈列柜应满足 GB/T 21001.2—2007 表 1 规定的温度要求；特殊类型的应满足制造商说明书的规定。

特殊类型中制造商只规定柜内温度额定值而未规定温度范围时，应满足下列要求：

——额定值为－1 ℃以上温度的陈列柜

最热 M-包的最高温度　　θ_{ah}≤额定值＋3 K，

最冷 M-包的最低温度　　θ_{b}≥额定值－2 K；

——额定值为－1 ℃及以下温度的陈列柜

最热 M-包的最高温度　　θ_{ah}≤额定值＋3 K，

所有 M-包的总平均温度　　θ_{m}≤额定值。

4.2.2 能耗

按 GB/T 21001.2—2007 的规定，陈列柜的排热率和电能消耗实际测量值均不应超过额定值。

4.2.3 能效

按 GB/T 21001.2—2007 的试验方法得出的能耗系数不应超过额定值，能效等级应符合国家相关能效标准的要求。

5 检验规则

5.1 型式检验

5.1.1 要求

当检验陈列柜的性能时，所有的检验都应在同一台样机上进行。这些检验也可单独用于一些特殊性能的研究。型式检验应包括表 1 中所列的全部项目。

表 1 型式检验项目和评定

项目分类	序号	检测项目	依据标准	相关章条号和判定内容	不合格说明	不合格分类
安全要求	1	标志和说明	GB 4706.1—2005 SB 10424—2007	7.1 中的"额定电压"	缺失	A
					不规范	C
				7.1 中的"额定电流"	缺失	A
					不规范	C
				7.1 中的"可燃制冷剂的警告符号"	缺失	A
					不规范	C
				7.2	不符合	A
				7.12 中的"使用可燃制冷剂的器具的警告语"	不符合	A
				7.12.2	不符合	A
				7.12.3	不符合	A
				7.12.5	不符合	A
				第 7 章其他条款	不符合	C
	2	除标志和说明以外的其他项目	GB 4706.1—2005 SB 10424—2007	除第 7 章以外的其他章条	不符合	A

表 1（续）

项目分类	序号	检测项目	依据标准	相关章条号和判定内容		不合格说明	不合格分类
特性和性能	3	结构	GB/T 21001.2—2007	4.1.1 通则	4.1.1.1　强度和刚度	不符合	C
					4.1.1.2　管路与连接件		
					4.1.1.3　冷凝排水		
					4.1.1.4　封闭式陈列柜（自助销售式）（不含凝露试验和密封性能）		
					4.1.1.5　接口和接缝		
					4.1.1.6　污渍防护		
				4.1.2 材料	4.1.2.1 中的“不应产生霉变或异味，正常使用条件下，与食物接触的材料应防潮、无毒和无污染”	不符合	A
					4.1.2.1 中的“材料应耐用”	不符合	C
					4.1.2.2　防磨		
					4.1.2.3　防腐		
				4.1.3 绝热	4.1.3.1　效率（不含凝露的判定）	不符合	C
					4.1.3.2　隔汽层		
					4.1.3.3　绝热材料隔离		
				4.1.4 制冷系统（不含 4.1.4.2）	4.1.4.1　设计与构造	不符合	B
					4.1.4.3　系统保护		
					4.1.4.4　制冷剂		
	4	门和盖的密封性能	GB/T 21001.2—2007	4.1.1.4 中的“门和盖的密封” 5.2.1		不符合	C
	5	外形线性尺寸、总展示面积（TDA）和净容积	GB/T 21001.2—2007	5.2.2 中的“外形线性尺寸、总展示面积（TDA）和净容积”		实测外形线性尺寸值与额定值的误差在 ±0.3%额定值±3 mm 至 ±1% 额定值 ±3 mm 之间或 实测总展示面积值在额定值的 98% 至 100%之间或 实测净容积值在额定值的 97% 至 100% 之间	C

表 1（续）

项目分类	序号	检测项目	依据标准	相关章条号和判定内容	不合格说明	不合格分类
特性和性能	5	外形线性尺寸、总展示面积(TDA)和净容积	GB/T 21001.2—2007	5.2.2 中的“外形线性尺寸、总展示面积(TDA)和净容积”	实测外形线性尺寸值与额定值的误差超过±1%额定值±3 mm 或 实测总展示面积值在额定值的98%以下或 实测净容积值在额定值的97%以下	B
	6	异味和味道的去除	GB/T 21001.2—2007	4.2.1、附录 D 异味和味道的去除	不符合	—
	7	装载界限	GB/T 21001.2—2007	7.1 装载界限	不符合	C
	8	标记板和制造商提供的信息	能效标准	能效标识	应标而未标记	A
			GB/T 21001.2—2007	7.2 c) 陈列柜内部装置的描述	未描述	—
				7.2 d) 有关陈列柜电源的所有信息	参照安全要求相关项目检测	
				7.2 a) 制造商名或商标	未标记	C
				7.2 b) 陈列柜的型号，系列号	未标记	
				7.2 e) 对于自携式陈列柜，其所用的制冷剂的国际编号(见 ISO 817)以及质量	未标记或不符合	
				7.2 f) 对远置式陈列柜，依照 EN 378-2 标记	未标记或不符合	
				7.3 a) 总安装尺寸	未标记	—
				7.3 b) 总操作尺寸	未标记	
				7.3 c) 对每一陈列柜的温度类型(见 4.2.2)：7.3 c) 1) 陈列开口面积	未标记	
				7.3 c) 5) 可用制冷搁架面积	未标记	
				7.3 c) 温度类型	未标记	C
				7.3 c) 2) 总展示面积	未标记	
				7.3 c) 4) 净容积	未标记	
				7.3 c) 6) 最大负荷量(kg)	未标记	
				能耗：5.3.5 电能消耗(DEC)	未标记	
				能耗：5.3.6 对于远置式陈列柜的排热率	未标记	

表 1（续）

<table>
<tr><th>项目分类</th><th>序号</th><th>检测项目</th><th>依据标准</th><th colspan="2">相关章条号和判定内容</th><th colspan="2">不合格说明</th><th>不合格分类</th></tr>
<tr><td rowspan="15">特性和性能</td><td rowspan="4">8</td><td rowspan="4">标记板和制造商提供的信息</td><td rowspan="4">GB/T 21001.2—2007</td><td rowspan="4">7.3 d) 对每一陈列柜的温度类型，根据试验结果（见5.3.2）提供的信息</td><td>温度传感器的位置</td><td colspan="2">未标记</td><td rowspan="4">C</td></tr>
<tr><td>在稳定运行条件下在该传感器位置的最大显示值或最大测量值</td><td colspan="2">未标记</td></tr>
<tr><td>在除霜期间或刚除完霜最热时在该传感器位置的最大显示值或最大测量值</td><td colspan="2">未标记</td></tr>
<tr><td>温度显示可被中断的条件（例如在除霜过程中）</td><td colspan="2">未标记</td></tr>
<tr><td rowspan="10">9</td><td rowspan="10">温度</td><td rowspan="4">GB/T 21001.2—2007</td><td rowspan="4">表 1、5.3.3 中的</td><td>最热 M-包的最高温度</td><td rowspan="5">温度</td><td rowspan="3">误差≤1 K</td><td rowspan="3">C</td></tr>
<tr><td>最热 M-包的最低温度</td></tr>
<tr><td>最冷 M-包的最低温度</td></tr>
<tr><td>试验陈列柜分类结果</td><td>1 K<误差≤2 K</td><td>B</td></tr>
<tr><td>GB/T 21001.2—2007
GB/T 21001.3—2010</td><td colspan="2">GB/T 21001.2—2007 5.3.3.5
GB/T 21001.3—2010 4.2.1
所有 M-包的总平均温度</td><td>误差>2 K</td><td>A</td></tr>
<tr><td rowspan="5">GB/T 21001.2—2007</td><td rowspan="5">4.1.6 温度显示系统，传感器位置和显示最大值</td><td>4.1.6.1 中的“稳定操作条件下测量误差”</td><td colspan="2">陈列柜传感器位置实测温度和陈列柜传感器显示温度最大误差>2 K</td><td>C</td></tr>
<tr><td>4.1.6.1 中的“测温仪的要求（不含测量误差）”</td><td colspan="2">不符合</td><td rowspan="4">—</td></tr>
<tr><td>4.1.6.1 中的“在除霜期或除霜后的最热状态的测量误差”</td><td colspan="2">陈列柜传感器位置实测温度和陈列柜传感器显示温度最大误差>2 K</td></tr>
<tr><td>4.1.6.2 传感器位置
4.1.6.3 温度测量装置的数量</td><td colspan="2">不符合</td></tr>
<tr><td>4.1.6.1 中的“温度显示可被中断的条件（如除霜时）”</td><td colspan="2">与说明不一致</td></tr>
<tr><td>10</td><td>除霜</td><td>GB/T 21001.2—2007</td><td colspan="2">4.2.3、5.3.3.3 检查制冷区域内所有表面（不包括试验包）是否有积累残留的水、冰、霜或雪</td><td colspan="2">制冷区域内所有表面（不包括试验包）有积累残留水、冰、霜或雪</td><td>C</td></tr>
</table>

表 1（续）

项目分类	序号	检测项目		依据标准	相关章条号和判定内容		不合格说明		不合格分类
特性和性能	11	水蒸气凝结		GB/T 21001.2—2007	4.2.4、5.3.4	表面观察无水蒸气凝结	陈列柜表面有结霜或凝露	凝露面积≤5%的陈列柜表面面积	C
								凝露面积>5%的陈列柜表面面积	B
	12	能耗	电能消耗	GB/T 21001.2—2007	4.2.5、5.3.5.2 中的“自携式陈列柜”	直接电能消耗 DEC（=总电能消耗）	实测电能消耗值在额定值的 100% 至 105%之间		C
							实测电能消耗值在额定值的 105%以上		B
						工作时间系数 t_{rr}	—		—
				GB/T 21001.2—2007	4.2.5、5.3.5.3 中的“远置式陈列柜”	直接电能消耗 DEC	实测电能消耗值在额定值的 100% 至 105%之间		C
							实测电能消耗值在额定值的 105%以上		B
			排热率	GB/T 21001.2—2007	4.2.5 5.3.6 中的“远置式陈列柜”	用于计算实验室环境中陈列柜的能耗的排热率 $\Phi_{24\text{-deft}}$	排热率	实测排热率值在额定值的 100%至 105%之间	C
						制冷电能消耗 REC			
						总的能量消耗 TEC		实测排热率值在额定值的 105%以上	B
能效	13	能效		能效标准	能效等级判定		超过 5 级或实测能效等级>额定能效等级		A
					能耗系数判定		实测能耗系数在额定值的 100% 至 105%之间		C
							实测能耗系数在额定值的 105%以上		B

注 1：“依据标准”栏目下面的 GB 4706.1—2005 和 SB 10424—2007 需同时配合使用。

注 2：“相关章条号和判定内容”栏目下面未出现“中的”或“不含”字样时，则表示该条目的全部内容。

产品在下列情况之一时，应进行型式检验：

a) 新产品试制定型鉴定或老产品转厂生产鉴定；

b) 正式生产的产品，如结构、材料、工艺有较大改变，可能影响产品性能时；

c) 正常生产的产品，定期或累积一定产量后，应周期性进行一次检验，宜每年不少于一次；

d) 停产一年以上的产品，恢复生产时；

e) 产品的出厂检验结果与上次型式检验结果有较大差异时；

f) 国家质量监督机构提出进行型式检验的要求时。

表1列出了所需进行的型式检验项目，不合格分类A、B、C按表2执行，"—"为暂不评定。在使用标准规定的方法进行检验时，陈列柜应符合GB/T 21001相关部分的规定。

表2 型式检验综合评定为不合格的情况表

序号	型式检验综合评定	不合格分类		
		致命(A)	严重(B)	轻微(C)
1	不合格	1		
2	不合格		3	
3	不合格		2	2
4	不合格		1	3
5	不合格			4

型式检验采用抽样检验方式，当批次或周期数量不超过100台时抽样1台，超过100台时抽样2台。如国家质量监督机构和客户有要求时，则按相关国家标准和规定执行。

5.1.2 评定规则

型式检验按表1进行单项评定后，按表2进行综合评定。

不合格项的分类和数量达到或超过表2中所示的任一情况时，型式检验综合评定为不合格。

型式检验中的安全检验项目只要出现1台项A类不合格，则判定该次型式检验不合格，同时判定该周期产品不合格。

型式检验时，如果未出现安全检验项目的A类不合格，抽样2台均为综合评定不合格，判定该次型式检验不合格。如果仅1台综合评定不合格，则增加2台进行型式试验。若其中仍有1台综合评定不合格，则判定该次型式检验不合格。如果该2台型式检验合格，则判定该次型式检验综合评定为合格。

型式检验的样品不能作为合格品交付订货方。

5.2 出厂检验

5.2.1 要求

出厂检验的检验项目、要求、方法见表3，其具体的性能检验项目及判定规则参照表1。如订货方要求的检验项目超出表3中的出厂检验项目时，应按订货方要求增加出厂检验项目。

出厂检验采用逐台检验方式。

表3 出厂检验项目

项目分类	序号	检验项目	依据标准	相关章条号
安全要求	1	标志	GB 4706.1—2005 SB 10424—2007	第7章
	2	防触电保护	GB 4706.1—2005 SB 10424—2007	第8章
	3	输入功率和电流	GB 4706.1—2005 SB 10424—2007	第10章

表 3（续）

项目分类	序号	检验项目	依据标准	相关章条号
安全要求	4	稳定性和机械危险	GB 4706.1—2005 SB 10424—2007	第 20 章
	5	锐利边角	GB 4706.1—2005 SB 10424—2007	第 22 章 22.14
	6	内部布线	GB 4706.1—2005 SB 10424—2007	第 23 章
	7	电源连接及外部软线	GB 4706.1—2005 SB 10424—2007	第 25 章
	8	外部导线用接线端子	GB 4706.1—2005 SB 10424—2007	第 26 章
	9	接地措施	GB 4706.1—2005 SB 10424—2007	第 27 章 GB 4706.1—2005 附录 A
	10	泄漏电流	GB 4706.1—2005 SB 10424—2007	第 13 章或第 16 章
	11	电气强度	GB 4706.1—2005	附录 A
	12	功能试验	GB 4706.1—2005	附录 A
性能	13	外观要求	GB/T 21001.2—2007	4.1 视检
	14	资料文件及附件配件	GB/T 21001.2—2007	7.2、7.3 视检
	15	密封试验	GB/T 21001.2—2007	4.1 5.2.1
	16	温度[a]	GB/T 21001.2—2007	4.2.2 5.3.3
	17	除霜[a]	GB/T 21001.2—2007	4.2.3 5.3.3.3
	18	直接电能消耗[b]	GB/T 21001.2—2007	4.2.5 5.3.5

注：除 GB 4706.1—2005 附录 A 规定的“接地连续性试验”、“电气强度试验”、“功能试验”以外的其他出厂检验项目，其技术要求和试验方法可根据工厂质量控制要求简化。

a 仅适用于自携式冷藏陈列柜。

b 仅适用于远置式冷藏陈列柜。

5.2.2 评定规则

出厂检验中的安全检验项目出现一台项 A 类不合格(参见表 1)，即判定该批产品不合格。

出厂产品的所有出厂检验项目均合格后，方能作为合格品出厂。

ICS 25.040.40;35.240.50
N 10

中华人民共和国国家标准

GB/T 21099.3—2010/IEC 61804-3:2006

过程控制用功能块(FB)
第3部分:电子设备描述语言(EDDL)

Function block (FB) for process control—
Part 3:Electronic device description language (EDDL)

(IEC 61804-3:2006,IDT)

2011-01-14 发布　　　　2011-06-01 实施

中华人民共和国国家质量监督检验检疫总局
中国国家标准化管理委员会　发布

前　　言

GB/T 21099《过程控制用功能块(FB)》分为4个部分:

——第1部分:系统方面的总论;

——第2部分:功能块概念和电子设备描述语言的规范;

——第3部分:电子设备描述语言(EDDL);

——第4部分:EDD互操作指南。

本部分为GB/T 21099的第3部分。

本部分使用翻译法等同采用IEC 61804-3:2006《过程控制用功能块(FB)　第3部分:电子设备描述语言(EDDL)》(英文版)。

为便于使用,对IEC 61804-3:2006做了下列编辑性修改:

——"本国际标准"一词改为"本部分";

——删除IEC 61804-3:2006的前言;

——删除IEC 61804-3:2006中关于专利权的说明;

——对文中明显错误的编号进行了纠正。

本部分由中国机械工业联合会提出。

本部分由全国工业过程测量和控制标准化技术委员会(SAC/TC 124)归口。

本部分负责起草单位:西南大学。

本部分参加起草单位:上海自动化仪表股份有限公司、中国四联仪器仪表集团有限公司、机械工业仪器仪表综合技术经济研究所。

本部分主要起草人:黄伟、赵亦欣、黄仁杰、祁虔、包伟华、刘进、欧阳劲松。

引 言

EDDL 填补了 GB/T 21099.2 概念性的功能块规范与产品实现之间的空白，允许制造商对基于不同技术和平台的设备采用相同的描述方法，图 1 说明了有关方面的情况。

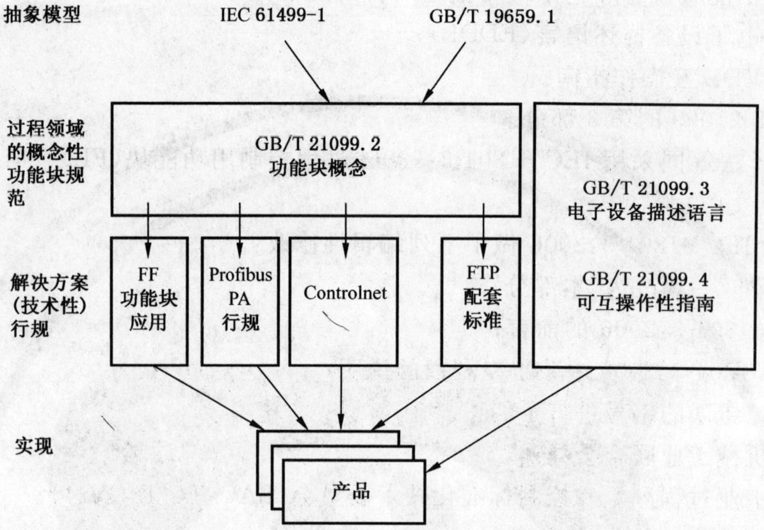

图 1 GB/T 21099 系列标准相对于其他标准和产品的位置

过程控制用功能块(FB)
第3部分:电子设备描述语言(EDDL)

1 范围

GB/T 21099 的本部分规定了电子设备描述语言(EDDL)技术,它允许采用工程生命周期中的工具来完成对实际产品细节的集成。

本部分将 EDDL 规定为用于描述自动化系统组件特性的通用语言。EDDL 能够描述:

- 设备参数及其相关性。
- 设备功能,例如仿真模式、定标。
- 图形化表示,例如菜单。
- 与控制设备的交互。
- 图形化表示:
  ——增强用户接口;
  ——绘图系统。
- 持久的数据存储。

EDDL 用于创建电子设备描述(EDD),EDD 采用合适的工具来生成解释代码,以支持如远程 I/O、控制器、传感器和可编程控制器等自动化系统组件的参数处理、运行、和监控。工具实现超出了本部分的范围。

本部分按照独立的语法样式规定了语义和词法结构,特定的语法在附录 A 中定义,它可能也对不同的语法使用语义模型。

注 1:其他领域中,电子设备描述语言也可用于产品属性的描述。

EDDL 及设备相关的电子设备描述(EDD)适用于工业自动化。

注 2:工业自动化包含的设备有通用数字量和模拟量输入输出模块、运动控制器、人机界面、传感器、闭环控制器、编码器、液压阀和可编程控制器。

本部分满足 GB/T 21099.1—2007 第 9 章的要求。

2 规范性引用文件

下列文件中的条款通过 GB/T 21099 的本部分的引用而成为本部分的条款。凡是注日期的引用文件,其随后所有的修改单(不包括勘误的内容)或修订版均不适用于本部分,然而,鼓励根据本部分达成协议的各方研究是否可使用这些文件的最新版本。凡是不注日期的引用文件,其最新版本适用于本部分。

GB/T 2311 信息技术 字符代码结构与扩充技术(GB/T 2311—2000,idt ISO/IEC 2022:1994)

GB/T 9387.1 信息技术 开放系统互连 基本参考模型 第1部分:基本模型(GB/T 9387.1—1998,idt ISO/IEC 7498-1:1994)

GB/T 15272 程序设计语言 C(GB/T 15272—1994,idt ISO/IEC 9899:1990)

GB/T 21099.1—2007 过程控制用功能块 第1部分:系统方面的总论(IEC/CDV 61804-1:2003,IDT)

IEC 61499-1:2005 功能块 第1部分:结构(GB/T 19769.1—2005,IEC/CD 61499-1:2003,MOD)

ISO/IEC 2375:2003 信息技术 退出顺序和被编码字符集的记录步骤(GB/T 12054—1989,neq ISO 2375:1985)

ISO/IEC 8859-1:1998 信息处理 八位单字节编码图形字符集 第一部分:拉丁字母一

(GB/T 15273.1—1994,idt ISO 8859-1:1987)

ISO/IEC 10646-1:2000 信息技术 通用多八位编码字符集(UCS) 第一部分:体系结构与基本多文种平面(GB 13000.1—1993,idt ISO/IEC 10646-1:1993)

ISO 639 语种名称代码(GB/T 4880.1—2005,ISO 639-1:2002,MOD; GB/T 4880.2—2000,eqv ISO 639-2:1998; GB/T 4880.3—2009,ISO 639-3:2007,IDT)

ISO 3166 世界各国和地区名称代码(GB/T 2659—2000,eqv ISO 3166-1:1997)

IEEE 754:1985 浮点运算标准

3 术语、定义、缩略语和缩写

3.1 术语和定义

下列术语和定义适用于 GB/T 21099 的本部分。

注:本术语在 GB/T 2900.56 中部分适用。

3.1.1

算法 algorithm

明确定义规则的用于求解有限次运算问题的有限集。

3.1.2

属性 attribute

对象外部可见的特征和特点描述。

注:对象的属性包含对象可变部分的信息,典型的是提供了状态信息并管理对象的运行。属性也会影响到对象的行为,属性又可分为类属性和实例属性。

3.1.3

内置程序 builtin

为通信和显示所预先定义的被 EDD 应用所执行的子程序。

3.1.4

组态(一个系统或设备的) configuration (of a system or device)

系统设计中的一个步骤:选择功能性单元、分配它们的位置并定义它们的相互连接。

[IEC 61499-1:2005]

3.1.5

数据 data

通过人工或自动的方法,以适用于通信、解释或处理的形式化样式对事件、概念和指令的表示。

[ISO/AFNOR Dictionary of Computer Science]

3.1.6

数据连接 data connection

在功能单元之间用于传送数据所建立的一种联系。

[IEC 61499-1:2005]

3.1.7

数据输入 data input

功能块从数据连接中接收数据的接口。

[IEC 61499-1:2005]

3.1.8

数据输出 data output

功能块向数据连接提供数据的接口。

[IEC 61499-1:2005]

3.1.9

数据类型　data type

伴随有一组允许操作的一组数值。

[GB/T 5271 系列]

3.1.10

设备　device

独立的物理实体，能够在实际环境中执行一个或多个指定的功能，并由它的接口分隔开。

[IEC 61499-1:2005]

3.1.11

EDD 应用　EDD application

采用 EDD 或任何解释形式的程序，提供通信表示、数据表示和图像表示等功能。

3.1.12

EDDL 处理器　EDDL processor

用来将 EDD 解释成可由 EDD 应用处理的可执行格式的处理器或程序。

3.1.13

EDDL 行规　EDDL profile

EDDL 语法结构的支持元素选项，含一些特殊协会语法定义。

3.1.14

电子设备描述语言　electronic device description language; EDDL

用于描述自动化系统组件参数的方法论。

3.1.15

电子设备描述　electronic device description; EDD

含设备参数、它们的相关性、它们的图形表示和被传送数据集的描述的一种数据集合。

注：电子设备描述是用电子设备描述语言(EDDL)来创建的。

3.1.16

电子设备描述源　electronic device description source; EDDS

包含特定设备描述的 ASCII 文件。

3.1.17

电子设备描述技术　electronic device description technology; EDDT

包含 EDD 开发过程、EDD 用法和相关的工具链。

3.1.18

电子设备描述校验器　electronic device description checker; EDDC

检查词法结构和部分 EDD 源语义的测试工具，以保证 EDD 源与 EDD 语言一致。

3.1.19

电子设备描述编译器　electronic device description compiler

按 EDD 解释器所用的内部格式来解释 EDD 源。

3.1.20

电子设备描述解释器　electronic device description interpreter; EDDI

采用 EDD 源或由 EDDL 编译器提供的内部格式，来为 EDD 用户提供 EDD 信息。

3.1.21

实体　entity

特定的事物，比如人、地方、过程、物体、概念、关联或事件。

[IEC 61499-1:2005]

3.1.22

事件 event

对调度一个算法执行非常重要的瞬时发生事情。

[IEC 61499-1:2005]

注：算法的执行可能导致与事件关联的变量的使用。

3.1.23

异常 exception

导致正常执行中止的事件。

[IEC 61499-1:2005]

3.1.24

功能 function

一个实体的特定用途或其特有的动作。

[IEC 61499-1:2005]

3.1.25

功能单元 functional unit

硬件或软件的实体，或者包括软硬件的实体，能够实现特定的用途。

[ISO/AFNOR Dictionary of Computer Science]

3.1.26

功能块(功能块实例) function block (function block instance)

由一个单独命名的数据结构副本和由相应 FB 类型所指定的关联操作所组成的软件功能单元。

[IEC 61499-1:2005]

注：一个 FB 的典型操作包括了在其关联数据结构中数据值的修改。

3.1.27

硬件 hardware

不同于程序、规程、规则及相关文档的物理设备。

[ISO/AFNOR Dictionary of Computer Science]

3.1.28

实现 implementation

使系统的软件和硬件变得可运行的开发阶段。

[IEC 61499-1:2005]

3.1.29

输入变量 input variable

由数据输入提供的变量值，并可用于一个或多个 FB 操作中。

注：按照 GB/T 15969.3 中的定义，一个功能块输入参数是一个输入变量。

[IEC 61499-1:2005]

3.1.30

实例 instance

由一个带已定义类型属性的单独命名实体组成的功能单元。

[IEC 61499-1:2005]

3.1.31

实例名 instance name

与实例有关并指明了实例的标识。

[IEC 61499-1:2005]

3.1.32

实例化 instantiation

指定类型实例的创建。

[IEC 61499-1:2005]

3.1.33

接口 interface

两个功能单元之间的共用边界,由功能特征、信号特征或其他适当的特征来定义。

[GB/T 2900.56—2008]

3.1.34

内部变量 internal variable

变量的值被一个或多个 FB 运算所采用或改变,但不是由数据输入提供或提供给数据输出。

[IEC 61499-1:2005]

3.1.35

调用 invocation

算法中指定的开始执行操作顺序的过程。

[IEC 61499-1:2005]

3.1.36

映射 mapping

与另一组数或值相对应的一组已定义的值。

[ISO/AFNOR Dictionary of Computer Science]

3.1.37

模型 model

现实世界中过程、设备和概念的表示。

[IEC 61499-1:2005]

3.1.38

运行 operation

当用于已知实体的任一允许组合时,产生一个新实体的已定义好动作。

[ISO/AFNOR Dictionary of Computer Science]

3.1.39

输出变量 output variable

变量的值是由 FB 的一个或多个操作来建立的,并提供给一个数据输出。

注:按照 GB/T 15969.3 中的定义,一个功能块输出参数是一个输出变量。

[IEC 61499-1:2005]

3.1.40

参数 parameter

一个变量用来对指定的应用给出常量值,并将表示该应用程序。

[ISO/AFNOR Dictionary of Computer Science]

3.1.41

预处理器 preprocessor

运行环境中的一部分,它对 EDD 中所给的信息进行转换。

3.1.42

预处理器指令 preprocessor directives

在编译和解释之前对 EDD 代码进行过滤的条件的描述。

注:例如,一个预处理器指令提供了工具来定义常量名或写入宏来生成易读的代码。

3.1.43

资源　resource

包含在设备中的一个功能单元,它具有独立的运行控制,并为应用程序提供不同的服务,包括算法的调度和执行。

注1:对应于上述定义的源,GB/T 15969.3中定义的源是一种编程语言元素。

注2:一个设备包含一个或多个源。

3.1.44

资源管理应用　resource management application

主要功能是单个资源管理的应用。

[IEC 61499-1:2005]

3.1.45

服务　service

可由一系列服务原语来建模的资源的功能性能力。

[IEC 61499-1:2005]

3.1.46

软件　software

由关于系统运行的程序、规程、规则和任何相关文档所构成的智力产物。

[IEC 61499-1:2005]

3.1.47

系统　system

在已定义的背景下被看作一个整体,并从所处的环境中分离出来的一组相关元素。

[GB/T 2900.56—2008]

注1:这些元素可以是物质对象和概念,以及它们的结果(如组织形式、数学方法和编程语言)。

注2:系统被认为通过一个想象的界面来与环境和其他外部系统分离,该想象的界面可切断该系统与环境和其他外部系统间的连接。

3.1.48

文本字典　text dictionary

EDD内部多语言或其他文本的集合。

注:EDD内部的引用是用来选择适当的文本词典。

3.1.49

类型　type

一个指定了由全部类型实例所共享的公共属性的软件元素。

[IEC 61499-1:2005]

3.1.50

类型名　type name

与类型有关并指明了类型的标识。

[IEC 61499-1:2005]

3.1.51

变量　variable

可具有不同值的软件实体,一次对应一个值。

注1:变量值通常限定成确定的数据类型。

注2:变量被描述成输入变量、输出变量和内部变量。

[IEC 61499-1:2005]

3.2 缩略语和缩写

下列缩略语和缩写适用于本部分：

ANSI	美国国家标准协会
ANSI C	美国国家标准协会制定的C语言标准（见GB/T 15272）
ASCII	用于信息交换的美国标准代码(见 ISO/IEC 10646:2000)
ASN.1	抽象语法结构符号1
DD	设备描述
EDD	电子设备描述
EDDI	电子设备描述解释器
EDDL	电子设备描述语言
EUC	扩展单元代码（见GB/T 2311）
FB	功能块
HMI	人机接口
HTML	超文本标记语言
I/O	输入/输出
ID	标识
OSI	开放系统互连
wao	为一时写

4 一致性声明

本国家标准行规的一致性申明可以以下列两者之一陈述：

——与GB/T 21099的本部分附录D的D.n〈类型〉相一致；或

——与IEC 61804-3/Ed1.0附录D的D.n〈类型〉相一致。

其中尖括号内的"类型"是可选项，并且尖括号并不包含在内。

注：类型可以是诸如采用PROFIBUS、Foundation Fieldbus或HART等通信协议的名称。

产品标准不应包括任何一致性评估内容(包括质量管理条款)，也不应有规范性或资料性等超过产品测试(评估和检查)条款的内容。

5 词法结构约定

EDDL通常采用词法结构来描述，词法结构中字段的元素和存在性被指定。语法结构的通用格式如下所示：

<u>ABC 字段1，字段2</u>

ABC是一个词法元素。该元素将按具体的语法进行编码。它并不要求以"ABC"的名称对元素进行编码，也可以用标签号来对该元素编码。

字段1和字段2是语法元素ABC的字段，每个字段都是强制性的并具有多个属性。如果一个字段具有属性，则属性的存在是在表中指定。逗号用来分隔字段1和字段2，逗号也是一个词法元素，但不用明确编码。

若一个字段有附加属性，该属性在表中定义。表格的编排和可能的用法限定词如表1所示。

表1 字段属性描述

用法	属性	描述
m	yyy	该属性的存在是强制的
o	xxx	该属性的存在是可选的

表 1(续)

用 法	属 性	描 述
s	z1	该属性的存在是用其他属性选择的,这些其他属性在用法栏中也用“s”来标记,只能有两个可选择属性(z1,z2)中的一个存在
s	z2	该属性的存在是用其他属性选择的,这些其他属性在用法栏中也用“s”来标记,只能有两个可选择属性(z1,z2)中的一个存在
c	uuu	该属性的存在是有条件的,当且仅当条件为真时才存在

用法栏中的字符有如下含义:

m:该属性是强制的且必须存在;

o:该属性是可选的且不是必需存在;

s:该属性是一个选项,一个且只有一个字段用 s (z1,z2)标记,该属性才存在;

c:该属性是有条件的,条件在描述栏中描述。

如果属性栏中有多个属性存在,并具有相同的用法时,属性按字母顺序分类。

ABC 字段 1+

字段 1 后的加号(+)表示字段 1 至少被使用一次,它也可以被多次使用。

ABC 字段 2 *

字段 2 后的星号(*)用来表示字段 2 是可选的且不是必须被使用的,如果它被使用则可被多次使用。

ABC [字段 1, 字段 2]+

方括号[ ]中的元素字段 1 和字段 2 是未分类的列表,跟在结束括号后的加号表示字段 1 和字段 2 按组的形式至少被使用一次,并可多次被使用。

ABC 字段 1, (字段 2, 字段 3)〈exp〉

〈exp〉表示字段 2 和字段 3 是用于与条件表达式关联(条件结构在 7.32 中指定)。表达式〈exp〉仅与前面圆括弧中的字段有关,条件表达式的用法是可选的。

6 EDD 和 EDDL 模型

6.1 EDD 和 EDDL 概貌

电子设备描述(EDD)包含自动化系统组件的所有设备参数。用于描述 EDD 的技术被称为电子设备描述语言(EDDL),EDDL 提供一套可扩展的基本语言元素来处理简单的、复杂的或模块化的设备。EDDL 是一种基于 ASCII 格式的描述语言,在数据和程序之间有清晰的界限。

注:文本域中标记国家代码的数据,如日本,应采用多字节代码。

6.2 EDD 体系结构

按 ISO/OSI 模型(GB/T 9387.1)的观点,EDD 在第 7 层之上。然而,EDD 应用程序使用该通信系统来传递它的信息。EDD 包含一种结构,支持映射到所支持通信系统。

设备制造商定义的对象,是通过 EDD 应用程序中对象的逻辑表示来体现。因此,EDDL 具有映射 EDD 数据到通信系统数据表现的语言元素,故 EDD 用户并不需要知道一个设备对象的物理位置(地址)。

EDD 描述了被显示给用户的管理信息。该可视化的特定表示不属于 EDD 或 EDDL 定义的部分。

6.3 EDD 概念

设备制造商或自动控制系统组件制造商通过使用 EDDL 来描述设备的属性。生成的 EDD 包含以下信息:

- 设备参数的描述;

- 参数相关性的描述；
- 设备参数的逻辑分组；
- 所支持设备功能的选择和执行；
- 传送数据集的描述。

根据所要求的用法，EDD 可以物理定位于：

- 设备；
- 外部数据存储介质，例如光盘、软盘或服务器；
- 部分性地分布在设备和外部存储介质中。

EDD 支持多种语言（英语、德语、法语等）的文本字符串（公共术语、短语等）。文本字符串可以存储在分离的字典里。一个 EDD 可以拥有多个字典。

一个 EDD 实现包含关于目标设备的完整信息，如制造商、设备类型、版本等。这被用来为一个特定的设备匹配一个特定的 EDD。

6.4 EDD 开发过程的原则

6.4.1 概要

EDD 的创建有 3 个阶段性过程，分别是 EDD 源生成、EDD 预处理和 EDD 编译。

6.4.2 EDD 源生成

EDD 源生成过程见图 2。

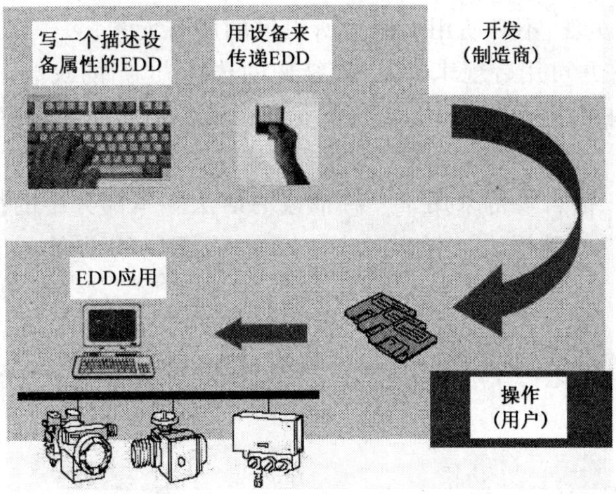

图 2 EDD 生成过程

设备制造商为其设备编写合适的 EDD 并一起提供（EDD 和设备）。如果自动化系统支持 EDD 方法，系统集成可由用户完成。

关于设备的 EDD 应被嵌入到设备存储器中，或者采用分离的存储介质提供，或者可从适当的网络服务器中下载。EDD 由 EDD 的应用程序来“解释”或“浏览”。EDD 通常被存为源文件或预处理文件。

6.4.3 EDD 预处理

在预处理阶段，EDD 预处理程序生成一个适合于最终编译的一致性 EDD 表示。

预处理支持如定义的置换和外部文本的包含等。预处理程序的输出是一个不带任何预处理程序指令的完整 EDD。

6.4.4 EDD 编译

EDD 编译阶段由被预处理的 EDD 产生一个 EDD 应用程序内部表示，用于 EDD 应用程序中。

6.5 词法结构和形式定义之间的相互关系

EDDL 的词法结构和它的元素在第 7 章中描述。每一个 EDDL 元素的形式定义和语法在附录 A

中给出。词法结构和它的形式描述使用相同的名字。

注：代替附录 A 中所指定的形式定义和语法的其他规范可被发展成附加选项。

6.6 内置函数

内置函数是在 EDD 应用程序中被执行的预先定义的子程序。

例如：一个手持终端是一个具有小显示屏和有限光标功能的简单设备。对于这种设备类型，内置函数可特定用来提供仅用上/下、左/右光标动作的显示入口。

内置函数库在附录 B 中定义。

6.7 行规

EDDL 是一个现有传统 EDD 概念的协调规范。具体的 EDD 应用程序采用了一个 EDDL 规范的子集。EDDL 元素和内置函数的选择由在附录 D 中所定义的行规构成。

除了 EDD 行规，用户协会也发布了“设备行规”，它用来支持兼容设备的可互换性。这些设备行规也采用本文档中所指定的 EDDL 来描述。

7 电子设备描述语言

7.1 总貌

7.1.1 EDDL 特征

EDDL 是一种用于描述设备属性的结构化和解释性的语言。设备和 EDD 运行环境之间的交互也被融合在 EDDL 内。EDDL 为此提供了一套语言元素。

对于一个特定的 EDD 实现，不必使用该语言所提供的所有元素。

EDDL 的兼容子集允许并可用行规来指定(如结构的选择、递归的次数、选项的选择)。由一些工业协会支持的行规在附录 D 中指定。要求 EDD 的开发者在设备中要详细标识所采用的行规。

7.1.2 语法表示

标准的这一部分 EDDL 语言规范采用了一种抽象的语法。本部分中的抽象语法结构通过元素名，被转换成在附录 A 中指定的特殊语法(例如，词法结构中 VARIABLE 等同于附录中的关键词“VARIABLE”)。

7.1.3 EDD 语言元素

语言按下列语言元素结构化：

- 标识元素；
- 基本结构元素；
- 特殊元素。

常用文本字符串，如帮助文本和标号的多语言表，应在“文本字典”中分开(见 7.36)。

在每一个 EDD 文件中标识信息应是第一项，并且只出现一次。标识信息唯一地标识了所使用的 EDDL 版本，以及特殊的设备类型、模型代码和 EDD 文件所覆盖的版本细节。

7.1.4 基本的构建元素

这些基本的结构被指定来支持在工业控制应用中所使用设备的描述，以及它们的属性和功能。

一些结构具有相似的名字和功能，但在详细规范上有所不同。包含了这些附加的种类来确保与现存的各种描述语言兼容。由行规给出正确的映射交叉引用。

每个基本结构都有一组相关的属性。属性也可以有子属性，它提炼了属性的定义，并因此可定义结构自己。

属性的定义可以是静态或动态，静态属性定义是不变的，而动态属性定义将随相应的参数值变化而变化。

一些基本的结构涉及到其他基本结构，基本结构以及基本结构之间的关系如下所示：

- AXIS 描述了图表或图形的坐标(见 7.3)。

- BLOCK_A 是 CHARACTERITICS、PARAMETERS、PARAMETER_LIST 和 ITEM_LIST 的一个逻辑分组，见图 3。要访问 BLOCK_A 的一项，块的实例将被采用(见 7.4.1 和图 3)。

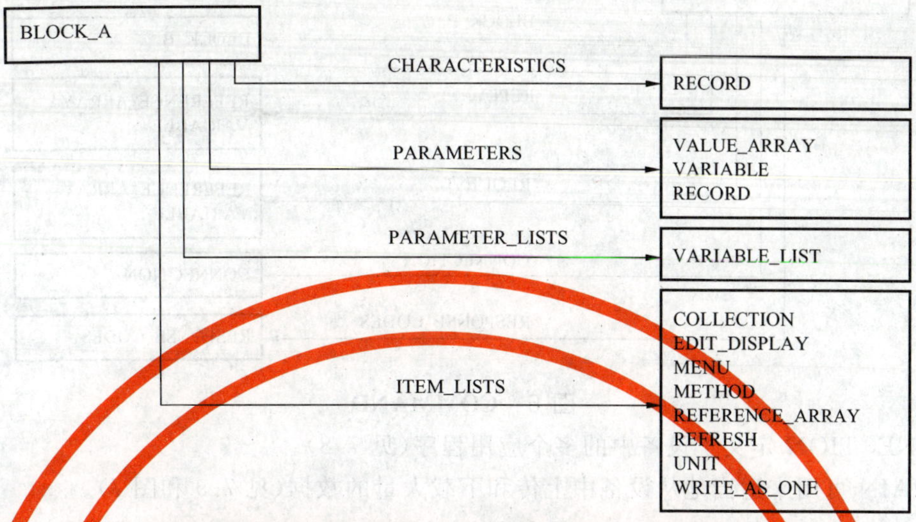

图 3 **BLOCK_A**

- BLOCK_B 是用来在逻辑块类型示例中构建变量，为了访问 BLOCK_B 结构中的一个 VARIABLE，基本结构 COMMAND 被用来提供相对寻址(见 7.4.2)。
- CHART 描述了在 EDD 应用中，用于从设备中显示数据的字符(见 7.5 和图 4)。

图 4 **CHART**

- COLLECTION 描述了数据的逻辑分组(见 7.6 和图 5)。

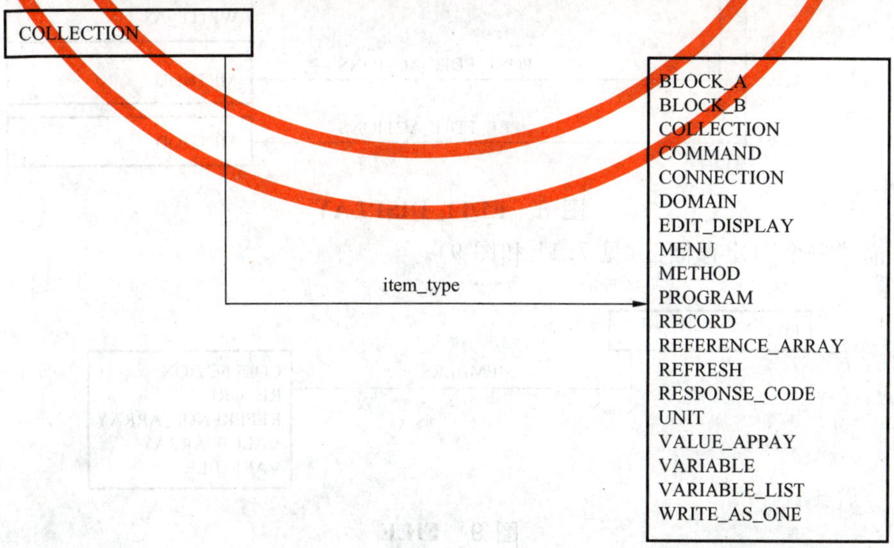

图 5 **COLLECTION**

- COMMAND 描述了设备中变量的结构和寻址(见 7.7 和图 6)。

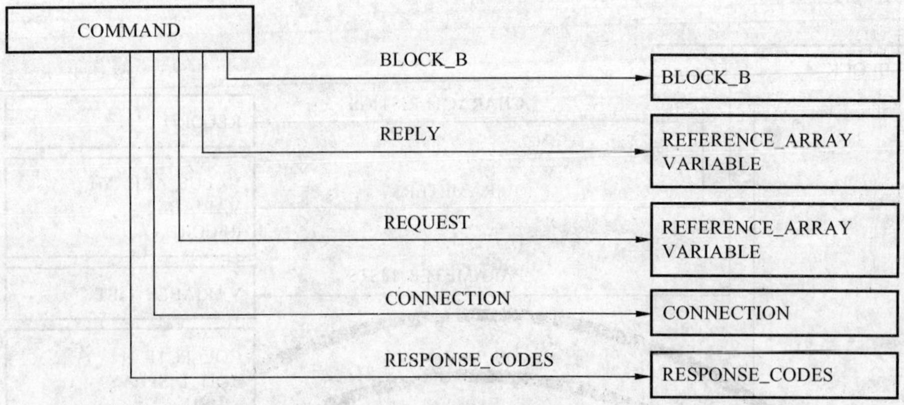

图 6 **COMMAND**

- CONNECTION 定义了设备中的多个应用程序(见 7.8)。
- DOMAIN 可用来适当地从设备中上传和下载大量的数据(见 7.9 和图 7)。

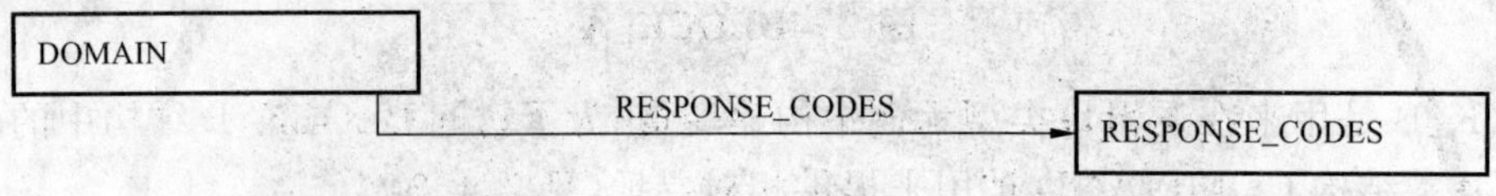

图 7 **DOMAIN**

- EDIT_DISPLAY 描述了如何通过一个设备将数据呈现给用户(见 7.10 和图 8)。

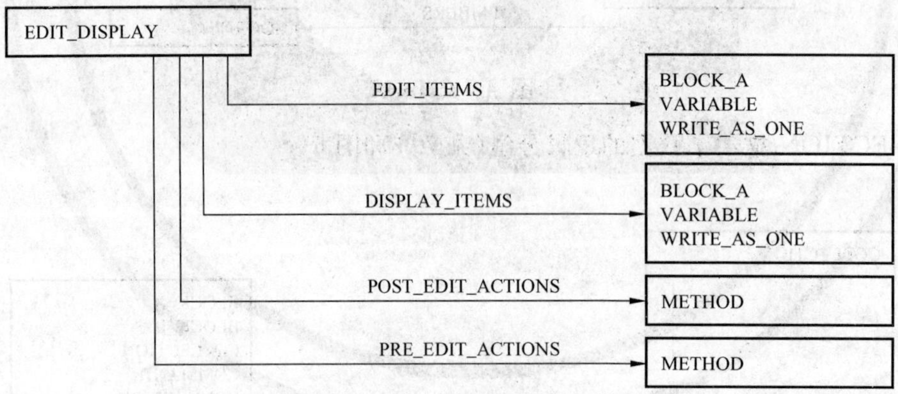

图 8 **EDIT_DISPLAY**

- FILE 描述一个固定存储区(见 7.11 和图 9)。

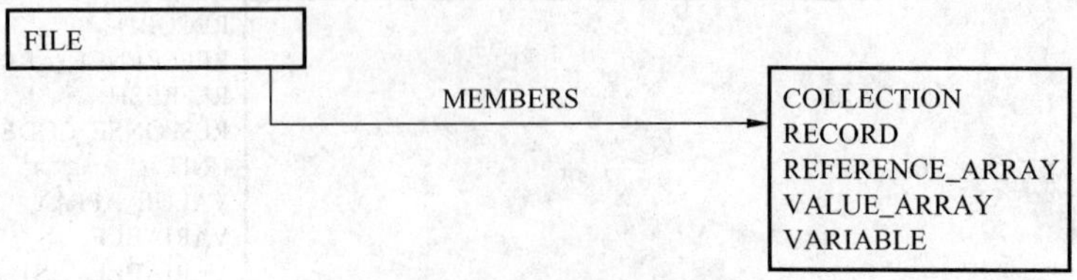

图 9 **FILE**

- GRAPH 描述了在 EDD 应用程序中,用于从一个设备显示数据的图形(见 7.12 和图 10)。

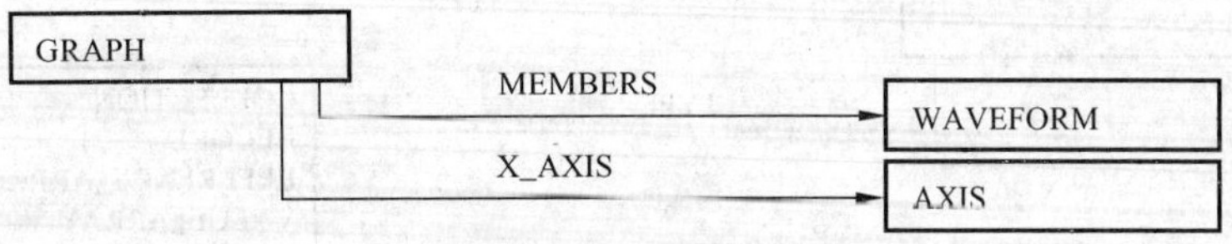

图 10 **GRAPH**

- GRID 描述了在 EDD 应用程序中,用于从一个设备显示数据的矩阵(见 7.13 和图 11)。

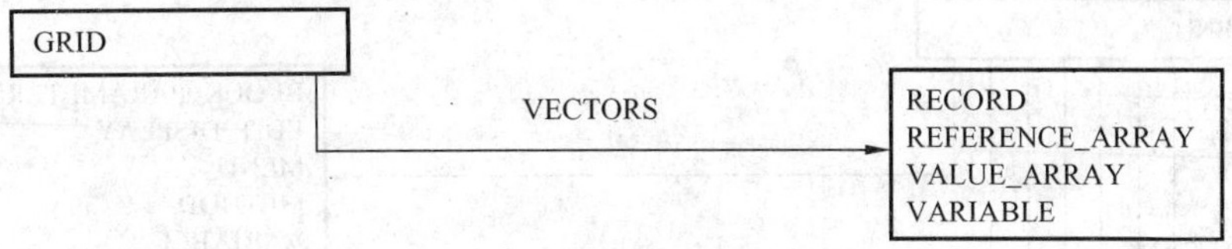

图 11 **GRID**

- IMAGE 描述一个可见的图像(见 7.13 和图 12)。

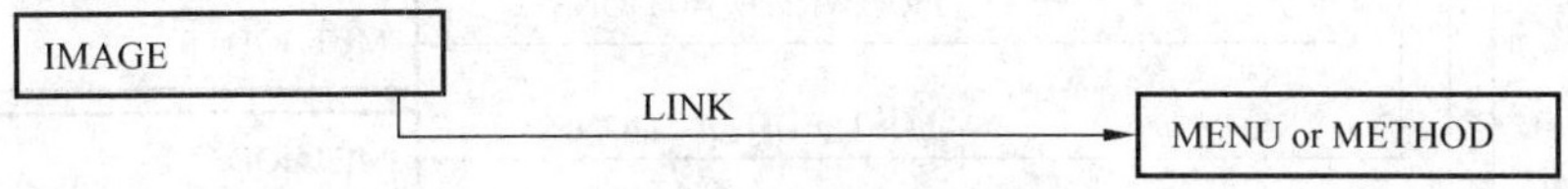

图 12 **IMAGE**

- IMPORT 用于输入一个 EDD 和修改其已存在的定义(见 7.15)。
- LIKE 为一个基本结构已存在实例创建一个新的实例。新实例的属性应被重新定义、增加或删除(见 7.16 和图 13)。

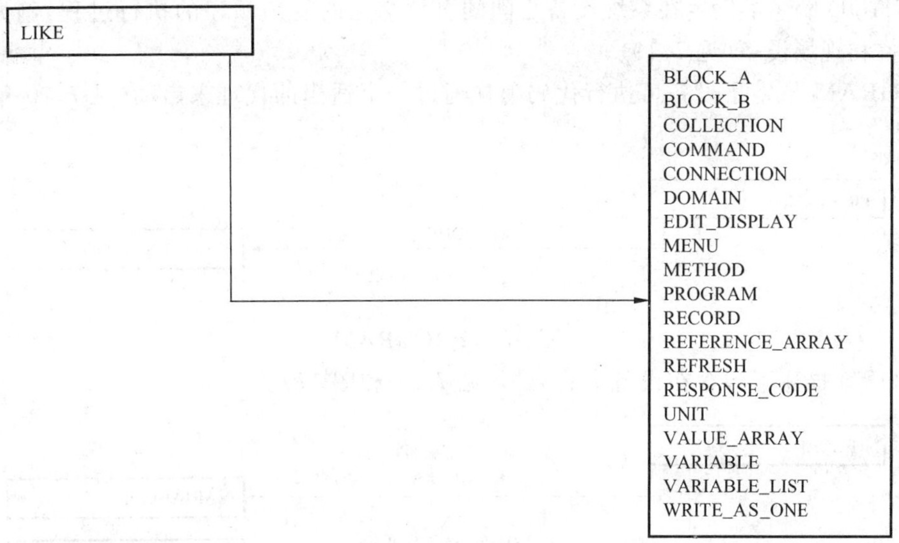

图 13 **LIKE**

- LIST 描述元素的顺序(见 7.17 和图 14)。

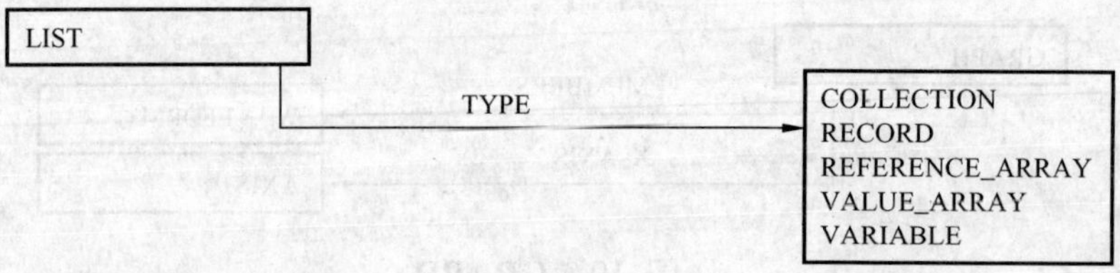

图 14 **LIST**

- MENU 描述数据将被怎样通过一个 EDD 应用程序表现给用户(见 7.18 和图 15)。

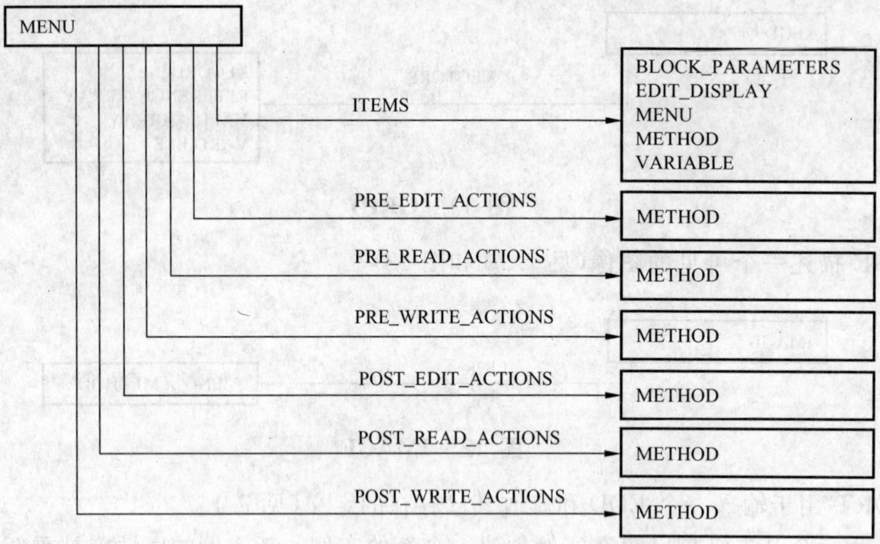

图 15 **MENU**

- METHOD 描述了发生在系统设备之间的事件交互的复杂顺序的执行过程,例如显示单元、组态设备和现场设备(见 7.19)。
- PROGRAM 指定了设备可执行代码怎样通过一个适当的代理来启动(见 7.20 和图 16)。

图 16 **PROGRAM**

- RECORD 描述了包含在设备中的数据(见 7.21 和图 17)。

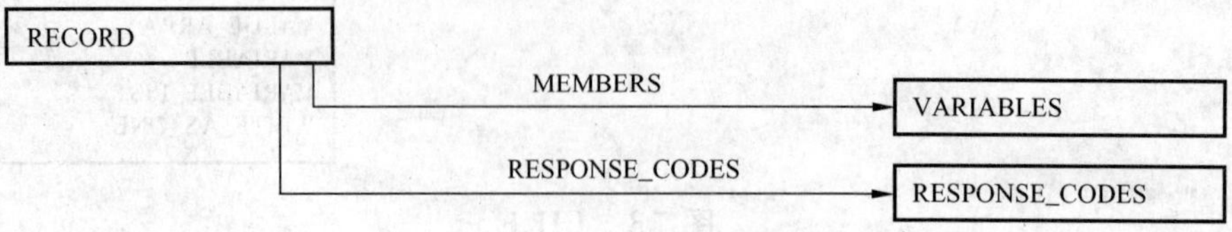

图 17 **RECORD**

- REFERENCE_ARRAY 是一组相同 EDDL 项类型的 EDD 项(如,VARIABLE 或 MENU)。一个项可以通过与该项有关的 REFERENCE_ARRAY 名和索引,在 EDD 中引用(见 7.22 和图 18)。

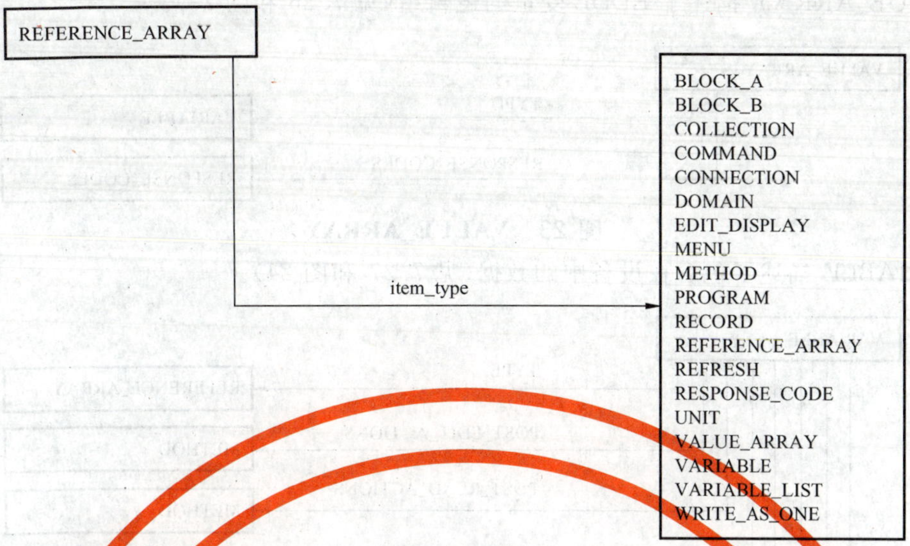

图 18 **REFERENCE_ARRAY**

- Relation：关系的三种类型被指定

——REFRESH 描述了 VARIABLE、RECODE 和 VALUE_ARRAY 之间的关系(见 7.23.2 和图 19)。

图 19 **REFRESH**

——UNIT 描述了 VARIABLE、RECODE 和 VALUE_ARRAY 之间的关系(见 7.23.3 和图 20)。

图 20 **UNIT**

——WRITE_AS_ONE RELATION 描述了 VARIABLE、RECODE 和 VALUE_ARRAY 之间的关系(见 7.23.4 和图 21)。

图 21 **WRITE_AS_ONE**

- RESPONSE_CODES 当在管理 VARIABLE、RECORD、VALUE_ARRAY、VARIABLE_LIST、PROGRAM 或者 DOMIAN 时，指定了应用程序所采用的特定响应代码(见 7.24)。
- SOURCE(见 7.25 和图 22)。

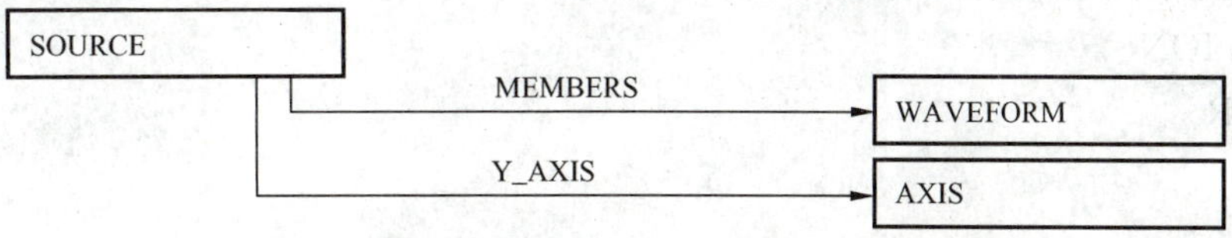

图 22 **SOURCE**

- VALUE_ARRAY 描述了 EDDL 变量的逻辑组(见 7.26 和图 23)。

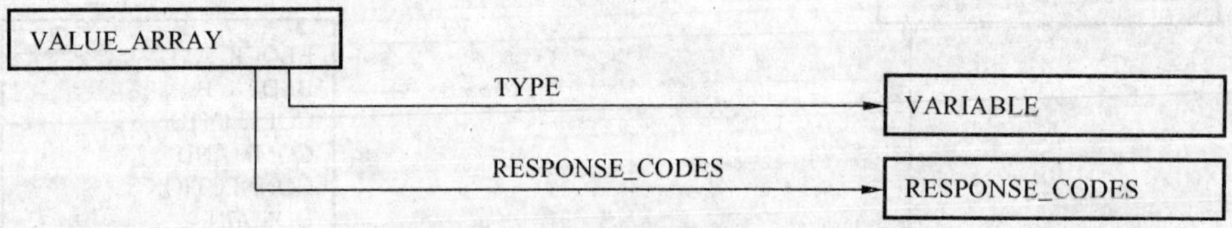

图 23　**VALUE_ARRAY**

- VARIABLE 描述了包含在设备中的数据(见 7.27 和图 24)。

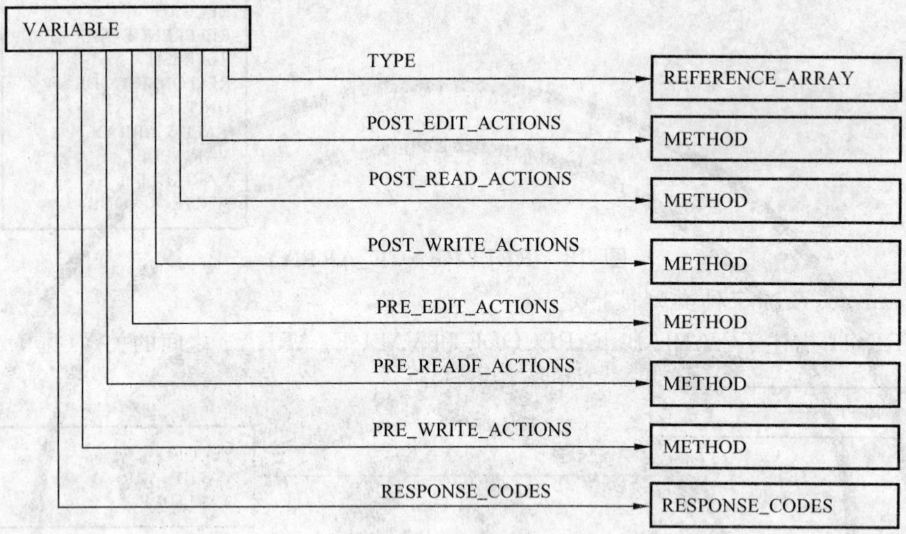

图 24　**VARIABLE**

- VARIABLE_LIST 描述了包含在设备中作为一个表通信的数据的逻辑分组(见 7.28 和图 25)。

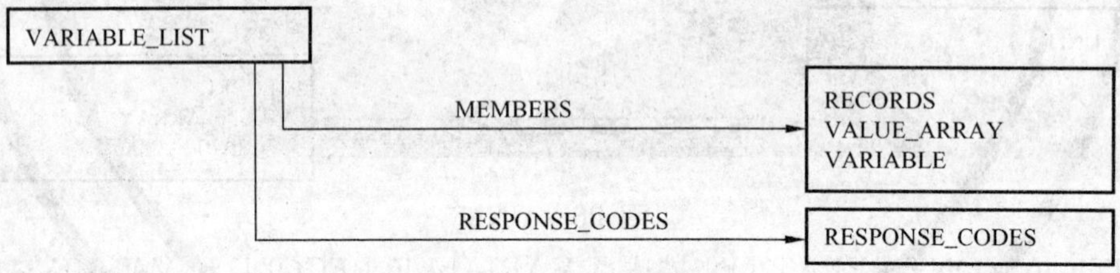

图 25　**VARIABLE_LIST**

- WAVEFORM(见 7.29 和图 26)。

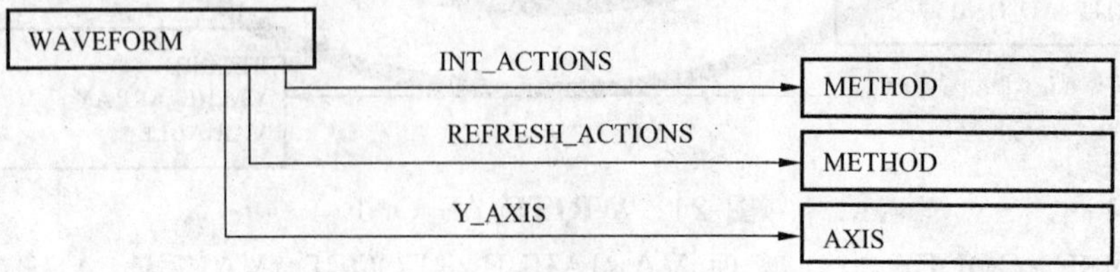

图 26　**WAVEFORM**

7.1.5　**公共属性**

下列公共属性被用在多数基本结构中：

- DEFINITION
- MEMBER
- LABLE
- HELP

- RESPONSE_CODES

7.1.6 特殊元素

特殊元素是用来支持文件处理、多种实例和 EDDL 基本元素的修改的附加 EDDL 机制。如：

- 输出重定向

  ——OPEN 用来为一个 EDD 创建一个分离的输出文件；

  ——CLOSE 用来为一个 EDD 关闭一个已打开的输出文件。

- 条件表达式 指定属性值，该属性值依赖于运行中变量的值。
- 引用 用来通过一个设备描述去引用在相同 EDDL 内的其他项。
- 表达式 是一个为了改变运行中基本结构属性值的变量值逻辑或算数运算。

7.1.7 实例规则

基本结构的每个实例都要用类型字符串标识进行标识。整个 EDD 内，标识应是唯一的。全部 EDD 结构表示了设备信息的实际实例。如果一个设备包含具有相同结构的两个或多个信息片段，相应的结构应在 EDD 中采用不同的标识来重复标识。作为选择，LIKE 结构可被用来用不同的标识创建一个结构的副本。词法定义部分中的标识不用在每一个结构中反复描述。

7.1.8 VARIABLE 表规则

VARIABLE 表包含了 VARIABLE、构成类型的元素或构成的类型。构成的类型有：

- BLOCK_A PARAMETERS
- COLLECTIONS
- RECODES
- REFERENCE_ARRAY
- VALUE_ARRAY
- VARIABLE_LISTS

引用可被用于类型实例，它代替了对一个构成类型每一单个成员的引用。

7.2 EDD 识别信息

7.2.1 通用结构

用途

EDD 标识信息唯一地标识了来自于设备制造商指定设备类型的设备描述。它也指定了被采用的 EDDL 版本和 EDDL 行规。

每个 EDD 中该标识信息应是第 1 个入口，并只出现一次。

词法结构

EDD_REVISION、DEVICE_REVISION、DEVICE_TYPE、EDD_PROFILE、EDD_VERSION、MANUFACTURER、MANUFACTURER_EXT

注 1：EDD 标识信息不是按其他 EDDL 结构的相同方式来构建。

注 2：EDD 标识信息关键词的严格顺序是不需要的。

7.2.2 特殊属性

7.2.2.1 DD_REVISION

用途

该属性按照制造商所定义的代码，为设备的 EDD 版本指定了唯一的代码。

注 1：每次新的设备描述被发布后，制造商就应为设备更新版本号。

注 2：一个特殊设备的特殊版本可以有多个 EDD，这种情况下由 DD_REVISION 来区分它们。

词法结构

DD_REVISION integer

DD_REVISION 的属性在表 2 中指定。

表 2 DD_REVISION 属性

用法	属性	描　述
m	integer	是一个 2 个字节无符号整型数，包含用于特定 EDD 文件版本的代码

7.2.2.2 **DEVICE_REVISION**

用途

该属性按照制造商所定义的代码，为现场设备的设备版本指定了唯一的代码。

词法结构

DEVICE_REVISION integer

DEVICE_REVISION 的属性在表 3 指定。

表 3 DEVICE_REVISION 属性

用法	属性	描　述
m	integer	是一个 2 个字节无符号整型数，包含用于特定设备版本的代码

7.2.2.3 **DEVICE_TYPE**

用途

该属性按照设备制造商所定义的代码，为设备类型指定一个标识。标识对于每种类型应是唯一的。

注：设备类型既可以指定设备种类，也可以指定特定设备。

词法结构

DEVICE_TYPE (integer,identifier)

DEVICE_TYPE 的属性在表 4 中指定。

表 4 DEVICE_TYPE 属性

用法	属性	描　述
s	integer	是一个 2 字节无符号整型数，包含用于特定设备类型或设备类型组的代码
s	identifier	作为 2 字节整型数的参考，包含了用于特定水杯类型或设备类型组的代码
注：标识对整型常量的映射应当存储在一个名为“devices. cfg”的额外文件中，这个文件包含了设备或设备类型组的标识列表。		

7.2.2.4 **EDD_PROFILE**

用途

该属性按照附录 D 中的定义指定了 EDDL 的可选行规。

词法结构

EDD_PROFILE integer

EDD_PROFILE 的属性在表 5 中指定。

表 5 EDD_PROFILE 属性

用法	属性	描　述
o	integer	是一个 2 字节无符号整型数，包含用于从附录 D 中选择的特定行规的代码。 下列代码通常被定义： 0x01　HART 通信基金会行规(见附录 D 的 D.4) 0x02　现场总线基金会行规(见附录 D 的 D.3) 0x03　PROFIBUS 行规(见附录 D 的 D.2)

7.2.2.5 **EDD_REVISION**

用途

该关键词为 EDD 版本指定了唯一的代码，它已被制造商用于构建 EDD。该属性应包括与本部分一致的所有设备描述。

词法结构

EDD_REVISION integer

EDD_REVISION 的属性在表 6 中指定。

表 6 EDD_REVISION 属性

用法	属性	描述
o	integer	是一个 2 字节无符号整型数，包含了对应本部分第一版的数字 1

7.2.2.6 **MANUFACTURER**

用途

该属性标识制造商。代码的分配应由负责不同 EDDL 行规的特殊组织来管理。EDD_PROFILE 和 MANUFACTURER 的组合应是唯一的。

词法结构

MANUFACTURER [(long integer，identifier)〈exp〉]

MANUFACTURER 的属性在表 7 中指定。

表 7 MANUFACTURER 属性

用法	属性	描述
m	long integer	是一个无符号长整型数，包含用于特定制造商的代码。 如果该整型值中的所有位被置为 1，词法结构 MANUFACTURER_EXT 将表示和标识制造商
sm	identifier	作为无符号长整型数的参考，包含了特定制造商的代码
注：标识对整型常量的映射应当存储在一个名为"devices. cfg"的额外文件中，改文件包含了一个制造商标识列表。		

7.2.2.7 **MANUFACTURER_EXT**

用途

该属性保留给未来使用。它是一个用来为 MANUFACTURER 提供全球标识字符串的占位符。

注：该属性的规范只有当它在国际上有效时才会被包含。

词法结构

MANUFACTURER_EXT string

MANUFACTURER_EXT 的属性在表 8 中指定。

表 8 MANUFACTURER_EXT 属性

用法	属性	描述
c	string	是一个字符串，包含唯一的全世界制造商标识信息

7.3 **AXIS**

7.3.1 **通用结构**

用途

AXIS 描述了图形或图表的坐标。

词法结构

AXIS identifier [HELP，LABEL，MAX_VALUE，MIN_VALUE，SCALING，CONSTANT_UNIT]

AXSI 的属性在表 9 中指定。

表 9 **AXSI 属性**

用法	属性	描　述
o	HELP	词法元素(见 7.30.2)
o	LABEL	词法元素(见 7.30.3)
o	MAX_VALUE	词法元素(见 7.3.2.1)
o	MIN_VALUE	词法元素(见 7.3.2.2)
o	SCALING	词法元素(见 7.3.2.3)
o	CONSTANT_UNIT	词法元素(见 7.3.2.4)

7.3.2 特殊属性

7.3.2.1 MAX_VALUE

用途

MAX_VALUE 属性指定了与 AXSI 的最后一个刻度标志相对应的值,X_AXSI 和 Y_AXSI 的最后一个刻度标志分别是最右边的一个刻度和最顶端的一个刻度,缺省情况下,不含 MAX_VALUE 属性的 AXSI 最后一个刻度标志所对应的值,可以在 GRAPH 上由 WAVEFORMs 推断出。

词法结构

MAX_VALUE (reference, double, float, integer, unsigned_integer)〈exp〉

MAX_VALUE 属性在表 10 中指定。

表 10 **MAX_VALUE 和 MINVALUE 属性**

用法	属性	描　述
o	reference	可以是对 VARIABLE 实例、一个 RECORD 实例的一个成员、一个 VALUE_ARRARY 实例中的一个元素或者是一个 REFERENCE_ARRARY 实例中的一个元素的引用
o	double	是一个双精度浮点常数
o	float	是一个单精度浮点常数
o	integer	是一个整型常数
o	unsigned_integer	是一个无符号整型常数

7.3.2.2 MIN_VALUE

用途

MIN_VALUE 属性指定了与 AXSI 的第一个刻度标志相对应的值,X_AXSI 和 Y_AXSI 的第一个刻度标志分别是最左边的一个刻度和最底端的一个刻度,缺省情况下,不含 MIN_VALUE 属性的 AXSI 第一个刻度标志所对应的值,可以在 GRAPH 上由 WAVEFORMs 推断出。

词法结构

MIN_VALUE (reference, double, float, integer, unsigned_integer)〈exp〉

MIN_VALUE 属性在表 10 中指定。

7.3.2.3 SCALING

用途

SCALING 属性指定 AXSI 的刻度标志应是成比例的,缺省情况下,不含 SCALING 属性的 AXSI 就是线性比例的。

词法结构

SCALING (LINEAR, LOGARITHMIC)〈exp〉

SCALING 属性在表 11 中指定。

表 11 SCALING 属性

用法	属性	描　述
s	LINEAR	指定坐标轴上的刻度标志是成线性比例的
s	LOGARITHMIC	指定坐标轴上的刻度标志是成对数比例的(以 10 为底)

7.3.2.4 **CONSTANT_UNIT**

用途

如果 AXSI 有一个不会改变的单位代码，就会用到 CONSTANT_UNIT 属性。CONSTANT_UNIT 将被指定为随着数值一起显示的一个字符串，不带常量单位的 AXSI 既可以是没有与之相对应的单位，也可以是单位不是一个常量。

词法结构

CONSTANT_UNIT (string)〈exp〉

CONSTAN_UNIT 的属性在表 150 中指定。

7.4 BLOCK

7.4.1 BLOCK_A

7.4.1.1 通用结构

用途

设备将被组织到逻辑块中。每一个 BLOCK_A 都是 PARAMETERS 和 BLOCK_A 应用程序附加信息的逻辑分组。块类型由 CHARACTERISTICS 属性描述，来自相同类型的多个 BLOCK_A 可被实例化。

注：BLOCK_A 的方法是对访问效率的优化。

词法结构

BLOCK_A identifier [CHARACTERISTICS, LABEL, PARAMETERS, AXIS_ITEMS, CHART_ITEMS, COLLECTION_ITEMS, EDIT_DISPLAY_ITEMS, FILE_ITEMS, GRAPH_ITEMS, GRID_ITEMS, IMAGE_ITEMS, LIST_ITEMS, HELP, MENU_ITEMS, METHOD_ITEMS, PARAMETER_LISTS, REFERENCE_ARRAY_ITEMS, REFRESH_ITEMS, SOURCE_ITEMS, UNIT_ITEMS, WAVEFORM_ITEMS, WRITE_AS_ONE_ITEMS]

BLOCK_A 的属性在表 12 中指定。

表 12 BLOCK_A 属性

用法	属性	描　述
m	CHARACTERISTICS	词法元素(见 7.4.1.2.1)
m	LABEL	词法元素(见 7.30.3)
m	PARAMETERS	词法元素(见 7.4.1.2.2)
o	AXIS_ITEMS	词法元素(见 7.4.1.2.3)
o	CHART_ITEMS	词法元素(见 7.4.1.2.4)
o	COLLECTION_ITEMS	词法元素(见 7.4.1.2.5)
o	EDIT_DISPLAY_ITEMS	词法元素(见 7.4.1.2.6)
o	FILE_ITEMS	词法元素(见 7.4.1.2.7)
o	GRAPH_ITEMS	词法元素(见 7.4.1.2.8)
o	GRID_ITEMS	词法元素(见 7.4.1.2.9)

表 12（续）

用法	属性	描　述
o	IMAGE_ITEMS	词法元素(见 7.4.1.2.10)
o	LIST_ITEMS	词法元素(见 7.4.1.2.11)
o	LOCAL_PARAMETERS	词法元素(见 7.4.1.2.12)
o	HELP	词法元素(见 7.30.2)
o	MENU_ITEMS	词法元素(见 7.4.1.2.13)
o	METHOD_ITEMS	词法元素(见 7.4.1.2.14)
o	PARAMETER_LISTS	词法元素(见 7.4.1.2.15)
o	REFERENCE_ARRAY_ITEMS	词法元素(见 7.4.1.2.16)
o	REFRESH_ITEMS	词法元素(见 7.4.1.2.17)
o	SOURCE_ITEMS	词法元素(见 7.4.1.2.18)
o	UNIT_ITEMS	词法元素(见 7.4.1.2.19)
o	WAVEFORM_ITEMS	词法元素(见 7.4.1.2.20)
o	WRITE_AS_ONE_ITEMS	词法元素(见 7.4.1.2.21)

7.4.1.2 特殊属性

7.4.1.2.1 CHARACTERISTICS

用途

CHARACTERISTICS 属性对 BLOCK_A 指定了外部特性。CHARACTERISTICS 应包含分类、功能类型、块类型和执行时间。BLOCK_A 的外部特性包含在 RECODE 中。

注：通常 BLOCK_A CHARACTERISTICS 确定了 BLOCK_A 的类型。

词法结构

CHARACTERISTICS reference

CHARACTERISTICS 的属性在表 13 中指定。

表 13　CHARACTERISTICS 属性

用法	属性	描　述
m	reference	是对 RECORD 实例的引用

7.4.1.2.2 PARAMETERS

用途

PARAMETERS 属性包含了对 VARIABLE、VALUE_ARRAY 或 RECORD 实例引用的列表。每个引用都有一个标识并有一个描述和(或)一个帮助文本。

注：BLOCK_A 中的 PARAMETERS 对应于被列入设备对象字典中的单独的通信对象。PARAMETERS 元素引用了这些对象的通信定义，对象字典映射设备中的数据到指定位置。

词法结构

PARAMETERS [identifier, reference, description, help]+

PARAMETERS 的属性在表 14 中指定。

表 14　**PARAMETERS 属性**

用法	属性	描　述
m	identifier	是 VARIABLE、VALUE_ARRAY 或 RECORD 的标识。在 EDD 中，PARAMETERS 列表的每个元素都有一个标识用于引用它
m	reference	是一个对 VARIABLE、VALUE_ARRAY 或 RECORD 实例的引用
o	description	是对引用的简短描述
o	help	为引用指定帮助文本

7.4.1.2.3　**AXSI_ITEMS**

用途

AXSI_ITEMS 是一个与 BLOCK_A 有关的 AXSI 实例表。

词法结构

AXSI_ITEMS reference+

AXSI_ITEMS 的属性在表 15 中指定。

表 15　**AXSI_ITEMS 属性**

用法	属性	描　述
m	reference	是一个对 AXSI 实例的引用

7.4.1.2.4　**CHART_ITEMS**

用途

CHART_ITEMS 是一个与 BLOCK_A 有关的 CHART 实例表。

词法结构

CHART_ITEMS reference+

CHART_ITEMS 的属性在表 16 中指定。

表 16　**CHART_ITEMS 属性**

用法	属性	描　述
m	reference	是一个对 CHART 实例的引用

7.4.1.2.5　**COLLECTION_ITEMS**

用途

COLLECTION_ITEMS 是一个与 BLOCK_A 有关的 COLLECTION 实例表。

词法结构

COLLECTION_ITEMS reference+

COLLECTION_ITEMS 的属性在表 17 中指定。

表 17　**COLLECTION_ITEMS 属性**

用法	属性	描　述
m	reference	是对 COLLECTION 实例的引用

7.4.1.2.6　**EDIT_DISPLAY_ITEMS**

用途

EDIT_DISPLAY_ITEMS 是一个与 BLOCK_A 有关的 EDIT_DISPLAY 实例表。

词法结构

EDIT_DISPLAY_ITEMS reference+

EDIT_DISPLAY_ITEMS 的属性在表 18 中指定。

表 18 **EDIT_DISPLAY_ITEMS 属性**

用法	属性	描　述
m	reference	是对 EDIT_DISPLAY 实例的引用

7.4.1.2.7 **FILE_ITEMS**

用途

FILE_ITEMS 是一个与 BLOCK_A 有关的 FILE 实例表。

词法结构

FILE_ITEMS reference+

FILE_ITEMS 的属性在表 19 中指定。

表 19 **FILE_ITEMS 属性**

用法	属性	描　述
m	reference	是对 FILE 实例的引用

7.4.1.2.8 **GRAPH_ITEMS**

用途

GRAPH_ITEMS 是一个与 BLOCK_A 有关的 GRAPH 实例表。

词法结构

GRAPH_ITEMS reference+

GRAPH_ITEMS 的属性在表 20 中指定。

表 20 **GRAPH_ITEMS 属性**

用法	属性	描　述
m	reference	是对 GRAPH 实例的引用

7.4.1.2.9 **GRID_ITEMS**

用途

GRID_ITEMS 是一个与 BLOCK_A 有关的 GRID 实例表。

词法结构

GRID_ITEMS reference+

GRID_ITEMS 的属性在表 21 中指定。

表 21 **GRID_ITEMS 属性**

用法	属性	描　述
m	reference	是对 GRID 实例的引用

7.4.1.2.10 **IMAGE_ITEMS**

用途

IMAGE_ITEMS 是一个与 BLOCK_A 有关的 IMAGE 实例表。

词法结构

IMAGE_ITEMS reference+

IMAGE_ITEMS 的属性在表 22 中指定。

表 22 **IMAGE_ITEMS 属性**

用法	属性	描　述
m	reference	是对 IMAGE 实例的引用

7.4.1.2.11 LIST_ITEMS

用途

LIST_ITEMS 是一个与 BLOCK_A 有关的 LIST 实例表。

词法结构

LIST_ITEMS reference+

LIST_ITEMS 的属性在表 23 中指定。

表 23 LIST_ITEMS 属性

用法	属性	描述
m	reference	是对 LIST 实例的引用

7.4.1.2.12 LOCAL_PARAMETERS

用途

LOCAL_PARAMETERS 属性包含了对 VARIABLE、VALUE_ARRAY 或者 RECORD 实例的引用表，每个引用应该有一个标识，以及可以有一个描述和/或一个帮助文本。

注：BLOCK_A 中的 LOCAL_PARAMETERS 并不对应通信对象，它们只是用在 EDD 应用中的参数。

词法结构

LOCAL_PARAMETERS [identifier, reference, description, help]+

LOCAL_PARAMETERS 的属性在表 14 中指定。

7.4.1.2.13 MENU_ITEMS

用途

MENU_ITEMS 列表指定了与 BLOCK_A 有关的 MENU。

词法结构

MENU_ITEMS reference

MENU_ITEMS 的属性在表 24 中指定。

表 24 MENU_ITEMS 属性

用法	属性	描述
m	reference	是对 MENU 实例的引用

7.4.1.2.14 METHOD_ITEMS

用途

METHOD_ITEMS 列表指定了与 BLOCK_A 有关的 METHOD。

词法结构

METHOD_ITEMS reference

METHOD_ITEMS 的属性在表 25 中指定。

表 25 METHOD_ITEMS 属性

用法	属性	描述
m	reference	是对 METHOD 实例的引用

7.4.1.2.15 PARAMETER_LISTS

用途

PARAMETER_LISTS 列表指定了与 BLOCK_A 有关的 VARIABLE_LISTs，加上对每个 VARIABLE_LISTS 的选择性描述和帮助。每个 BLOCK_A 可包含多个 PARAMETER_LISTS。

词法结构

PARAMETER_LISTS [identifier, reference, description, help]+

PARAMETER_LISTS 的属性在表 26 中指定。

表 26 PARAMETER_LISTS 的属性

用法	属性	描述
m	identifier	是 VARIABLE_LISTS 的标识。在 EDD 中，每个 PARAMETERS 列表的元素都应有一个标识用于引用它
m	reference	是对 VARIABLE_LIST 实例的引用
o	description	是对该项的简短描述
o	help	为该项指定帮助文本

7.4.1.2.16 **REFERENCE_ARRAY_ITEMS**

用途

REFERENCE_ARRAY_ITEMS 列表指定了与 BLOCK_A 有关的 REFERENCE_ARRAY。

词法结构

REFERENCE_ARRAY_ITEMS reference＋

REFERENCE_ARRAY_ITEMS 的属性在表 27 中指定。

表 27 REFERENCE_ARRAY_ITEMS 属性

用法	属性	描述
m	reference	是对 REFERENCE_ARRAY 实例的引用

7.4.1.2.17 **REFRESH_ITEMS**

用途

REFRESH_ITEMS 列表指定了与 BLOCK_A 有关的 REFRESH 关系。

词法结构

REFRESH_ITEMS reference＋

REFRESH_ITEMS 的属性在表 28 中指定。

表 28 REFRESH_ITEMS 属性

用法	属性	描述
m	reference	是对 REFRESH 实例的引用

7.4.1.2.18 **SOURCE_ITEMS**

用途

SOURCE_ITEMS 列表指定了与 BLOCK_A 有关的 SOURCE 关系。

词法结构

SOURCE_ITEMS reference＋

SOURCE_ITEMS 的属性在表 29 中指定。

表 29 SOURCE_ITEMS 属性

用法	属性	描述
m	reference	是对 SOURCE 实例的引用

7.4.1.2.19 **UNIT_ITEMS**

用途

UNIT _ITEMS 列表指定了与 BLOCK_A 有关的 UNIT 关系。

词法结构

UNIT_ITEMS reference+

UNIT_ITEMS 的属性在表 30 指定。

表 30 UNIT_ITEMS 属性

用法	属性	描　述
m	reference	是对 UNIT 实例的引用

7.4.1.2.20 **WAVEFORM_ITEMS**

用途

WAVEFORM_ITEMS 列表指定了与 BLOCK_A 有关的 WAVEFORM。

词法结构

WAVEFORM_ITEMS reference+

WAVEFORM_ITEMS 的属性在表 31 中指定。

表 31 WAVEFORM_ITEMS 属性

用法	属性	描　述
m	reference	是对 WAVEFORM 实例的引用

7.4.1.2.21 **WRITE_AS_ONE_ITEMS**

用途

WRITE_AS_ONE_ITEMS 列表指定了与 BLOCK_A 有关的 WRITE_AS_ONE 关系。

词法结构

WRITE_AS_ONE_ITEMS reference+

WRITE_AS_ONE_ITEMS 的属性在见表 32。

表 32 WRITE_AS_ONE_ITEMS 属性

用法	属性	描　述
m	reference	是对 WRITE_AS_ONE 实例的引用

7.4.2 **BLOCK_B**

7.4.2.1 **通用结构**

用途

设备或模块的变量分别对应于设备组件和功能部分，在块中被结构化。块的三部分被定义为：PHYSICAL，TRANSDUCER 和 FUNCTION。来自相同 TYPE 的多个 BLOCK_B 可被实例化。为了有效地访问，每个实例都有它自己的 NUMBER。对于每个块类型，有不同的 NUMBER 顺序线程，从 1 开始。

当访问设备中的一个 VARIABLE 时，BLOCK_B 结构用于与 COMMAND 连接，以提供相对寻址。

注 1：BLOCK_B 的方法是用于存储器效率的优化。

注 2：设备中变量的存储是由制造商指定，并通过设备目录来表示。设备目录包含了设备中可用 BLOCK_B 入口的汇总。此外，设备目录还包含了每个 BLOCK_B 一个指向其物理地址的指针。EDD 应用程序通过给 BLOCK_B 物理地址加上偏移量，来找到单一的对象。

注 3：BLOCK_B 实例中，相对索引被采用。相对索引在设备行规中定义。

词法结构

BLOCK_B identifier [NUMBER, TYPE]

BLOCK_B 的属性在见表 33。

表 33 **BLOCK_B 属性**

用法	属性	描　述
m	NUMBER	词法元素(见 7.4.2.2.1)
m	TYPE	词法元素(见 7.4.2.2.2)

7.4.2.2 特殊属性

7.4.2.2.1 NUMBER

用途

一个设备可包含多个 BLOCK_B 实例,它用 NUMBER 属性来标识。NUMBER 的属性列举了设备中相同 TYPE 的每一个 BLOCK_B。

词法结构

NUMBER (integer,expression)⟨exp⟩

NUMBER 的属性在表 34 中指定。

表 34 **NUMBER 属性**

用法	属性	描　述
s	integer	是相同 TYPE 的 BLOCK_B 实例的编号
s	expression	在 NUMBER 属性的索引范围内,被评估为非负整型数的一个表达式(关于表达式的描述,见 7.34.7)

7.4.2.2.2 TYPE

用途

TYPE 的属性用来指定 3 种块类型中的一个。

词法结构

TYPE [PHYSICAL, TRANSDUCER, FUNCTION]

TYPE 的属性在表 35 中指定。

表 35 **TYPE 属性**

用法	属性	描　述
s	FUNCTION	由一个或多个输入、输出及所含参数组成的已命名块。功能块表示了被 EDD 应用程序执行的基本自动功能,它是不依赖于特定设备和网络的。每个功能块根据指定的运算和包含参数的内集来处理输入的参数。它们生成可用在相同功能块 EDD 应用程序中使用或由其他功能块应用程序使用的输出参数
s	PHYSICAL	通过该物理块,现场设备的硬件/源的特定特征变得可见。与转换块类似,它们通过包含一组不依赖于硬件/源参数的实现,来隔离功能块和物理硬件
s	TRANSDUCER	转换器块隔离功能块和特定的 I/O 设备,如:传感器,执行器或切换开关。转换器块通过一个由功能块定义而使用的独立设备接口来控制对 I/O 设备的访问。转换器块对 I/O 数据执行如标定、线性化的功能,以转换它给设备单独表示

7.5 CHART

7.5.1 通用结构

用途

CHART 描述了一个用来显示 EDD 应用设备数据的图表,一个 CHART 用来显示来自设备的连续数据值,相反,一个 GRAPH 用来显示存储在设备中的数据集。源于设备的数据可以预先被调整成用 CHART 的 SOURCE 成员中 INIT_ACTIONS 和 RERESH_ACTIONS 来显示。

词法结构

CHART identifier [MEMBERS, CYCLE_TIME, HEIGHT, WIDTH, LENGTH, HELP, LA-

BEL, TYPE]

CHART 的属性在见表 36。

表 36　CHART 属性

用法	属性	描　述
M	MEMBERS	词法元素(见 7.30.4)
o	CYCLE_TIME	词法元素(见 7.5.2.1)
o	HEIGHT	词法元素(见 7.5.2.2)
o	HELP	词法元素(见 7.30.2)
o	LABEL	词法元素(见 7.30.3)
o	LENGTH	词法元素(见 7.5.2.4)
o	TYPE	词法元素(见 7.5.2.5)
o	WIDTH	词法元素(见 7.5.2.3)

7.5.2　特殊属性

7.5.2.1　CYCLE_TIME

用途

CYCLE_TIME 按 ms 指定了时间的长度,EDD 应用在对设备中源值进行连续读取时需要等待这样的时间长度。在缺省状态下,不含 CYCLE_TIME 属性的 CHART 时间周期是 1 000 ms。

词法结构

CYCLE_TIME (integer)〈exp〉

CYCLE_TIME 的属性在表 37 中指定。

表 37　CYCLE_TIME 属性

用法	属性	描　述
m	integer	按 ms 指定的时间长度连续读取设备中的源数据

7.5.2.2　HEIGHT

用途

HEIGHT 属性指定了在显示时 CHART 应有的垂直尺寸的大小,不带 HEIGHT 属性的 CHART 在缺省情况下是 MEDIUM。

词法结构

HEIGHT (XX_SMALL, X_SMALL, SMALL, MEDIUM, LARGE, X_LARGE, XX_LARGE)〈exp〉

HEIGHT 的属性在表 38 中指定。

表 38　HEIGHT 属性

用法	属性	描　述
s	XX_SMALL	指定 CHART 将占据窗口中特别特别小的区域来显示
s	X_SMALL	指定 CHART 将占据窗口中特别小的区域来显示
s	SMALL	指定 CHART 将占据窗口中特别小的区域来显示
s	MEDIUM	指定 CHART 将占据窗口中中等的区域来显示
s	LARGE	指定 CHART 将占据窗口中大的区域来显示
s	X_LARGE	指定 CHART 将占据窗口中特别大的区域来显示
s	XX_LARGE	指定 CHART 将占据窗口中特别特别大的区域来显示

7.5.2.3 **WIDTH**

用途

WIDTH 属性指定了在显示时 CHART 应有的水平尺寸的大小，不带 WIDTH 属性的 CHART 在缺省情况下是 MEDIUM。

词法结构

HEIGHT (XX_SMALL, X_SMALL, SMALL, MEDIUM, LARGE, X_LARGE, XX_LARGE)〈exp〉

HEIGHT 的属性在表 38 中指定。

7.5.2.4 **LENGTH**

用途

LENGTH 属性按 ms 指定了通过 CHART 被显示的时间长度，通过 CHART 显示的采样个数可以由 LENGTH 属性除以 CYCLE_TIME 属性计算得到，缺省情况下，不含 LENGTH 属性的 CHART 时间周期是 600 000 ms。

词法结构

LENGTH (integer)〈exp〉

LENGTH 的属性在表 39 中指定。

表 39 LENGTH 属性

用法	属性	描 述
m	integer	通过 CHART 显示的按 ms 所指定的时间长度

7.5.2.5 **TYPE**

用途

TYPE 属性指定了 EDD 将显示的 CHART 类型，不带 TYPE 属性的 CHART 在缺省情况下是 STRIP。

词法结构

TYPE (GUAGE, HORIZONTAL_BAR, SCOPE, STRIP, SWEEP, VERTICAL_BAR)〈exp〉

TYPE 的属性在表 40 中指定。

表 40 TYPE 属性

用法	属性	描 述
s	GUAGE	以计量器的形式显示一个单独的源值，这种数据的图形化表示类似于汽车的燃料表
s	HORIZONTAL_BAR	源值被显示成水平的条形图
s	SCOPE	当源值达到 CHART 显示区域的末端，显示区域将被清除，新的源值将从显示区域的开始之处重新显示
s	STRIP	当源值达到 CHART 显示区域的末端，显示将变成滚动的，最旧的源值被移除掉，最新的源值增加到显示区域
s	SWEEP	当源值达到 CHART 显示区域的末端，最新的源值将从显示区域的开始之处重新显示，但与 SCOPE 不同，只有需要显示新的源值的显示区域被擦除掉
s	VERTICAL_BAR	源值被显示成垂直的条形图

7.6 **COLLECTION**

7.6.1 **通用结构**

用途

一个 COLLECTION 是某些项的逻辑组合，如 VARIABLE、MENU 等。标识被指派给每个项。通过使用 COLLECTION 的标识和项的名，该项在设备描述中可以被引用。

注 1：COLLECTION 意味着由一个工具来使用，例如，标识将被一起处理的参数。

注 2：推荐支持的嵌套级数为 2 级(例如：COLLECTION 的 COLLECTION)。

词法结构

COLLECTION identifier, item-type, [MEMBERS, HELP, LABEL]

COLLECTION 的属性在表 41 中指定。

表 41 COLLECTION 属性

用法	属性	描　述
o	item-type	词法元素(见 7.6.2.1)
m	MEMBERS	词法元素(见 7.30.4)
o	HELP	词法元素(见 7.30.2)
o	LABEL	词法元素(见 7.30.3)

7.6.2 特殊属性

7.6.2.1 item-type

用途

item-type 指定了集合中成员的类型。如果 item-type 被指定，则所有集合中的成员应是被指定的类型；否则，所有集合中的成员可以是任何类型。

词法结构

item-type

被允许的 item-type 如表 42 所示。

表 42 item-type

用法	item-type	描　述
s	AXIS	基本结构的选择
s	BLOCK_A	基本结构的选择
s	BLOCK_B	基本结构的选择
s	CHART	基本结构的选择
s	COLLECTION	基本结构的选择
s	COMMAND	基本结构的选择
s	CONNECTION	基本结构的选择
s	DOMAIN	基本结构的选择
s	EDIT_DISPLAY	基本结构的选择
s	FILE	基本结构的选择
s	GRAPH	基本结构的选择
s	LIST	基本结构的选择
s	MENU	基本结构的选择
s	METHOD	基本结构的选择
s	PROGRAM	基本结构的选择
s	RECORD	基本结构的选择
s	REFERENCE_ARRAY	基本结构的选择
s	REFRESH	基本结构的选择
s	RESPONSE_CODES	基本结构的选择

表 42(续)

用法	item-type	描　述
s	UNIT	基本结构的选择
s	VALUE_ARRAY	基本结构的选择
s	VARIABLE	基本结构的选择
s	VARIABLE_LIST	基本结构的选择
s	WAVEFORM	基本结构的选择
s	WRITE_AS_ONE	基本结构的选择

7.6.2.2　通用

COLLECTION 只有一个特殊属性。

7.7　COMMAND

7.7.1　通用结构

用途

COMMAND 是一个支持 EDD 通信元素向被选择的通信系统映射的结构。它指定了建立通信帧所要求的不同元素。如果该结构被一个 EDDL 行规采用,需要被传输的每一个数据项应被引用到 COMMAND 和上传/下载 MENU 内(见 7.18.2.10)。

注 1:通信帧的地址域是采用可选结构 BLOCK/SLOT/NUMBER,并伴随适当的 INDEX 及 MODULE 来指定的。如果多个 EDD 应用程序过程实例或一个需要明确引用的 EDD 应用程序过程实例存在于设备中,它们将由附加结构 CONNECTION 指定。通信帧的类型或它的控制域是由 OPERATION 结构来指定。通信帧的数据内容是由 TRANSACTION 结构来指定。

注 2:BLOCK/SLOT/NUMBER 的范围被限定在一个已给的 EDD 应用程序过程实例内,例如:相同的 BLOCK/SLOT/NUMBER 值将被用于与不同的 CONNECTION 值连接,以在不同的 EDD 应用程序过程实例中标识不同的数据项。

词法结构

COMMAND identifier,[OPERATION, TRANSACTION+, INDEX, BLOCK_B, NUMBER, SLOT, CONNECTION, HEADER, MODULE, RESPONSE_CODES]

COMMAND 属性在表 43 中指定。

表 43　COMMAND 属性

用法	属性	描　述
m	OPERATION	词法元素(见 7.7.2.1)
m	TRANSACTION	词法元素(见 7.7.2.2)
c	INDEX	词法元素(见 7.7.2.3)
s	BLOCK_B	词法元素(见 7.7.2.4)
s	NUMBER	词法元素(见 7.7.2.5)
s	SLOT	词法元素(见 7.7.2.6)
o	CONNECTION	词法元素(见 7.7.2.7)
o	HEADER	词法元素(见 7.7.2.8)
o	MODULE	词法元素(见 7.7.2.9)
o	RESPONSE_CODES	词法元素(见 7.30.5)

注 1:一个事务处理中出现的响应代码仅适用于该事务处理。

注 2:在任何事务处理外出现的响应代码适用于所有的事务处理。

注 3:如果同一个响应代码在事务处理的内部和外部都被指定,在事务处理内部指定的响应代码享有优先权,但仅对于该事务处理。

7.7.2 特殊属性

7.7.2.1 **OPERATION**

用途

OPERATION 属性指定了现场设备在从通信系统接收到服务请求时,所要采取的动作。

词法结构

OPERATION [(COMMAND, DATA_EXCHANGE, READ, string, WRITE), ⟨exp⟩]

OPERATION 属性在表 44 中指定。

表 44 **OPERATION** 属性

用法	属性	描 述
s	COMMAND	指定了设备执行预定义的动作集合(例如,自检、主站复位)。要执行的动作是由设备指定的,并由 NUMBER 属性标识
s	DATA_EXCHANGE	指定了一个双向事务处理。输入数据在 TRANSACTION 的 REPLY 属性中被指定,而输出数据在 TRANSACTION 的 REQUEST 属性中被指定
s	READ	指定了一个读的事务处理。现场设备返回指定变量的当前值。VARIABLES 应在 TRANSACTION 的 REPLY 部分中被定义
s	string	指定了关于事务处理的制造商特殊服务。被执行的事务处理将在相应的规范中被解释
s	WRITE	指定了一个写的事物处理。现场设备接收指定变量的当前值。VARIABLES 应在 TRANSACTION 的 REQUEST 部分中被定义

7.7.2.2 **TRANSACTION**

7.7.2.2.1 通用结构

用途

事务处理指定了命令请求和应答报文的数据域。可以定义多个事务处理。语法应支持 TRANSACTION 的唯一标识。每个 TRANSACTION 将包含一组用于特殊事务处理的响应代码集。

例如:块命令,如 HART 通用命令版本 4 及其后版本的命令 4 和 5,都是多事务处理命令的例子。

词法结构

TRANSACTION [REPLY, REQUEST, integer, RESPONSE_CODES]

TRANSACTION 属性在表 45 中指定。

表 45 **TRANSACTION** 属性

用法	属性	描 述
m	REPLY	词法元素(见 7.7.2.2.2.1)
m	REQUEST	词法元素(见 7.7.2.2.2.2)
o	integer	指定 TRANSACTION 的个数(如果多个 TRASACTION 被采用)
o	RESPONSE_CODES	词法元素(见 7.24)

7.7.2.2.2 特殊属性

7.7.2.2.2.1 **REPLY**

用途

REPLY 属性包含一个接收自设备的数据项列表(常量或变量引用)。列表的顺序应在通信 PDU 的相应数据域中被保持。

当一个 VARIABLE 没有按字节为单位开始和结束时,一个掩码将用来指定变量怎样被打包进数据域。

掩码的每一位都有语义内涵。另外,如果一项掩码中的最低有效位被置位,则下一个数据项(如果有)就被包含在 PDU 的后续字节中。如果最低有效位被清零(不被置位),则下一个数据项将被包含在 PDU 的同一个字节中。

item-mask 属性

注 1:即使最低有效位没有被用于实际数据,如果后面跟有数据项,它也应在一个项的掩码中被置位(关系到"伪"数据项)。

注 2:示例见附录 C。

词法结构

REPLY [reference, item-mask, INFO, INDEX]+

REPLY 属性在表 46 中指定。

表 46 REPLY 属性

用法	属性	描述
m	reference	是对 VARIABLE 实例的引用
o	item-mask	指定了从数据域中提取 VARIABLE 的位模式。item-mask 仅用于数据类型 INTEGER、UNSIGNED INTEGER、ENUMERATED 和 BIT_ENUMERATED。 如果在 item-mask 中的最低有效位被置位,则在 REQUEST 或 REPLY 列表中接下来的项将被使用。 item-mask 的长度应为 1 字节到 4 字节,并且应与 REQUEST 或 REPLY 列表中的数据项的长度相一致
o	INFO	指定了 VARIABLE 不是实际存储在设备中。它提供了附加信息来确保正确处理
o	INDEX	指定了 VARIABLE 作为一个到 REFERENCE_ARRAY 的索引用于 REQUESTA 和 REPLY 中

注 3:一个变量可能具有 INDEX 和 INFO 两种限制,在这种情况下,它被称为本地索引变量。除了索引变量没有被存储在设备中,具有本地索引的命令完全与具有带 INDEX 限制变量的命令有相同的行为。

注 4:INFO 被用来发送或读取带单位的 VARIABLE,与它们用在设备中不同。

7.7.2.2.2.2 REQUEST

用途

REQUEST 属性包含一个要发送给设备的数据项列表(常量或变量引用)。列表顺序应被保存在通信 PDU 的相应数据域里。

当一个 VARIABLE 不是按 PDU 的字节约束开始和结束时,一个项掩码将被用来说明变量是如何被打包装进数据域。项掩码是多字节的整形数,它将和被通信的 PDU 通过逻辑"与"来提取想得到的数据项。

如果没有数据项掩码被指定,一个隐含的掩码被采用,对应于数据项的长度,它的各个字节的所有位都被置位。

掩码中的每一位都有语义内涵。另外,如果某一项掩码中的最低有效位被置位,下一个数据项(如果有)将被包含在 PDU 的后续字节中。如果最低有效位被清零(不被置位),则下一个数据项将被包含在 PDU 的同一个字节中。

注 1:即使最低有效位没有在实际数据中被采用,如果后面跟有数据项,它也应在一个项的掩码中被置位(关系到"伪"数据项)。

注 2:示例见附录 C。

词法结构

REQUEST integer, [reference, item-mask, INFO, INDEX]+

REQUEST 属性在表 46 中指定。

7.7.2.3 **INDEX**

用途

如果 SLOT 或 BLOCK_B 被采用,INDEX 的属性将被显示。INDEX 指定了在 SLOT 或 BLOCK_B 中的数据项地址。

词法结构

INDEX (integer, reference,expression)〈exp〉

INDEX 属性在表 47 中指定。

表 47 INDEX 属性

用法	属性	描 述
s	integer	是索引的编号
s	reference	是对包含索引的 VARIABLE 实例的引用
s	expression	在 INDEX 属性的索引范围内,被评估为非负整型数的一个表达式(关于表达式的描述,见 7.34.7)

7.7.2.4 **BLOCK_B**

用途

BLOCK_B 属性提供了对设备中单个块的引用。

词法结构

BLOCK_B (reference)〈exp〉

BLOCK_B 属性在表 48 中指定。

表 48 BLOCK_B 属性

用法	属性	描 述
m	reference	是对 BLOCK_B 实例的引用

7.7.2.5 **NUMBER**

用途

NUMBER 属性用来列举 COMMAND。

词法结构

NUMBER (integer,reference,expression)〈exp〉

NUMBER 属性在表 49 中指定。

表 49 NUMBER 属性

用法	属性	描 述
s	integer	是 COMMAND 的编号
s	reference	是对包含 COMMAND 编号的 VARIABLE 实例的引用
s	expression	在 NUMBER 属性的索引范围内,被评估为非负整型数的一个表达式(关于表达式的描述,见 7.34.7)

7.7.2.6 **SLOT**

用途

设备的数据项可被分配到逻辑槽。槽内的每个数据项是采用索引来分配地址。SLOT 属性指定了槽数。

词法结构

SLOT (integer,reference,expression)〈exp〉

SLOT 属性在表 50 中指定。

表 50 SLOT 属性

用法	属性	描述
s	integer	槽数
s	reference	是对包含有槽数的 VARIABLE 实例的引用
s	expression	在 SLOT 属性的索引范围内,被评估为非负整型数的一个表达式(关于表达式的描述,见 7.34.7)

7.7.2.7 **CONNECTION**

用途

CONNECTION 属性为含有 EDD 应用程序实例数的基本结构 CONNECTION 提供了引用。

词法结构

CONNECTION (reference)〈exp〉

CONNECTION 属性在表 51 中指定。

表 51 CONNECTION 属性

用法	属性	描述
m	reference	对指定 EDD 应用程序的 CONNECTION 实例的引用

7.7.2.8 **HEADER**

用途

HEADER 属性提供了特定的通信协议。

注:它可被用于设备中的寻址数据,或用于一个复位操作。

词法结构

HEADER (string)〈exp〉

HEADER 属性在表 52 中指定。

表 52 HEADER 属性

用法	属性	描述
m	string	指定了用于带特定通信协议通信的字符串

7.7.2.9 **MODULE**

用途

MODULE 属性提供了一种外部引用。该属性的用法超出了本部分的范围。

注:由于对使用了其他描述文件的现存设备兼容的原因,该 MODULE 也被包括。

词法结构

MODULE (reference)〈exp〉

MODULE 属性在表 53 中指定。

表 53 MODULE 属性

用法	属性	描述
m	reference	是对外部描述文件中 MODULE 实例的引用

7.8 CONNECTION

7.8.1 通用结构

用途

一个设备可包含多个 EDD 应用程序。每个 EDD 应用程序都被表示成一个 EDD 应用程序过程实例。基本结构 CONNECTION 为设备中单独的 EDD 应用程序过程实例提供了引用。

与 CONNECTION 结构相关的名字可被用在 COMMAND 属性 CONNECTION 中。

词法结构

CONNECTION identifier APPINSTANCE

CONNECTION 属性在表 54 中指定。

表 54 CONNECTION 属性

用法	属性	描　述
m	APPINSTANCE	词法元素(见 7.8.2)

7.8.2 特殊属性——APPINSTANCE

用途

可以在一个设备中定义多个 EDD 应用程序。每个 EDD 应用程序表示一个 EDD 应用程序过程实例。EDD 应用过程实例允许不同的访问等级。

词法结构

APPINSTANCE (integer,reference)〈exp〉

APPINSTANCE 属性在表 55 中指定。

表 55 APPINSTANCE 属性

用法	属性	描　述
s	integer	是 EDD 应用程序过程实例的编号
s	reference	是对含有 EDD 应用程序过程实例编号的 VARIABLE 实例的引用

7.9 DOMAIN

7.9.1 通用结构

用途

DOMAIN 表示设备中的存储空间。它可以包括程序和数据。标识指定了设备中相应的 DOMAIN。数据、程序(被分配在 DOMAIN 中)、大小、存取等,都在 EDD 外部指定。

注 1:DOMAIN 可以用来与设备进行大量数据的交换。

注 2:为了允许 DOMAIN 上传或下载,设备需要支持 DOMAIN 特定服务。

词法结构

DOMAIN identifier [HANDING, RESPONSE_CODE]

DOMAIN 属性在表 56 中指定。

表 56 DOMAIN 属性

用法	属性	描　述
o	HANDING	词法元素(见 7.9.2.1)
o	RESPONSE_CODES	词法元素(见 7.30.5)

7.9.2 特殊属性

7.9.2.1 HANDLING

用途

HANDLING 属性指定了能在 DOMAIN 中执行的操作。作为缺省,不含 HANDLING 属性的

DOMAIN 也能被读写。

词法结构

HANDLING [READ,READ_WRITE,WRITE],⟨exp⟩

HANDLING 属性在表 57 中指定。

表 57 HANDLING 属性

用法	属性	描述
s	READ	表示 DOMAIN 存储内容只能从设备中读取
s	READ_WRITE	表示 DOMAIN 存储内容既可以从设备中读取,也可以写到设备中
s	WRITE	表示 DOMAIN 存储内容只能写到设备中

7.9.2.2 常规

DOMAIN 只有一个特殊属性。

7.10 EDIT_DISPLAY

7.10.1 通用结构

用途

EDIT_DISPLAY 定义了数据将怎样被管理来用于显示和编辑。为了编辑,常常把项组合到一起。

注:为了与以前兼容,本结构被包括。为了将来的实现,更通用的基本结构 MENU 被推荐。

词法结构

EDITT_DISPLAY identifier [EDIT_ITEMS, LABEL, DISPLAY_ITEMS, PRE_EDIT_ACTIONS, POST_EDIT_ACTIONS]

EDIT_DISPLAY 属性在表 58 中指定。

表 58 EDIT_DISPLAY 属性

用法	属性	描述
m	EDIT_ITEMS	词法元素(见 7.10.2.1)
m	LABEL	词法元素(见 7.30.3)
o	DISPLAY_ITEMS	词法元素(见 7.10.2.2)
o	POST_EDIT_ACTIONS	词法元素(见 7.10.2.3)
o	PRE_EDIT_ACTIONS	词法元素(见 7.10.2.4)

7.10.2 特殊属性

7.10.2.1 EDIT_ITEMS

用途

EDIT_ITEMS 定义了应被表达给用户并可被用户编辑的数据项的集合:VARIABLES、WRITE_AS_ONE 关系、BLOCK_A PARAMETERS 和 BLOCK_A PARAMETERS 元素(如:RECORD 或 VALUE_ARRAY 类型 BLOCK_A PARAMETERS 的域或元素)。

注 1:用于数据项表达和编辑的特殊细节(如:缺省值、定标因子、范围)在每个被引用的单独项的定义中被定义。

注 2:如果 WRITE_AS_ONE 关系按 EDIT_ITEM 出现,用户应检查 WRITE_AS_ONE 关系中的每个变量。用户不需要改变所有的值,但至少应确认当前值是可接受的。

词法结构

EDIT_ITEMS[(reference)⟨exp⟩]+

EDIT_ITEMS 属性在表 59 中指定。

表 59 EDIT_ITEMS 属性

用法	属性	描　述
m	reference	是对一个 VARIABLE 实例、一个 WRITE_AS_ONE 实例、一个 BLOCK_A PARAMETER 实例、或 BLOCK_A PARAMETER 的一个元素的引用。被允许的引用是由行规来指定

7.10.2.2 **DISPLAY_ITEMS**

用途

DISPLAY_ITEMS 定义了出于信息用途,可被表达给用户的数据项集,如,它们不能被编辑:VARIABLES、BLOCK_A PARAMETERS 以及 BLOCK_A PARAMETERS 的元素(如:RECORD 或 VALUE_ARRAY 类型的 BLOCK_A PARAMETERS 的域或元素)。

注:用于数据项表达的特殊细节(如:缺省值、定标因子、范围)在每个被引用单独项的定义中被定义。

词法结构

DISPLAY_ITEMS [(reference)〈exp〉]+

DISPLAY_ITEMS 属性在表 60 中指定。

表 60 DISPLAY_ITEMS 属性

用法	属性	描　述
m	reference	是对一个 VARIABLE 实例、一个 WRITE_AS_ONE 实例、一个 BLOCK_A PARAMETER 实例、或 BLOCK_A PARAMETER 的一个元素的引用。被允许的引用是由行规来指定

7.10.2.3 **POST_EDIT_ACTIONS**

用途

POST_EDIT_ACTIONS 属性指定了用户完成处理 EDIT_DISPLAY 之后,应被执行的 METHED。如果 EDIT_DISPLAY 被中止,POST_EDIT_ACTIONS 就不被执行。指定的 METHOD 应按照它们出现的顺序执行。如果一个 METHOD 异常存在,后续的 METHOD 就不被执行。

任何在 EDIT_ITEMS 中被引用实体的 POST_EDIT_ACTIONS,在新值被输入后就被执行。EDIT_DISPLAY 的 POST_EDIT_ACTIONS 只有在所有的这些独立 POST_EDIT_ACTIONS 已完成后,才会被执行。

词法结构

POST_EDIT_ACTIONS [(reference)〈exp〉]+, DEFINITION

POST_EDIT_ACTIONS 属性在表 61 中指定。

7.10.2.4 **PRE_EDIT_ACTIONS**

用途

当 EDIT_DISPLAY 被激活时,PRE_EDIT_ACTIONS 属性指定了应将被立即执行的 METHOD。指定的 METHOD 应按照它们出现的顺序执行。如果一个 METHOD 异常存在,后续的 METHOD 就不被执行,并且 EDIT_DISPLAY 激活被取消。

EDIT_DISPLAY 的 PRE_EDIT_ACTIONS 应在任何引用实体已定义的 PRE_EDIT_ACTIONS 之前被执行。

词法结构

PRE_EDIT_ACTIONS [(reference)〈exp〉]+, DEFINITION

PRE_EDIT_ACTIONS 属性在表 61 中指定。

表 61 POST_EDIT_ACTIONS、PRE_EDIT_ACTIONS 属性

用法	属性	描 述
M	reference	是对 METHOD 实例的引用
O	DEFINITION	词法元素(见 7.30.1)

7.11 FILE

7.11.1 通用结构

用途

FILE 描述了由 EDD 应用程序维护的永久存储区域。每一个物理设备都有该存储的自己的拷贝，如:与设备实例相关的 FILE,与设备的类型无关。MEMBERS 属性定义了存储的结构。

词法结构

FILE identifier [MEMBERS, HELP, LABEL]

FILE 属性在表 62 中指定。

表 62 FILE 属性

用法	属性	描 述
m	MEMBERS	词法元素(见 7.30.4)
o	HELP	词法元素(见 7.30.2)
o	LABEL	词法元素(见 7.30.3)

7.11.2 通用

FILE 只有一个特定属性。

7.12 GRAPH

7.12.1 通用结构

用途

GRAPH 定义了在 EDD 应用程序中,用于显示来自设备数据的图形。与 CHART 显示连续采集自设备的数据集不同,GRAPH 用于显示存储于设备中的数据集。

词法结构

GRAPH identifier [MEMBERS, HEIGHT, WIDTH, CYCLE_TIME, HELP, LABEL, X_AXIS]

GRAPH 属性在表 63 中指定。

表 63 GRAPH 属性

用法	属性	描 述
m	MEMBERS	词法元素(见 7.30.4)
o	HEIGHT	词法元素(见 7.12.2.1)
o	WIDTH	词法元素(见 7.12.2.2)
o	CYCLE_TIME	词法元素(见 7.12.2.3)
o	HELP	词法元素(见 7.30.2)
o	LABEL	词法元素(见 7.30.3)
o	X_AXIS	词法元素(见 7.12.2.4)

7.12.2 特殊属性

7.12.2.1 HEIGHT

用途

HEIGHT 属性指定了当图形被显示时,它的垂直尺寸的大小,不含 HEIGHT 属性的图形尺寸的默认值是 MEDIUM。

词法结构

HEIGHT (XX_SAMLL, X_SMALL, SMALL, MEDIUM, LARGE, X_LARGE, XX_LARGE)⟨exp⟩

HEIGHT 属性在表 64 中指定。

表 64　HEIGHT/WIDTH 属性

用法	属性	描　述
s	XX_SMALL	指定当 GRAPH 被显示时,应占用窗口中特别特别小的部分
s	X_SMALL	指定当 GRAPH 被显示时,应占用窗口中特别小的部分
s	SMALL	指定当 GRAPH 被显示时,应占用窗口中较小的部分
s	MEDIUM	指定当 GRAPH 被显示时,应占用窗口中适中的部分
s	LARGE	指定当 GRAPH 被显示时,应占用窗口中较大的部分
s	X_LARGE	指定当 GRAPH 被显示时,应占用窗口中特别大的部分
s	XX_LARGE	指定当 GRAPH 被显示时,应占用窗口中特别特别大的部分

7.12.2.2　WIDTH

用途

WIDTH 属性指定了当图形被显示时,它的水平尺寸的大小,不含 WIDTH 属性的图形尺寸的默认值是 MEDIUM。

词法结构

WIDTH (XX_SAMLL, X_SMALL, SMALL, MEDIUM, LARGE, X_LARGE, XX_LARGE)⟨exp⟩

WIDTH 属性在表 64 中指定。

7.12.2.3　CYCLE_TIME

用途

CYCLE_TIME 属性以毫秒为单位指定了 EDD 应用程序从设备中连续读取源值应等待的时间长度。缺省情况下,GRAPH 没有循环时间。

词法结构

CYCLE_TIME (integer)⟨exp⟩

CYCLE_TIME 属性在表 65 中指定。

表 65　CYCLE_TIME 属性

用法	属性	描　述
m	integer	以毫秒为单位指定了从设备中连续读取源值应等待的时间长度

7.12.2.4　X_AXIS

用途

X_AXIS 属性指定了以何种方式显示 X_AXIS。GRAPH 中的每个 WAVEFORM 共享一个共同的 X_AXIS,但是拥有自己的 Y_AXIS。缺省情况下,不含 X_AXIS 属性的图形的 X 轴的显示可以在图形上由 WAVEFORM 来推断。

词法结构

X_AXIS (reference)⟨exp⟩

X_AXIS 属性在表 66 中指定。

表 66　X_AXIS 属性

用法	属性	描　述
m	reference	是 AXIS 实例的引用

7.13 GRID

7.13.1 通用结构

用途

GRID 属性描述了由 EDD 应用程序显示的来自设备的数据矩阵。GRID 用来显示数据矢量以及矢量中的数据的头和描述。矢量根据 ORIENTATION 属性的指定以水平(行)或垂直(列)的方式显示。

词法结构

GRID identifier [VECTORS, HANDLING, HEIGHT, WIDTH, HELP, LABEL, ORIENTATION, VALIDITY]

GRID 属性在表 67 中指定。

表 67 GRID 属性

用法	属性	描 述
m	VECTORS	词法元素(见 7.13.2.1)
o	HANDLING	词法元素(见 7.13.2.2)
o	HEIGHT	词法元素(见 7.13.2.3)
o	WIDTH	词法元素(见 7.13.2.4)
o	HELP	词法元素(见 7.30.2)
o	LABEL	词法元素(见 7.30.3)
o	ORIENTATION	词法元素(见 7.13.2.5)
o	VALIDITY	词法元素(见 7.13.2.6)

7.13.2 特殊属性

7.13.2.1 VECTORS

用途

VECTORS 属性指定了 GRID 的内容。每个 VECTOR 按顺序显示。对于一个垂直的 GRID,矢量按从左至右显示;对于一个水平的 GRID,矢量按从上到下显示。每个矢量由一个描述组成,该描述提供了用于显示的由数据跟随的矢量的标签。

词法结构

VECTORS [description, (reference, string, double, float, integer, unsigned_integer)〈exp〉+]

VECTORS 属性在表 68 中指定。

表 68 VECTORS 属性

用法	属性	描 述
m	description	是一个包含了矢量内数据的简短描述的字符串
o	reference	不但是一个 VARIABLE 实例、RECORD 实例的一个成员、VALUE_ARRAY 实例的一个元素、REFERENCE_ARRAY 实例的一个元素、一个 VALUE_ARRAY 实例的引用,也是一个 REFERENCE_ARRAY 实例的引用
o	string	是一个字符串常量或决定一个字符串的引用
o	double	是一个双精度浮点常量
o	float	是一个单精度浮点常量
o	integer	是一个整型常量
o	Unsigned_integer	是一个无符号整型常量

7.13.2.2 **HANDLING**

用途

HANDLING 属性指定了在 GRID 内,可执行于数据上的操作。缺省情况下,GRID 内不含 HANDLING 属性的数据能被读和写。

词法结构

HANDLING (READ, READ_WRITE, WRITE)〈exp〉

HANDLING 属性在表 69 中指定。

表 69 **HANDLING 属性**

用法	属性	描 述
s	READ	指定 GRID 内的数据可以被读取
s	READ_WRITE	指定 GRID 内的数据可以被读取和写入
s	WRITE	指定 GRID 内的数据可以被写入

7.13.2.3 **HEIGHT**

用途

HEIGHT 属性指定了当 GRID 被显示时,它所具有的垂直尺寸的大小。不含 HEIGHT 属性的 GRID 尺寸的默认值是 MEDIUM。

词法结构

HEIGHT (XX_SAMLL, X_SMALL, SMALL, MEDIUM, LARGE, X_LARGE, XX_LARGE)〈exp〉

HEIGHT 属性在表 70 中指定。

表 70 **HEIGHT 属性**

用法	属性	描 述
s	XX_SMALL	指定当 GRID 被显示时,应占用窗口中特别特别小的部分
s	X_SMALL	指定当 GRID 被显示时,应占用窗口中特别小的部分
s	SMALL	指定当 GRID 被显示时,应占用窗口中较小的部分
s	MEDIUM	指定当 GRID 被显示时,应占用窗口中适中的部分
s	LARGE	指定当 GRID 被显示时,应占用窗口中较大的部分
s	X_LARGE	指定当 GRID 被显示时,应占用窗口中特别大的部分
s	XX_LARGE	指定当 GRID 被显示时,应占用窗口中特别特别大的部分

7.13.2.4 **WIDTH**

用途

WIDTH 属性指定了当 GRID 被显示时,它所具有的水平尺寸的大小。不含 WIDTH 属性的 GRID 尺寸的默认值是 MEDIUM。

词法结构

WIDTH (XX_SAMLL, X_SMALL, SMALL, MEDIUM, LARGE, X_LARGE, XX_LARGE)〈exp〉

WIDTH 属性在表 70 中指定。

7.13.2.5 **ORIENTATION**

用途

ORIENTATION 属性指定了矢量显示的方向,缺省情况下,不含 ORIENTATION 属性的 GRID

以垂直方式被显示。

词法结构

ORIENTATION (HORIZONTAL, VERTICAL)〈exp〉

ORIENTATION 属性在表 71 中指定。

表 71 ORIENTATION 属性

用法	属性	描述
s	HORIZONTAL	指定了矢量以行的方式被显示
s	VERTICAL	指定了矢量以列的方式被显示

7.13.2.6 **VALIDITY**

用途

VALIDITY 属性指定了 GRID 是否有效。当 GRID 是无效时，它将不会被显示。缺省情况下，不含 VALIDITY 属性的 GRID 通常是有效的。

词法结构

VALIDITY [(FALSE, TRUE)〈exp〉]

VALIDITY 属性在表 72 中指定。

表 72 VALIDITY 属性

用法	属性	描述
s	FALSE	指定 GRID 实例是无效的
s	TRUE	指定 GRID 实例是有效的

7.14 IMAGE

7.14.1 通用结构

用途

IMAGE 属性描述了一个可见图像。

词法结构

IMAGE identifier [PATH, HELP, LABEL, LINK, VALIDITY]

IMAGE 属性在表 73 中指定。

表 73 IMAGE 属性

用法	属性	描述
m	PATH	词法元素(见 7.14.2.1)
o	HELP	词法元素(见 7.30.2)
o	LABEL	词法元素(见 7.30.3)
o	LINK	词法元素(见 7.14.2.2)
o	VALIDITY	词法元素(见 7.14.2.3)

7.14.2 特殊属性

7.14.2.1 **PATH**

用途

PATH 属性指定了图像的文件名。用于多个场合的图像可以通过字符串文字使用相同的定位技术来指定。

例如"|en|English.jpeg|de|german.jpeg"

词法结构

PATH (string)〈exp〉

PATH 属性在表 74 中指定。

表 74 PATH 属性

用法	属性	描 述
m	string	指定了图像的文件名

7.14.2.2 **LINK**

用途

LINK 属性指定了可以通过图像来访问的菜单或方法。这允许为 IMAGE 提供额外的信息。

词法结构

LINK (reference)〈exp〉

LINK 属性在表 75 中指定。

表 75 LINK 属性

用法	属性	描 述
m	reference	是对 MENU 实例或 METHOD 实例的引用

7.14.2.3 **VALIDITY**

用途

VALIDITY 属性指定了图像是否有效。如果图像是无效的,它将不被显示。不含 VALIDITY 属性的 IMAGE 总是有效的。

注:VALIDITY 应通过条件来表示(IF,IF-ELSE,SELECT)。

词法结构

VALIDITY [(FALSE, TRUE)〈exp〉]

VALIDITY 属性在表 76 中指定。

表 76 VALIDITY 属性

用法	属性	描 述
s	FALSE	指定图像实例是无效的
s	TRUE	指定图像实例是有效的

7.15 IMPORT

7.15.1 通用结构

用途

本条款中,预先指定的 EDDL 结构足以描述任何单个设备。然而,附加的机制被要求用来描述单个设备的多个版本或描述通用设备的一部分。为提供这种机制,一个 EDD 就可以导入另一个 EDD,被导入的 EDD 自身也可以导入别的 EDD。

注:采用这些机制,一个新设备版本的 EDD 可以通过简单地导入旧设备版本的 EDD 并指定被修改的项来指定。这种 EDD 类型被称为 delta 描述,因为整个 EDD 是按照对一个现存 EDD 的修改而被指定。

三种导入类型被支持。

- 导入全部项,外部 EDD 的全部项被导入。
- 导入指定类型的项,只有被指定类型的项被导入。如果一个指定类型被导入,就不允许相同类型的指定项之外的其他项被导入。
- 导入一个指定项。

一个导入 EDD 元素的标示符不应被改变。图 27 显示了 EDDL 导入机制。

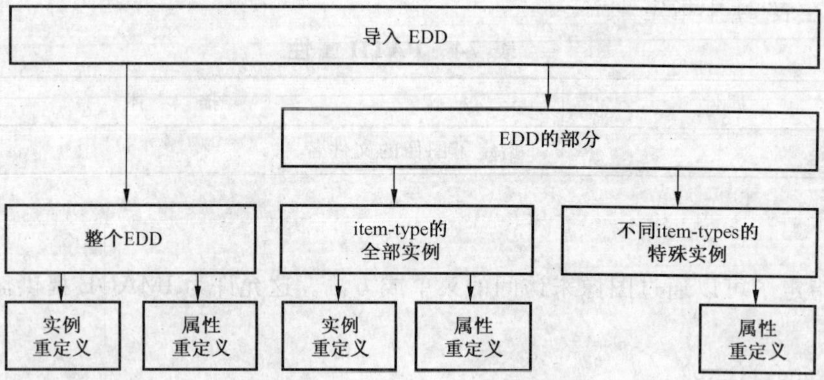

图 27 EDDL 输入机制

词法结构

IMPORT ((DD_REVISION, DEVICE_REVISION, DEVICE_TYPE, EDD_PROFILE, EDD_VERSION, MANUFACTURER, MANUFACTURER_EXT), FILE_NAME),

(EVERYTHING,

(AXES, BLOCKS_A, BLOCKS_B, CHART, COLLECTIONS, COMMANDS, CONNECTIONS, DOMAINS, EDIT_ DISPLAYS, FILES, GRAPHS, LISTS, MENUS, METHODS, PROGRAMS, RECORDS, REFERENCE_ARRAYS, REFRESHS, RELATIONS, RESPONSE_CODES, SOURCES, UNITS, VALUE_ARRAYS, VARIABLES, VARIABLE_LISTS, WAVEFORMS, WRITE_AS_ONES,

reference *,

[DELETE identifier] *,

[REDEFINE identifier] *

attribute-redefinition *))

属性在表 77 中指定。

表 77 导入设备描述

用法	属 性	描 述
o	attribute-redefinition	(见 7.15.2)
o	AXES	指定外部 EDD 的全部 AXIS 实例被导入
o	BLOCKS_A	指定外部 EDD 的全部 BLOCKS_A 实例被导入
o	BLOCKS_B	指定外部 EDD 的全部 BLOCKS_B 实例被导入
o	CHARTS	指定外部 EDD 的全部 CHART 实例被导入
o	COLLECTIONS	指定外部 EDD 的全部 COLLECTIONS 实例被导入
o	COMMANDS	指定 EDD 的全部 COMMAND 实例被导入
o	CONNECTIONS	指定外部 EDD 的全部 CONNECTION 实例被导入
m	DD_REVISION	(见 7.2.2.1)
o	DELETE	指定一个将被删除的导入实例
m	DEVICE_REVISION	(见 7.2.2.2)
m	DEVICE_TYPE	(见 7.2.2.3)
o	DOMAINS	指定外部 EDD 的全部 DOMAIN 实例被导入

表 77（续）

用法	属　性	描　述
o	EDD_PROFILE	（见 7.2.2.4）
o	EDD_VERSION	（见 7.2.2.5）
o	EDD_DISPLAYS	指定外部 EDD 的全部 EDIT_DISPLAY 实例被导入
o	EVERYTHING	指定外部 EDD 的所有项都被导入。如果该形式被采用，就没有项类型并且没有单个实例被选择。属性 DELETE、REDEFINE 和 attribute-redefinition 可以被采用
o	FILE_NAME	指定一个包含文件名和在目录结构中的路径的字符串，该文件包含了应被导入的 EDD，使用这类参考，EDD 标示信息的规范不是必须的
o	FILES	指定外部 EDD 的全部 FILE 实例被导入
o	GRAPHS	指定外部 EDD 的全部 GRAPHS 实例被导入
o	LISTS	指定外部 EDD 的全部 LISTS 实例被导入
m	MANUFACTURER	（见 7.2.2.6）
o	MANUFACTURER_EXT	（见 7.2.2.7）
o	MENUS	指定外部 EDD 的全部 MENU 实例被导入
o	METHODS	指定外部 EDD 的全部 METHOD 实例被导入
o	PROGRAMS	指定外部 EDD 的全部 PROGRAM 实例被导入
o	RECORDS	指定外部 EDD 的全部 RECORD 实例被导入
o	REDEFINE	指定被导入实例的所有属性将被重新定义
o	reference	指定单个实例被导入。如果单个实例已经包含在项类型导入中，它就不应被导入
o	REFERENCE_ARRAYS	指定外部 EDD 的全部 REFERENCE_ARRAY 实例被导入
o	REFRESHES	指定外部 EDD 的全部 REFRESHE 实例被导入
o	RELATIONS	指定外部 EDD 的全部 REFRESH ，UNITS 和 WRITE_AS_ONE 实例被导入
o	RESPONSE_CODES	指定外部 EDD 的全部 RESPONSE_CODE 实例被导入
o	SOURCES	指定外部 EDD 的全部 SOURCES 实例被导入
o	UNITS	指定外部 EDD 的全部 UNIT 实例被导入
o	VALUE_ARRAYS	指定外部 EDD 的全部 VALUE_ARRAY 实例被导入
o	VARIABLE_LISTS	指定外部 EDD 的全部 ARIABLE_LIST 实例被导入
o	VARIABLES	指定外部 EDD 的全部 VARIABLE 实例被导入
o	WAVEFORMS	指定外部 EDD 的全部 WAVEFORM 实例被导入
o	WRITE_AS_ONES	指定外部 EDD 的全部 WRITE_AS_ONE 实例被导入

7.15.2 特殊属性

7.15.2.1 attribute-redefinition

用途

被导入实例的属性可以被增加、删除和重定义。增加、删除和重定义不会影响 EDD 基本结构元素的所有属性。

重定义属性在表 78 中指定。

表 78　重定义属性

用法	属性	描述
s	ADD	增加后续指定的属性。“A”指示 ADD 可被用于重定义规则表中的属性(见表 79 和表 103)
s	DELETE	删除后续指定的属性。“D”指示 DELETE 可被用于重定义规则表中的属性(见表 79 和表 103)
s	REDIFINE	重定义后续指定的属性。“R”指示 REDIFINE 可被用于重定义规则表中的属性(见表 79 和表 103)

词法结构——AXIS

AXIS identifier, [[DELETE, REDEFINE], [HELP, LABEL, MAX_VALUE, MIN_VALUE, SCALING]]+

AXIS 的重定义规则在表 78 和表 79 中指定。

表 79　AXIS 属性的重定义规则

A	D	R	属　性	描　述
	●	●	HELP	词法元素(见 7.30.2)
	●	●	LABEL	词法元素(见 7.30.3)
	●	●	MAX_VALUE	词法元素(见 7.3.2.1)
	●	●	MIN_VALUE	词法元素(见 7.3.2.2)
	●	●	SCALING	词法元素(见 7.3.2.3)

词法结构——BLOCK_A

BLOCK identifier, [[ADD, DELETE, REDEFINE], [CHARACTERISTICS, LABEL, PARAMETERS, parameters-list-element, AXIS ITEMS, CHART_ITEMS, COLLECTION_ITEMS, EDIT_DISP_ITEMS, FILE_ITEMS, GRAPH_ITEMS, LIST_ITEMS, LOCAL_PARAMETERS, local-parameters-list-element, HELP, MUNU_ITEMS, METHOD_ITEMS, PARAMETER_LISTS, parameters-lists-list-element, REFERENCE _ ARRAY _ ITEMS, REFRESH_ITEMS, SOURCE _ ITEMS, UNIT_ITEMS, WAVEFORM _ITEMS, WRITE_AS_ONE_ITEMS]]+

BLOCK_A 的重定义规则在表 78 和表 80 中指定。

表 80　BLOCK_A 属性的重定义规则

A	D	R	属　性	描　述
		●	CHARACTERISTICS	词法元素(见 7.4.1.2.1)
		●	LABEL	词法元素(见 7.30.3)
		●	PARAMETERS	词法元素(见 7.4.1.2.2)
●	●	●	parameters-list-element	可以更改 PARAMETERS 的单个列表元素
	●	●	AXIS_ITEMS	词法元素(见 7.4.1.2.3)
	●	●	CHART_ITEMS	词法元素(见 7.4.1.2.4)
	●	●	COLLECTION_ITEMS	词法元素(见 7.4.1.2.5)
	●	●	EDIT_DISP_ITEMS	词法元素(见 7.4.1.2.6)

表 80（续）

A	D	R	属　性	描　述
	●	●	FILE_ITEMS	词法元素(见 7.4.1.2.7)
	●	●	GRAPH_ITEMS	词法元素(见 7.4.1.2.8)
	●	●	GRID_ITEMS	词法元素(见 7.4.1.2.9)
	●	●	IMAGE_ITEMS	词法元素(见 7.4.1.2.10)
	●	●	LIST_ITEMS	词法元素(见 7.4.1.2.11)
		●	LOCAL_PARAMETERS	词法元素(见 7.4.1.2.12)
●	●	●	local-parameters-list-element	可以更改 LOCAL_PARAMETERS 的单个列表元素
	●	●	HELP	词法元素(见 7.30.2)
	●	●	MENU_ITEMS	词法元素(见 7.4.1.2.13)
	●	●	METHOD_ITEMS	词法元素(见 7.4.1.2.14)
		●	PARAMETERS_LISTS	词法元素(见 7.4.1.2.15)
●	●	●	parameters-lists-list-element	可以更改 PARAMETERS_LISTS 的单个列表元素
	●	●	REFERENCE_ARRAY_ITEMS	词法元素(见 7.4.1.2.16)
	●	●	REFRESH_ITEMS	词法元素(见 7.4.1.2.17)
	●	●	SOURCE_ITEMS	词法元素(见 7.4.1.2.18)
	●	●	UNIT_ITEMS	词法元素(见 7.4.1.2.19)
	●	●	WAVEFORM_ITEMS	词法元素(见 7.4.1.2.20)
	●	●	WRITE_AS_ONE_ITEMS	词法元素(见 7.4.1.2.21)

词法结构——BLOCK_B

BLOCK identifier，[REDEFINE，[NUMBER，TYPE]]+

BLOCK_B 的重定义规则在表 78 和表 81 中指定。

表 81　BLOCK_B 属性的重定义规则

A	D	R	属　性	描　述
		●	NUMBER	词法元素(见 7.4.2.2.1)
		●	TYPE	词法元素(见 7.4.2.2.2)

词法结构——CHART

CHART identifier，[[ADD，DELETE，REDEFINE]，[MEMBERS，member-list-element，CYCLE_TIME,DISPLAY_SIZE，HELP，LABEL，LENGTH，TYPE]]+

CHART 的重定义规则在表 78 和表 82 中指定。

表 82　CHART 属性的重定义

A	D	R	属　性	描　述
		●	MEMBERS	词法元素(见 7.30.4)
●	●	●	members-list-element	可以更改 MEMBER 的单个列表元素
	●	●	CYCLE_TIME	词法元素(见 7.5.2.1)
	●	●	HEIGHT	词法元素(见 7.5.2.2)

表 82（续）

A	D	R	属　性	描　述
	●	●	WIDTH	词法元素(见 7.5.2.3)
	●	●	HELP	词法元素(见 7.30.2)
	●	●	LABEL	词法元素(见 7.30.3)
	●	●	LENGTH	词法元素(见 7.5.2.4)
	●	●	TYPE	词法元素(见 7.5.2.5)

词法结构——COLLECTION

COLLECTION identifier，[[ADD，DELETE，REDEFINE]，[MEMBERS，members-list-element，HELP，LABEL]]+

COLLECTION 的重定义规则在表 78 和表 83 中指定。

表 83　**COLLECTION 属性的重定义规则**

A	D	R	属　性	描　述
		●	MEMBERS	词法元素(见 7.30.4)
●	●	●	members-list-element	可以更改 MEMBERS 的单个列表元素
	●	●	HELP	词法元素(见 7.30.2)
	●	●	LABEL	词法元素(见 7.30.3)

词法结构——COMMAND

COMMAND identifier，[[ADD，DELETE，REDEFINE]，[OPERATION，TRANSACTION，INDEX，BLOCK_B，NUMBER，SLOT，CONNECTION，HEADER，MODULE，RESONSE_CODES，response-codes-list-element]]+

COMMAND 的重定义规则在表 78 和表 84 中指定。

表 84　**COMMAND 属性的重定义规则**

A	D	R	属　性	描　述
		●	OPERATION	词法元素(见 7.7.2.1)
●	●	●	TRANSACTION	词法元素(见 7.7.2.2)
		●	INDEX	词法元素(见 7.7.2.3)
		●	BLOCK_B	词法元素(见 7.7.2.4)
		●	NUMBER	词法元素(见 7.7.2.5)
		●	SLOT	词法元素(见 7.7.2.6)
	●	●	CONNECTION	词法元素(见 7.7.2.7)
	●	●	HEADER	词法元素(见 7.7.2.8)
	●	●	MODULE	词法元素(见 7.7.2.9)
	●	●	RESPONSE_CODES	词法元素(见 7.30.5)
●	●	●	response_codes_list_element	可以更改 RESPONSE_CODES 的单个列表元素

词法结构——CONNECTION

CONNECTION identifier，[REDEFINE，[APPINSTANCE]]+

CONNECTION 的重定义规则在表 78 和表 85 中指定。

表 85 **CONNECTION 属性的重定义规则**

A	D	R	属　性	描　述
		●	APPINSTANCE	词法元素(见 7.8.2)

词法结构——DOMAIN

DOMAIN identifier, [DELETE, REDEFINE], [HANDLING, RESPONSE_CODES]+

DOMAIN 的重定义规则在表 78 和表 86 中指定。

表 86 **DOMAIN 属性的重定义规则**

A	D	R	属　性	描　述
	●	●	HANDLING	词法元素(见 7.9.2)
	●	●	RESPONSE_CODES	词法元素(见 7.30.5)

词法结构——EDIT_DISPLAY

EDIT_DISPLAY identifier, [[DELETE, REDEFINE], [EDIT_ITEMS, LABEL, DISPLAY_ITEMS, POST_EDIT_ACTIONS, PRE_EDIT_ACTIONS]]+

EDIT_DISPLAY 的重定义规则在表 78 和表 87 中指定。

表 87 **EDIT_DISPLAY 属性的重定义规则**

A	D	R	属　性	描　述
		●	EDIT_ITEMS	词法元素(见 7.10.2.1)
		●	LABEL	词法元素(见 7.30.3)
	●	●	DISPLAY_ITEMS	词法元素(见 7.10.2.2)
	●	●	POST_EDIT_ACTIONS	词法元素(见 7.10.2.3)
	●	●	PRE_EDIT_ACTIONS	词法元素(见 7.10.2.4)

词法结构——FILE

FILE identifier, [[ADD, DELETE, REDEFINE], [MEMBER, members-list-element, HELP, LABLE]]+

FILE 的重定义规则在表 78 和表 88 中指定。

表 88 **FILE 属性的重定义规则**

A	D	R	属　性	描　述
		●	MEMBERS	词法元素(见 7.30.4)
●	●	●	members-list-element	可以更改 MEMBERS 的单个列表元素
	●	●	HELP	词法元素(见 7.30.2)
	●	●	LABEL	词法元素(见 7.30.3)

词法结构——GRAPH

GRAPH identifier, [[ADD, DELETE, REDEFINE], [MEMBERS, members-list-element, DISPLAY_SIZE, HELP, LABEL, Y_AXIS]]+

GRAPH 的重定义在表 78 和表 89 中指定。

表 89　GRAPH 属性的重定义

A	D	R	属　性	描　述
		●	MEMBERS	词法元素(见 7.30.4)
●	●	●	members-list-element	可以更改 MEMBERS 的单个列表元素
	●	●	HEIGHT	词法元素(见 7.12.2.1)
	●	●	WIDTH	词法元素(见 7.12.2.2)
	●	●	HELP	词法元素(见 7.30.2)
	●	●	LABEL	词法元素(见 7.30.3)
	●	●	CYCLE_TIME	词法元素(见 7.12.2.3)
	●	●	X_AXIS	词法元素(见 7.12.2.4)

词法结构——GRID

GRID identifier, [[ADD, DELETE, REDEFINE], PATH, HELP, LABEL, LIINK, VALIDITY]]+

GRID 的重定义规则在表 78 和表 90 中指定。

表 90　GRID 属性的重定义

A	D	R	属　性	描　述
		●	VECTORS	词法元素(见 7.13.2.1)
	●	●	HANDLING	词法元素(见 7.13.2.2)
	●	●	HEIGHT	词法元素(见 7.13.2.3)
	●	●	WIDTH	词法元素(见 7.13.2.4)
	●	●	HELP	词法元素(见 7.30.2)
	●	●	LABEL	词法元素(见 7.30.3)
	●	●	ORIENTATION	词法元素(见 7.13.2.5)
	●	●	VALIDITY	词法元素(见 7.13.2.6)

词法结构——IMAGE

IMAGE identifier, [[DELETE, REDEFINE], PATH , HELP, LABEL, LINK, VALIDITY]]+

IMAGE 的重定义规则在表 78 和表 91 中指定。

表 91　IMAGE 属性的重定义规则

A	D	R	属　性	描　述
		●	PATH	词法元素(见 7.14.2.1)
	●	●	HELP	词法元素(见 7.30.2)
	●	●	LABEL	词法元素(见 7.30.3)
	●	●	LINK	词法元素(见 7.14.2.2)
	●	●	VALIDITY	词法元素(见 7.14.2.3)

词法结构——LIST

LIST identifier, [[DELETE, REDEFINE], [TYPE, CAPACITY, COUNT, HELP, LABEL]]+

LIST 的重定义规则在表 78 和表 92 中指定。

表 92 LIST 属性的重定义规则

A	D	R	属　性	描　述
		●	TYPE	词法元素(见 7.17.2.1)
	●	●	CAPACITY	词法元素(见 7.17.2.2)
	●	●	COUNT	词法元素(见 7.17.2.3)
	●	●	HELP	词法元素(见 7.30.2)
	●	●	LABEL	词法元素(见 7.30.3)

词法结构——MENU

MENU identifier, [[ADD, DELETE, REDEFINE], [ITEMS, items-list-element, LABEL, ACCESS, ENTRY, HELP, POST_EDIT_ACTIONS, POST_READ_ACTIONS, POST_WRITE_ACTIONS, PRE_EDIT_ACTIONS, PRE_READ_ACTIONS, PRE_WRITE_ACTIONS, PURPOSE, ROLE, STYLE, VALIDITY]]+

MENU 的重定义规则在表 78 和表 93 中指定。

表 93 MENU 属性的重定义规则

A	D	R	属　性	描　述
		●	ITEMS	词法元素(见 7.18.2.1)
●	●	●	items-list-element	可以更改 ITEMS 的单个列表元素
		●	LABEL	词法元素(见 7.30.3)
	●	●	ACCESS	词法元素(见 7.18.2.2)
	●	●	ENTRY	词法元素(见 7.18.2.3)
	●	●	HELP	词法元素(见 7.30.2)
	●	●	POST_EDIT_ACTIONS	词法元素(见 7.18.2.4)
	●	●	POST_READ_ACTIONS	词法元素(见 7.18.2.5)
	●	●	POST_WRITE_ACTIONS	词法元素(见 7.18.2.6)
	●	●	PRE_EDIT_ACTIONS	词法元素(见 7.18.2.7)
	●	●	PRE_READ_ACTIONS	词法元素(见 7.18.2.8)
	●	●	PRE_WRITE_ACTIONS	词法元素(见 7.18.2.9)
	●	●	PURPOSE	词法元素(见 7.18.2.10)
	●	●	ROLE	词法元素(见 7.18.2.11)
	●	●	STYLE	词法元素(见 7.18.2.12)
	●	●	VALIDITY	词法元素(见 7.18.2.13)

词法结构——METHOD

METHOD identifier, [[DELETE, REDEFINE], [ACCESS, CLASS, DEFINITION, LABEL, HELP, VALIDITY]]+

METHOD 的重定义规则在表 78 和表 94 中指定。

表 94 METHOD 属性的重定义规则

A	D	R	属　性	描　述
	●	●	ACCESS	词法元素(见 7.19.2.1)
		●	CLASS	词法元素(见 7.19.2.2)
		●	DEFINITION	词法元素(见 7.30.1)
		●	LABEL	词法元素(见 7.30.3)

表 94（续）

A	D	R	属　　性	描　　述
	●	●	HELP	词法元素(见 7.30.2)
	●	●	VALIDITY	词法元素(见 7.19.2.4)

词法结构——PROGRAM

PROGRAM identifier，[[DELETE，REDEFINE]，[ARGUMENT，argument-list-element，RESPONSE_CODES]]+

PROGRAM 的重定义规则在表 78 和表 95 中指定。

表 95　PROGRAM 属性的重定义规则

A	D	R	属　　性	描　　述
		●	ARGUMENT	词法元素(见 7.20.2.1)
	●	●	argument-list-element	单个 ARGUMENT 的列表元素将被更改
	●	●	RESPONSE_CODES	词法元素(见 7.30.5)

词法结构——RECORD

RECORD identifier，[[ADD，DELETE，REDEFINE]，[MEMBERS，members-list-element，LABEL，HELP，RESPONSE_CODES]]+

RECORD 的重定义规则在表 78 和表 96 中指定。

表 96　RECORD 属性的重定义规则

A	D	R	属　　性	描　　述
		●	MEMBERS	词法元素(见 7.30.4)
●	●	●	members-list-element	可以更改 MEMBERS 的单个列表元素
	●	●	LABEL	词法元素(见 7.30.3)
	●	●	HELP	词法元素(见 7.30.2)
	●	●	RESPONSE_CODES	词法元素(见 7.30.5)

词法结构——REFERENCE_ARRAY

REFERENCE_ARRAY identifier，[[ADD，DELETE，REDEFINE]，[ELEMENTS，elements-list-element，HELP，LABEL]]+

REFERENCE_ARRAY 的重定义规则在表 78 和表 97 中指定。

表 97　REFERENCE_ARRAY 属性的重定义规则

A	D	R	属　　性	描　　述
		●	ELEMENTS	词法元素(见 7.22.2.1)
●	●	●	elements-list-element	可以更改 ELEMENTS 的单个列表元素
	●	●	LABEL	词法元素(见 7.30.3)
	●	●	HELP	词法元素(见 7.30.2)

词法结构——RESPONSE_CODES

RESPONSE_CODES identifier，[[ADD，DELETE，REDEFINE]，response-code-list-element]+

RESPONSE_CODES 的重定义规则在表 78 和表 98 中指定。

表 98 **RESPONSE_CODES 属性的重定义规则**

A	D	R	属性	描述
●	●	●	response-code-list-elemen	可以更改 RESPONSE_CODE 的单个列表元素

词法结构——SOURCE

SOURCE identifier, [[ADD, DELETE, REDEFINE], [MEMBERS, members-list-element, EMPHASIS, HELP, LABEL, LINE_TYPE, Y_AXIS]]+

SOURCE 的重定义规则在表 78 和表 99 中指定。

表 99 **SOURCE 属性的重定义**

A	D	R	属性	描述
		●	MEMBERS	词法元素(见 7.30.4)
●	●	●	members-list-element	可以更改 MEMBERS 的单个列表元素
	●	●	EMPHASIS	词法元素(见 7.25.2.1)
	●	●	HELP	词法元素(见 7.30.2)
	●	●	LABEL	词法元素(见 7.30.3)
	●	●	LINE_COLUR	词法元素(见 7.25.2.2)
	●	●	LINE_TYPE	词法元素(见 7.25.2.3)
	●	●	Y_AXIS	词法元素(见 7.25.2.4)
	●	●	EXIT_ACTIONS	词法元素(见 7.25.2.5)
	●	●	INIT_ACTIONS	词法元素(见 7.25.2.6)
	●	●	REFRESH_ACTIONS	词法元素(见 7.25.2.7)

词法结构—VALUE_ARRAY

VALUE_ARRAY identifier, [[DELETE, REDEFINE], [LABEL, NUMBER_OF_ELEMENTS, TYPE, HELP, RESPONSE_CODES]]+

VALUE_ARRAY 的重定义规则在表 78 和表 100 中指定。

表 100 **VALUE_ARRAY 属性的重定义规则**

A	D	R	属性	描述
		●	LABEL	词法元素(见 7.30.3)
		●	NUMBER_OF_ELEMENTS	词法元素(见 7.26.2.1)
		●	TYPE	词法元素(见 7.26.2.2)
	●	●	HELP	词法元素(见 7.30.2)
	●	●	RESPONSE_CODES	词法元素(见 7.30.5)

词法结构——VARIABLE

VARIABLE identifier, [[ADD, DELETE, REDEFINE], [CLASS, LABEL, TYPE, DEFAULT_VALUE, DISPLAY_FORMAT, EDIT_FORMAT, INITIAL_VALUE, MAX_VALUE, MIN_VALUE, SCALING_FACTOR, type-list-element, CONSTANT_UNIT, HANDLING, HELP, POST_EDIT_ACTIONS, POST_READ_ACTIONS, POST_WRITE_ACTIONS, PRE_EDIT_ACTION, PRE_READ_ACTIONS, PRE_WRITE_ACTIONS, READ_TIMEOUT, RESPONSE_CODES, STYLE, VALIDITY, WRITE_TIMEOUT]]+

VARIABLE 的重定义规则在表 78 和表 101 中指定。

表 101 VARIABLE 属性的重定义规则

A	D	R	属性	描述
		●	CLASS	词法元素(见 7.27.2.1)
		●	LABEL	词法元素(见 7.30.3)
			TYPE	词法元素(见 7.27.2.2)
	●	●	DEFAULT_VALUE	词法元素(见 7.27.2.2)
	●	●	DISPLAY_FORMAT	词法元素(见 7.27.2.2)
	●	●	EDIT_FORMAT	词法元素(见 7.27.2.2)
	●	●	INITIAL_VALUE	词法元素(见 7.27.2.2)
	●	●	MAX_VALUE	词法元素(见 7.27.2.2)
	●	●	MIN_VALUE	词法元素(见 7.27.2.2)
	●	●	SCALING_FACTOR	词法元素(见 7.27.2.2)
●	●	●	type-list-element	可以更改每个 TYPE 的单个列表元素
	●	●	CONSTANT_UNIT	词法元素(见 7.27.2.3)
	●	●	HANDLING	词法元素(见 7.27.2.5)
	●	●	HELP	词法元素(见 7.30.2)
	●	●	POST_EDIT_ACTIONS	词法元素(见 7.27.2.7)
	●	●	POST_READ_ACTIONS	词法元素(见 7.27.2.8)
	●	●	POST_WRITE_ACTIONS	词法元素(见 7.27.2.9)
	●	●	PRE_EDIT_ACTION	词法元素(见 7.27.2.10)
	●	●	PRE_READ_ACTIONS	词法元素(见 7.27.2.11)
	●	●	PRE_WRITE_ACTIONS	词法元素(见 7.27.2.12)
	●	●	REFRESH_ACTIONS	词法元素(见 7.27.2.13)
	●	●	READ_TIMEOUT	词法元素(见 7.27.2.14)
	●	●	RESPONSE_CODES	词法元素(见 7.30.5)
	●	●	STYLE	词法元素(见 7.27.2.15)
	●	●	VALIDITY	词法元素(见 7.27.2.16)
	●	●	WRITE_TIMEOUT	词法元素(见 7.27.2.14)

词法结构——VARIABLE_LIST

VARIABLE_LIST identifier, [[ADD, DELETE, REDEFINE], [MEMBERS, members-list-element, HELP, LABEL, RESPONSE_CODES]]+

VARIABLE_LIST 的重定义规则在表 78 和表 102 中指定。

表 102 VARIABLE_LIST 属性的重定义规则

A	D	R	属性	描述
		●	MEMBERS	词法元素(见 7.30.4)
●	●	●	members-list-element	可以更改 MEMBERS 的单个列表元素
	●	●	HELP	词法元素(见 7.30.2)
	●	●	LABEL	词法元素(见 7.30.3)
	●	●	RESPONSE_CODES	语法元素(见 7.30.5)

词法结构——WAVEFORM

WAVEFORM identifier, [[ADD, DELETE, REDEFINE], [TYPE, X_VALUES, Y_VALUES, MEMBER_OF_POINTS, X_INITIAL, X_INCREMENT, EMPHASIS, HANDLING, HELP, INIT_ACTIONS, KEY_POINTS, LABEL, LINE_TYPE, REFRESH_ACTIONS, Y_AXIS]]+

WAVEFORM 的重定义规则在表 78 和表 103 中指定。

表 103 WAVEFORM 属性的重定义规则

A	D	R	属 性	描 述
		●	TYPE	词法元素(见 7.29.2.1)
●		●	X_VALUES	词法元素(见 7.29.2.1)
●		●	Y_VALUES	词法元素(见 7.29.2.1)
	●	●	NUMBERS_OF_POINTS	词法元素(见 7.29.2.1)
		●	X_INITIAL	词法元素(见 7.29.2.1)
		●	X_INCREMENT	词法元素(见 7.29.2.1)
	●	●	EMPHASIS	词法元素(见 7.29.2.2)
	●	●	EXIT_AXTIONS	词法元素(见 7.29.2.3)
	●	●	HANDLING	词法元素(见 7.29.2.4)
	●	●	HELP	词法元素(见 7.30.2)
	●	●	INIT_ACTIONS	词法元素(见 7.29.2.5)
●	●	●	KEY_POINTS	词法元素(见 7.29.2.6)
	●	●	LABEL	词法元素(见 7.30.3)
	●	●	LINE_COLOR	词法元素(见 7.29.2.7)
	●	●	LINE_TYPE	词法元素(见 7.29.2.8)
	●	●	REFRESH_ACTIONS	词法元素(见 7.29.2.9)
	●	●	Y_AXIS	词法元素(见 7.29.2.10)

7.16 LIKE

用途

LIKE 是用来在现存项的基础上创建一个新的 EDD 实例。LIKE 生成带全部属性的现存项类型的副本。

词法结构

LIKE identifier, reference, attribute-redefinition+, item-type 属性在表 104 中指定。

表 104 LIKE 属性

用法	属 性	描 述
m	identifier	是新 EDD 实例的名称
m	reference	是一个对应被复制的 EDD 实例的引用
o	attribute-redefinition	指定属性是否被增加、删除、重定义(见 7.15.2)。只有已有属性才可以被删除和重定义
o	item-type	可以是表 42 所列元素中的一个。即使 item-type 被表示,但它未被解释

7.17 LIST

7.17.1 通用结构

用途

LIST 描述了一系列元素,其中序列中的每个元素由 EDDL 结构实例来定义。

语法结构

LIST identifier [TYPE, CAPACITY, COUNT, HELP, LABEL]

LIST 属性在表 105 中指定。

表 105 LIST 属性

用法	属性	描述
m	TYPE	词法元素(见 7.17.2.1)
o	CAPACITY	词法元素(见 7.17.2.2)
o	COUNT	词法元素(见 7.17.2.3)
o	HELP	词法元素(见 7.30.2)
o	LABEL	词法元素(见 7.30.3)

7.17.2 特殊属性

7.17.2.1 TYPE

用途

TYPE 属性是对 EDDL 结构实例的引用(如:VARIABLE, COLLECTION)。来自 EDDL 结构的所有属性适用于每个 LIST 元素。

词法结构

TYPE reference

TYPE 属性在表 106 中指定。

表 106 TYPE 属性

用法	属性	描述
m	reference	是对一个 VARIABLE 实例、一个 RECORD 实例、一个 VALUE_ARRAY 实例、一个 COLLECTION 实例或一个 REFERENCE_ARRAY 实例的引用

7.17.2.2 CAPACITY

用途

CAPACITY 属性描述了可以存储在表中的元素的最大数。当 LIST 是 FILE 的一部分时,因为容量仅受限于 EDD 应用程序的源,所以 CAPACITY 不应被指定。

词法结构

CAPACITY (unsigned_integer)〈exp〉

CAPACITY 属性在表 107 中指定。

表 107 CAPACITY, COUNT 属性

用法	属性	描述
m	unsigned_integer	是一个无符号整型常量

7.17.2.3 COUNT

用途

COUNT 属性指定了当前存储在表中的元素的个数。当 LIST 是 FILE 的一部分时,因为只有

EDD 应用知道表中的当前元素的个数，所以 COUNT 不应被指定。

如果 COUNT 被指定，它在 LIST 实例的创建时间就定义了它拥有的大小；如果它没被定义，则创建一个不拥有元素的 LIST 实例。

词法结构

COUNT (unsigned_integer)⟨exp⟩

COUNT 属性在表 107 中指定。

7.18 MENU

7.18.1 通用结构

用途

MENU 按照分层结构组织变量、方法和在 EDDL 中指定的其他项。用户应用程序可用 MENU ITEMS 按照已组织的和一致的形式来显示和输入信息。分层的 MENU 结构的最后一个元素应是方法、变量或它们的基本结构参考组(如：COLLECTION OF VARIABLES)。

如果一个子菜单被显示，那么被该子菜单引用的菜单应为有效。

词法结构

MENU identifier [ITEMS, LABEL, ACCESS, POST_EDIT_ACTIONS, POST_READ_ACTIONS, POST_WRITE_ACTIONS, PRE_EDIT_ACTIONS, PRE_READ_ACTIONS, PRE_WRITE_ACTIONS, STYLE, VALIDITY]

MENU 属性在表 108 中指定。

表 108 MENU 属性

用法	属性	描述
m	ITEMS	词法元素(见 7.18.2.1)
m	LABEL	词法元素(见 7.30.3)
o	ACCESS	词法元素(见 7.18.2.2)
o	ENTRY	词法元素(见 7.18.2.3)
o	HELP	词法元素(见 7.30.2)
o	POST_EDIT_ACTIONS	词法元素(见 7.18.2.4)
o	POST_READ_ACTIONS	词法元素(见 7.18.2.5)
o	POST_WRITE_ACTIONS	词法元素(见 7.18.2.6)
o	PRE_EDIT_ACTIONS	词法元素(见 7.18.2.7)
o	PRE_READ_ACTIONS	词法元素(见 7.18.2.8)
o	PRE_WRITE_ACTIONS	词法元素(见 7.18.2.9)
c	PURPOSE	词法元素(见 7.18.2.10)。如果 ENTRY 属性被使用，PURPOSE 应被指定
o	ROLE	词法元素(见 7.18.2.11)
o	STYLE	词法元素(见 7.18.2.12)
o	VALIDITY	语法元素(见 7.18.2.13)

7.18.2 特殊属性

7.18.2.1 ITEMS

用途

ITEM属性指定了EDD的被选择元素(VARIABLE, BLOCK_A PARAMETERS, BLOCK_A PARAMETERS的元素，EDIT_DISPLAY,METHOD和其他MENU)连同每个元素的可选限定语可一起被显示给用户。这些限定语(DISPLAY_VALUE, HIDDEN, READ_ONLY, REVIEW)是用来控制项的处理过程。

注1：MENU项按照它们出现的顺序被显示给用户。

注2：对于垂直菜单，第一项被显示在顶部，最后一项被显示在底部。对于水平菜单，第一项被显示在左边，最后一项被显示在右边。

词法结构

ITEMS [(reference, DISPLAY_VALUE, HIDDEN, READ_ONLY, NO_LABEL, NO_UNIT, REVIEW)〈exp〉, SEPARATOR, ROWBREAK, COLUMNBREAK, string]+

ITEMS属性在表109中指定。

表109 ITEMS属性

用法	属性	描述
m	reference	是对一个VARIABLE、一个BLOCK_A PARAMETERS、一个BLOCK_A PARAMETERS的元素、一个CHART、一个COLLECTION、一个EDIT_DISPLAY、一个GRAPH、一个GRID、一个IMAGE实例、一个MENU实例、一个METHOD、RECORD、一个REFERENCE_ARRAY、一个VALUE_ARRAR、或一个VARIABLE_LIST的引用
c/o	DISPLAY_VALUE	c仅用于VARIABLE;o用于所有其他情况。指定了被显示的相应于VARIABLE的值及它的LABEL
o	HIDDEN	指定该项不显示
c/o	READ_ONLY	c仅用于VARIABLE;o用于所有其他情况。指定了将被显示的值，但它不可以被修改(不管它的HANDLING属性)
c/o	NO_LABEL	c仅用于VARIABLE;o用于所有其他情况。指定了VARIABLE的标签不被显示，DISPLAY_VALUE被隐含
c/o	NO_UNIT	c仅用于VARIABLE;o用于所有其他情况。指定了VARIABLE的工程单位不被显示，DISPLAY_VALUE被隐含
c/o	REVIEW	c仅用于MENU;o用于所有其他情况。REVIEW用于表达大量的数据，如用于回顾目的
c/o	INLINE	c仅用于IMAGE;o用于所有其他情况。如果IMAGE在MENU中有一个与WINDOW、DIALOG、PAGE或GROUP等同的STYLE属性和INLINE限定词未被指定，则IMAGE应跨越MENU的宽度;否则，IMAGE应同其他MENU的ITEMS内联显示
o	SEPERATOR	指定了在SEPARATOR前和后的菜单项应被分开，如通过水平线
c/o	COLUMNBREAK	c仅用于STYLE属性是WINDOW、DIALOG、PAGE或GROUP的MENU内;指定了应开始一个新的列
c/o	ROWBREAK	c仅用于STYLE属性是WINDOW、DIALOG、PAGE或GROUP的MENU内;指定了应开始一个新的行
o	sting	指定了应被显示在菜单上的静态文本

7.18.2.2 **ACCESS**

用途

ACCESS 属性指定了 MENU 中被显示或被采用的项是读自设备(ONLINE)还是本地(OFFLINE)。如果没有定义 ACCESS 属性,缺省值是 ONLINE。

词法结构

ACCESS [(OFFLINE,ONLINE)〈exp〉]

ACCESS 属性在表 110 中指定。

表 110 **ACCESS 属性**

用法	属　性	描　述
s	OFFLINE	指定了在菜单中被显示项的值是从本地读取
s	ONLINE	指定了在菜单中被显示项的值应是从设备中读取,并且按适当的间隔时间刷新

注:该实现负责决定什么时候将发生向设备传送被修改的值(典型的是在对一个 ONLINE ACCESS 属性的单次进入或者 MENU 完成之后,或通过一个分离的菜单来更新设备)。

7.18.2.3 **ENTRY**

用途

ENTRY 属性指定了一个 MENU 是否将其入口点标示成分级结构。如果一个 MENU 被定义成入口点,该 MENU 也应包含 PURPOSE 属性。

词法结构

ENTRY (ROOT)〈exp〉

ENTRY 属性在表 111 中指定。

表 111 **ENTRY 属性**

用法	属　性	描　述
m	ROOT	指定了 MENU 将被作为一个入口点使用

7.18.2.4 **POST_EDIT_ACTIONS**

用途

POST_EDIT_ACTIONS 属性指定了在用户完成了对 MENU 的处理之后应被执行的 METHOD。如果 MENU 被中止,POST_EDIT_ACTIONS 就不被执行。指定的 METHOD 应按照它们出现的顺序被执行。如果一个 METHOD 由于意外原因退出,后续的 METHOD 将不被执行。

一旦一个新值被输入给实体,任何一个与 ITEM 中被引用实体有关的 POST_EDIT_ACTIONS 应被执行。只有在所有实体特定的 POST_EDIT_ACTIONS 都执行结束后,MENU 的 POST_EDIT_ACTIONS 才被执行。

词法结构

POST_EDIT_ACTIONS [(reference)〈exp〉]+, DEFINITION

POST_EDIT_ACTIONS 属性在表 112 中指定。

表 112 **POST_EDIT_ACTIONS、PRE_EDIT_ACTIONS、POST_READ_ACTIONS、PRE_READ_ACTIONS、POST_WRITE_ACTIONS、PRE_WRITE_ACTIONS 属性**

用法	属　性	描　述
o	reference	是对 METHOD 实例的引用
o	DEFINITION	词法元素(见 7.30.1)

7.18.2.5 **POST_READ_ACTIONS**

用途

POST_READ_ACTIONS 属性指定了在 ITEMS 属性中的全部被引用实体都已被读取和处理之后应被执行的 METHOD。指定的 METHOD 应按照它们出现的顺序被执行。如果一个 METHOD 由于意外原因退出，后续的 METHOD 将不被执行。

一旦一个新值被输入给实体，任何一个与 ITEM 中被引用实体有关的 POST_EDIT_ACTIONS 应被执行。只有在所有实体指定的 POST_READ_ACTIONS 都执行结束后，MENU 的 POST_READ_ACTIONS 才被执行。

语法结构

POST_READ_ACTIONS [(reference)〈exp〉]＋，DEFINITION

POST_READ_ACTIONS 属性在表 112 中指定。

7.18.2.6 **POST_WRITE_ACTIONS**

用途

POST_WRITE_ACTIONS 属性指定了在 ITEMS 属性中的全部被引用实体都已被读取和处理之后应被执行的 METHOD。指定的 METHOD 应按照它们出现的顺序被执行。如果一个 METHOD 由于意外原因退出，后续的 METHOD 将不被执行。

一旦一个新值被输入给实体，任何一个与 ITEM 中被引用实体有关的 POST_WRITE_ACTIONS 应被执行。只有在所有实体指定的 POST_WRITE_ACTIONS 都执行结束后，MENU 的 POST_WRITE_ACTIONS 才被执行。

词法结构

POST_WRITE_ACTIONS [(reference)〈exp〉]＋，DEFINITION

POST_WRITE_ACTIONS 属性在表 112 中指定。

7.18.2.7 **PRE_EDIT_ACTIONS**

用途

PRE_EDIT_ACTIONS 属性指定了 MENU 被激活之后将立即被执行的 METHOD。指定的 METHOD 应按照它们出现的顺序被执行。如果一个 METHOD 由于意外原因退出，后续的 METHOD将不被执行，并且 MENU 激活被取消。

MENU 的 PRE_EDIT_ACTIONS 将在任何引用实体的已定义 PRE_EDIT_ACTIONS 之前执行。在 MENU 的 PRE_EDIT_ACTIONS 被完成之后，引用实体的任何 PRE_EDIT_ACTIONS 应被执行。

词法结构

PRE_EDIT_ACTIONS [(reference)〈exp〉]＋，DEFINITION

PRE_EDIT_ACTIONS 属性在表 112 中指定。

7.18.2.8 **PRE_READ_ACTIONS**

用途

PRE_READ_ACTIONS 属性指定了在 ITEMS 属性中的任何被引用实体被读取和处理之前应被执行的 METHOD。指定的 METHOD 应按照它们出现的顺序执行。如果一个 METHOD 由于意外原因退出，后续的 METHOD 将不被执行，并且 MENU 的激活被取消。在 MENU 的 PRE_READ_ACTIONS 完成后，引用实体的任何 PRE_READ_ACTIONS 应被执行。

词法结构

PRE_READ_ACTIONS [(reference)〈exp〉]＋，DEFINITION

PRE_READ_ACTIONS 属性在表 112 中指定。

7.18.2.9 **PRE_WRITE_ACTIONS**

用途

PRE_WRITE_ACTIONS 属性指定了在 ITEMS 属性中的任何被引用实体都已被读取和处理之前应被执行的 METHOD。指定的 METHOD 应按照它们出现的顺序执行。如果一个 METHOD 由于意外原因退出，后续的 METHOD 将不被执行，并且 MENU 的激活将被取消。在 MENU 的 PRE_WRITE_ACTIONS 被完成后，引用实体的任何 PRE_WRITE_ACTIONS 应被执行。

词法结构

PRE_WRITE_ACTIONS [(reference)⟨exp⟩]+，DEFINITION

PRE_WRITE_ACTIONS 属性在表 112 中指定。

7.18.2.10 **PURPOSE**

用途

PURPOSE 属性的定义了 MENU 的应用程序用途。它表示 MENU 将被怎样使用，如：用于工具条显示，诊断动作，上传/下载列表。

词法结构

PURPOSE [(CATALOG，DIAGNOSE，LOAD_TO_APPLICATION，LOAD_TO_DEVICE，MENU，PROCESS_VALUE，SIMULATION，string，TABLE)⟨exp⟩]+

PURPOSE 属性在表 113 中指定。

表 113　PURPOSE 属性

用法	属　性	描　述
s	CATALOG	指定 MENU 实例的 ITEMS 属性的元素引用给目录特定信息(如：EDD 变量包含排序号)
s	DIAGNOSE	指定 MENU 用于诊断动作
s	LOAD_TO_APPLICATION	指定 MENU 用于列出 VARIABLE，变量的值是从设备发送到应用程序中
s	LOAD_TO_DEVICE	指定 MENU 用于列出 VARIABLE，变量的值被发送到设备中
s	MENU	指定一个包含其他 MENU 项或通常以水平行的形式出现的控制项的 MENU
s	PROCESS_VALUE	指定用于显示过程值的 MENU
s	SIMULATION	指定用于仿真行为的 MENU
s	string	为 MENU 指定一个用户定义的 PORPOSE
s	TABLE	指定一个包含其他 MENU 项或通常以垂直列的形式出现的 VARIABLE 的 MENU

注：PURPOSE 属性 MENU 将被用于水平排列的数据和功能陈述(例如：功能键，应用程序菜单)。TABLE 将被用于垂直排列的数据和功能陈述(例如：表格)。

7.18.2.11 **ROLE**

用途

ROLE 属性指定了在哪种权限环境中 MENU 被采用。如果一个 MENU 包含了子菜单，只有具有同样 ROLE 的子菜单才会被显示。如果一个 MENU 没有 ROLE 属性，只有 MENU 被引用的地方它才应被显示。

词法结构

ROLE [(string)⟨exp⟩]+

ROLE 属性在表 114 中指定。

表 114　ROLE 属性

用法	属　性	描　述
m	string	指定一个用于指示 MENU 的 ROLE 的字符串

注：一个 EDD 可以包含一个或多个下列 ROLE：MAINTENANCE，SPECIALIST，DIAGNOSE，HANDHELD，SERVICE，MANUFACTURER，OBSERVER。

7.18.2.12 **STYLE**

用途

STYLE 指定了 MENU 怎样被显示。

当 STYLE 属性是 DIALOG、WINDOW、PAGE 或 GROUP 时，DISPLAY_VALUE 限定词隐含于 MENU 上的每一项。

如果一个或多个 MENU 是激活的，并且 DIALOG MENU 也被激活，那么 DIALOG MENU 享有优先权，并在其他 MENU 可被使用之前应被关闭。

词法结构

STYLE [(DIALOG, WINDOW, PAGE, GROUP, MENU, TABLE, string)〈exp〉]

STYLE 属性在表 115 中指定。

表 115 STYLE 属性

用法	属性	描述
s	DIALOG	指定了当该菜单被激活时，没有其他的 MENU 能被激活。在可与其他 MENU 交互之前，该 MENU 应被关闭，如指定 MENU 的项应以模态对话框的方式被显示
s	WINDOW	指定了当该菜单是激活的，其他的 MENU 也可以被激活。可与具有 WINDOW STYLE 属性的激活 MENU 交互，如指定 MENU 的项应以无模式窗口的方式被显示
s	PAGE	指定 MENU 的项应以选项卡的属性页的方式被显示
s	GROUP	指定 MENU 的项应以组框的方式被显示
s	MENU	指定 MENU 的项应以下拉或弹出式菜单的方式被显示
s	TABLE	指定 MENU 的项在垂直列中被显示
s	string	指派了一个工具特定 MENU 风格。如果一个工具不能解释字符串，该 STYLE 属性应被忽略

7.18.2.13 **VALIDITY**

用途

VALIDITY 属性指定了一个 MENU 是否被显示。如果 VALIDITY 的属性没有被定义，确省值为 TRUE。

注：VALIDITY 通常采用条件表达式表示(见 7.32)。

词法结构

VALIDITY [(FALSE, TRUE)〈exp〉]

VALIDITY 属性在表 116 中指定。

表 116 VALIDITY 属性

用法	属性	描述
s	FALSE	指定 MENU 不被显示
s	TRUE	指定 MENU 被显示

7.18.3 **动作的顺序图**

图 28～图 34 表示了关于 MENU 和它们所包含的 VARIABLE、METHOD 的动作顺序图。动作是按照图中的从上到下的顺序被执行并完成。如果由于意外原因，任何一个动作失败或中止，余下的动作就不被执行，且 MENU 被取消。

当 MENU 具有 ACCESS OFFLINE 功能(数据来自本地数据库)，对于 VARIABLE 的预先/事后读/写动作就不被执行。

当 MENU 具有 ACCESS ONLINE 时(数据从设备读取或写到设备中),VARIABLE 的预先/事后读/写动作应按照显示的顺序执行。

预先/事后的编辑动作如果发生 ACCESS OFFLINE 和 ONLINE,通常应被执行。

在在线访问情况中,VARIABLE 值将被修改并立即写入,除非它们是处于 WRITE_AS_ONE 关系。任何 WRITE_AS_ONE 实体都是一起写入。在 VARIABLE 以 WRITE_AS_ONE 方式写入后,POST_WRITE_ACTION 才被执行。

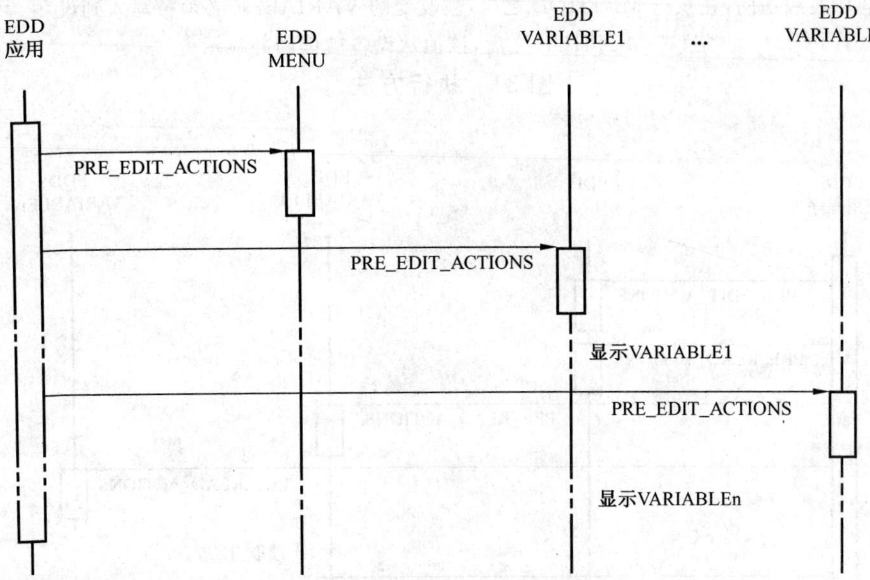

图 28　MENU 激活(ACCESS OFFLINE)

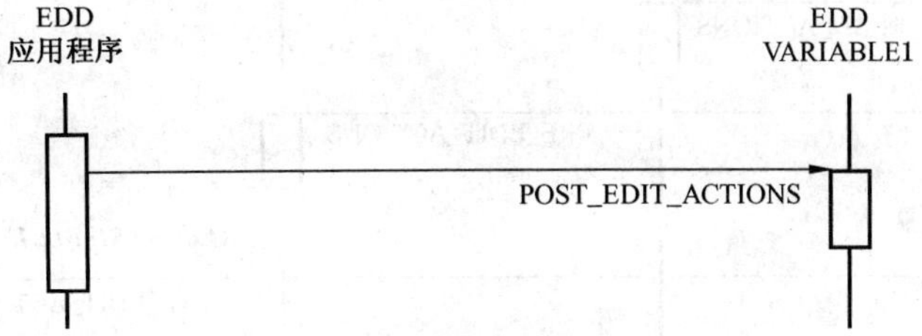

图 29　输入新值后执行的动作

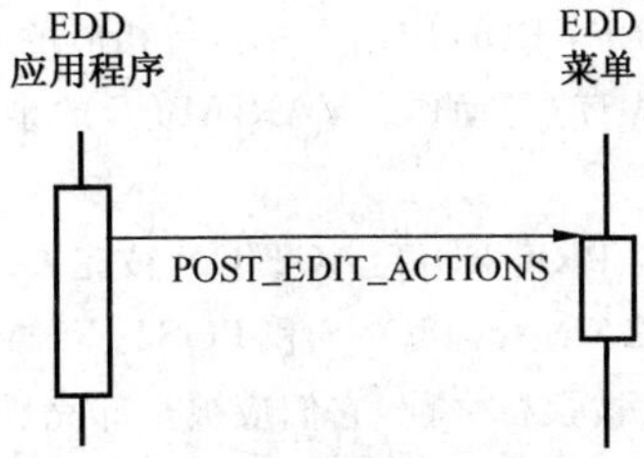

图 30　在 MENU 的所有 VARIABLE 输入被接受后执行的 ACTION(ACCESS OFFLINE)

假如在线访问，在执行 METHOD 之前，被改变的 VARIABLE 必须被写入到设备。

执行 METHOD 之后，该值从设备被读回并显示

图 31　执行方法

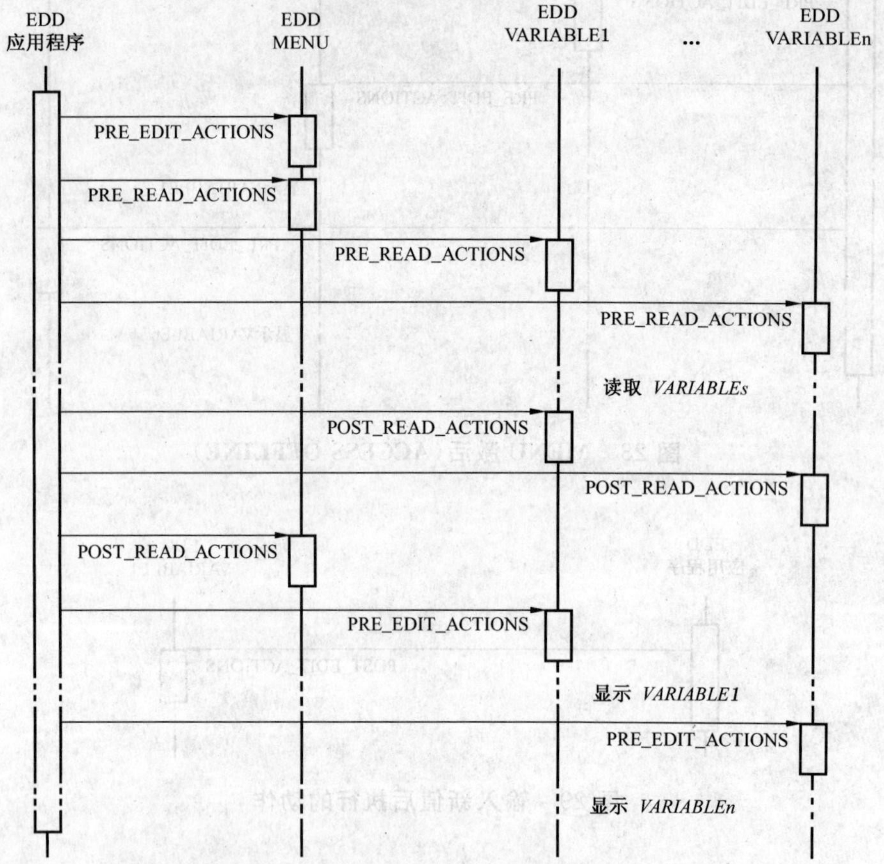

注 1：对于从设备在线读取的 VARIABLE，EDD 应用程序执行相应的 COMMAND。VARIABLE 可以包含在合适的 COMMAND 之前被执行的预先读/写动作。VARIABLE 的事后读/写动作跟在相应的 COMMAND 之后被执行。

注 2：在每个 VARIABLE 或其他实体的 PRE_EDIT_ACTION 被完成之后，它被显示给用户。

注 3：用于不同 VARIABEL 的 PRE_READ_ACTIONS 和 POST_READ_ACTIONS 可按任何方便的顺序排列，在 MENU POST_READ_ACTIONS 被执行之前，它们应被全部完成。

图 32　MENU 激活(ACCESS ONLINE)

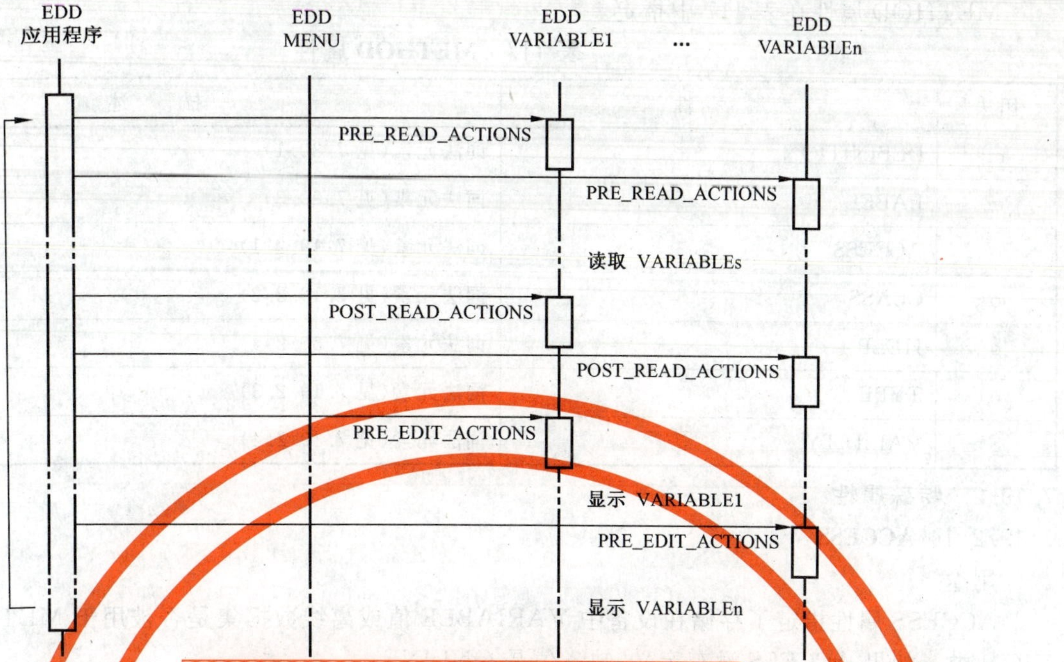

图 33　动态 VARIABLE 的循环读取(ACCESS ONLINE)

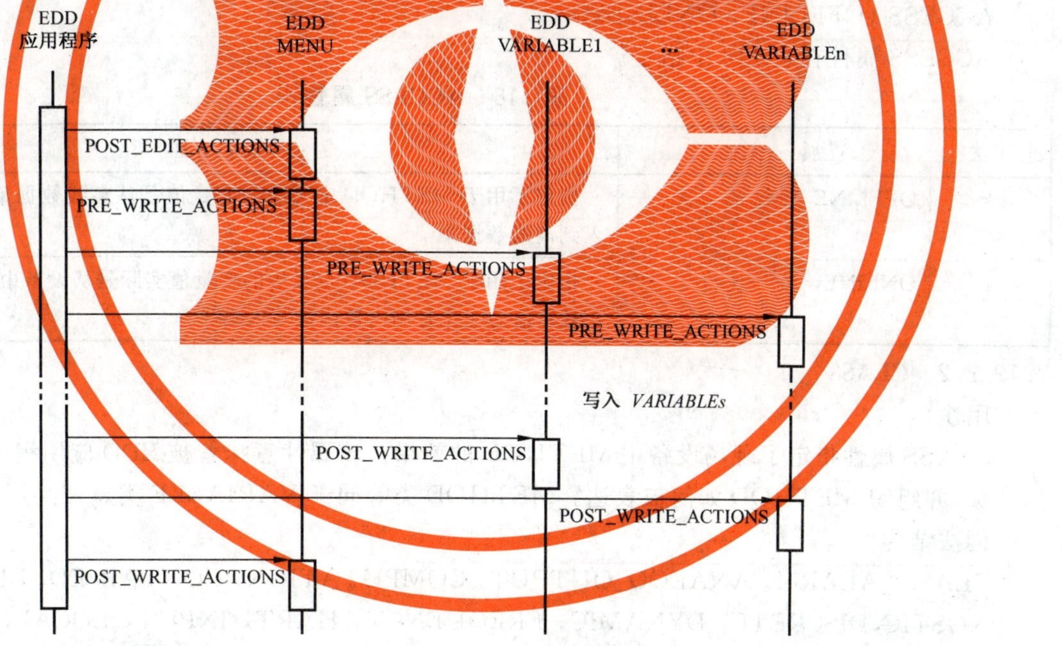

注：在全部 VARIABLE 输入被接受后，METHODS 才被执行。只有改变的 VARIABLE 值写入设备。变化的值被写入后，为了一致，VARIABLE 将会被读取。

图 34　MENU 的所有 VARIABLE 输入被接受后执行的动作(ACCESS ONLINE)

7.19　METHOD

7.19.1　通用结构

用途

METHOD 用于定义在 EDD 应用程序中执行的子程序。

注：一个 METHOD 被用来指定一致性检查、EDD 变量间的转换算法、用户确认或特定设备的交互。

词法结构

METHOD identifier [DEFINITION, LABEL, ACCESS, CLASS, HELP, TYPE, VALIDITY]

METHOD 属性在表 117 中指定。

表 117　METHOD 属性

用法	属　性	描　述
m	DEFINITION	词法元素(见 7.30.1)
m	LABEL	词法元素(见 7.30.3)
o	ACCESS	词法元素(见 7.19.2.1)
o	CLASS	词法元素(见 7.19.2.2)
o	HELP	词法元素(见 7.30.2)
o	TYPE	词法元素(见 7.19.2.3)
o	VALIDITY	词法元素(见 7.19.2.4)

7.19.2　**特殊属性**

7.19.2.1　**ACCESS**

用途

ACCESS 属性指定了存储在设备中 VARIABLE 值或离线数据集是否被用于 METHOD DEFINITION 中。如果 ACCESS 没有定义,缺省值是 ONLINE。

词法结构

ACCESS (OFFLINE, ONLINE)〈exp〉

ACCESS 属性在表 118 中指定。

表 118　ACCESS 属性

用法	属　性	描　述
s	OFFLINE	指定了用于 METHOD 定义中的变量值是从离线数据集中读取,或者写入到离线数据集
s	ONLINE	指定了用于 METHOD 定义中的变量值实际是从设备中读取的。VARIABLE 值的变化是用内置函数写入

7.19.2.2　**CLASS**

用途

CLASS 属性指定了现场设备中 METHOD 的效果。该属性意味着被 EDD 应用程序用来实现允许的分级,并组织 METHOD 如何被表达。METHOD 类等同于 VARIABLE 类。

词法结构

CLASS [ALARM, ANALOG_OUTPUT, COMPUTATION, CONTAINED, DEVICE, DIAGNOSTIC,DISCRETE, DYNAMIC, FREQUENCY, HART, INPUT, LOCAL, LOCAL_DISPLAY, OUTPUT,OPERATE, SENSOR_CORRECTION, TUNE, SERVICE]+

CLASS 属性在表 139 中指定。

7.19.2.3　**TYPE**

用途

TYPE 属性指定了返回值的类型。

词法结构

TYPE [char, unsigned char, int, unsigned int, long, unsigned long, float, double, DD_STRING]

TYPE 属性在表 119 中指定。

表 119　**TYPE 属性**

用法	属　性	描　述
s	char	指定 METHOD 返回一个类型为字符的值
s	unsigned char	指定 METHOD 返回一个类型为无符号字符的值
s	int	指定 METHOD 返回一个类型为整型的值
s	unsigned int	指定 METHOD 返回一个类型为无符号整型的值
s	long	指定 METHOD 返回一个类型为长整型的值
s	unsigned long	指定 METHOD 返回一个类型为无符号长整型的值
s	float	指定 METHOD 返回一个类型为浮点数的值
s	double	指定 METHOD 返回一个类型为双精度浮点数的值
s	DD_STRING	指定 METHOD 返回一个类型为 DD_STRING 的值

7.19.2.4　**VALIDITY**

用途

VALIDITY 属性指定了 METHOD 是否被执行。不带 VALIDITY 属性的 METHOD 通常是有效的。

注：VALIDITY 通常是用条件表达式表示(见 7.23)。

词法结构

VALIDITY [(FALSE, TRUE)〈exp〉]

VALIDITY 属性在表 120 中指定。

表 120　**VALIDITY 属性**

用法	属　性	描　述
s	FALSE	指定了 METHOD 应不被执行
s	TRUE	指定了 METHOD 应被执行

7.20　PROGRAM

7.20.1　通用结构

用途

PROGRAM 允许远程控制一个程序的执行。

例如：一个设备可以使用一个下载服务来下载 PROGRAM 到另一个设备的域中，然后通过发布一个服务请求来远程操作该 PROGRAM。PROGRAM 可被创建、删除、开始、停止等。

词法结构

PROGRAM identifier [ARGUMENT, RESPONSE_CODES]

PROGRAM 属性在表 121 中指定。

表 121　**PROGRAM 属性**

用法	属　性	描　述
o	ARGUMENT	词法元素(见 7.20.2.1)
o	RESPONSE_CODES	词法结构(见 7.30.5)

7.20.2　特殊属性

7.20.2.1　**ARGUMENT**

用途

在启动和恢复操作期间，ARGUMENT 可发送到程序中。PROGRAM 的变元是用 ARGUMENT

属性来描述。当一个含有全部变元值的八字节字符串被EDD应用程序启动或恢复时,它将被传送给程序调用对象。

词法结构

ARGUMENT [(data-item)〈exp〉]+

ARGUMENT 属性在表122中指定。

表122 ARGUMENT 属性

用法	属 性	描 述
m	data-item	既可以是一个无符号整型常数,也可以是一个VARIABLE。如果一个数据项是一个无符号整型常数,常数值将在数据域中的位置出现。常数数据项占用数据域的两个字节,因此将在0～65 535范围内。如果一个数据项是一个VARIABLE,变量的值将在数据域中的位置出现。如果PROGRAM服务的数据域是空的,变元就可被省略

7.20.2.2 通用

PROGRAM 只有一个特定属性。

7.21 RECORD

用途

RECORD是VARIABLE的逻辑组合。RECORD中的每一项都是对VARIABLE的引用,并可以有不同的数据类型。

注:RECORD可作为一个通信对象来传送。

词法结构

RECORD identifier [MEMBERS, LABEL, HELP, RESPONSE_CODES]

RECORD 属性在表123中指定。

表123 RECORD 属性

用法	属 性	描 述
m	MEMBERS	词法元素(见7.30.4)
m	LABEL	词法元素(见7.30.3)
o	HELP	词法元素(见7.30.2)
o	RESPONSE_CODES	词法元素(见7.30.5)

7.22 REFERENCE_ARRAY

7.22.1 通用结构

用途

REFERENCE_ARRAY是一组已指定项类型的项(如VARIABLE或MENU)。

注:REFERENCE_ARRAY与通信数组无关(项类型“VALUE_ARRAY”)。通信数组是值的数组。

词法结构

REFERENCE_ARRAY identifier [item-type, ELEMENTS, HELP, LABEL]

REFERENCE_ARRAY 属性在表124中指定。

表124 REFERENCE_ARRAY 属性

用法	属 性	描 述
m	item-type	指定了被列入ELEMENT属性的项类型。它可以是列在表42中的基本元素之一
m	ELEMENTS	词法元素(见7.22.2.1)

表 124（续）

用法	属　性	描　述
o	HELP	词法元素（见 7.30.2）
o	LABEL	词法元素（见 7.30.3）

7.22.2　特殊属性

7.22.2.1　**ELEMENTS**

用途

ELEMENT 属性指定了项的列表。它为每个项定义了项的引用、它的相关索引、选择性描述和帮助。描述和帮助属性在使用的时候，覆盖 EDD 项自身的相应规范。

词法结构

ELEMENTS [integer，reference，description，help]〈exp〉]＋

ELEMENTS 属性在表 125 中指定。

表 125　**ELEMENTS 属性**

用法	属　性	描　述
m	integer	指定了项可被引用的数目。在 REFERENCE_ARRAY 结构中，每个数目应被唯一地定义
m	reference	是对数据项实例的引用
o	description	对项提供一个简短的描述
o	help	为项指定了帮助文本

7.22.2.2　通用

REFERENCE_ARRAY 只有一个特定属性。

7.23　**Relations**

7.23.1　通用结构

用途

Relations 指定 VARIABLE 实例之间的关系，关系的以下类型被定义：

- REFRESH（见 7.23.2）
- UNIT（见 7.23.3）
- WRITE_AS_ONE（见 7.23.4）

7.23.2　**REFRESH**

用途

REFRESH 关系是在在线访问期间使用，并且一旦来自于指定的 VARIABLE 集被修改，就指定一组将被刷新的 VARIABLE（读自设备）。

注：VARIABLE 自身具有刷新关系，意味着 VARIABLE 在被写入后将被读取。

词法结构

REFRESH identifier，[（cause-parameter）〈exp〉]＋，[（effected- parameter）〈exp〉]＋

REFRESH 属性在表 126 中指定。

表 126　**REFRESH 属性**

用法	属　性	描　述
m	cause-parameter	指定了 VARIABLE 实例列表
m	effected-parameter	如果目标参数中的一个被修改，指定应被读取的 VARIABLE 实例列表，受影响参数列表的 VARIABLE 也存在于另一个 REFRESH 关系的目标参数列表中

7.23.3 UNIT

用途

UNIT 关系指定了对支持单位代码的 VARIABLE 的引用和一个依赖于 VARIABLE 的列表，当支持单位代码的 VARIABLE 被修改，采用了该单位代码的受影响的 VARIABLE/AXIS 列表应被刷新，当受影响的 VARIABLE 被显示，它的单位代码值也应被显示。

词法结构

UNIT identifier，[cause-parameter)〈exp〉]，[(effected-parameter)〈exp〉]+

UNIT 的属性在表 127 中指定。

表 127 UNIT 属性

用法	属　　性	描　　述
m	cause-parameter	是对包含有单位代码的 VARIABLE 实例的引用
m	effected-parameter	指定了采用该单位代码的 VARIABLE 实例列表

7.23.4 WRITE_AS_ONE

用途

WRITE_AS_ONE 关系指定了一个通过 EDD 应用程序、以组方式被修改的 VARIABLE 列表，为了正确操作的同时，当一个设备要求特定的 VARIABLE 被检查并同时被修改时，该关系被采用。

注：该关系并不意味着 VARIABLE 必须被同时写到设备，也不是所有 VARIABLE 同时发送给设备是 WRITE_AS_ONE关系的必须部分，它上传给 EDD 应用程序以确定这些关系参数的更新应怎样被传送到设备。

词法结构

WRITE_AS_ONE identifier，[(reference)〈exp〉]+

WRITE_AS_ONE 的属性在表 128 中指定。

表 128 WRITE_AS_ONE 属性

用法	属　　性	描　　述
m	reference	指定应由 WRITE_AS_ONE 关系的其他成员按组的方式去修改的 VARIABLE、VALUE_ARRAY 和 RECORD 实例列表

7.24 RESPONSE_CODES

用途

RESPONSE_CODES 指定了设备作为出错信息返回的值，每一个 VARIABLE、RECORD、VALUE_ARRAY、VARIABLE_LIST、PROGRAM、COMMAND 或 DOMAIN 都有它们自己的 RESPONSE_CODES 集。

词法结构

RESPONSE_CODES identifier，[(description，integer，[DATA_ENTRY_ERROR，DATA_ENTRY_WARNING，MISC_ERROR，MISC_WARNING，MODE_ERROR，PROCESS_ERROR，SUCCESS]，help)〈exp〉]+

RESPONSE_CODES 的属性在表 129 中指定。

表 129 RESPONSE_CODES 属性

用法	属　　性	描　　述
m	description	指定了当 RESPONSE_CODE 被设备返回时将显示的字符串
m	integer	指定设备的返回值以标识 RESPONSE_CODE
s	DATA ENTRY ERROR	由于数据发送无效，应用层服务被拒绝

表 129（续）

用法	属 性	描 述
s	DATA ENTRY WARNING	对于数据发送稍微改动的版本，应用层服务被接受和处理
s	MISC ERROR	应用层服务被拒绝
s	MISC WARNING	应用层服务按被接受并按指定方式处理，并有用户感兴趣的、与应用层服务无关的附加信息
s	MODE ERROR	由于现场设备处于应用层服务不能被执行的方式，应用层服务被拒绝
s	PROCESS ERROR	由于提供给现场设备的进程是无效的，应用层服务被拒绝
s	SUCCESS	应用层服务按所被接受并按指定方式处理
o	help	对该项指定帮助文本

7.25 SOURCE

7.25.1 通用结构

用途

SOURCE 描述了用于 CHART 的数据值的源。

词法结构

SOURCE identifier [MEMBER, EMPHASIS, HELP, LABEL, LINE_COLOR, LINE_TYPE, Y_AXIS, EXIT_ACTIONS, INIT_ACTIONS, REFRESH_ACTION]

SOURCE 属性在表 130 中指定。

表 130 SOURCE 属性

用法	属 性	描 述
m	MEMBERS	词法元素(见 7.30.4)
o	EMPHASIS	词法元素(见 7.25.2.1)
o	HELP	词法元素(见 7.30.2)
o	LABEL	词法元素(见 7.30.3)
o	LINE_COLOR	词法元素(见 7.25.2.2)
o	LINE_TYPE	词法元素(见 7.25.2.3)
o	Y_AXIS	词法元素(见 7.25.2.4)
o	EXIT_ACTIONS	词法元素(见 7.25.2.5)
o	INIT_ACTIONS	词法元素(见 7.25.2.6)
o	REFRESH_ACTIONS	词法元素(见 7.25.2.7)

7.25.2 特殊属性

7.25.2.1 EMPHASIS

用途

EMPHASIS 属性指定了当 SOURCE 被显示时，是否需要被强调。SOURCE 被强调的方式由 EDD 应用程序定义，缺省情况下，不含 EMPHASIS 属性的 SOURCE 不需被强调。

词法结构

EMPHASIS (FALSE, TRUE)〈exp〉

EMPHASIS 属性在表 131 中指定。

表 131 **EMPHASIS 属性**

用法	属　　性	描　　述
s	FALSE	指定 SOURCE 不需被强调
s	TRUE	指定 SOURCE 需要被强调

7.25.2.2 **LINE_COLOR**

用途

LINE_COLOR 指定了用于显示 SOURCE 的颜色。缺省情况下，不含 LINE_COLOR 属性的 SOURCE 将采用由 EDD 应用程序定义的默认颜色来显示。

词法结构

LINE_COLOR (integer,reference)〈exp〉

颜色通过如级联方式页第 2 级所定义的 RGB 值来指定。

LINE_COLOR 属性在表 132 中指定。

表 132 **LINE_COLOR 属性**

用法	属　　性	描　　述
s	integer	是将用于显示 SOURCE 的颜色
s	reference	是包含将用于显示 SOURCE 颜色的 VARIABLE 实例的引用

7.25.2.3 **LINE_TYPE**

用途

LINE_TYPE 属性指定了包含在 SOURCE 中的数据类型。具有相同 LINE_TYPE 的每一个 SOURCE 应以相同的方式被显示(如:线的颜色、线的式样、线的宽度等)。缺省情况下，不含 LINE_TYPE 属性的 SOURCE 使用 DATA 线型。

词法结构

LINE_TYPE ([DATA, n] *,LOW_LOW_LIMIT, LOW_LIMIT, HIGH_LIMIT, HIGH_HIGH_LIMIT)〈exp〉

LINE_TYPE 属性在表 133 中指定。

表 133 **LINE_TYPE 属性**

用法	属　　性	描　　述
s	DATA	指定 SOURCE 所包含的数据
c	n	是一个从 1 开始的增量整型，如果出现大于 1 的数，就认定为不同的 DATA 线形
s	LOW_LOW_LIMIT	指定 SOURCE 包含了下下限
s	LOW_LIMIT	指定 SOURCE 包含了下限
s	HIGH_LIMIT	指定 SOURCE 包含了上限
s	HIGH_HIGH_LIMIT	指定 SOURCE 包含了上上限

7.25.2.4 **Y_AXIS**

用途

Y_AXIS 属性指定 SOURCE 的 Y 轴显示的方式。CHART 的每一个 SOURCE 共享同一个基于时间的 X 轴，但是每个 CHART 的每个 SOURCE 拥有自己的 Y_AXIS。

词法结构

Y_AXIS (reference)〈exp〉

Y_AXIS 属性在表 134 中指定。

表 134　Y_AXIS 属性

用法	属　　性	描　　述
m	reference	是一个对 AXIS 实例的引用

7.25.2.5　**EXIT_ACTIONS**

用途

当包含 SOURCE 的 CHART 被关闭时,EXIT_ACTIONS 被执行。

指定的 METHOD 应按它们出现的顺序被执行,如果一个 METHOD 因意外原因退出,后续的 METHOD 不应被执行。

词法结构

EXIT_ACTIONS [(reference)〈exp〉]+,DEFINITION

EXIT_ACTIONS 属性在表 167 中指定。

7.25.2.6　**INIT_ACTIONS**

用途

在由 CHART 最初显示 SOURCE 值前,INIT_ACTIONS 被执行。

指定的 METHOD 应按它们出现的顺序被执行,如果一个 METHOD 因意外原因退出,后续的 METHOD 不应被执行。此外,如果 METHOD 因意外原因而退出,EDD 应用程序也不应提取 SOURCE 值。

词法结构

INIT_ACTIONS [(reference)〈exp〉]+,DEFINITION

INIT_ACTIONS 属性在表 167 中指定。

7.25.2.7　**REFRESH_ACTIONS**

用途

REFRESH_ACTIONS 先于 CHART 中的值显示前被执行,该 CHART 值中的 SOURCE 已经正在被显示。

指定的 METHOD 应按它们出现的顺序被执行,如果一个 M METHOD 因意外原因退出,后续的 METHOD 不应被执行。

词法结构

REFRESH_ACTIONS [(reference)〈exp〉]+,DEFINITION

REFRESH_ACTIONS 属性在表 167 中指定。

7.26　VALUE_ARRAY

7.26.1　通用结构

用途

VALUE_ARRAY 是值的逻辑组,VALUE_ARRAY 的每一个元素应是相同的数据类型,并对应一个 EDDL 结构,通过 VALUE_ARRAY 标识和元素索引,元素可在 EDD 中的其他地方被引用。

注:按照通信的观点,VALUE_ARRAY 的单个元素并不作为单独的变量对待,而只作为成组的值对待。

词法结构

VALUE_ARRAY identifier [LABEL, NUMBER_OF_ELEMENTS, TYPE, HELP, RESPONSE_CODES]

VALUE_ARRAY 的属性在表 135 中指定。

表 135 VALUE_ARRAY 属性

用法	属性	描述
m	LABEL	词法元素(见 7.30.3)
m	NUMBER_OF_ELEMENTS	词法元素(见 7.26.2.1)
m	TYPE	词法元素(见 7.26.2.2)
o	HELP	词法元素(见 7.30.2)
o	RESPONSE_CODES	词法元素(见 7.30.5)

7.26.2 特殊属性

7.26.2.1 NUMBER_OF_ELEMENTS

用途

NUMBER_OF_ELEMENTS 属性按大于零的整数形式，指定了在 VALUE_ARRAY 中元素的个数。

词法结构

NUMBER_OF_ELEMENTS (integer,expression)

NUMBER_OF_ELEMENTS 的属性在表 136 中指定。

表 136 NUMBER_OF_ELEMENTS 属性

用法	属性	描述
s	integer	指定 VALUE_ARRAY 的元素个数
s	expression	是一个应被评估的在 NUMBER_OF_ELEMENTS 属性索引范围内的非负整型数的表达式

7.26.2.2 TYPE

用途

TYPE 属性是对 EDDL 结构实例的引用(如 VARIABLE、COLLECTION)，EDDL 结构的所有属性适用于 VALUE_ARRAY 中的每一个元素。

词法结构

TYPE reference

TYPE 的属性在表 137 中指定。

表 137 TYPE 属性

用法	属性	描述
m	reference	是对 EDD 基本结构实例的引用

7.27 VARIABLE

7.27.1 通用结构

用途

VARIABLE 描述了包含在设备或 EDD 应用程序中的参数

词法结构

VARIABLE identifier，[CLASS，LABEL，TYPE，HELP，CONSTANT_UNIT，DEFAULT_VALUE，PRE_EDIT_ACTIONS，POST_EDIT_ACTIONS，PRE_READ_ACTIONS，POST_READ_ACTIONS,PRE_WRITE_ACTIONS，POST_WRITE_ACTIONS，READ_TIMEOUT，

WRITE_TIMEOUT，RESPONSE_CODE，HANDLING，VALIDITY]

VARIABLE 的属性在表 138 中指定。

表 138 VARIABLE 属性

用法	属 性	描 述
m	CLASS	词法元素(见 7.27.2.1)
m	LABEL	词法元素(见 7.30.3)
m	TYPE	词法元素(见 7.27.2.2)
o	CONSTANT_UNIT	词法元素(见 7.27.2.3)
o	DEFAULT_VALUE	词法元素(见 7.27.2.4)
o	HANDLING	词法元素(见 7.27.2.5)
o	HELP	词法元素(见 7.30.2)
o	INITIAL_VALUE	词法元素(见 7.27.2.6)
o	POST_EDIT_ACTIONS	词法元素(见 7.27.2.7)
o	POST_READ_ACTIONS	词法元素(见 7.27.2.8)
o	POST_WRITE_ACTIONS	词法元素(见 7.27.2.9)
o	PRE_EDIT_ACTIONS	词法元素(见 7.27.2.10)
o	PRE_READ_ACTIONS	词法元素(见 7.27.2.11)
o	PRE_WRITE_ACTIONS	词法元素(见 7.27.2.12)
o	REFRESH_ACTIONS	词法元素(见 7.27.2.13)
o	READ_TIMEOUT	词法元素(见 7.27.2.14)
o	RESPONSE_CODE	词法元素(见 7.30.5)
o	STYLE	词法元素(见 7.27.2.15)
o	VALIDITY	词法元素(见 7.27.2.16)
o	WRITE_TIMEOUT	词法元素(见 7.27.2.14)

7.27.2 特殊属性

7.27.2.1 CLASS

用途

CLASS 属性指定了 VARIABLE 怎样被设备和 EDD 应用程序用于组织用途和显示。

不是所有的类组合都被允许，约束在行规表中定义(见附录 D)。

注：CLASS 的定义是基于由大量不同的功能块构成的设备模型，每个功能块都有一个输入并生成一个输出，功能块可按不同的方法组合，以生成不同的功能。

词法结构

CLASS [ALARM，ANALOG_INPUT，ANALOG_OUTPUT，COMPUTATION，CONTAINED，CORRECTION，DEVICE，DIAGNOSTIC，DIGITAL_INPUT，DIGITAL_OUTPUT，DISCRETE_INPUT，DISCRETE_OUTPUT，DYNAMIC，FREQUENCY_INPUT，FREQUENCY_OUTPUT，HART，INPUT，LOCAL，LOCAL_DISPLAY，OPERATE，OUTPUT，SERVICE，TUNE]+

CLASS 的属性在表 139 中指定。

表 139 **CLASS 属性**

用法	属性	描述
s	ALARM	指定 VARIABLE 包含报警限位
s	ANALOG_INPUT	指定 VARIABLE 是模拟量输入块的一部分
s	ANALOG_OUTPUT	指定 VARIABLE 是模拟量输出块的一部分
s	COMPUTATION	指定 VARIABLE 是计算块的一部分
s	CONTAINED	指定 VARIABLE 代表了设备的物理特点
s	CORRECTION	指定 VARIABLE 是修正块的一部分
s	DEVICE	指定 VARIABLE 代表设备的物理特点
s	DIAGNOSTIC	指定 VARIABLE 指示设备的状态
s	DIGITAL_INPUT	指定 VARIABLE 是数字量输入块的一部分
s	DIGITAL_OUTPUT	指定 VARIABLE 是数字量输出块的一部分
s	DISCRETE_INPUT	指定 VARIABLE 是离散量输入块的一部分
s	DISCRETE_OUTPUT	指定 VARIABLE 是离散量输出块的一部分
s	DYNAMIC	指定 VARIABLE 由设备修改而不需要从网络激励
s	FREQUENCY_INPUT	指定 VARIABLE 是频率输入块的一部分
s	FREQUENCY_OUTPUT	指定 VARIABLE 是频率输出块的一部分
s	HART	指定 VARIABLE 为 HART 块的一部分,它表征了 HART 的接口,只有一个 HART 块
s	INPUT	指定 VARIABLE 是输入块的一部分,输入块是一个特殊类型的计算块,它完成单位转换、定标、阻尼调整,输入块参数的参数值可由其他块的输出确定
s	LOCAL	指定 VARIABLE 是由 EDD 应用程序本地使用,本地 VARIABLE 不存储在设备中,但它们可发送给设备
s	LOCAL_DISPLAY	指定 VARIABLE 是本地显示块的一部分,本地显示块包含与设备本地接口(键盘、显示等)相关的 VARIABLE
s	OPERATE	指定 VARIABLE 用于控制块操作
s	OUTPUT	指定 VARIABLE 为输出块的一部分,输出 VARIABLE 的值可由其他块输入访问
s	SERVICE	指定 VARIABLE 在执行日常维护时被采用
s	TUNE	指定 VARIABLE 用于块的调整算法

7.27.2.2 **TYPE**

7.27.2.2.1 **通用结构**

用途

TYPE 属性描述了 VARIABLE 值的格式,如果 TYPE 未用 DEFAULT_VALUE 和 INITIAL_VALUE 来指定,表 140 中的"initial value"栏表示初始值。

词法结构

TYPE [DOUBLE, FLOAT, INTEGER, UNSIGNED_INTEGER, DATE, DATE_AND_TIME, DURATION, TIME, TIME_VALUE, BIT_ENUMERATED, ENUMERATED,

INDEX，OBJECT_REFERENCE，ASCII，BITSTRING，EUC，OCTET，PACKED_ASCII，PASSWORD，VISIBLE]

TYPE 的属性在表 140 中指定。

表 140 TYPE 属性

用法	属　性	描　述	初始值
s	DOUBLE	算法类型(见 7.27.2.2.2.1)	1
s	FLOAT	算法类型(见 7.27.2.2.2.1)	1
s	INTEGER	算法类型(见 7.27.2.2.2.1)	1
s	UNSIGNED_INTEGER	算法类型(见 7.27.2.2.2.1)	1
s	DATE	日期/时间类型(见 7.27.2.2.3)	
s	DATE_AND_TIME	日期/时间类型(见 7.27.2.2.3)	
s	DURATION	日期/时间类型(见 7.27.2.2.3)	
s	TIME	日期/时间类型(见 7.27.2.2.3)	00:00:00
s	TIME_VALUE	日期/时间类型(见 7.27.2.2.3)	
s	BIT_ENUMERATED	列举类型(见 7.27.2.2.3.1)	0
s	ENUMERATED	列举类型(见 7.27.2.2.3.2)	第一个值
s	INDEX	索引类型(见 7.27.2.2.3.3)	
s	OBJECT_REFERENCE	对象引用(见 7.27.2.2.4)	
s	ASCII	字符串类型(见 7.27.2.2.5)	
s	BITSTRING	字符串类型(见 7.27.2.2.5)	
s	EUC	字符串类型(见 7.27.2.2.5)	
s	OCTET	字符串类型(见 7.27.2.2.5)	
s	PACKED_ASCII	字符串类型(见 7.27.2.2.5)	
s	PASSWORD	字符串类型(见 7.27.2.2.5)	
s	VISIBLE	字符串类型(见 7.27.2.2.5)	

7.27.2.2.2 **特殊属性**

7.27.2.2.2.1 **DOUBLE，FLOAT，INTEGER，UNSIGNED_INTEGER**

用途

TYPE FLOAT 和 DOUBLE 的 VARIABLE 分别是按照 IEEE 754 所定义的单精度基本格式浮点数和双精度基本格式浮点数，TYPE INTEGER 和 UNSIGNED_INTEGER 的 VARIABLE 分别是有符号整型数和无符号整型数。

作为算法类型，这些类型已被广泛共知。

词法结构——DOUBLE

DOUBLE [DEFAULT_VALUE，DISPLAY_FORMAT，EDIT_FORMAT，INITIAL_VALUE，[MAX_VALUE，m] *，[MIN_VALUE，n] *，SCALING_FACTOR]，[(description，help，value)〈exp〉] *

词法结构——FLOAT

FLOAT [DEFAULT_VALUE，DISPLAY_FORMAT，EDIT_FORMAT，INITIAL_VALUE，[MAX_

VALUE, m]*,[MIN_VALUE, n]*, SCALING_FACTOR], [(description, help, value)〈exp〉]*

词法结构——INTEGER

INTEGER [DEFAULT_VALUE, DISPLAY_FORMAT, EDIT_FORMAT, INITIAL_VALUE, [MAX_VALUE, m]*,[MIN_VALUE, n]*, SCALING_FACTOR, size], [description, help, value]*

词法结构——UNSIGNED_INTEGER

UNSIGNED_INTEGER [DEFAULT_VALUE, DISPLAY_FORMAT, EDIT_FORMAT, INITIAL_VALUE,

[MAX_VALUE, m]*, [MIN_VALUE, n]*, SCALING_FACTOR, size],

[(description, help, value)〈exp〉]*

该算法类型的属性在表 141 中指定。

表 141　DOUBLE、FLOAT、INTEGER、UNSIGNED_INTEGER 属性

用法	属　性	描　　述
o	DEFAULT_VALUE	用途 DEFAULT_VALUE 对 VARIABLE 指定了缺省设置,DEFAULT_VALUE 可用于全部的 EDDL 类型,如果没有 INITIAL_VALUE 被定义,DEFAULT_VALUE 就作为 INITIAL_VALUE 使用。DEFAULT_VALUE 也可以由表达式构成(见 7.35) 词法结构 DEFAULT_VALUE (double)〈exp〉 DEFAULT_VALUE (float)〈exp〉 DEFAULT_VALUE (integer)〈exp〉 DEFAULT_VALUE (unsigned_integer)〈exp〉 DEFAULT_VALUE (expression)〈exp〉
o	description	是对该项的简短描述
o	DISPLAY_FORMAT	用途 DISPLAY_FORMAT 指定了 VARIABLE 的值怎样显示,DISPLAY_FORMAT 字符串分别是 ANSI C(见 GB/T 15272)函数 printf 和 sacnf 的转换分类符 词法结构 DISPLAY_FORMAT (string)〈exp〉
o	EDIT_FORMAT	用途 EDIT_FORMAT 指定了用于编辑的格式,EDIT_FORMAT 字符串分别是 ANSI C(见 GB/T 15272)函数 printf 和 scanf 的转换分类符 词法结构 EDIT_FORMAT (string)〈exp〉
o	help	指定了用于该项的帮助文本
o	INITIAL_VALUE	用途 当设备被第一次实例化,VARIABLE 的 INITIAL_VALUE 被显示,通常 DEFAULT_VALUE 是有条件的,并依赖于其他参数设置,这种情况下 INITIAL_VALUE 被用于重构缺省设置,INITIAL_VALUE 对所有的类型有用,并且是无条件的。 词法结构 INITIAL_VALUE (double) INITIAL_VALUE (float) INITIAL_VALUE (integer) INITIAL_VALUE (unsigned_integer)

表 141（续）

用法	属性	描述
o	MAX_VALUE	用途 MAX_VALUE 指定了 VARIABLE 将被设定的值的上限，如果 VARIABLE 是 CLASS DYNAMIC，设备将值在最大值和最小值所指定的范围内设定 VARIABLE 值 VARIABLE 可有多个最大值，例如，指定多个有效范围。当有多个最大值时，一个附加的整型数用以对每个 MAX_VALUE 编号 每个 MAX_VALUE 应有一个对等的 MIN_VALUE，用一对 MIN_VALUE 和 MAX_VALUE 所指定的范围不能与另一个指定的范围重叠，如果 MIN_VALUE/MAX_VALUE 没有对等的 MAX_VALUE/MIN_VALUE，上/下限是不受限制的，并且不必指定。MAX_VALUE 也能由表达式构成(见 7.35) 词法结构 MAX_VALUE (double, integer))〈exp〉 MAX_VALUE (float,integer)〈exp〉 MAX_VALUE (integer, integer)〈exp〉 MAX_VALUE (unsigned_integer, integer)〈exp〉 MAX_VALUE (expression)〈exp〉
c	m	是一个从 1 开始渐增的整数，如果出现大于 1，就认定为 MAX_VALUE
o	MIN_VALUE	用途 MIN_VALUE 指定了 VARIABLE 将被设定的值的下限，如果 VARIABLE 是 CLASS DYNAMIC，设备将设定 VARIABLE 值在其最小和最大值所指定范围内。 VARIABLE 可有多个最小值，例如，指定多个有效范围。当有多个最小值时，一个附加的整数用以对每个 MIN_VALUE 编号 每个 MIN_VALUE 有一个对等的 MAX_VALUE，一对 MIN_VALUE 和 MAX_VALUE 所指定的范围不能与另一个指定的范围重叠，如果 MIN_VALUE/MAX_VALUE 没有对等的 MIN_VALUE/MAX_VALUE，上/下限是不受限制的，并且不必指定。MIN_VALUE 也能由表达式构成(见 7.35) 词法结构 MIN_VALUE (double, integer)〈exp〉 MIN_VALUE (float, integer)〈exp〉 MIN_VALUE (integer, integer)〈exp〉 MIN_VALUE (unsigned_integer, integer)〈exp〉 MIN_VALUE (expression)〈exp〉
c	n	是一个从 1 开始渐增的整数，如果出现大于 1，就认定为 MIN_VALUE
o	SCALING_FACTOR	用途 SCALING_FACTOR 表示 VARIABLE 的显示值不是设备的返回值，该显示值是一个设备返回值乘以因子后的值，因此，在该值被显示之前(或在它按其他方法被采用之前)，EDDL 处理器将用它的 SCALING_FACTOR 乘以设备返回的 VARIABLE 值，SCALING_FACTOR 不应等于零。SCALING_FACTOR 也能由表达式构成(见 7.35) 词法结构 SCALING_FACTOR (double)〈exp〉 SCALING_FACTOR (expression)〈exp〉

表 141（续）

用法	属性	描述
o	size	按字节指定数据类型的长度，长度是大于零的整型数，并且无上限，该值是可选的，缺省值为 1
o	value	是一个指定值的常数，类型依赖于由可选的 TYPE 属性指定的数据类型，但如果定义，则需要描述属性。不允许有相同的值

7.27.2.2.3 **DATE, DATE_AND_TIME, DURATION, TIME, TIME_VALUE**

用途

数据类型 DATE、DATE_AND_TIME、DURATION、TIME、TIME_VALUE 的 VARIABLE 用于指定日期。

数据类型 DATE 由日历的日期组成；

数据类型 DATE_AND_TIME 由日历的日期和时间组成；

数据类型 DURATION 是一个时间差，它由毫秒级的时间和可选择的日计数组成；

数据类型 TIME 由时间和可选择的日期组成；

数据类型 TIME_VALUE 用于按应用程序时钟同步中所要求精度来表示日期和时间。

词法结构——DATE

DATE 指定 VARIABLE 是一个三字节整型数，整型数的编码在 D.5.2 中指定。

DATE DEFAULT_VALUE, INITIAL_VALUE

词法结构——DATE_AND_TIME

DATE_AND_TIME 指定 VARIABLE 是一个七字节整型数，整型数的编码在 D.5.3 中指定。

DATE_AND_TIME DEFAULT_VALUE, INITIAL_VALUE

词法结构——DURATION

DURATION 指定 VARIABLE 是一个 4～6 字节整型数，高四位为零，0～27 位表示以毫秒为单位的时间，可选择的天数是 16 位二进制值，字节的编码在 D.5.4 中指定。

DURATION DEFAULT_VALUE, INITIAL_VALUE

词法结构——TIME

TIME 指定 VARIABLE 是一个六字节整型数，时间被表示成从午夜开始的毫秒单位，到午夜时，计数从零开始。

日期是按相对于 1984 年 1 月 1 日的天数表示，在 1984 年 1 月 1 日，天数从零开始，字节编码在 D.5.5 中指定。

TIME DEFAULT_VALUE, INITIAL_VALUE

词法结构——TIME_VALUE

TIME_VALUE 指定了 VARIABLE 是一个八字节整型数，它是一个定点数，它是与 1/32 ms 成倍数的时间，字节编码在 D.5.6 中指定。

TIME_VALUE DEFAULT_VALUE, INITIAL_VALUE

DATE, DATE_AND_TIME, DURATION, TIME, TIME_VALUE 类型的属性在表 141 中指定。

7.27.2.2.3.1 **BIT_ENUMERATED**

用途

数据类型 BIT_ENUMERATED 的变量是无符号整型常数，它用它的位置表示 VARIABLE 值的一个位。

词法结构

BIT_ENUMERATED [(description, value, actions, function, help, status-class *)〈exp〉]+,
[DEFAULT_VALUE, INITIAL_VALUE, size]

BIT_ENUMERATED 类型的属性在表 142 中指定。

表 142 BIT_ENUMERATED 属性

用法	属性	描述
m	description	见表 141
m	value	是一个指定一位的位置的无符号整型数,如果 VARIABLE 的值在所指定位的位置提供了逻辑 1 时,相应的描述就被显示。不允许有相同的值
o	actions	指定在位被置位后将被执行的动作
o	function	指定该位的功能类别,位的功能类别与 VARIABLE 的 CLASS 相同,如果没有功能被指定,功能类别的缺省值为变量的类别,因此,如果全部的位具有相同的功能,那么 VARIABLE 的 CLASS 应被指定
o	help	见表 141
o	size	见表 141
o	status-class	指定位的含义,一个状态位可以属于多个 status-class(见表 143)。如果 VARIABLE 不是状态字节,那么位就没有状态类别
o	DEFAULT_VALUE	用途 DEFAULT_VALUE 指定了 VARIABLE 的默认设置,DEFAULT_VALUE 对所有 EDDL 类型都是有效的。如果没有定义 INITIAL_VALUE,那么 DEFAULT_VALUE 就用作 INITIAL_VALUE。DEFAULT_VALUE 也能由表达式构成 词法结构 DEFAULT_VALUE (integer)〈exp〉 DEFAULT_VALUE (unsigned_integer)〈exp〉 DEFAULT_VALUE (expression)〈exp〉
o	INITIAL_VALUE	用途 当设备第一次被实例化,VARIABLE 的 INITIAL_VALUE 被显示。通常 DEFAULT_VALUE 是有条件的,并依赖于其他参数设置,在这种情况下,INITIAL_VALUE 用于重构默认设置。INITIAL_VALUE 对所有类型都有效,并且是无条件的 词法结构 INITIAL_VALUE (integer) INITIAL_VALUE (unsigned_integer)

表 143 表示了类型 BIT_ENUMERATED 的 VARIABLE 的状态类别。

表 143 状态类别属性

用法	属性	描述
m	DATA	表示无效的数据组态
m	HARDWARE	表示硬件故障
m	MISC	表示各种条件
m	MODE	表示设备处于特殊的方式
m	PROCESS	表示过程连接到现场设备的问题
m	SOFTWARE	表示软件故障

表 143（续）

用法	属　　性	描　　　　述
m	CORRECTABLE	表示某位可以通过 EDD 应用程序或连接过程清除
m	SELF_CORRECTING	表示某位不需要进一步的干涉就会复位
m	UNCORRECTABLE	表示某位既不能自纠正也不能被纠正
m	EVENT	表示一次性的事件
m	STATE	表示设备处于特殊的状态
m	COMM_ERROR	表示其他设备中的通信故障
o	IGNORE_IN_HANDHELD	表示在手持通信器中某位可以被忽略
o	IGNORE_IN_TEMPORARY_MASTER	表示在临时性的主设备中某位可以被忽略
m	MORE	表示有一个可用的、来自于设备的附加状态信息
o	ALL	表示对所有的输出产生影响(见表 144)
o	AO	表示对模拟量输出中的一个产生影响(见表 144)
m	BAD	表示输出不可靠，不能用于控制(见表 144)
o	DV	表示对动态变量中的一个产生影响(见表 144)
o	TV	表示对变送器变量中的一个产生影响(见表 144)
m	DETAIL	表示某一位按分类汇总的一个位在各处被汇总
m	SUMMARY	表示某一位是分类明细的其他位的逻辑组合

状态类别 ALL、AO、DV 和 TV 提供了关于设备输出的更多状态信息。

词法结构——ALL

ALL [AUTO_BAD, AUTO_GOOD, MANUAL_BAD, MANUAL_GOOD]

词法结构——AO

AO [AUTO_BAD, AUTO_GOOD, integer, MANUAL_BAD, MANUAL_GOOD]

词法结构——DV

DV [AUTO_BAD, AUTO_GOOD, integer, MANUAL_BAD, MANUAL_GOOD]

词法结构——TV

TV [AUTO_BAD, AUTO_GOOD, integer, MANUAL_BAD, MANUAL_GOOD]

属性在表 144 中指定。

表 144　**ALL、AO、DV、TV 属性**

用法	属　　性	描　　　　述
s	AUTO_BAD	指定值正来自于应用程序进程并且是无效的
s	AUTO_GOOD	指定值正来自于应用程序进程并且是有效的
m	integer	指定来源于设备的 VARIABLE 值
s	MANUAL_BAD	值不是来源于应用程序进程并且是无效的
s	MANUAL_GOOD	值不是来源于应用程序进程并且是有效的

7.27.2.2.3.2　**ENUMERATED**

用途

类型 ENUMERATED 的 VARIABLE 是无符号整型数，三个元(整型数、描述、帮助)的相关列表指定了 VARIABLE 的加上描述和选择性帮助的可能值。

词法结构

ENUMERATED [(description, value, help)〈exp〉]+, [DEFAULT_VALUE, INITIAL_VALUE, size]

ENUMERATED 类型的属性在表 145 中指定。

表 145 ENUMERATED 类型属性

用法	属性	描述
m	description	(见表 141)
m	value	是一个指定 VARIABLE 值的常数，类型是无符号整型数，列表是可选的，但如果被定义则需要一个值和一个描述。不允许有相同的值
o	DEFAULT_VALUE	(见表 141)
o	help	(见表 141)
o	INITIAL_VALUE	(见表 141)
o	size	(见表 141)

7.27.2.2.3.3 **INDEX**

用途

类型 INDEX 的 VARIABLE 是一个用于引用 REFERENCE_ARRAY 元素的无符号整型数(见 7.22)，ELEMENTS 的整型数属性(见 7.22.2.1)指定了 VARIABLE 的允许值。

注：当 INDEX VARIABLE 被表达给用户，与数组索引相关的文本将显示，而不是 VARIABLE 的数字值。

词法结构

INDEX (reference, size)〈exp〉

INDEX 类型的属性在表 146 中指定。

表 146 INDEX 类型属性

用法	属性	描述
o	size	按字节指定 VARIABLE 的长度，该值是一个大于零且无上限的整型数，缺省值为 1，REFERENCE_ARRAY 应只包含不超过变量的索引长度的元素
m	reference	是对 REFERENCE_ARRAY 实例的引用

7.27.2.2.4 **object reference types**

用途

类型 OBJECT_REFERENCE 的 VARIABLE 允许访问其他设备的值。

词法结构

OBJECT_REFERENCE DEFAULT_REFERENCE

OBJECT_REFERENCE 类型的属性在表 147 中指定。

表 147 object reference 类型属性

用法	属性	描述
o	DEFAULT_REFERENCE	指定 VARIABLE 用于访问其他设备的值，如果没有定义 DEFAULT_REFERENCE，VARIABLE 就用 SELF 初始化(见表 148)

DEFAULT-REFERENCE 的属性在表 148 中指定。

表 148 DEFAULT_REFERENCE 属性

用 法	属 性	描 述
s	CHILD	定位一个向下的分层结构
s	FIRST	在分层结构中定位第一个对象
s	LAST	在分层结构中定位最后一个对象
s	NEXT	在同一个分层结构中定位下一个对象
s	PARENT	自下而上定位分层结构
s	PREV	在同一个分层结构中定位前一个对象
s	reference	对网络中已规划好的设备的引用
s	SELF	定位返回到它们自己所属的分层结构中
s	NULL	是一个空对象的引用

7.27.2.2.5 **ASCII、BIT_STRING、EUC、PACKED_ASCII、OCTET、PASSWORD、VISIBLE**

用途

字符串变量类型包含如下：

- ASCII——是按照 ISO Latin-1 字符集指定的一组字符。
- BIT_STRING——数据类型 BIT_ENUMERATED 的变量是字符串常数，通过它们的位置表示 VARIABLE 值的字符位置。
- EUC(扩展单位代码)——是用于特殊字符的内部代码(如，中国:EUC-CN)，EUC 用于处理东亚语言(ISO/IEC 10646-1:2000)。
- EDDL 处理器应该支持用字节变量数来对字符进行编码的编码方案，典型地，某些字节以字符的开始以及有多少附加字节被用于对该字符编码作为信号，具有大量元素的字符集通常采用打包方案来存储。
- PACKED_ASCII——是一个通过删除每个 ASCII 字符的两个最高有效位所生成的 ASCII 子集(见 D.5.7)。
- PASSWORD——是一个字符串类型，并意味着指定口令字符串。除了如何将该变量表达给用户外，口令和 ASCII 字符串类型都是相同的。
- VISIBLE——该字符串是来源于 ISO/IEC 10646-1:2000 和 ISO 2375 字符集的有序序列。
- OCTET——用于指定一个未格式化的二进制数据序列，该序列的定义是由设备的实现来确定。

词法结构——EUC

EUC [(string, description, help)〈exp〉]+, [size, DEFAULT_VALUE, INITIAL_VALUE]

词法结构——ASCII

ASCII [(string, description, help)〈exp〉]+, [size, DEFAULT_VALUE, INITIAL_VALUE]

词法结构——PACKED_ASCII

PACKED_ASCII [(string, description, help)〈exp〉]+, [size, DEFAULT_VALUE, INITIAL_VALUE]

词法结构——PASSWORD

PASSWORD [(string, description, help)〈exp〉]+, [size, DEFAULT_VALUE, INITIAL_VALUE]

词法结构——BIT_STRING

BIT_STRING [(string, description, help)〈exp〉]+, [size, DEFAULT_VALUE, INITIAL_

VALUE]

词法结构——VISIBLE

VISIBLE [(string, description, help)〈exp〉]+, [size, DEFAULT_VALUE, INITIAL_VALUE]

词法结构——OCTET

OCTET [(string, description, help)〈exp〉]+, [size, DEFAULT_VALUE, INITIAL_VALUE]

字符串类型的属性在表 149 中指定。

表 149 String 类型属性

用 法	属 性	描 述
o	size	(见表 141)
o	DEFAULT_VALUE	(见表 141)
o	INITIAL_VALUE	(见表 141)
o	string	是一个字符串常数,列表是可选择的,但如果被定义,则需要一个字符串和一个描述,不允许有相同字符串
o	description	(见表 141)
o	help	(见表 141)

7.27.2.3 **CONSTANT_UNIT**

用途

如果 VARIABLE 具有一个不变的单位代码,CONSTANT_UNIT 属性就被采用。CONSTANT_UNITS 是按和值一起显示的字符串方式指定。不带固定单位的 VARIABLE,要么无单位与它关联,要么单位不是固定的。

词法结构

CONSTANT_UNIT (string)〈exp〉

CONSTANT_UNIT 的属性在表 150 中指定。

表 150 CONSTANT_UNIT 属性

用 法	属 性	描 述
m	string	指定被显示的单位代码字符串

7.27.2.4 **DEFAULT_VALUE**

用途

DEFAULT_VALUE 属性指定了用于 VARIABLE 的默认设置。如果没有定义 INITIAL_VALUE,那么 DEFAULT_VALUE 就用作 INITIAL_VALUE。

词法结构

DEFAULT_VALUE (expression)〈exp〉

表达式的类型必须和 VARIABLE 的类型一致。

DEFAULT_VALUE 也可以通过 VARIABLE 的 TYPE 属性来指定。

DEFAULT_VALUE 的属性在表 151 中指定。

表 151 DEFAULT_VALUE 属性

用 法	属 性	描 述
m	expression	指定变量的默认值

7.27.2.5 **HANDLING**

用途

HANDLING 属性指定了可被执行在 VARIABLE 上的操作，缺省情况下，不含 HANDLING 属性的 VARIABLE 可被读和写。

词法结构

HANDLING (READ, READ_WRITE, WRITE)〈exp〉

HANDLING 的属性在表 152 中指定。

表 152　HANDLING 属性

用　法	属　　性	描　　　述
s	READ	指定 VARIABLE 值可被读取
s	READ_WRITE	指定 VARIABLE 值可被读和写
s	WRITE	指定 VARIABLE 值可被写

7.27.2.6　INITIAL_VALUE

用途

当设备被第一次实例化时，VARIABLE 的 INITIAL_VALUE 被显示。通常，DEFAULT_VALUE 是有条件并依赖于其他参数设置的。在这种情况下，INITIAL_VALUE 用于重构默认值。INITIAL_VALUE 对所有类型都是有效的，并且是无条件的。

词法结构

INITIAL_VALUE expression

注 1：表达式的类型必须与 VARIABLE 的类型一致。

注 2：INITIAL_VALUE 可以通过 VARIABLE 的 TYPE 属性来指定。

INITIAL_VALUE 的属性在表 153 中指定。

表 153　INITIAL_VALUE 属性

用　法	属　　性	描　　　述
m	expression	指定变量的初值

7.27.2.7　POST_EDIT_ACTIONS

用途

POST_EDIT_ACTIONS 属性指定了在用户完成对 VARIABLE 编辑后将被执行的 METHOD，所指定的 METHOD 将按它们出现的顺序被执行，如果一个 METHOD 由于意外原因退出，后续 METHOD 就不执行。

词法结构

POST_EDIT_ACTIONS [(reference)〈exp〉]+, DEFINITION

POST_EDIT_ACTIONS 的属性在表 154 中指定。

表 154　POST_EDIT_ACTIONS、PRE_EDIT_ACTIONS、POST_READ_ACTIONS、PRE_READ_ACTIONS、POST_WRITE_ACTIONS、PRE_WRITE_ACTIONS、REFRESH_ACTIONS 属性

用　法	属　　性	描　　　述
o	reference	对 METHOD 实例的引用
o	DEFINITION	词法元素(见 7.30.1)

7.27.2.8　POST_READ_ACTIONS

用途

POST_READ_ACTIONS 属性指定了在 VARIABLE 从设备读取后将被执行的 METHOD，所指定的 METHOD 将按它们出现的顺序被执行，如果一个 METHOD 由于意外原因退出，后续 METHOD 就不执行。

词法结构

POST_READ_ACTIONS [(reference)〈exp〉]+, DEFINITION

POST_READ_ACTIONS 的属性在表 154 中指定。

7.27.2.9 POST_WRITE_ACTIONS

用途

POST_WRITE_ACTIONS 属性指定了在 VARIABLE 写到设备后将被执行的 METHOD,所指定的 METHOD 将按它们出现的顺序被执行,如果一个 METHOD 由于意外原因退出,后续 METHOD 就不执行。

词法结构

POST_WRITE_ACTIONS [(reference)〈exp〉]+, DEFINITION

POST_WRITE_ACTIONS 的属性在表 154 中指定。

7.27.2.10 PRE_EDIT_ACTIONS

用途

PRE_EDIT_ACTIONS 属性指定了当 VARIABLE 要被显示时立即被执行的 METHOD,所指定的 METHOD 将按它们出现的顺序被执行,如果一个 METHOD 由于意外原因退出,后续 METHOD 就不执行。

词法结构

PRE_EDIT_ACTIONS [(reference)〈exp〉]+, DEFINITION

PRE_EDIT_ACTIONS 的属性在表 154 中指定。

7.27.2.11 PRE_READ_ACTIONS

用途

PRE_READ_ACTIONS 属性指定了在 VARIABLE 被读取前将被执行的 METHOD,所指定的 METHOD 将按它们出现的顺序被执行,如果一个 METHOD 由于意外原因退出,后续 METHOD 就不执行。

词法结构

PRE_READ_ACTIONS [(reference)〈exp〉]+, DEFINITION

PRE_READ_ACTIONS 的属性在表 154 中指定。

7.27.2.12 PRE_WRITE_ACTIONS

用途

PRE_WRITE_ACTIONS 属性指定了在 VARIABLE 被写到设备前将被执行的 METHOD,所指定的 METHOD 将按它们出现的顺序被执行,如果一个 METHOD 由于意外原因退出,后续 METHOD 就不执行。

词法结构

PRE_WRITE_ACTIONS [(reference)〈exp〉]+, DEFINITION

PRE_WRITE_ACTIONS 的属性在表 154 中指定。

7.27.2.13 REFRESH_ACTIONS

用途

REFRESH_ACTIONS 属性指定了在任何时候显示或更新 VARIABLE 时应被执行的 METHOD。所指定的 METHOD 将按它们出现的顺序被执行,如果一个 METHOD 由于意外原因退出,后续 METHOD 就不执行。

词法结构

REFRESH_ACTIONS [(reference)〈exp〉]+, DEFINITION

REFRESH_ACTIONS 的属性在表 154 中指定。

7.27.2.14 **READ_TIMEOUT，WRITE_TIMEOUT**

用途

READ_ TIMEOUT 按毫秒指定了 EDD 应用程序等待返回 VARIABLE 的时间长度，同样，WRITE_TIMEOUT 按毫秒指定了 EDD 应用程序等待用于证实 VARIABLE 是否被成功写到设备的时间长度。

例如，如果一个设备存储一个变量的值，WRITE_TIMEOUT 将表示它所占用的时间长度，如图 35 所示。

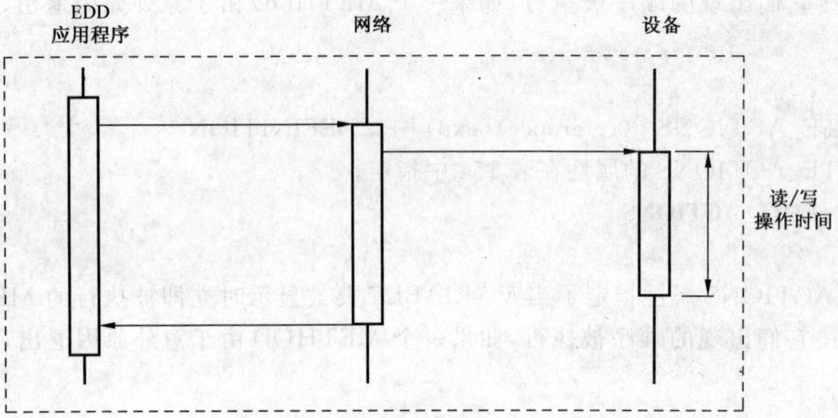

图 35 读写操作时间

词法结构

READ_TIMEOUT (integer)〈exp〉

WRITE_TIMEOUT (integer)〈exp〉

READ_TIMEOUT 和 WRITE_TIMEOUT 的属性在表 155 中指定。

表 155 READ/WRITE_TIMEOUT 属性

用 法	属 性	描 述
m	integer	按毫秒指定 EDD 应用程序等待一个设备完成其请求更新的时间周期

7.27.2.15 **STYLE**

用途

STYLE 属性指定了 VARIABLE 被显示的方法，它是一个由 EDDL 应用程序单独解释的附加信息。

词法结构

STYLE (string)〈exp〉

STYLE 属性在表 156 中指定。

表 156 STYLE 属性

用 法	属 性	描 述
m	string	指定用于显示目的的字符串

7.27.2.16 **VALIDITY**

用途

VALIDITY 指定了 VARIABLE 有效还是无效，VARIABLE 只有在 VARIABLE 不存在时是无效的，如果只是值不好，它还是有效，不带 VALIDITY 的 VARIABLE 通常有效。

注 1：VALIDITY 应用一个条件来表示(IF，IF-ELSE，SELECT)。

注 2：如果 VARIABLE 是无效的，它就不被显示。

词法结构

VALIDITY [(FALSE, TRUE)〈exp〉]

VALIDITY 的属性在表 157 中指定。

表 157 VALIDITY 属性

用 法	属 性	描 述
s	FALSE	指定 VARIABLE 实例是无效的
s	TRUE	指定 VARIABLE 实例是有效的

7.28 VARIABLE_LIST

用途

VARIABLE_LIST 是一组 EDD 通信对象(VARIABLE、VALUE_ARRAY 或者 RECORDS),VARIABLE_LISTS 是为了应用程序的方便而用于组对象的。

注:VARIABLE_LIST 将按一个通信对象传输。

语法结构

VARIABLE_LIST identifier,[MEMBERS, HELP, LABEL, RESPONSE_CODES]

VARIABLE_LIST 的属性在表 158 中指定。

表 158 VARIABLE_LIST 属性

用 法	属 性	描 述
m	MEMBERS	词法元素(见 7.30.4)
o	HELP	词法元素(见 7.30.2)
o	LABEL	词法元素(见 7.30.3)
o	RESPONSE_CODES	词法元素(见 7.30.5)

7.29 WAVEFORM

7.29.1 通用结构

用途

WAVEFORM 描述了通过图形显示的数据集。

词法结构

WAVEFORM identifier [TYPE, EMPHASIS, EXIT_ACTIONS, HANDLING, HELP, ININ_ACTIONS

KEY_POINTS, LABEL, LINE_COLOR, LINE_TYPE, REFRESH_ACTIONS, Y_AXIS]

WAVEFORM 的属性在表 159 中指定。

表 159 WAVEFORM 属性

用 法	属 性	描 述
m	TYPE	词法元素(见 7.29.2.1)
o	EMPHASIS	词法元素(见 7.29.2.2)
o	EXIT_ACTIONS	词法元素(见 7.29.2.3)
o	HANDLING	词法元素(见 7.29.2.4)
o	HELP	词法元素(见 7.30.2)
o	INIT_ACTIONS	词法元素(见 7.29.2.5)
o	KEY_POINTS	词法元素(见 7.29.2.6)
o	LABEL	词法元素(见 7.30.3)
o	LINE_COLOR	词法元素(见 7.29.2.7)

表 159（续）

用 法	属 性	描 述
o	LINE_TYPE	词法元素(见 7.29.2.8)
o	REFRESH_ACTIONS	词法元素(见 7.29.2.9)
o	Y_AXIS	词法元素(见 7.29.2.10)

7.29.2 特殊属性

7.29.2.1 **TYPE**

7.29.2.1.1 通用结构

用途

TYPE 指定了包含在 WAVEFORM 中的数据的类型。

词法结构

TYPE [XY, YT, HORIZONTAL, VERTICAL]

TYPE 的属性在表 160 中指定。

表 160 **TYPE** 属性

用 法	属 性	描 述
s	XY	所有(x,y)点的列表(见 7.29.2.1.2.1)
s	YT	所有(y,t)点的列表(见 7.29.2.1.2.2)
s	HORIZONTAL	所有水平线的列表(见 7.29.2.1.2.3)
s	VERTICAL	所有垂直线的列表(见 7.29.2.1.2.4)

7.29.2.1.2 特殊属性

7.29.2.1.2.1 **XY**

用途

XY 指定了包含所有(x,y)点的列表的 WAVEFORM。

词法结构

XY [X_VALUES, Y_VALUES, NUMBER_OF_POINTS]

XY 的属性在表 161 中指定。

表 161 **XY** 属性

用 法	属 性	描 述
m	X_VALUES	用途 X_VALUES 指定了 WAVEFORM 中每一个点的 X 坐标,对每一个在 X_VALUES中指定的 X 坐标,应有一个在 Y_VALUES 中指定的 Y 坐标与之对应 词法结构 X_VALUES [reference, double, float, integer, unsigned_integer]+ X_VALUE 的属性在表 169 中指定
m	Y_VALUES	用途 Y_VALUES 指定了 WAVEFORM 中每一个点的 Y 坐标,对每一个在 Y_VALUES中指定的 Y 坐标,应有一个在 X_VALUES 中指定的 X 坐标与之对应 词法结构 Y_VALUES [reference, double, float, integer, unsigned_integer]+ Y_VALUE 的属性在表 169 中指定

表 161（续）

用 法	属 性	描 述
o	NUMBER_OF_POINTS	用途 NUMBER_OF_POINTS 指定了在 X_VALUES 和 Y_VALUES 中的所有有效数据点。默认情况下，在不含 NUMBER_OF_POINTS 属性的 WAVEFORM 中的点数等于 X_VALUES 和 Y_VALUES 的大小 词法结构 NUMBER_OF_POINTS (integcr)〈exp〉

7.29.2.1.2.2 **YT**

用途

YT 属性指定了包含所有点列表的 WAVEFORM，这些点通过 X 坐标的初始值、X 坐标的后续点和 Y 值列表之间的 X 增加值来定义。

词法结构

YT [X_INITIAL，X_INCREMENT，Y_VALUES，NUMBER_OR_POINTS]

YT 的属性在表 162 中指定。

表 162 **YT 属性**

用 法	属 性	描 述
m	X_INITIAL	用途 X_INITIAL 属性指定了 WAVEFORM 中第一个点的 X 坐标 词法结构 X_INITIAL (reference)〈exp〉 X_INITIAL (double)〈exp〉 X_INITIAL (float)〈exp〉 X_INITIAL (integer)〈exp〉 X_INITIAL (unsigned_integer)〈exp〉 引用是对一个 VARIABLE 实例、一个 RECORD 实例的一个成员、一个 VALUE_ARRAE 实例的一个元素或一个 REFERENCE_ARRAY 实例的一个元素的一个引用
m	X_INCREMENT	用途 X_INCREMENT 属性 WAVEFORM 中相邻点之间的 X 坐标差 词法结构 X_INCREMENT (reference)〈exp〉 X_INCREMENT (double)〈exp〉 X_INCREMENT (float)〈exp〉 X_INCREMENT (integer)〈exp〉 X_INCREMENT (unsigned_integer)〈exp〉 引用是对一个 VARIABLE 实例、一个 RECORD 实例的一个成员、一个 VALUE_ARRAE 实例的一个元素或一个 REFERENCE_ARRAY 实例的一个元素的一个引用
m	Y_VALUES	用途 Y_VALUES 属性指定了 WAVEFORM 中每个点的 Y 坐标 词法结构 Y_VALUES [(reference,double,float,integer,unsigned_ineteger)〈exp〉]+ Y_VALUES 的属性在表 169 中指定

表 162（续）

用法	属性	描述
o	NUMBER_OR_POINTS	用途 NUMBER_OF_POINTS 属性指定了在 X_VALUES 和 Y_VALUESH 中的所有有效数据点的数量，缺省情况下，在不含 NUMBER_OF_POINTS 属性的 WAVEFORM 中所有点的数量等于 X_VALUES 和 Y_VALUES 的大小 词法结构 NUMBER_OF_POINTS (integer)〈exp〉

7.29.2.1.2.3 **HORIZONTAL**

用途

HORIZONTAL 属性指定了包含所有水平线的 WAVEFORM。

词法结构

HORIZONTAL Y_VALUES

HORIZONTAL 属性在表 163 中指定。

表 163 **HORIZONTAL 属性**

用法	属性	描述
m	Y_VALUES	用途 Y_VALUES 指定了 WAVEFORM 中每一条水平线的 Y 坐标 词法结构 Y_VALUES [(reference, double, float, integer, unsigned_ineteger)〈exp〉]＋ Y_VALUES 的属性在表 169 中指定

7.29.2.1.2.4 **VERTICAL**

用途

VERTICAL 属性指定了包含所有垂直线的 WAVEFORM。

词法结构

VERTICAL X_VALUES

VERTICAL 的属性在表 164 中指定。

表 164 **VERTICAL 属性**

用法	属性	描述
m	X_VALUES	用途 X_VALUES 指定了 WAVEFORM 中每一条垂直线的 X 坐标 词法结构 X_VALUES [(reference, double, float, integer, unsigned_ineteger)〈exp〉]＋ X_VALUES 的属性在表 169 中指定

7.29.2.2 **EMPHASIS**

用途

EMPHASIS 属性指定了 WAVEFORM 在显示时是否被强调，强调 WAVEFORM 的方式由 EDD 应用程序定义。默认情况下，不含 EMPHASIS 属性的 WAVEFORM 不应被强调。

词法结构

EMPHASIS (FALSE, TRUE)〈exp〉

EMPHASIS 的属性在表 165 中指定。

表 165 EMPHASIS 属性

用 法	属 性	描 述
s	FALSE	指定 WAVEFORM 不应被强调
s	TRUE	指定 WAVEFORM 应被强调

7.29.2.3 **EXIT_ACTIONS**

用途

当 GRAPH 包含的 WAVEFORM 被关闭时，EXIT_ACTIONS 被执行。

所指定的 METHOD 将按它们出现的顺序被执行，如果一个 METHOD 由于意外原因退出，后续 METHOD 就不执行。

词法结构

EXIT_ACTIONS [(reference)〈exp〉]+，DEFINITION

EXIT_ACTIONS 的属性在表 167 中指定。

7.29.2.4 **HANDLING**

用途

HANDLING 属性指定了能在 WAVEFORM 中被运行的操作。默认情况下，不含 HANDLING 的 WAVEFORM 能被读和写。

词法结构

HANDLING (READ, READ_WRITE, WRITE)〈exp〉

HANDLING 的属性在表 166 中指定。

表 166 HANDLING 属性

用 法	属 性	描 述
s	READ	指定 WAVEFORM 是只读的
s	READ_WRITE	指定 WAVEFORM 可以是读和写的
s	WRITE	指定 WAVEFORM 是可写的

7.29.2.5 **INIT_ACTIONS**

用途

在 WAVEFORM 由 GRAPH 第一次显示前，INIT_ACTIONS 被执行。该方法通常用于将来自设备或文件的数据载入 WAVEFORM。

所指定的 METHOD 将按它们出现的顺序被执行，如果一个 METHOD 由于意外原因退出，后续 METHOD 就不执行。此外，如果一个 METHOD 由于意外原因而存在，EDD 应用程序不应提取 WAVEFORM。

词法结构

INIT_ACTIONS [(reference)〈exp〉]+，DEFINITION

INIT_ACTIONS 的属性在表 167 中指定。

表 167 EXIT_ACTIONS、INIT_ACTIONS、REFRESH_ACTIONS 属性

用 法	属 性	描 述
o	reference	是一个对 METHOD 实例的引用
o	DEFINITION	词法结构（见 7.30.1）

7.29.2.6 **KEY_POINTS**

7.29.2.6.1 **通用结构**

用途

KEY_POINTS 属性指定了在 WAVEFORM 中由 EDD 应用程序突出显示的关键点，以何种方式突出显示由 EDD 规范定义。默认情况下，不含 KEY_POINTS 属性的 WAVEFORM 不应突出显示它的任何一个点。

词法结构

KEY_POINTS [X_VALUES, Y_VALUES]

KEY_POINTS 的属性在表 168 中定义。

表 168 KEY_POINTS 属性

用法	属性	描述
m	X_VALUES	指定每一个 KEY_POINTS 的 X 坐标
m	Y_VALUES	指定每一个 KEY_POINTS 的 Y 坐标

7.29.2.6.2 **特殊属性**

7.29.2.6.2.1 **X_VALUES**

用途

X_VALUES 属性指定了将被突出显示的每个点的 X 坐标。对每个在 X_VALUES 中指定的 X 坐标，应有一个在 Y_VALUES 中指定的 Y 坐标于之对应。

词法结构

X_VALUES [reference, double, float, integer, unsigned_ineteger]+

X_VALUES 的属性在表 169 中指定。

表 169 X_VALUES、Y_VALUES 属性

用法	属性	描述
o	reference	是对一个 VARIABLE 实例、一个 RECORD 实例的一个成员、一个 VALUE_ARRAY 实例的一个元素、一个 REFERENCE_ARRAY 实例的一个元素、一个 VALUE_ARRAY 实例或一个 REFERENCE_ARRAY 实例的一个引用
o	double	是一个双精度浮点常数
o	float	是一个单精度浮点常数
o	integer	是一个整型常数
o	unsigned_integer	是一个无符号整型常数

7.29.2.6.2.2 **Y_VALUES**

用途

Y_VALUES 属性指定了将被突出显示的每个点的 Y 坐标。对每个在 Y_VALUES 中指定的 Y 坐标，应有一个在 X_VALUES 中指定的 X 坐标与之对应。

词法结构

Y_VALUES [reference, double, float, integer, unsigned_ineteger]+

Y_VALUES 的属性在表 169 中指定。

7.29.2.7 **LINE_COLOR**

用途

LINE_COLOR 属性指定了应用于显示 WAVEFORM 的颜色。默认情况下，不含 LINE_COLOR 属性的 WAVEFORM 将采用 EDD 应用程序定义的缺省颜色来显示。

词法结构

LINE_COLOR (integer,reference)〈exp〉

颜色通过在级联风格页第 2 级所定义的 RGB 值来指定。

LINE_COLOR 的属性在表 170 中指定。

表 170 LINE_COLOR 属性

用 法	属 性	描 述
s	integer	是将用于显示 WAVEFORM 的颜色
s	reference	是对包含将用于显示 WAVEFORM 的 VARIABLE 实例的引用

7.29.2.8 **LINE_TYPE**

用途

LINE_TYPE 属性指定了包含在 WAVEFORM 中的数据类型。具有相同 LINE_TYPE 属性的每个 WAVEFORM 应以相同的风格被显示(如:线的颜色、线的式样、线的粗细等)。默认情况下,不含 LINE_TYPE 属性的 WAVEFORM 使用 DATA 线型。

词法结构

LINE_TYPE ([DATA, n] *,LOW_LOW_LIMIT, LOW_LIMIT, HIGH_LIMIT, HIGH_HIGH_LIMIT)〈exp〉

LINE_TYPE 的属性在表 171 中指定。

表 171 LINE_TYPE 属性

用 法	属 性	描 述
s	DATA	指定了 WAVEFORM 包含的数据
c	n	是一个从 1 开始增加的整数,如果该值大于 1,则指示了不同的 DATA 线型
s	LOW_LOW_LIMIT	指定了 WAVEFORM 包含的极低限
s	LOW_LIMIT	指定了 WAVEFORM 包含的低限
s	HIGH_LIMIT	指定了 WAVEFORM 包含的高限
s	HIGH_HIGH_LIMIT	指定了 WAVEFORM 包含的极高限
s	TRANSPARENT	指定了仅有 WAVEFORM 的所有数据点是可见的

7.29.2.9 **REFRESH_ACTIONS**

用途

每当正在被显示的 WAVEFORM 中的 GRAPH 的 X_AXIS 或 Y_AXIS 作出任何改变,REFRESH_ACTIONS 被执行。

所指定的 METHOD 将按它们出现的顺序被执行,如果一个 METHOD 由于意外原因退出,后续 METHOD 就不执行。此外,WAVEFORM 的 X_VALUES 和 Y_VALUES 应由 EDD 应用程序保存其最初的值,并且 GRAPH 上的 WAVEFORM 不应被再提取。

词法结构

REFRESH_ACTIONS [(reference)〈exp〉]+,DEFINITION

REFRESH_ACTIONS 的属性在表 167 中指定。

7.29.2.10 **Y_AXIS**

用途

Y_AXIS 指定了 WAVEFORM 的 Y 轴被显示的方法。GRAPH 上的每个 WAVEFORM 共享一个共同的 X_AXIS,但有自己的 Y_AXIS。默认情况下,不含 Y_AXIS 属性的 GRAPH 的 Y 轴显示可以通过 WAVEFORM 中的数据来推断。

词法结构

Y_AXIS (reference)〈exp〉

Y_AXIS 的属性在表 172 中指定。

表 172 Y_AXIS 属性

用法	属性	描述
m	reference	是一个对 AXIS 实例的引用

7.30 共同属性

7.30.1 DEFINITION

用途

DEFINITION 指定了被执行的动作，并且是基于程序编程语言（如 ANSI C），在 DEFINTION 中 METHOD 和内置函数将被调用（见附录 B），在 DEFINITION 内，EDD 基本元素可被采用。

应支持下列项：

- 基本数据类型（见附录 D.5.1）；
- 数组（见附录 D.5.1）；
- 算术运算符（见附录 D.5.1）；
- 语句（见附录 D.5.1）；
- METHOD 和内置函数的调用；
- 带变元的 METHOD（由值调用、由引用调用）。

由值调用是用于传送一个数据的副本给 METHOD，在 METHOD 中副本的变化不会改变原始数据。

由引用调用是用于直接访问数据，改变会影响原始数据。

词法结构

DEFINITION compound-statement

DEFINITION 的属性在表 173 中指定。

表 173 DEFINITION 属性

用法	属性	描述
o	compound-statement	为所支持的程序编程语言指定一个指令块

7.30.2 HELP

用途

HELP 指定了提供结构描述的文本。

注：该文本意味着被 EDD 应用程序用于用户信息。

词法结构

HELP (string)〈exp〉

HELP 的属性在表 174 中指定。

表 174 HELP 属性

用法	属性	描述
m	string	指定用户可读的文本

7.30.3 LABEL

用途

LABEL 指定了元素被显示的指定名

词法结构

LABEL (string)⟨exp⟩

LABEL 的属性在表 175 中指定。

表 175 LABEL 属性

用 法	属 性	描 述
m	string	指定用户可读的文本

7.30.4 MEMBERS

用途

MEMBERS 属性定义了基本结构的成员，每一个成员指定了组内的一项，并由四种属性定义(identifier，reference，description，help)。

词法结构

MEMBERS [(identifier，reference，description，help)⟨exp⟩]+

MEMBERS 的属性在表 176 中指定。

表 176 MEMBERS 属性

用 法	属 性	描 述
m	identifier	指定可被项引用的名称
m	reference	是对 EDD 项的引用，引用的类型依赖于基本结构。 如果 MEMBERS 是 CHART 属性，引用是一个对 SOURCE 实例的引用 如果 MEMBERS 是 COLLECTION 属性，引用是一个对 AXIS、BLOCK_A、BLOCK_B、CHART、COLLECTION、COMMAND、CONNECTION、DOMAIN、EDIT_DISPLAY、FILE、GRAPH、LIST、MENU、METHOD、PROGRAM、RECORD、REFERENCE_ARRAY、REFRESH、RESPONSE_CODES、SOURCE、UNIT、VALUE_ARRAY、VARIABLE、VARIABLE_LIST、WAVEFORM 或 WRITE_AS_ONE 实例的引用。 如果 MEMBERS 是 FILE 或 LIST 属性，引用是一个对 COLLECTION、LIST、RECORD、REFERENCE_ARRAY、VALUE_ARRAY 或 VARIABLE 实例的引用。对于 COLLECTION，COLLECTION 的类型可以是 LIST、RECORD、REFERENCE_ARRAY、VALUE_ARRAY 或 VARIABLE 如果 MENBERS 是 GRAPH 属性，引用是一个对 WAVEFORM 实例的引用 如果 MEMBERS 是 RECORDS 属性，引用是一个对 VARIABLE 实例的引用 如果 MEMBERS 是 SOURCE 属性，引用是一个对 VARIABLE 实例或一个 RECORD 实例的一个成员的引用 如果 MEMBERS 是 VARIABLE_LISTS 属性，引用是一个对 RECORDS、VALUE_ARRAY 或 VARIABLE 实例的引用
o	description	提供该项的简短描述
o	help	为该项提供帮助文档

7.30.5 RESPONSE_CODES

用途

RESPONSE_CODES 指定一个设备将按错误信息返回的值，每一个 VARIABLE、RECORD、VALUE_ARRAY、VARIABLE_LIST、PROGRAM、COMMAND 或 DOMAIN 可以有它们自己的 RESPONSE_CODES 集。

为 RESPONSE_CODES 属性提供了两种语法结构：

引用的 RESPONSE_CODES 包含了对 RESPONSE_CODES 实例的引用

嵌入的 RESPONSE_CODES 允许在元素实例中直接指定 RESPONSE_CODES 元素

引用 RESPONSE_CODES 的语法结构

RESPONSE_CODES (reference)〈exp〉

引用 RESPONSE_CODES 的属性在表 177 中指定。

表 177 RESPONSE_CODES 属性

用 法	属 性	描 述
m	reference	是对 RESPONSE_CODES 实例的引用

嵌入 RESPONSE_CODES 的语法结构

RESPONSE_CODES [(description, integer, [DATA_ENTRY_ERROR, DATA_ENTRY_WARNING, MISC_ERROR, MISC_WARNING, MODE_ERROR, PROCESS_ERROR, SUCCESS], help)〈exp〉]+

嵌入 RESPONSE_CODES 的属性在表 129 中指定。

7.31 输出重定向(OPEN 和 CLOSE)

用途

EDDL 处理器的输出可以被写到输出文件中,OPEN 关键词指示 EDDL 处理器为 EDD 结构创建分离的输出文件,CLOSE 关键词指示 EDD 处理器关闭该文件。试图打开一个已经打开过的输出文件,将产生一个错误。在一个 EDD 中多次打开和关闭相同的输出文件,会导致处理器在文件每次被打开时其内容被完全重写。

- OPEN 关键词以重写方式打开一个输出文件,每次一个 OPEN 关键词被处理,一个输出文件被打开,并且如必要一个输出文件将被创建,除非该文件已经被打开,这种情况下会产生一个错误。全部生成的对象将被写到所有打开的文件中。
- CLOSE 关键词阻止对打开文件的进一步输出,如果一个文件在关闭后又被打开,那么随后的任何对象将重写入该文件。

词法结构

OPEN filename, [(construct)〈exp〉]+

CLOSE filename

属性在表 178 中指定。

表 178 打开和关闭属性

用 法	属 性	描 述
m	filename	是一个提供了文件系统名字的字母或数字字符串
m	construct	被写到分离的输出文件中的结构表

7.32 条件的表达式

用途

条件表达式用于申明替换值或计算一个用于基本元素的属性的值,表达式的值在执行时间期间求取,IF 或 SELECT 条件可被用于激活或失效 MENU 的 ITEM 属性表的引用实例。

可以使用三种条件表达式:

- IF 条件用于指定具有两个可选择定义的属性,IF 条件中指定的表达式被求值,如果结果是非零,属性就由 then 从句指定;否则,属性就由 else 从句指定。
- SELECT 条件用于指定具有多个选择定义的属性,select 表达式被求值并与 CASE 的每个整数 n 比较,如果找到匹配的值,相应的 select 从句就有效,如果没有匹配的整数 n 被找到,就采用随后的 DEFAULT 缺省从句。
- 基本的、一元的、二元表达式(见 7.35),这类条件表达式只能被用于数字值(如:DEFAULT_

VALUE、MIN_VALUE、SLOT、INDEX)。

如,用 IF 或 SELECT 条件可以对 DEFAULT_VALUE、MIN_VALUE 定义多个值。

IF 条件的词法结构

IF (if-expression), (then-clause)+ ELSE (else-clause)+

属性在表 179 中指定。

SELECT 条件的词法结构

SELECT select-expression, (CASE integer_n, select-clause)+, (DEFAULT, default-clause)

属性在表 179 中指定。

表 179 IF、SELECT 条件

用法	属性	描述
m	if-expression	被求值,以确定是 then 子句还是 else 子句被用于定义属性,如果 if 表达式包含对 VARIABLE 实例的引用,被引用的 VARIABLE 值被采用
m	then-clause	是对如果条件值非零时属性的定义,子句结构依赖于正被定义的属性,它也可采取其他条件形式
o	else-clause	是对如果条件值为零时属性的定义,子句结构依赖于正被定义的属性,它也可采取其他条件形式
m	select-expression	被求值,以确定哪个 select 子句被用于定义属性,如果 select 表达式包含一个对 VARIABLE 实例的引用,被引用的 VARIABLE 值被采用
m	integer_n	指定一个按照 CASE 标识的数字,如果整数与整数 n 匹配,相关的 select 子句被采用
m	select-clause	是对每个 CASE 属性的定义和 DEFAULT 定义,每个子句的结构依赖于已被定义的属性,不考虑属性时,每个子句也可采用其他条件形式
m	default-clause	是对 DEFAULT 定义的定义,default 子句的结构依赖于正被定义的属性,不考虑属性时,每个子句也可采用其他条件形式

如果:

- then-clause
- else-clause
- select-clause
- default-clause

包含对 METHOD 实例和内建程序的引用,则被引用的 METHOD 或内建程序的返回值可以在子句内使用。返回值应是类型兼容的。

7.33 引用

7.33.1 引用一个 EDD 实例

用途

在 EDD 中,引用用于参考其他 EDD 项。

如 VARIABLE 的 PRE_EDIT_ACTION 参考在另外 EDD 中所定义的 METHOD 实例。

词法结构

属性在表 180 中指定。

表 180 引用一个 EDD 实例

用法	属性	描述
m	identifier	是一个 EDD 实例的标识

7.33.2 引用 BIT ENUMERATED VARIABLE 的位

用途

该引用用于访问 BIT ENUMERATED VARIABLE 实例的一个位。

词法结构

variable-reference，bit-mask

属性在表 181 中指定。

表 181 引用 VARIABLE 的成员

用法	属性	描述
m	variable-reference	是对 VARIABLE 实例的引用；VARIABLE 实例的类型可以是 BIT NU-MERATED
m	member-identifier	是一个在变量里标示了单个位的位掩码；它是用于在 VARIABLE 里定义位的掩码

7.33.3 引用一个 RECORD 的成员

用途

本引用用于访问 REDORD 实例的成员。

词法结构

record-reference，member-identifier

属性在表 182 中指定。

表 182 引用 RECORD 的成员

用法	属性	描述
m	record-reference	是对 RECORD 实例的引用
m	member-identifier	是 MEMBERS 项的标识

7.33.4 引用一个 VALUE_ARRAY 的元素

用途

本引用被用于访问 VALUE_ARRAY 实例的元素。

词法结构

value-array-reference，expression

属性在表 183 中指定。

表 183 引用 VALUE_ARRAY 的元素

用法	属性	描述
m	value-array-reference	是一个 VALUE_ARRAY 实例的标识
m	expression	是一个表达式，将对在 VALUE_ARRAY 索引范围内的非负整型数求值(表达式的描述见 7.35)

7.33.5 引用一个 COLLECTION 的成员

用途

本引用用于访问 COLLECTION 实例的成员。

词法结构

collection-reference，member-identifier

属性在表 184 中指定。

表 184 引用 COLLECTION 的成员

用 法	属 性	描 述
m	collection-reference	是一个对 COLLECTION 实例的引用
m	member-identifier	是 MEMBERS 项的标识

7.33.6 引用一个 REFERENCE_ARRAY 的元素

用途

本引用用于访问 REFERENCE_ARRAY 实例的元素。

词法结构

reference-array-reference，expression

属性在表 185 中指定。

表 185 引用 REFERENCE_ARRAY 的元素

用 法	属 性	描 述
m	reference-array-reference	是一个对 REFERENCE_ARRAY 实例的引用
m	expression	是一个表达式，将对在 REFERENCE_ARRAY 索引范围内的非负整型数求值(表达式的描述见 7.35)

7.33.7 引用一个 VARIABLE_LISTS 的成员

用途

本引用用于访问 VARIABLE_LISTS 实例的成员。

词法结构

variable-list-reference，member-identifier

属性在表 186 中指定。

表 186 引用 VARIABLE_LISTS 的成员

用 法	属 性	描 述
m	variable-list-reference	是一个对 VARIABLE_LISTS 实例的引用
m	member-identifier	是 MEMBERS 项的标识

7.33.8 引用 BLOCK_A PARAMETERS 的元素

用途

本引用用于访问 BLOCK_A 实例的 PARAMETERS 属性的元素。

词法结构

PARAM，member-identifier

属性在表 187 中指定。

表 187 引用 BLOCK_A PARAMETERS 的成员

用 法	属 性	描 述
m	member-identifier	是 MEMBERS 项的标识

7.33.9 引用 BLOCK_A PARAMETER_LISTS 的元素

用途

本引用用于访问 BLOCK_A 实例的 PARAMETER_LISTS 属性的元素。

词法结构

PARAM_LIST，member-identifier

属性在表 188 中指定。

表 188 引用 BLOCK_A PARAMETER_LISTS 的成员

用法	属性	描述
m	member-identifier	是 MEMBERS 项的标识

7.33.10 引用 BLOCK_A LOCAL_PARAMETERS 的元素

用途

本引用用于访问 BLOCK_A 实例的 LOCAL_PARAMETERS 属性的元素。

词法结构

LOCAL_PARAM，member-identifier

属性在表 189 中指定。

表 189 引用 BLOCK_A LOCAL_PARAMETERS 的成员

用法	属性	描述
m	member-identifier	是 MEMBERS 项的标识

7.33.11 引用 BLOCK_A CHARACTERISTICS

用途

本引用用于访问 BLOCK_A 实例的 CHARACTERISTICS。

词法结构

BLOCK，characteristics-identifier

属性在表 190 中指定。

表 190 引用 BLOCK_A CHARACTERISTICS

用法	属性	描述
m	characteristics-identifier	是 CHARACTERISTIC 引用的标识

7.33.12 引用 FILE 的成员

用途

本引用用于访问 FILE 实例的成员

词法结构

file-reference，member-identifier

属性在表 191 中指定。

表 191 引用 FILE 的成员

用法	属性	描述
m	file-reference	是一个对 FILE 实例的引用
m	member-identifier	是 MEMBERS 项的标识

7.33.13 引用 LIST 的元素

用途

本引用用于访问 LIST 实例的元素。

词法结构

list-reference，(expression，FIRST，LAST)

属性在表 192 中指定。

表 192　引用 LIST 的元素

用　法	属　　性	描　　　　述
m	list-reference	是一个对 LIST 实例的引用
s	expression	是一个表达式，将对在 LIST 索引范围内的非负整型数求值(表达式的描述见 7.35)
s	FIRST	引用 LIST 的第一个元素
s	LAST	引用 LIST 的最后一个元素

7.33.14　引用 CHART 的成员

用途

本引用用于访问 CHART 实例的成员。

词法结构

chart-reference，member-identifier

属性在表 193 中指定。

表 193　引用 CHART 的成员

用　法	属　　性	描　　　　述
m	chart-reference	是一个对 CHART 实例的引用
m	member-identifier	是 MEMBERS 项的标识

7.33.15　引用 GRAPH 的成员

用途

本引用用于访问 GRAPH 实例的成员。

词法结构

graph-reference，member-identifier

属性在表 194 中指定。

表 194　引用 GRAPH 的成员

用　法	属　　性	描　　　　述
m	graph-reference	是一个对 GRAPH 实例的引用
m	member-identifier	是 MEMBERS 项的标识

7.33.16　引用 SOURCE 的成员

用途

本引用用于访问 SOURCE 实例的成员。

词法结构

source-reference，member-identifier

属性在表 195 中指定。

表 195　引用 SOURCE 的成员

用　法	属　　性	描　　　　述
m	source-reference	是一个对 SOURCE 实例的引用
m	member-identifier	是 MEMBERS 项的标识

7.33.17　引用 GRAPH、SOURCE、WAVEFORM 的 AXIS

用途

本引用用于访问 GRAPH、SOURCE 或 WAVEFORM 实例的 AXIS。

词法结构

reference,(X_AXIS, Y_AXIS)

属性在表196中指定。

表 196 引用 GRAPH、SOURCE、WAVEFORM 的 AXIS

用 法	属 性	描 述
m	reference	是一个对GRAPH实例的引用、一个对SOURCE实例的引用或一个对WAVEFORM实例的引用
c/o	X_AXIS	c仅用于GRAPH;Y_AXIS用于所有其他情况
c/o	Y_AXIS	c仅用于SOURCE和WAVEFORM;X_AXIS用于所有其他情况

7.34 字符串

7.34.1 指定一字符串为字符串文字

用途

文本字符串可以被指定为字符串文字(参见A.2.3)。

词法结构

String

属性在表197中指定。

表 197 字符串作为一个字符串文字

用 法	属 性	描 述
m	string	指定一个字符串文字

7.34.2 指定一字符串为字符串变量

用途

被指定为字符串变量的文本字符串是一个字符串变量的值。

语法结构

reference

属性在表198中指定。

表 198 字符串作为字符串变量

用 法	属 性	描 述
m	reference	是一个对VARIABLE实例的引用

7.34.3 指定一字符串为枚举值

用途

枚举值字符串是一个与列举变量值有关的字符串。

语法结构

reference, value

属性在表199中指定。

表 199 字符串作为一个枚举值

用 法	属 性	描 述
m	reference	是一个对TYPE ENUMERATION的VARIABLE实例引用
m	value	是在列举表中描述文本的相应值

例:以下枚举值字符串指定了与变量的值4有关的字符串

units_code: units_code (4)

7.34.4 指定一字符串为字典引用

用途

一个字典引用指向文本字典中的字符串。

词法结构

reference

属性在表200中指定。

表200 字符串作为一个字典引用

用法	属性	描述
m	reference	是对在字典中指定的一个或多个字符串的引用(见7.36)

7.34.5 引用EDD实例的HELP和LABLE属性

用途

得到EDD实例的当前LABEL和HELP字符串,该实例和LABEL或HELP属性都将被引用。

词法结构

reference,[HELP, LABEL]

属性在表201中指定。

表201 引用EDD实例的HELP和LABEL属性

用法	属性	描述
m	reference	是对包含LABEL和/或HELP属性的EDD实例的引用
s	HELP	提供实例的HELP字符串
s	LABEL	提供实例的LABEL字符串

7.34.6 字符串操作

用途

字符串文字、字符串变量、字符串枚举值、字典引用和基本结构的属性值可以相互链接,如果一个术语包含数字数据类型的引用,其值可以通过EDD应用程序转换为字符串。

例如:variable_of_type_string = “Description”

“Electronic”+ “Device”+ variable_of_type_string 等于“Electronic Device Description”。

词法结构

(string)〈exp〉, [(concatenation-operator, string)〈exp〉]+

属性在表202中指定。

表202 字符串操作

用法	属性	描述
m	string	是一个字符串文字、字符串变量、字符串枚举值、字典引用或HELP、LABEL引用
o	concatenation-operator	指定字符串将被链接

7.34.7 提示字符串格式

用途

提示字符串能用于在字符串中内嵌格式项。这些项由一个可选的格式标识和一个VARIABLE ID或一个应用构成。

词法结构

format, (reference, id)

label,(reference,id)

属性在表 203 中指定。

表 203 格式标识

用法	属性	描述
m	format	由 ANSI C(见 GB/T 15272)打印格式字符串组成。如果格式未被指定,使用被引用的 VARIABLE 实例的格式;如果没有格式被指定,则使用基于 VARIABLE 实例的类型的默认格式
m	label	指定 VARIABLE 实例的 LABEL
o/s	reference	指定被引用的 VARIABLE 实例的值或标签
o/s	id	指定 VARIABLE 的项的 ID

7.35 表达式

7.35.1 通用结构

用途

有三种表达式类型

- 基本表达式包括常数、圆括号表达式、VARIABLE 引用、索引元素访问或者对 VARIABLE 实例状态的访问,这些操作都是向左关联的,如,它们是从左到右求值。
- 一元表达式包括对单个操作数求值的全部运算符,这些运算都是向右关联的,如,它们是从右到左求值。
- 二元表达式包括对两个操作数求值的全部运算符,这些运算都是向左关联的,如,它们是从左到右求值。

7.35.2 基本表达式

表 204 汇总了 EDDL 中的基本表达式。

表 204 基本表达式

基本表达式	描述
常数	是一个表达式,其值表示常数值
括号表达式	是一个表达式,其值表示括号内的表达式的值
变量引用	是一个表达式,其值是引用的 VARIABLE 的值
ARRAY_INDEX	是一个表达式,其值是取自引用 VALUE_ARRAY 的索引号
VARIABLE 的属性值	是一个由 VARIABLE 实例的标识和属性组成的引用,该引用支持属性的参照值(见用于返回值的表 205)
CURRENT_ROLE	指定了包含当前角色的字符串常量。CURRENT_ROLE 的值可以被 EDD 应用程序支持,用于字符串常量的值可以由 MUNU 的 ROLE 属性来定义
PI	指定了数学常数 π
AXIS 的属性值	是一个对 AXIS 实例和属性的引用。该引用支持属性的参照值(见用于返回值的表 206)。这些属性除非以别的方式指定,否则是只读的
LIST 的属性值	是一个对 LIST 实例和属性的引用。该引用支持属性的参照值(见用于返回值的表 207)。这些属性除非以别的方式指定,否则是只读的

表 205 VARIABLE 的属性值

属　　性	数据类型	描　　　　述
MIN_VALUE	VARIABLE 实例类型	返回符合 VARIABLE 实例的 MIN_VALUE 值，如果多个 MIN_VALUE 被定义，MIN_VALUE 加范围标识可以被用于引用(见表 141)
MAX_VALUE	VARIABLE 实例类型	返回符合 VARIABLE 实例的 MAX_VALUE 值，如果多个 MAX_VALUE 被定义，MAX_VALUE 加范围标识可以被用于引用(见表 141)
SCALING_FACTOR	双精度型	返回符合 VARIABLE 实例的 SCALING_FACTOR 值
DEFAULT_VALUE	VARIABLE 实例类型	返回符合 VARIABLE 实例的 DEFAULT_VALUE 值
INITIAL_VALUE	VARIABLE 实例类型	返回符合 VARIABLE 实例的 INITIAL_VALUE 值
VARIABLE_STATUS		返回表示了 VARIABLE 状态的值。 下列状态被定义： VARIABLE_STATUS_NONE——指定该值有效且无其他状态。 VARIABLE_STATUS_INVALID——指定该值超出了范围。 VARIABLE_STATUS_NOT_ACCEPTED——指定不能传送该值。 VARIABLE_STATUS_NOT_SUPPORTED——指定不支持该值。 VARIABLE_STATUS_CHANGED——指定该值已被用户或方法改变。 VARIABLE_STATUS_LOADED——指定该值已被成功调用。 VARIABLE_STATUS_INITIAL——指定该值未被修改。 VARIABLE_STATUS_NOT_CONVERTED——指定该值未被转换，如：因为单位之间不一致

表 206 AXIS 属性值

属　　性	数据类型	描　　　　述
MIN_VALUE	算术类型	返回一个与 AXIS 实例的 MIN_VALUE 一致的值
MAX_VALUE	算术类型	返回一个与 AXIS 实例的 MAX_VALUE 一致的值
SCALING	LINEAR 或 LOGARITHMIC	返回一个与 AXIS 实例的 SCALING 一致的值
VIEW_MIN	算术类型	返回一个与 AXIS 实例的 VIEW_MIN 一致的值，VIEW_MIN 可以被读和写
VIEW_MAX	算术类型	返回一个与 AXIS 实例的 VIEW_MAX 一致的值，VIEW_MAX 可以被读和写

表 207 LIST 属性值

属　性	数据类型	描　　　　述
CAPACITY	无符号整型	返回一个与 LIST 实例的 CAPACITY 一致的值
COUNT	无符号整型	返回一个与 LIST 实例的 COUNT 一致的值

7.35.3 一元表达式

一元表达式由操作数、表达式和前置的一元操作符组成。表 208 指定了在 EDDL 中的一元表达式。

表 208 一元表达式

操作符	描述
++	通过对操作数的值加 1 来递增操作数,递增运算符既可作前缀运算符,也可作后缀运算符,前缀和后缀表示法都会引起操作数的递增,区别是前缀表达式在使用操作数的值之前改变了该操作数,而后缀表达式在使用操作数的值之后改变该操作数,因此,它们表达式的结果依据程序的内容有不同的含义
——	通过对操作数的值减 1 来递减操作数,递减运算符既可作前缀运算符,也可作后缀运算符,前缀和后缀表示法都会引起操作数的递减,区别是前缀表达式在使用操作数的值之前改变了该操作数,而后缀表达式在使用操作数的值之后改变该操作数,因此,它们表达式的结果依据程序的内容有不同的含义
—	操作数的算术非
~	操作数按位非,就是说,结果的每一位就是操作数相应位取反,～运算符的操作数应取整型值
!	操作数逻辑非

7.35.4 二元表达式

7.35.4.1 通用结构

一个二元表达式由两个操作数或表达式及一个用于分隔的二元运算符组成。如果任一操作数具有浮点值,另一操作数就被转换成浮点值(推荐)。本子条款指定了下列二元表达式的类型:

- 乘法
- 加法
- 移位
- 关系
- 等式
- 按位 AND(&)
- 按位 XOR(^)
- 按位 OR(|)
- 逻辑 AND(&&)
- 逻辑 OR(||)
- 条件赋值
- 分配

7.35.4.2 乘法运算符

乘法运算符指定了操作数的乘法和除法,表 209 指定了乘法运算符。

表 209 乘法运算符

运算符	描述
*	指定为操作数之间的乘法
/	指定为第 1 个操作数被第 2 个操作数除,/ 运算符的结果是除法的商
%	指定为第 1 个操作数被第 2 个操作数除,% 运算符的结果是余

7.35.4.3 加法运算符

加法运算符指定了数值型操作数的加法和减法,如果该运算符用于数值型操作数,那么结果是两个操作数之和,并且操作是可交换的。如果 + 运算符用于字符串操作数,那么结果是第二个字符串添加到第 1 个字符串所生成的字符串值,并且该操作是不可交换的。

负号运算符表示减法，该操作的结果是操作数之间的差，第 1 个操作数减去第 2 个操作数。表 210 指定了加法运算符。

表 210　加法运算符

操作符	描　　述
+	指定操作数之间的加法
−	指定第 1 个操作数减去第 2 个操作数

7.35.4.4　移位运算符

<< 和 >> 运算符指定了第 1 个操作数按第 2 个操作数所指定的位数进行移位，<< 和 >>运算符的操作数应是整型值。表 211 指定了移位运算符。

表 211　移位运算符

操作符	描　　述
<<	左移第 1 个操作数，移出的位被舍弃，空出的位补零
>>	右移第 1 个操作数，移出的位被舍弃，如果第 1 个操作数小于 0，则空位补 1，否则空位补 0

7.35.4.5　关系运算符

关系运算符(< ，<= ，> ，>=)指定了操作数之间的比较，如果被测试的关系为真，本类型表达式的结果为 1，否则结果为 0。操作数应为数字数据类型。表 212 指定了关系运算符。

表 212　关系运算符

操作符	描　　述
<	对关系“小于”的测试
<=	对关系“小于等于”的测试
>	对关系“大于”的测试
>=	对关系“大于等于”的测试

7.35.4.6　等式运算符

等于运算符有==和！=，如果被测试的关系为真，本类型表达式的结果为 1，否则结果为 0。操作数应是相同的数据类型。表 213 指定了等式运算符。

表 213　等式运算符

操作符	描　　述
==	对关系“等于”的测试
!=	对关系“不等于”的测试

7.35.4.7　按位与运算符(&)

& 运算符指定了整型操作数按位 AND，就是说两个操作数的每一相应位被置位，则结果中的一位被置位。& 运算符的操作数应为整型值。

7.35.4.8　按位异或运算符(^)

^ 运算符指定了整型操作数按位互斥的 OR，就是说，如果两个操作数仅有一个相应位被置位，结果中的一位也被置位。^ 运算符的操作数应为整型值。

7.35.4.9　按位或运算符(|)

| 运算符指定了整型操作数按位相容的 OR，就是说，如果两个操作数的对应位都被置位，结果中的一位才被置位。| 操作符的操作数应为整型值。

7.35.4.10　逻辑与运算符(&&)

&& 运算符指定了整型操作数之间的布尔型 AND 运算，如果两个操作数都不为 0，该表达式的运算结果为1,否则结果为0。如果第1个操作数为0,第2个操作数就不参与运算。

7.35.4.11 逻辑或运算符(||)

|| 操作符指定了整型操作数之间的布尔型 OR 运算,如果任意一个操作数都不为0,该表达式的运算结果为1,否则结果为0。如果第1个操作数不为0,第2个操作数就不参与运算。

7.35.4.12 条件运算

运算符 ? 和 :用于条件运算。

例1

```
result = logexpr ? trueexpr : falseexpr;
```

如果 logexpr 运算结果是非0,则结果是 trueexpr 的值,否则执行 falseexpr。

例2 下列 if-else 结构是对例1的逻辑标示

```
if (logexpr)
  result = trueexpr ;
else
   result = falseexpr ;
```

7.35.4.13 分配

程序编程语言提供了一系列分配运算符,它们都是向右关联的,所有分配运算符都要求一个一元表达式作为它们的左操作数,右操作数可再次作为分配表达式,分配表达式的类型与其左操作数相对应。一个分配操作的值在分配发生后,被存储在左操作数中。

二元 = 运算符表示了一个简单的分配,二元运算符 ＊=,/=,%=,+=,-=,〉〉=,〈〈=,&=,^=,和 |= 表示组合分配表达式。

通用格式的组合分配是按照

expr1 〈operator〉= expr2

等同于表达式

expr1 = expr1 〈operator〉(expr2)

expr2 的数据类型应被转换为 expr1 的数据类型。分配的语法含义在7.35.2、7.35.3和7.35.4中指定。

7.35.4.14 表达式列表

每一个表达式可由一个用逗号分隔的二进制表达式列表组成,用逗号分隔开的两个表达式是从左向右计算,并且左边的表达式被舍弃。结果的类型和值是右边操作数的类型和值。

例1 c-= (a=5, b=3-a, c=b+a, a＊=b+=4+2＊a);

值60、12和-57分别存到变量a、b、c中。

例2 fct(x, (y=8, y＊25.4), z)

有三个变元,第二个的值为203.2,环境中已对逗号给出了特定的意思,如,在一个实际的功能参数列表和初始化列表中,逗号操作符只能在括号内出现,如功能调用。

7.36 文本字典

通用结构

字典是一个可用于 EDD 中的文本字符串集合,字典的文本在 EDD 中被引用,字典可从任何 EDD 去访问,以确保文本字符串的一致性(如:用于 LABEL 和 HELP 属性)。

通常一个公用的文本字典用于一组设备类型,另外,用户特定的字典可以被指定,文本字典支持多语言文本。

词法结构

identifier (language-code,country-code, string)+

属性在表214中指定。

表 214 文本字典属性

用 法	属 性	描 述
m	identifier	用于在 EDD 中引用文本字符串
m	language-code	指定使用的语言和字符串的 ASCII 或多代码表示;语言代码在 ISO 639 中定义
o	country-code	指定所用的语言的国家;国家代码在 ISO 3166 中指定
m	string	指定在相关语言中的文本字符串

除在 ISO 3166 中定义的标准国家代码外,可以使用 ZZ 国家代码指定一个字符串的短文版。字符串的短文版对 EDD 应用程序非常有用,它可以在远程设备有限的屏幕尺寸内运行。

例

write_protected

"Write Protected"

"|de|Schreibgeschützt"

"|fr|Protégé en écriture"

"|it|Protetto in scrittura"

"|es|Protegido contra escritura"

"|en ZZ|Wr Prot"

"|de ZZ|Geschützt"

标识"write_protected"是在 EDD 中被引用的标识,限定词|de|、|fr|、|it|、|es|指定了文本的语言为德语、法语、意大利语、西班牙语,"en ZZ"和"de ZZ"限定词指定了英语和德语字符串的短文版。相同的方法也可以用于提供法语、意大利语和西班牙语的短文版。

附 录 A
（规范性附录）
EDDL 形式定义

A.1 EDDL 预处理器

A.1.1 通用结构

用途

预处理器在编译前生成一个 EDD，预处理器替换 EDD 的文本部分，插入其他文件内容，或者通过部分删除来取消对 EDD 该部分的处理。

结构

所有预处理器指令都以一个无用的符号＃作为一行的第一个字符来开始。为了正确的编排，空格(SPACE 或 TAB 字符)可出现在初始＃的后面。

A.1.2 指令

A.1.2.1 ＃define

用途

＃define 指令对 EDD 中的常量给出了有意义的命名。

结构

＃define identifier token-string

该＃define 指令形式告知预处理器用 token-string 置换所有后续发生的在 EDD 文件中的标识。

注：如果标识在注释、字符串或作为长标识的一部分中出现时，是不被替换的。

＃define identifier

该＃define 指令形式告知预处理器从 EDD 文件中删除所有产生的标识，该标识持续被定义，并可用＃if define 和＃ifdef 指令来测试。

＃define identifier(argument,...,argument)token-string

该＃define 指令形式告知预处理器创建一个功能类似宏。该形式接受一组在括号中出现并用逗号分隔的变元表。

当一个宏已在本语法形式中定义，跟随有一个变元表的后续文本实例就构成一个宏调用。在源文件中，跟随了标识实例的实际变元与宏定义中相应的形式参数相匹配。token-string 中每一个形式参数被相应的实际变元替换。在指令代替形式参数之前，任何实际变元中的宏都是可扩展的。

注 1：表中的每个变元应是唯一的。

注 2：在标识和开始的圆括号之间没有空格分隔。

对于多源命令行的长指令，在 NEWLINE 字符前采用反斜杠(\)。

名字和“(”之间没有空格。

A.1.2.2 ＃include

用途

＃include 指令告诉预处理器处理一个指定文件的内容，就像这些内容已出现在源文件的指令出现点上一样。

结构

＃include“filename”

＃include〈filename〉

读按 filename 命名的文件内容。预处理器处理这些数据就像它是当前文件的一部分一样。

两种语法形式都导致用指定的include文件的全部内容替换那条指令。两种形式的不同之处在于当路径被完整指定后，预处理器搜寻include文件的顺序不同。

注：在最后的"或〉之后，不允许指令行再有附加标记。

A.1.2.3 **#line**

用途

#line指令导致预处理器改变编辑器的内部存储行数和文件名成为所给出的行数和文件名。EDD处理器用这个行数和文件名来查阅在处理过程中发现的错误。行号通常指的是当前输入行，文件名指的是当前输入文件。每一行处理后，行号递增。

结构

#line integer-constant"filename"

整型常数和文件名使得预处理器替换存储在EDD处理器内部的行数成一个指定的行数和文件名。整型常数被解释为下一行的行号，并且在一行处理完后递增。

A.1.2.4 **#if、#elif、#else和#endif**

用途

#if指令带有#elif、#else、和#endif指令，控制一个EDD文件的处理部分。

#if constant-expression

只有常量表达式产生一个非零值时，关于#else、#elif或者#endif指令的后续行才出现在输出中。二元运算符"&&"和"||"在常量表达式中同三元运算符"?:"、一元运算符"-"、"!"和"~"一样是合法的。

另外，定义的一元运算符可用于特殊的常量表达式中，如以下语法所示：

defined(identifier)

defined identifier

如果标识当前已被定义，常变量表达式的值被认为真(非零)；否则该条件为假。一个被定义为空文本的标识也被认为已定义，这个已被定义的指令可在指令#if和#elif中使用，但别的地方不能使用。

#elif constant-expression

一些#elif指令可出现在#if、#ifdef或#ifndef以及与之匹配的#else或#endif指令之间。只有下列所有条件都具备，#elif指令后续的命令行才出现在输出中。

- 前面#if指令中的常量表达式求值为零，前面#ifdef指令中的名字没有定义，或前面#ifndef指令中的名字已被定义。
- 在所有转向#elif指令中的常量表达式求值为零。
- 当前变量表达式求值为非零。

如果常量表达式求值为非零，就忽略后面#elif和#else指令直到相应的#endif。任何在#if指令中所允许的常量表达式，在#elif指令中也被允许。

#else

如果常量表达式的所有结果为假，或没有#elif指令出现，预处理器就选择#else子句后面的文本块。如果#else从句被省略，并且在#if块中的常量表达式的所有实例为假，就没有文本块被选择。

#endif

结束由一条条件指令#if、#ifdef或#ifndef开始的行区域。每条指令都应有一匹配的#endif。

注1：预处理器认可在#define指令体中用于宏的形式参数，即使它们出现外部字符常量和被引用的字符串。常规扫描期间，宏的名字不能在字符常量或引用字符串中被认可。因此#define aaa bbb不能在LABEL"aaa"中扩展aaa。

注2：当处理一个#define或#undef时，宏不能被展开。因此：

#define aaa bbb

＃define ccc aaa

＃undef aaa

ccc

生成 aaa。

注 3：在对另一个宏调用确定实际参数的扫描过程中，宏不能被展开。因此：

＃define turn(aaa，bbb)bbb aaa

＃define ccc ddd

turn(ccc，＃define ccc eee)

生成＃define ddd eee ddd

A.1.2.5 ＃ifdef、＃ifndef 和＃undef

用途

＃ifdef 和＃ifndef 指令控制对一个 EDD 文件的处理部分。当＃ifdef 和＃ifndef 指令被用于已定义标识时，执行与＃if 指令相同的任务。

＃ifdef identifier

只有当标识已被定义，后续行直到匹配的＃else、＃elif 或＃endif 才出现在输出中。标识既可以采用一条＃define 指令来指定，也可以采用在 EDD 之外和在原来没有的情况下插入＃undef 指令来指定。指令行的名字后面不允许有附加的记号。

＃ifndef identifier

只有当名字没有被定义或用一条指令＃undef 删除了它的定义时，后续行直到匹配的＃else，＃elif 或＃endif 才出现在输出中。指令行的名字后面不允许有附加的记号。

＃undef identifier

＃undef 指令使得一个标识的预处理器定义被删除。指令行的名字后面不允许有附加的记号。

A.1.3 预定义宏

A.1.3.1 通用结构

预处理器将接受预定义宏的指定集，这些宏可在 EDD 中的任何地方使用，并用于信息的用途。

这些宏指令不带变元也不能被重定义。

A.1.3.2 预定义宏列表

A.1.3.2.1 __FILE__

用途

__FILE__包含当前 EDD 文件的名字。

结构

__FILE__

__FILE__扩展为一个在双引号标志内的字符串。

A.1.3.2.2 __LINE__

用途

__LINE__包含当前 EDD 文件的行数。

结构

__LINE__

__LINE__是一个十进制整型常数，可用＃line 指令改变。

A.1.4 NEWLINE 字符

NEWLINE 字符终止了一个字符常量或一个被引用字符串，在＃define 语句体中，跟在 NEWLINE 之后的反斜杠(\)被用来延续定义到下一行。

A.1.5 注释

注释是由前斜杠和星号(/＊)组合符号开始，并以星号和斜杠(＊/)组合符号结束的一系列字符串。

注释可包含任何源于可表示字符集的字符组合,包括 NEWLINE 字符。

并且,支持以两个前斜杠(//)引导的单行注释,以两个前斜杠开始的注释用下一个 NEWLINE 字符结束,该换行字符不能在换码符之前。

A.2 约定

A.2.1 整型常量

一个整型常量可被指定为二进制、八进制、十进制、十六进制表示法。表 A.1 指定了对每种类型表示法的约定。

表 A.1 对于整型常数的约定

整型常数类型	约　定
二进制	由 0b 或 0B 引导的二进制数字 0 和 1 的非空序列
八进制	由 0 开始的数字 0 到 7 的非空序列
十进制	不从 0 开始的十进制数字 0 到 9 的非空序列
十六进制	由 0x 或 0X 引导的十六进制数字的非空序列,十六进制的数字有 0～9,字母 a～f(或 A～F)分别表示值 10～15。

A.2.2 浮点常量

词法结构

一个浮点常量有四个部分:

- 整数部分,十进制数字序列。
- 小数点(.)。
- 尾数部分,十进制数字序列。
- 阶数部分,以字母 e 或 E 引导的可能带有符号的十进制数字序列。

规则

下列规则适用于使用浮点常数:

- 要么整数部分要么尾数部分可以被省略,但不能同时都被省略。
- 要么小数点要么阶数部分可以被省略,但不能同时都被省略。

例如:下面是浮点常量的例子:

59.

.87

48.93

4.8e12

代数表达式的计算要用最精确的数据类型。

A.2.3 字符串文字

字符串文字可以是一个在双引号(")中的空字符序列。除了下列字符外,在双引号中的字符可以是 ISO Latin-1(ISO/IEC 8859-1:1998)中的任何字符:

- 双引号(")
- 反斜杠(\)
- 换行

在字符串文字中使用换码序列时,字符串常量可以包含用 ISO Latin-1 字符表示的换码序列。表 A.2 给出了换码序列及其效果。

表 A.2 在字符串文字中使用换码序列

换码代码	结果
'	单引号
"	双引号
|	竖条杠
?	问号
\	反斜杠
\a	报警
\f	换页
\n	换行
\r	回车
\t	水平制表
\v	垂直制表

A.2.4 在字符串常量中使用语言代码

字符串文字可以封装对给定短语的全部解释，语言代码采用 ISO/IEC 8859-1:1998 指定。如果字符串文字不包含对所有语言的解释，缺省语言将被使用。表 A.3 给出了语言代码的例子。

表 A.3 字符串文字中使用的语言代码

语言代码	语言
未分配的代码	缺省语言，如果被请求的语言是没有定义的，就使用它
|cn|	中文
|de|	德语
|en|	英语
|es|	西班牙语
|fr|	法语
|it|	意大利语
|jp|	日语
|kr|	朝鲜语

注意：推荐英语作为缺省语言

例如：下列字符串文字按英语和德语指定了英语短语"Invalid Selection"：

"Invalid Selection"

"|de|Unzulässige Auswahl"

A.3 运算符

表 A.4 包含 EDDL 的运算符。

表 A.4　EDDL 运算符

!	!=	%	%=
&	&&	&=	(
)	*	*=	+
++	+=	,	-
	-=	.	/
/=	:	;	<
<<	<<=	<=	=
==	>	>=	>>
>>=	?	[	]
^	^=	{	|
|=	||	}	~
->			

A.4　关键字

表 A.5 中包含 EDDL 关键字。

表 A.5　EDDL 关键字

EDDL 关键字	EDDL 关键字	EDDL 关键字	EDDL 关键字
!	COMM	HART	PROGRAMS
%	COMMAND	HEADER	PURPOSE
&	COMMANDS	HELP	READ
(	COMPUTATION	HIDDEN	READ_ONLY
)	CONNECTION	IF	READ_TIMEOUT
*	CONNECTIONS	if	RECORD
+	CONSTANT_UNIT	IGNORE_IN_TEMPORARY_MASTER	RECORDS
,	CONTAINED	IMPORT	REDEFINE
-	continue	INDEX	REDEFINE DOMAIN
.	CORRECTABLE	INFO	REDEFINITIONS
/	CORRECTION	INITIAL_VALUE	REFRESH
:	DATA	INPUT	REFRESH_ITEMS
;	DATA_ENTRY_ERROR	int	REFRESHS
<	DATA_ENTRY_WARNING	INTEGER	RELATIONS
=	DATA_EXCHANGE	ITEM_ARRAY	REPLY
>	DATE	ITEM_ARRAY_ITEMS	REQUEST
?	DATE_AND_TIME	ITEM_ARRAYS	RESPONSE_CODES
[	DD_REVISION	ITEMS	Return

表 A.5（续）

<table>
<tr><th>EDDL 关键字</th><th>EDDL 关键字</th><th>EDDL 关键字</th><th>EDDL 关键字</th></tr>
<tr><td>]</td><td>DEFAULT</td><td>LABEL</td><td>REVIEW</td></tr>
<tr><td>^</td><td>default</td><td>LAST</td><td>ROLE</td></tr>
<tr><td>{</td><td>DEFAULT_VALUE</td><td>LIKE</td><td>ROOT</td></tr>
<tr><td>|</td><td>DEFINITION</td><td>LOAD_TO_APPLICATION</td><td>SCALING_FACTOR</td></tr>
<tr><td>}</td><td>DELETE</td><td>LOAD_TO_DEVICE</td><td>SELECT</td></tr>
<tr><td>~</td><td>DELETE DOMAIN</td><td>LOCAL</td><td>SELF</td></tr>
<tr><td>! =</td><td>DETAIL</td><td>LOCAL_DISPLAY</td><td>SELF_CORRECTING</td></tr>
<tr><td>%=</td><td>DEVICE</td><td>long</td><td>SERVICE</td></tr>
<tr><td>&&</td><td>DEVICE_REVISION</td><td>MANUFACTURER</td><td>Short</td></tr>
<tr><td>&=</td><td>DEVICE_TYPE</td><td>MANUFACTURER_EXT</td><td>Signed</td></tr>
<tr><td>*=</td><td>DIAGNOSE</td><td>MAX_VALUE</td><td>SLOT</td></tr>
<tr><td>++</td><td>DIAGNOSTIC</td><td>MEMBERS</td><td>SOFTWARE</td></tr>
<tr><td>+=</td><td>DIALOG</td><td>MENU</td><td>STATE</td></tr>
<tr><td>--</td><td>DIGITAL_INPUT</td><td>MENU_ITEMS</td><td>STYLE</td></tr>
<tr><td>-=</td><td>DIGITAL_OUTPUT</td><td>MENUS</td><td>SUCCESS</td></tr>
<tr><td>-></td><td>DISCRETE_INPUT</td><td>METHOD</td><td>SUMMARY</td></tr>
<tr><td>/=</td><td>DISCRETE_OUTPUT</td><td>METHOD_ITEMS</td><td>Switch</td></tr>
<tr><td><<</td><td>DISPLAY_FORMAT</td><td>METHODS</td><td>TABLE</td></tr>
<tr><td><=</td><td>DISPLAY_ITEMS</td><td>MIN_VALUE</td><td>TIME</td></tr>
<tr><td>==</td><td>DISPLAY_VALUE</td><td>MISC</td><td>TIME_VALUE</td></tr>
<tr><td>>=</td><td>do</td><td>MISC_ERROR</td><td>TRANSACTION</td></tr>
<tr><td>>></td><td>DOMAIN</td><td>MISC_WARNING</td><td>TRANSDUCER</td></tr>
<tr><td>\0</td><td>DOMAINS</td><td>MODE</td><td>TRUE</td></tr>
<tr><td>^=</td><td>DOUBLE</td><td>MODE_ERROR</td><td>TUNE</td></tr>
<tr><td>|=</td><td>double</td><td>MODULE</td><td>TYPE</td></tr>
<tr><td>||</td><td>DURATION</td><td>MORE</td><td>UNCORRECTABLE</td></tr>
<tr><td><<=</td><td>DYNAMIC</td><td>NEXT</td><td>UNIT</td></tr>
<tr><td>>>=</td><td>EDD_PROFILE</td><td>NUMBER</td><td>UNIT_ITEMS</td></tr>
<tr><td>ACCESS</td><td>EDD_REVISION</td><td>NUMBER_OF_ELEMENTS</td><td>UNITS</td></tr>
<tr><td>ADD</td><td>EDD_VERSION</td><td>OBJECT_REFERENCE</td><td>Unsigned</td></tr>
<tr><td>ALARM</td><td>EDIT_DISPLAY</td><td>OCTET</td><td>UNSIGNED_INTEGER</td></tr>
<tr><td>ANALOG_INPUT</td><td>EDIT_DISPLAY_ITEMS</td><td>OF</td><td>VALIDITY</td></tr>
<tr><td>ANALOG_OUTPUT</td><td>EDIT_DISPLAYS</td><td>OFFLINE</td><td>VARIABLE</td></tr>
<tr><td>APPINSTANCE</td><td>EDIT_FORMAT</td><td>ONLINE</td><td>VARIABLE_LIST</td></tr>
</table>

表 A.5（续）

EDDL 关键字	EDDL 关键字	EDDL 关键字	EDDL 关键字
ARGUMENTS	EDIT_ITEMS	OPERATE	VARIABLE_LISTS
ARRAY	ELEMENTS	OPERATION	VARIABLES
ARRAYS	ELSE	OUTPUT	VARIABLE_STATUS
ASCII	else	PACKED_ASCII	VARIABLE_STATUS_NONE
BAD	ENTRY	PARAMETER_LISTS	VARIABLE_STATUS_INVALID
BIT_ENUMERATED	ENUMERATED	PARAMETERS	VARIABLE_STATUS_NOT_ACCEPTED
BITSTRING	EUC	PARENT	VARIABLE_STATUS_NOT_SUPPORTED
BLOCK	EVENT	PASSWORD	VARIABLE_STATUS_CHANGED
BLOCKS	EVERYTHING	PHYSICAL	VARIABLE_STATUS_LOADED
break	FALSE	POST_EDIT_ACTIONS	VARIABLE_STATUS_INITIAL
CASE	FIRST	POST_READ_ACTIONS	VARIABLE_STATUS_NOT_CONVERTED
case	FLOAT	POST_WRITE_ACTIONS	VISIBLE
char	float	PRE_EDIT_ACTIONS	While
CHARACTERISTICS	for	PRE_READ_ACTIONS	WINDOW
CHILD	FREQUENCY_INPUT	PREV	WRITE
CLASS	FREQUENCY_OUTPUT	PRE_WRITE_ACTIONS	WRITE_AS_ONE
COLLECTION	FUNCTION	PROCESS	WRITE_AS_ONE_ITEMS
COLLECTION_ITEMS	HANDLING	PROCESS_ERROR	WRITE_AS_ONES
COLLECTIONS	HARDWARE	PROGRAM	WRITE_TIMEOUT

A.5 终止符

下面的文本包含了被允许的 EDDL 语法结构终止符。

```
DEFINE digit            = {0-9}.
       bin_digit        = {0 1}.
       non_zero_digit   = {1-9'-'}.
       oct_digit        = {0-7}
       hex_digit        = {0-9abcdefABCDEF}.
       letter           = {a-zA-Z}.
       escapes          = {'"? afnrtv'\'}.
       ISOLatin1char    = -{"}.
```

```
/ * Integer * /
(0b|0B)bin_digit +                  / * binary * /
non_zero_digit digit *              / * decimal * /
"0"oct_digit *                      / * octal * /
(0x|0X)hex_digit +                  / * hexadecimal * /

/ * real * /
digit * "."digit + ((E|e){ + \-}? digit + )?

/ * string * /
\"ISOLatin1char * \"

/ * character * /
[WTBZ]´ISOLatin1char\'

/ * Identifier * /
letter(letter|digit|_) *
```

A.6 形式化 EDDL 语法

A.6.1 概要

本附录包含采用了 Backus Naur Form 的 EDDL 形式化语法。

对于有可选择的元素，如果这个元素是强制执行的，那么应该标志为/ * M * /；如果元素是可选择的，那么应标志为/ * O * /。

A.6.2 EDD 标识信息

```
device_description
      = identification definition_list

identification
      = manufacturer','device_type','device_revision','
        DD_revision
      = manufacturer','device_type','device_revision','
        DD_revision','edd_version
      = manufacturer','device_type','device_revision','
        DD_revision','edd_profile
      = manufacturer','device_type','device_revision','
        DD_revision','manufacturer_ext
      = manufacturer','device_type','device_revision','
        DD_revision','edd_version','edd_profile
      = manufacturer','device_type','device_revision','
        DD_revision','edd_version','manufacturer_ext
      = manufacturer','device_type','device_revision','
        DD_revision','edd_profile','manufacturer_ext
      = manufacturer','device_type','device_revision','
```

DD_revision','edd_version','edd_profile','manufacturer_ext

manufacturer
= 'MANUFACTURER'Integer

device_type
= 'DEVICE_TYPE'Integer

device_revision
= 'DEVICE_REVISION'Integer

DD_revision
= 'DD_REVISION'Integer
= 'EDD_REVISION'Integer

edd_version
= 'EDD_VERSION'Integer

edd_profile
= 'EDD_PROFILE'Integer

manufacturer_ext
= 'MANUFACTURER_EXT'string

definition_list
= definition_listR

definition_listR
= definition
= definition_listR definition

definition
= item
= imported_description
= like

item
= axis
= array
= block
= chart
= collection
= command

```
        = connection
        = domain
        = edit_display
        = file
        = graph
        = list
        = item_array
        = menu
        = method
        = program
        = record
        = refresh_relation
        = response_codes_definition
        = source
        = unit_relation
        = variable
        = variable_list
        = waveform
        = wao_relation
```

A.6.3 AXIS

```
axis
        = 'AXIS'Identifier'{'axis_attribute_list'}'
        = 'AXIS'Identifier'{' '}'

axis_attribute_list
        = axis_attribute_listR

axis_attribute_listR
        = axis_attribute
        = axis_attribute_listR axis_attribute

axis_attribute
        = axis_label            /*O*/
        = axis_min_value        /*O*/
        = axis_max_value        /*O*/
        = axis_scaling          /*O*/
        = axis_help             /*O*/
        = constant_unit         /*O*/

axis_min_value
        = minimum_value

axis_max_value
```

```
        = maximum_value

axis_label
        = label

axis_scaling
        = 'SCALING'axis_scaling_specifier

axis_scaling_specifier
        = axis_scaling_keyword';'
        = 'IF' '('expr')' '{'axis_scaling_specifier'}'
        = 'IF' '('expr')' '{'stmt1:axis_scaling_specifier'}'
          'ELSE' '{'stmt2:axis_scaling_specifier'}'
        = 'SELECT' '('expr')' '{'axis_scaling_selection_list'}'

axis_scaling_selection_list
        = axis_scaling_selection_listR

axis_scaling_selection_listR
        = axis_scaling_selection
        = axis_scaling_selection_listR axis_scaling_selection

axis_scaling_selection
        = 'CASE'expr':'axis_scaling_specifier
        = 'DEFAULT' ':'axis_scaling_specifier

axis_scaling_keyword
        = 'LINEAR'
        = 'LOGARITHETIC'

axis_help
        = help
```

A.6.4 BLOCK_A and BLOCK_B

```
block
        = 'BLOCK'Identifier'{'block_attribute_list'}'

block_attribute_list
        = block_attribute_listR
        = block_attribute_list block_attribute

block_attribute
        = block_a_axis_items                              /*O*/
        = block_a_characteristics                         /*M*/
```

```
        = block_a_chart_items                          /*O*/
        = block_a_collection_items                     /*O*/
        = block_a_edit_display_items                   /*O*/
        = block_a_file_items                           /*O*/
        = block_a_graph_items                          /*O*/
        = block_a_grid_items                           /*O*/
        = block_a_image_items                          /*O*/
        = block_a_help                                 /*O*/
        = block_a_item_array_items                     /*O*/
        = block_a_label                                /*M*/
        = block_a_list_items                           /*O*/
        = block_a_local_parameters                     /*O*/
        = block_a_menu_items                           /*O*/
        = block_a_method_items                         /*O*/
        = block_a_parameters                           /*M*/
        = block_a_parameter_lists                      /*O*/
        = block_a_refresh_items                        /*O*/
        = block_a_source_items                         /*O*/
        = block_a_unit_items                           /*O*/
        = block_a_wao_items                            /*O*/
        = block_a_waveform_items                       /*O*/

        = block_b_number                               /*M*/
        = block_b_type                                 /*M*/

block_a_help
        = help

block_a_label
        = label

block_a_characteristics
        = 'CHARACTERISTICS'record_reference';'

block_a_parameters
        = 'PARAMETERS' '{'member_list'}'

member_list
        = member
        = member_list member

block_a_parameter_lists
        = 'PARAMETER_LISTS' '{'member_list'}'
```

```
block_a_menu_items
      = 'MENU_ITEMS' '{'block_a_menu_items_specifier_list'}'

block_a_menu_items_specifier_list
      = block_a_menu_items_specifier
      = block_a_menu_items_specifier_list','block_a_menu_items_specifier

block_a_menu_items_specifier
      = menu_reference

block_a_collection_items
      = 'COLLECTION_ITEMS' '{'collection_items_specifier_list'}'

collection_items_specifier_list
      = collection_items_specifier
      = collection_items_specifier_list','

collection_items_specifier
      = collection_reference

block_a_item_array_items
      = 'ITEM_ARRAY_ITEMS' '{'item_array_items_specifier_list'}'

item_array_items_specifier_list
      = item_array_items_specifier
      = item_array_items_specifier_list','

item_array_items_specifier
      = item_array_reference

block_a_method_items
      = 'METHOD_ITEMS' '{'method_items_specifier_list'}'

method_items_specifier_list
      = method_items_specifier
      = method_items_specifier_list','method_items_specifier

method_items_specifier
      = method_reference

block_a_edit_display_items
      = 'EDIT_DISPLAY_ITEMS' '{'edit_display_items_specifier_list'}'
```

```
edit_display_items_specifier_list
      = edit_display_items_specifier
      = edit_display_items_specifier_list','edit_display_items_specifier

edit_display_items_specifier
      = edit_display_reference

block_a_refresh_items
      = 'REFRESH_ITEMS' '{'refresh_items_specifier_list'}'

refresh_items_specifier_list
      = refresh_items_specifier
      = refresh_items_specifier_list','refresh_items_specifier

refresh_items_specifier
      = refresh_reference

block_a_unit_items
      = 'UNIT_ITEMS' '{'unit_items_specifier_list'}'

unit_items_specifier_list
      = unit_items_specifier
      = unit_items_specifier_list','unit_items_specifier

unit_items_specifier
      = unit_reference

block_a_wao_items
      = 'WRITE_AS_ONE_ITEMS' '{'wao_items_specifier_list'}'

wao_items_specifier_list
      = wao_items_specifier
      = wao_items_specifier_list','wao_items_specifier

wao_items_specifier
      = wao_reference

block_a_axis_items
      = 'AXIS_ITEMS' '{'axis_items_specifier_list'}'

axis_items_specifier_list
      = axis_items_specifier
```

```
        = axis_items_specifier_list','axis_items_specifier

axis_items_specifier
        = axis_reference

block_a_chart_items
        = 'CHART_ITEMS' '{'chart_items_specifier_list'}'

chart_items_specifier_list
        = chart_items_specifier
        = chart_items_specifier_list','chart_items_specifier

chart_items_specifier
        = chart_reference

block_a_chart_items
        = 'CHART_ITEMS' '{'chart_items_specifier_list'}'

chart_items_specifier_list
        = chart_items_specifier
        = chart_items_specifier_list','chart_items_specifier

chart_items_specifier
        = chart_reference

block_a_file_items
        = 'FILE_ITEMS' '{'file_items_specifier_list'}'

file_items_specifier_list
        = file_items_specifier
        = file_items_specifier_list','file_items_specifier

file_items_specifier
        = file_reference

block_a_graph_items
        = 'GRAPH_ITEMS' '{'graph_items_specifier_list'}'

graph_items_specifier_list
        = graph_items_specifier
        = graph_items_specifier_list','graph_items_specifier

graph_items_specifier
```

```
    = graph_reference

block_a_grid_items
    = 'GRID_ITEMS' '{'grid_items_specifier_list'}'

grid_items_specifier_list
    = grid_items_specifier
    = grid_items_specifier_list','grid_items_specifier

grid_items_specifier
    = grid_reference

block_a_image_items
    = 'IMAGE_ITEMS' '{'image_items_specifier_list'}'

image_items_specifier_list
    = image_items_specifier
    = image_items_specifier_list','image_items_specifier

image_items_specifier
    = image_reference

block_a_list_items
    = 'LIST_ITEMS' '{'list_items_specifier_list'}'

list_items_specifier_list
    = list_items_specifier
    = list_items_specifier_list','list_items_specifier

list_items_specifier
    = list_reference

block_a_source_items
    = 'SOURCE_ITEMS' '{'source_items_specifier_list'}'

source_items_specifier_list
    = source_items_specifier
    = source_items_specifier_list','source_items_specifier

source_items_specifier
    = source_reference

block_a_waveform_items
```

```
        = 'WAVEFORM_ITEMS' '{'waveform_items_specifier_list'}'

waveform_items_specifier_list
        = waveform_items_specifier
        = waveform_items_specifier_list','waveform_items_specifier

waveform_items_specifier
        = waveform_reference

block_a_local_parameters
        = 'LOCAL_PARAMETERS' '{'member_list'}'

block_b_number
        = 'NUMBER'expr';'

block_b_type
        = 'TYPE' 'PHYSICAL' ';'
        = 'TYPE' 'TRANSDUCER' ';'
        = 'TYPE' 'FUNCTION' ';'
```

A.6.5 CHART

```
chart
        = 'CHART'Identifier'{'chart_attribute_list'}'

chart_attribute_list
        = chart_attribute_listR

chart_attribute_listR
        = chart_attribute
        = chart_attribute_listR chart_attribute

chart_attribute
        = chart_label                     /*O*/
        = chart_help                      /*O*/
        = chart_members                   /*M*/
        = chart_height                    /*O*/
        = chart_width                     /*O*/
        = chart_type                      /*O*/
        = chart_cycle_time                /*O*/
        = chart_length                    /*O*/

chart_label
        = label
```

```
chart_help
      = help

chart_members
      = members

chart_height
      = 'HEIGHT'display_size_specifier

chart_width
      = 'WIDTH'display_size_specifier

chart_type
      = 'TYPE'chart_type_specifier

chart_type_specifier
      = chart_type_keyword';'
      = 'IF' '('expr')' '{'chart_type_specifier'}'
      = 'IF' '('expr')' '{'stmt1:chart_type_specifier'}'

'ELSE' '{'stmt2:chart_type_specifier'}'
      = 'SELECT' '('expr')' '{'chart_type_selection_list'}'

chart_type_selection_list
      = chart_type_selection_listR

chart_type_selection_listR
      = chart_type_selection
      = chart_type_selection_listR chart_type_selection

chart_type_selection
      = 'CASE'expr':'chart_type_specifier
      = 'DEFAULT' ':'chart_type_specifier

chart_type_keyword
      = 'GAUGE'
      = 'HORIZONTAL_BAR'
      = 'SCOPE'
      = 'STRIP'
      = 'SWEEP'
      = 'VERTICAL_BAR'

chart_cycle_time
```

```
        ='CYCLE_TIME'expr_specifier

chart_length
        ='LENGTH'expr_specifier
```

A.6.6 COLLECTION

```
collection
        ='COLLECTION'Identifier'{'collection_attribute_list'}'
        ='COLLECTION' 'OF'collection_item_type Identifier'{'
          collection_attribute_list'}'

collection_item_type
        =item_type

item_type
        ='ARRAY'
        ='AXIS'
        ='BLOCK'
        ='CHART'
        ='COLLECTION' 'OF'item_type
        ='COMMAND'
        ='CONNECTION'
        ='DOMAIN'
        ='EDIT_DISPLAY'
        ='FILE'
        ='GRAPH'
        ='ITEM_ARRAY' 'OF'item_type
        ='LIST'
        ='MENU'
        ='METHOD'
        ='PROGRAM'
        ='RECORD'
        ='REFRESH'
        ='RESPONSE_CODES'
        ='SOURCE'
        ='UNIT'
        ='VARIABLE'
        ='VARIABLE_LIST'
        ='WAVEFORM'
        ='WRITE_AS_ONE'

collection_attribute_list
        =collection_attribute
        =collection_attribute_list collection_attribute
```

collection_attribute
    = help   /*O*/
    = label   /*O*/
    = members   /*M*/

A.6.7 COMMAND

command
    = 'COMMAND'Identifier'{'command_attribute_list'}'
    = 'COMMAND'Identifier'{' '}'

command_attribute_list
    = command_attribute
    = command_attribute_list command_attribute

command_attribute
    = command_header   /*O*/
    = command_slot   /*O*/
    = command_index   /*O*/
    = command_block   /*O*/
    = command_number   /*O*/
    = command_operation   /*M*/
    = command_transaction   /*M*/
    = command_connection   /*O*/
    = command_module   /*O*/
    = command_response_codes   /*O*/

command_header
    = 'HEADER'header_spezifier

header_specifier:
    = string';'
    = 'IF' '('expr')' '{'header_specifier'}'
    = 'IF' '('expr')' '{'header_specifier'}'
      'ELSE' '{'header_specifier'}'
    = 'SELECT' '('expr')' '{'header_selection_list'}'

header_selection_list
    = header_selection
    = header_selection_list header_selection

header_selection
    = 'CASE'expr':'header_specifier
    = 'DEFAULT' ':'header_specifier

```
command_slot:
    = 'SLOT' slot_specifier

slot_specifier:
    = slot_items ';'
    = 'IF' '(' expr ')' '{' slot_specifier '}'
    = 'IF' '(' expr ')' '{' slot_specifier '}'
      'ELSE' '{' slot_specifier '}'
    = 'SELECT' '(' expr ')' '{' slot_selection_list '}'

slot_items:
    = expr
    = variable_reference

slot_selection_list
    = slot_selection
    = slot_selection_list slot_selection

slot_selection
    = 'CASE' expr ':' slot_specifier
    = 'DEFAULT' ':' slot_specifier

command_index:
    = 'INDEX' index_specifier

index_specifier:
    = index_items ';'
    = 'IF' '(' expr ')' '{' index_specifier '}'
    = 'IF' '(' expr ')' '{' index_specifier '}'
      'ELSE' '{' index_specifier '}'
    = 'SELECT' '(' expr ')' '{' index_selection_list '}'

index_items:
    = expr
    = variable_reference

index_selection_list
    = index_selection
    = index_selection_list index_selection

index_selection
    = 'CASE' expr ':' index_specifier
```

```
    ='DEFAULT' ':'index_specifier

command_block
    ='BLOCK'block_specifier

block_specifier:
    =block_reference';'
    ='IF' '('expr')' '{'block_specifier'}'
    ='IF' '('expr')' '{'block_specifier'}'
     'ELSE' '{'block_specifier'}'
    ='SELECT' '('expr')' '{'block_selection_list'}'

block_selection_list
    =block_selection
    =block_selection_list block_selection

block_selection
    ='CASE'expr':'block_specifier
    ='DEFAULT' ':'block_specifier

command_number
    ='NUMBER'number_specifier

number_specifier:
    =number_items';'
    ='IF' '('expr')' '{'number_specifier'}'
    ='IF' '('expr')' '{'number_specifier'}'
     'ELSE' '{'number_specifier'}'
    ='SELECT' '('expr')' '{'number_selection_list'}'

number_items:
    =Integer
    =variable_reference

number_selection_list
    =number_selection
    =number_selection_list number_selection

number_selection
    ='CASE'expr':'number_specifier
    ='DEFAULT' ':'number_specifier

command_operation
```

```
    ='OPERATION'operation_specifier

operation_specifier
    =operation';'
    ='IF' '('expr')' '{'operation_specifier'}'
    ='IF' '('expr')' '{'operation_specifier'}'
     'ELSE' '{'operation_specifier
    ='SELECT' '('expr')' '{'operation_selection_list'}'

operation_selection_list
    =operation_selection
    =operation_selection_list operation_selection

operation_selection
    ='CASE'expr':'operation_specifier
    ='DEFAULT' ':'operation_specifier

operation
    ='READ'
    ='WRITE'
    ='COMMAND'
    ='DATA_EXCHANGE'
    =string

command_transaction
    ='TRANSACTION' '{'transaction_attribute_list'}'
    ='TRANSACTION'Integer'{'transaction_attribute_list'}'

transaction_attribute_list
    =transaction_attribute
    =transaction_attribute_list transaction_attribute

transaction_attribute
    =request        /*M*/
    =reply          /*M*/
    ='RESPONSE_CODES' '('response_code_reference')'        /*O*/

request
    ='REQUEST' '{'data_items_specifier_list'}'
    ='REQUEST' '{' '}'

reply
    ='REPLY' '{'data_items_specifier_list'}'
```

```
    = 'REPLY' '{' '}'

data_items_specifier_list
    = data_items_specifier
    = data_items_specifier_list data_items_specifier

data_items_specifier
    = data_items_listR

data_items
    = Integer
    = variable_reference
    = variable_reference'<'Integer'>'
    = variable_reference'('data_items_qualifiers')'
    = variable_reference'<'Integer'>' '('data_items_qualifiers')'

data_items_qualifiers
    = data_items_qualifiers_wrap

data_items_qualifiers_wrap
    = data_items_qualifier
    = data_items_qualifiers_wrap','data_items_qualifier

data_items_qualifier
    = 'INDEX'
    = 'INFO'

command_connection
    = 'CONNECTION'connection_specifier

connection_specifier
    = connection_reference';'
    = 'IF' '('expr')' '{'connection_specifier'}'
    = 'IF' '('expr')' '{'connection_specifier'}'
      'ELSE' '{'connection_specifier'}'
    = 'SELECT' '('expr')' '{'connection_selection_list'}'

connection_selection_list
    = connection_selection
    = connection_selection_list connection_selection

connection_selection
    = 'CASE'expr':'connection_specifier
```

```
        = 'DEFAULT' ':'connection_specifier

command_module
        = 'MODULE'module_specifier

module_specifier
        = Identifier';'
        = 'IF' '('expr')' '{'module_specifier'}'
        = 'IF' '('expr')' '{'module_specifier'}'
          'ELSE' '{'module_specifier'}'
        = 'SELECT' '('expr')' '{'module_selection_list'}'

module_selection_list
        = module_selection
        = module_selection_list module_selection

module_selection
        = 'CASE'expr':'module_specifier
        = 'DEFAULT' ':'module_specifier

command_response_codes
        = response_codes
```

A. 6. 8 **CONNECTION**

```
connection
        = 'CONNECTION'Identifier'{'connection_attribute_list'}'

connection_attribute_list
        = connection_attribute
        = connection_attribute_list connection_attribute

connection_attribute
        = appinstance                /*M*/

appinstance
        = 'APPINSTANCE'Integer';'
```

A. 6. 9 **DOMAIN**

```
domain
        = 'DOMAIN'Identifier'{'domain_attribute_list'}'
        = 'DOMAIN'Identifier'{' '}'

domain_attribute_list
        = domain_attribute
        = domain_attribute_list domain_attribute
```

```
domain_attribute
      = handling                    /*O*/
      = response_codes              /*O*/
```

A.6.10 EDIT_DISPLAY

```
edit_display
      = 'EDIT_DISPLAY'Identifier'{'edit_display_attribute_list'}'

edit_display_attribute_list
      = edit_display_attribute
      = edit_display_attribute_list edit_display_attribute

edit_display_attribute
      = display_items                                                /*O*/
      = edit_items                                                   /*M*/
      = label                                                        /*M*/
      = post_edit_actions                                            /*O*/
      = pre_edit_actions                                             /*O*/

edit_items
      = 'EDIT_ITEMS' '{'edit_items_specifier_list'}'

edit_items_specifier_list
      = edit_items_specifier
      = edit_items_specifier_list edit_items_specifier

edit_items_specifier
      = edit_item_list
      = 'IF' '('expr')' '{'edit_items_specifier_list'}'
      = 'IF' '('expr')' '{'stmt1:edit_items_specifier_list'}'
        'ELSE' '{'stmt2:edit_items_specifier_list'}'
      = 'SELECT' '('expr')' '{'edit_items_selection_list'}'

edit_items_selection_list
      = edit_items_selection
      = edit_items_selection_list edit_items_selection

edit_items_selection
      = 'CASE'expr':'edit_items_specifier_list
      = 'DEFAULT' ':'edit_items_specifier_list

edit_item_list
      = edit_item
```

```
    = edit_item_listR','edit_item

edit _item
    = reference_without_call

display_items
    = 'DISPLAY_ITEMS' '{'display_items_specifier_list'}'

display_items_specifier_list
    = display_items_specifier
    = display_items_specifier_listR display_items_specifier

display_items_specifier
    = display_item_list
    = 'IF' '('expr')' '{'display_items_specifier_list'}'
    = 'IF' '('expr')' '{'if:display_items_specifier_list'}'
      'ELSE' '{'else:display_items_specifier_list'}'
    = 'SELECT' '('expr')' '{'display_items_selection_list'}'

display_items_selection_list
    = display_items_selection
    = display_items_selection_list display_items_selection

display_items_selection
    = 'CASE'expr':'display_items_specifier_list
    = 'DEFAULT' ':'display_items_specifier_list

display_item_list
    = display_item
    = display_item_list','display_item

display_item
    = variable_reference
```

A.6.11 FILE

```
file
    = 'FILE'Identifier'{'file_attribute_list'}'

file _attribute_list
    = file_attribute_listR

file _attribute_listR
    = file_attribute
    = file_attribute_listR file_attribute
```

```
file_attribute
        = file_label          /*O*/
        = file_help           /*O*/
        = file_members        /*M*/

file_label
        = label

file_help
        = help

file_members
        = members
```

A.6.12 GRAPH

```
graph
        = 'GRAPH' Identifier '{' graph_attribute_list '}'

graph_attribute_list
        = graph_attribute_listR

graph_attribute_listR
        = graph_attribute
        = graph_attribute_listR graph_attribute

graph_attribute
        = graph_label          /*O*/
        = graph_help           /*O*/
        = graph_members        /*M*/
        = graph_x_axis         /*O*/
        = graph_height         /*O*/
        = graph_width          /*O*/
        = graph_cycle_time     /*O*/

graph_label
        = label

graph_help
        = help

graph_members
        = members
```

```
graph_x_axis
        = 'X_AXIS'axis_specifier

graph_height
        = 'HEIGHT'display_sizc_specifier

graph_width
        = 'WIDTH'display_size_specifier

display_size_specifier
        = display_size_keyword';'
        = 'IF' '('expr')' '{'display_size_specifier'}'
        = 'IF' '('expr')' '{'stmt1:display_size_specifier'}'
          'ELSE' '{'stmt2:display_size_specifier'}'
        = 'SELECT' '('expr')' '{'display_size_selection_list'}'

display_size_selection_list
        = display_size_selection_listR

display_size_selection_listR
        = display_size_selection
        = display_size_selection_listR display_size_selection

display_size_selection
        = 'CASE'expr':'display_size_specifier
        = 'DEFAULT' ':'display_size_specifier

display_size_keyword
        = 'XX_SMALL'
        = 'X_SMALL'
        = 'SMALL'
        = 'MEDIUM'
        = 'XX_LARGE'
        = 'X_LARGE'
        = 'LARGE'

graph_cycle_time
        = 'CYCLE_TIME'expr_specifier
```

A.6.13 GRID

```
grid
        = 'GRID'Identifier'{'grid_attribute_list'}'

grid_attribute_list
```

```
    = grid_attribute_listR

grid _attribute_listR
    = grid_attribute
    = grid_attribute_listR grid_attribute

grid _attribute
    = grid_handling            /*O*/
    = grid_height              /*O*/
    = grid_help                /*O*/
    = grid_label               /*O*/
    = grid_orientation         /*O*/
    = grid_validity            /*O*/
    = grid_vectors             /*M*/
    = grid_width               /*O*/

grid _handling
    = 'HANDLING'handling_specifier

grid _height
    = 'HEIGHT'display_size_specifier

grid _help
    = help

grid _label
    = label

grid _orientation
    = 'ORIENTATION'orientation_specifier';'

orientation_specifier
    = 'HORIZONTAL'
    = 'VERTICAL'

grid _vectors
    = 'VECTORS' '{'vector_specifier_list'}'

vector_specifier_list
    = vector_specifier_listR

vector_specifier_listR
    = vector_specifier
```

```
        = vector_specifier_listR','vector_specifier

vector_specifier
        = vector
        = 'IF' '('expr')' '{'vector_specifier_list'}'
        = 'IF' '('expr')' '{'stmt1:vector_specifier_list'}'
          'ELSE' '{'stmt2:vector_specifier_list'}'
        = 'SELECT' '('expr')' '{'vector_selection_list'}'

vector_selection_list
        = vector_selection
        = vector_selection_list vector_selection

vector_selection
        = 'CASE'expr':'vector_specifier_list
        = 'DEFAULT' ':'vector_specifier_list

vector
        = '{'string','vector_values_list'}'

vector_values_list
        = vector_values_listR

vector_values_listR
        = vector_values
        = vector_values_listR','vector_values

vector_values
        = reference_without_call
        = Integer
        = Real
        = string

grid _width
        = 'WIDTH'display_size_specifier
```

A.6.14 IMAGE

```
image
        = 'IMAGE'Identifier'{'image_attribute_list'}'

image_attribute_list
        = image_attribute_listR

image_attribute_listR
```

```
        = image_attribute
        = image_attribute_listR image_attribute

    image_attribute
        = image_label           /*O*/
        = image_help            /*O*/
        = image_link            /*O*/
        = image_path            /*M*/
        = image_validity        /*O*/

    image_label
        = label

    image_help
        = help

    image_link
        = 'LINK' link_specifier

    link_specifier
        = reference_no_call ';'
        = 'IF' '(' expr ')' '{' link_specifier '}'
        = 'IF' '(' expr ')' '{' stmt1: link_specifier '}'
          'ELSE' '{' stmt2: link_specifier '}'
        = 'SELECT' '(' expr ')' '{' link_selection_list '}'

    link_selection_list
        = link_selection_listR

    link_selection_listR
        = link_selection
        = link_selection_listR link_selection

    link_selection
        = 'CASE' expr ':' link_specifier
        = 'DEFAULT' ':' link_specifier

    image_path
        = 'PATH' string_specifier

    image_validity
        = validity
```

A.6.15 LIST

```
list
    = 'LIST' Identifier '{' list_attribute_list '}'

list_attribute_list
    = list_attribute_listR

list_attribute_listR
    = list_attribute
    = list_attribute_listR list_attribute

list_attribute
    = list_label          /*O*/
    = list_help           /*O*/
    = list_capacity       /*O*/
    = list_count          /*O*/
    = list_type           /*M*/

list_label
    = label

list_help
    = help

list_capacity
    = 'CAPACITY' expr_specifier ';'

list_count
    = 'COUNT' expr_specifier ';'

list_type
    = 'TYPE' list_type_specifier ';'

list_type_specifier
    = reference_without_call
```

A.6.16 IMPORT

```
imported_description
        = 'IMPORT' identification '{' imports '}'
        = 'IMPORT' identification '{' imports redefinitions '}'
        = 'IMPORT' '“' filename '“'
        = 'IMPORT' '〈' filename '〉'
```

```
imports
        = 'EVERYTHING' ';'
        = item_import_list

item_import_list
        = item_import
        = item_import_list item_import

item_import
        = item_import_by_name ';'
        = item_import_by_type ';'

item_import_by_name
        = item_type Identifier
        = Identifier

item_import_by_type
        = import_item_type
        = item_import_by_type '&' import_item_type

import_item_type
      = 'ARRAYS'
      = 'AXES'
      = 'BLOCKS'
      = 'CHARTS'
      = 'COLLECTIONS'
      = 'COMMANDS'
      = 'CONNECTIONS'
      = 'DOMAINS'
      = 'EDIT_DISPLAYS'
      = 'FILES'
      = 'GRAPHS'
      = 'ITEM_ARRAYS'
      = 'LISTS'
      = 'MENUS'
      = 'METHODS'
      = 'PROGRAMS'
      = 'RECORDS'
      = 'REFRESHS'
      = 'RELATIONS'
      = 'RESPONSE_CODES'
      = 'SOURCES'
      = 'UNITS'
      = 'VARIABLES'
```

```
        = 'VARIABLE_LISTS'
        = 'WRITE_AS_ONES'
        = 'WAVEFORMS'

redefinitions
        = 'REDEFINITIONS' '{' redefinition_list '}'

redefinition_list
        = redefinition
        = redefinition_list redefinition

redefinition
        = array_redefinition
        = axis_redefinition
        = block_redefinition
        = chart_redefinition
        = collection_redefinition
        = command_redefinition
        = connection_redefinition
        = domain_redefinition
        = edit_display_redefinition
        = file_definition
        = graph_definition
        = item_array_redefinition
        = list_redefinition
        = menu_redefinition
        = method_redefinition
        = program_redefinition
        = record_redefinition
        = refresh_relation_redefinition
        = response_codes_definition_redefinition
        = source_redefinition
        = unit_relation_redefinition
        = variable_redefinition
        = variable_list_redefinition
        = wao_relation_redefinition
        = waveform_redefinition
```

A.6.17 LIKE

```
like
        = Identifier 'LIKE' Identifier
            '{' attribute_redefinition_list '}'
        = Identifier 'LIKE' 'ARRAY' Identifier
            '{' array_attribute_redefinition_list '}'
```

```
= Identifier 'LIKE' 'BLOCK' Identifier
    '{' block_attribute_redefinition_list '}'
= Identifier 'LIKE' 'COLLECTION' 'OF' item_type Identifier
    '{' collection_attribute_redefinition_list '}'
= Identifier 'LIKE' 'COMMAND' Identifier
    '{' command_attribute_redefinition_list '}'
= Identifier 'LIKE' 'CONNECTION' Identifier
    '{' connection_attribute_redefinition_list '}'
= Identifier 'LIKE' 'DOMAIN' Identifier
    '{' domain_attribute_redefinition_list '}'
= Identifier 'LIKE' 'EDIT_DISPLAY' Identifier
    '{' edit_display_attribute_redefinition_list '}'
= Identifier 'LIKE' 'ITEM_ARRAY' 'OF' item_type
Identifier
    '{' item_array_attribute_redefinition_list '}'
= Identifier 'LIKE' 'MENU' Identifier
    '{' menu_attribute_redefinition_list '}'
= Identifier 'LIKE' 'METHOD' Identifier
    '{' method_attribute_redefinition_list '}'
= Identifier 'LIKE' 'PROGRAM' Identifier
    '{' program_attribute_redefinition_list '}'
= Identifier 'LIKE' 'RECORD' Identifier
    '{' record_attribute_redefinition_list '}'
= Identifier 'LIKE' 'REFRESH' Identifier
    '{' '}'
= Identifier 'LIKE' 'RESPONSE_CODES' Identifier
    '{' response_code_redefinition_list '}'
= Identifier 'LIKE' 'UNIT' Identifier
    '{' '}'
= Identifier 'LIKE' 'VARIABLE' Identifier
    '{' variable_attribute_redefinition_list '}'
= Identifier 'LIKE' 'VARIABLE_LIST' Identifier
    '{' variable_list_attribute_redefinition_list '}'
= Identifier 'LIKE' 'WRITE_AS_ONE' Identifier
    '{' '}'
= Identifier 'LIKE' 'AXIS' Identifier
    '{' '}'
= Identifier 'LIKE' 'CHART' Identifier
    '{' '}'
= Identifier 'LIKE' 'GRAPH' Identifier
    '{' '}'
= Identifier 'LIKE' 'FILE' Identifier
    '{' '}'
```

```
    = Identifier 'LIKE' 'LIST' Identifier
        '{' '}'
    = Identifier 'LIKE' 'SOURCE' Identifier
        '{' '}'
    = Identifier 'LIKE' 'WAVEFORM' Identifier
        '{' '}'

attribute_redefinition_list
    = attribute_redefinition
    = attribute_redefinition_list attribute_redefinition

attribute_redefinition
    = appinstance_redefinition
    = arguments_redefinition
    = array_type_redefinition
    = block_a_characteristics_redefinition
    = block_a_collection_item_redefinition
    = block_a_edit_disp_item_redefinition
    = block_a_item_array_item_redefinition
    = block_a_menu_item_redefinition
    = block_a_method_item_redefinition
    = block_a_parameters_redefinition
    = block_a_parameter_lists_redefinition
    = block_a_refresh_item_redefinition
    = block_a_unit_item_redefinition
    = block_a_wao_item_redefinition
    = block_b_number_redefinition
    = block_b_type_redefinition
    = command_slot_redefinition
    = command_index_redefinition
    = command_block_redefinition
    = command_operation_redefinition
    = command_transaction_redefinition
    = command_connection_redefinition
    = command_module_redefinition
    = display_items_redefinition
    = edit_items_redefinition
    = elements_redefinition
    = handling_redefinition
    = help_redefinition
    = members_redefinition
    = menu_access_redefinition
    = menu_entry_redefinition
```

```
        = menu_items_redefinition
        = menu_purpose_redefinition
        = menu_style_redefinition
        = method_definition_redefinition
        = number_of_elements_redefinition
        = optional_label_redefinition
        = post_edit_actions_redefinition
        = post_read_actions_redefinition
        = post_write_actions_redefinition
        = pre_edit_actions_redefinition
        = pre_read_actions_redefinition
        = pre_write_actions_redefinition
        = read_timeout_redefinition
        = response_code_redefinition
        = response_codes_reference_redefinition
        = type_redefinition
        = validity_redefinition
        = variable_class_redefinition
        = write_timeout_redefinition
```

A.6.18 MENU

```
    menu
        = 'MENU' Identifier '{' menu_attribute_list '}'

    menu_attribute_list
        = menu_attribute
        = menu_attribute_list menu_attribute

    menu_attribute
        = help                                      /*O*/
        = label                                     /*M*/
        = menu_access                               /*O*/
        = menu_entry                                /*O*/
        = menu_items                                /*M*/
        = menu_purpose                              /*O*/
        = menu_role                                 /*O*/
        = menu_style                                /*O*/
        = validity                                  /*O*/
        = pre_edit_actions                          /*O*/
        = pre_read_actions                          /*O*/
        = pre_write_actions                         /*O*/
        = post_edit_actions                         /*O*/
        = post_read_actions                         /*O*/
        = post_write_actions                        /*O*/
```

```
menu_access
    = 'ACCESS' 'ONLINE' ' ;'
    = 'ACCESS' 'OFFLINE' ' ;'

menu_entry
    = 'ENTRY' menu_entry_specifier

menu_entry_specifier
    = menu_entry_item ' ;'
    = 'IF' ' (' expr' )' ' {' menu_entry_specifier ' }'
    = 'IF' ' (' expr' )' ' {' stmt1: menu_entry_specifier ' }'
      'ELSE' ' {' stmt2: menu_entry_specifier ' }'
    = 'SELECT' ' (' expr' )' ' {' menu_entry_selection_list ' }'

menu_entry_selection_list
    = menu_entry_selection
    = menu_entry_selection_list menu_entry_selection

menu_entry_selection
    = 'CASE' expr ' :' menu_entry_specifier
    = 'DEFAULT' ' :' menu_entry_specifier

menu_entry_item
    = 'ROOT'

menu_items
    = 'ITEMS' ' {' ' }'
    = 'ITEMS' ' {' menu_item_specifier_list ' }'

menu_item_specifier_list
    = menu_item_specifier
    = menu_item_specifier_list menu_item_specifier

menu_item_specifier
    = menu_item_list
    = 'IF' ' (' expr' )' ' {' menu_item_specifier_list ' }'
    = 'IF' ' (' expr' )' ' {' stmt1: menu_item_specifier_list ' }'
      'ELSE' ' {' stmt2: menu_item_specifier_list ' }'
    = 'SELECT' ' (' expr' )' ' {' menu_item_selection_list ' }'

menu_item_selection_list
    = menu_item_selection
```

```
    = menu_item_selection_list menu_item_selection

menu_item_selection
    = 'CASE' expr ':' menu_item_specifier_list
    = 'DEFAULT' ':' menu_item_specifier_list

menu_item_list
    = menu_item
    = menu_item_list ',' menu_item

menu_item
    = reference_without_call
    = reference_without_call menu_item_args
    = 'SEPARATOR'
    = 'COLUMNBREAK'
    = 'ROWBREAK'

menu_item_args
    = '(' argument_list ')'
    = '(' 'REVIEW' ')'
    = '(' variable_qualifier_list ')'
    = '(' image_qualifier_list ')'

variable_qualifier_list
    = variable_qualifier
    = variable_qualifier_list ',' variable_qualifier

variable_qualifier
    = 'DISPLAY_VALUE'
    = 'READ_ONLY'
    = 'HIDDEN'
    = 'NO_LABEL'
    = 'NO_UNIT'

image_qualifier_list
    = image_qualifier
    = image_qualifier_list ',' image_qualifier

image_qualifier
    = 'INLINE'

menu_purpose
    = 'PURPOSE' menu_purpose_specifier
```

```
menu_purpose_specifier
    = menu_purpose_list ' ;'
    = 'IF' ' (' expr' )' ' {' menu_purpose_specifier ' }'
    = 'IF' ' (' expr' )' ' {' stmt1: menu_purpose_specifier ' }'
      'ELSE' ' {' stmt2: menu_purpose_specifier ' }'
    = 'SELECT' ' (' expr' )' ' {' menu_purpose_selection_list ' }'

menu_purpose_selection_list
    = menu_purpose_selection
    = menu_purpose_selection_list menu_purpose_selection

menu_purpose_selection
    = 'CASE' expr ' :' menu_purpose_specifier
    = 'DEFAULT' ' :' menu_purpose_specifier

menu_purpose_list
    = menu_purpose_item
    = menu_purpose_list '&' menu_purpose_item

menu_purpose_item
    = 'CATALOG'
    = 'DIAGNOSE'
    = 'LOAD_TO_APPLICATION'
    = 'LOAD_TO_DEVICE'
    = 'MENU'
    = 'PROCESS_VALUE'
    = 'SIMULATION'
    = 'TABLE'
    = string

menu_role
    = 'ROLE' menu_role_specifier

menu_role_specifier
    = menu_role_list ' ;'
    = 'IF' ' (' expr' )' ' {' menu_role_specifier ' }'
    = 'IF' ' (' expr' )' ' {' stmt1: menu_role_specifier ' }'
      'ELSE' ' {' stmt2: menu_role_specifier ' }'
    = 'SELECT' ' (' expr' )' ' {' menu_role_selection_list ' }'

menu_role_selection_list
    = menu_role_selection
```

```
    = menu_role_selection_list menu_role_selection

menu_role_selection
    = 'CASE' expr ':' menu_role_specifier
    = 'DEFAULT' ':' menu_role_specifier

menu_role_list
    = menu_role_item
    = menu_role_list '&' menu_role_item

menu_role_item
    = string

menu_style
    = 'STYLE' menu_style_specifier

menu_style_specifier
    = menu_style_item ';'
    = 'IF' '(' expr ')' '{' menu_style_specifier '}'
    = 'IF' '(' expr ')' '{' stmt1: menu_style_specifier '}'
      'ELSE' '{' stmt2: menu_style_specifier '}'
    = 'SELECT' '(' expr ')' '{' menu_style_selection_list '}'

menu_style_selection_list
    = menu_style_selection
    = menu_style_selection_list menu_style_selection

menu_style_selection
    = 'CASE' expr ':' menu_style_specifier
    = 'DEFAULT' ':' menu_style_specifier

menu_style_item
    = 'DIALOG'
    = 'GROUP'
    = 'MENU'
    = 'PAGE'
    = 'TABLE'
    = 'WINDOW'
    = string
```

A.6.19 METHOD

```
method
    = 'METHOD' Identifier '{' method_attribute_list '}'
    = 'METHOD' Identifier method_parameters '{'method_attribute_list '}'
```

```
method_parameters
        = '(' method_parameter_list ')'

method_parameter_list
        = method_parameter
        = method_parameter_list ',' method_parameter

method_parameter
        = method_parameter_type Identifier
        = method_parameter_type '&' Identifier

method_parameter_type
      = 'char'
      = 'unsigned char'
      = 'int'
      = 'unsigned int'
      = 'long'
      = 'unsigned long'
      = 'float'
      = 'double'
      = 'DD_STRING'
      = 'DD_ITEM'

method_attribute_list
        = method_attribute
        = method_attribute_list method_attribute

method_attribute
        = help                                              /*O */
        = label                                             /*M */
        = method_access                                     /*O */
        = method_definition                                 /*M */
        = method_type                                       /*O */
        = validity                                          /*O */
        = variable_class                                    /*M */

method_access
        = 'ACCESS' 'OFFLINE' ';'
        = 'ACCESS' 'ONLINE' ';'

method_definition
        = 'DEFINITION' c_compound_statement
```

```
method_type
    = 'TYPE' method_return_type

method_return_type
    = 'char'
    = 'unsigned char'
    = 'int'
    = 'unsigned int'
    = 'long'
    = 'unsigned long'
    = 'float'
    = 'double'
    = 'DD_STRING'
```

A.6.20 PROGRAM

```
program
    = 'PROGRAM' Identifier '{' program_attribute_list '}'
    = 'PROGRAM' Identifier '{' '}'

program_attribute_list
    = program_attribute
    = program_attribute_list program_attribute

program_attribute
    = arguments                                          /*0*/
    = response_codes                                     /*0*/

arguments
    = 'ARGUMENTS' '{' '}'
    = 'ARGUMENTS' '{' arguments_specifier_list '}'

arguments_specifier_list
    = arguments_specifier
    = arguments_specifier_list arguments_specifier

arguments_specifier
    = argument_listR
    = 'IF' '(' expr ')' '{' arguments_specifier_list '}'
    = 'IF' '(' expr ')' '{' stmt1: arguments_specifier_list '}'
      'ELSE' '{' stmt2: arguments_specifier_list '}'
    = 'SELECT' '(' expr ')' '{' arguments_selection_list '}'

arguments_selection_list
```

```
        = arguments_selection
        = arguments_selection_list arguments_selection

arguments_selection
        = 'CASE' expr ' :' arguments_specifier_list
        = 'DEFAULT' ' :' arguments_specifier_list

argument_list
        = argument
        = argument_listR ',' argument

argument
        = Integer
        = variable_reference
```

A.6.21 RECORD

```
record
        = 'RECORD' Identifier '{' record_attribute_list '}'

record_attribute_list
        = record_attribute
        = record_attribute_list record_attribute

record_attribute
        = help                                                /*O*/
        = label                                               /*M*/
        = members                                             /*M*/
        = response_codes                                      /*O*/
```

A.6.22 REFERENCE_ARRAY

Reference_Array 有两个可用的关键字，可由行规选择的“ITEM_ARRAY”（第一选项）和“ARRAY”（第二选项）。如果已经采用了 value_array 就不能选择关键字 ARRAY。

注：如果一个 EDD 应用程序支持多个行规，那么将采用关键字 ARRAY 来代替 ITEM_ARRAY，这种情况下，由属性来作语义选择。

```
item_array
        = 'ITEM_ARRAY' 'OF' item_array_attribute_type Identifier '{'
item_array_attribute_list '}'
        = 'ARRAY' 'OF' item_array_attribute_type Identifier '{'
item_array_attribute_list '}'

item_array_attribute_type
        = item_array_type

item_array_type
        = 'ARRAY'
```

```
        = 'BLOCK'
        = 'COLLECTION' 'OF' item_array_type
        = 'COMMAND'
        = 'CONNECTION'
        = 'DOMAIN'
        = 'ITEM_ARRAY' 'OF' item_array_type
        = 'MENU'
        = 'METHOD'
        = 'PROGRAM'
        = 'RECORD'
        = 'REFRESH'
        = 'RESPONSE_CODES'
        = 'UNIT'
        = 'VARIABLE'
        = 'VARIABLE_LIST'
        = 'WRITE_AS_ONE'

item_array_attribute_list
        = item_array_attribute
        = item_array_attribute_list item_array_attribute

item_array_attribute
        = elements                                              /*M */
        = help                                                  /*O */
        = label                                                 /*O */

elements
        = 'ELEMENTS' '{' elements_specifier_list '}'

elements_specifier_list
        = elements_specifier
        = elements_specifier_list elements_specifier

elements_specifier
        = element
        = 'IF' '(' expr ')' '{' elements_specifier_list '}'
        = 'IF' '(' expr ')' '{' elements_specifier_list '}'
          'ELSE' '{' elements_specifier_list '}'
        = 'SELECT' '(' expr ')' '{' elements_selection_list '}'

elements_selection_list
        = elements_selection
        = elements_selection_list elements_selection
```

```
elements_selection
        = 'CASE' expr ':' elements_specifier_list
        = 'DEFAULT' ':' elements_specifier_list

element
        = Integer ',' reference_without_call ';'
        = Integer ',' reference_without_call ',' description_string ';'
        = Integer ',' reference_without_call ',' description_string ',' help_string ';'
```

A.6.23 关系

```
refresh_relation
        = 'REFRESH' Identifier
          '{'refresh_relation_left ':' refresh_relation_right '}'

refresh_relation_left
        = variable_reference_specifier_list

refresh_relation_right
        = variable_reference_specifier_list

unit_relation
        = 'UNIT' Identifier
          '{'unit_relation_left ':' unit_relation_right '}'

unit_relation_left
        = variable_reference_specifier

unit_relation_right
        = variable_reference_specifier_list

wao_relation
        = 'WRITE_AS_ONE' Identifier' {' wao_specifier ' }'

wao_specifier
        = variable_reference_specifier_list

variable_reference_specifier_list
        = variable_reference_specifier
        = variable_reference_specifier_list variable_reference_specifier
        = variable_reference_specifier_list ',' variable_reference_specifier

variable_reference_specifier
        = variable_reference
```

```
    ='IF' '(' expr ')' '{' variable_reference_specifier '}'
    ='IF' '(' expr ')' '{' stmt1: variable_reference_specifier '}'
     'ELSE' '{' stmt2: variable_reference_specifier '}'
    ='SELECT' '(' expr ')' '{' variable_reference_selection_list '}'

variable_reference_selection_list
    =variable_reference_selection
    =variable_reference_selection_list variable_reference_selection

variable_reference_selection
    ='CASE' expr ':' variable_reference_specifier
    ='DEFAULT' ':' variable_reference_specifier

variable_axis_reference_selection_list
    =variable_axis_reference_selection_listR

variable_axis_reference_selection_listR
    =variable_axis_reference_selection
    =variable_axis_reference_selection_listR variable_axis_reference_selection

variable_axis_reference_selection
    ='CASE' expr ':' variable_axis_reference_specifier
    ='DEFAULT' ':' variable_axis_reference_specifier

variable_axis_reference_specifier
    =variable_reference
    =axis_reference
    ='IF' '(' expr ')' '{' variable_axis_reference_specifier '}'
    ='IF' '(' expr ')' '{' stmt1: variable_axis_reference_specifier '}'
     'ELSE' '{' stmt2: variable_axis_reference_specifier '}'
    ='SELECT' '(' expr ')' '{' variable_axis_reference_selection_list '}'
```

A.6.24 RESPONSE_CODES

```
response_codes_definition
    ='RESPONSE_CODES' Identifier '{' response_codes_attribute_list '}'

response_codes_attribute_list
    =response_codes_specifier_list

response_codes_specifier_list
    =response_codes_specifier
    =response_codes_specifier_list response_codes_specifier

response_codes_specifier
```

```
        = response_code
        = 'IF' '(' expr ')' '{' response_codes_specifier_list '}'
        = 'IF' '(' expr ')' '{' stmt1: response_codes_specifier_list '}'
          'ELSE' '{' stmt2: response_codes_specifier_list '}'
        = 'SELECT' '(' expr ')' '{' response_codes_selection_list '}'

response_codes_selection_list
        = response_codes_selection
        = response_codes_selection_list response_codes_selection

response_codes_selection
        = 'CASE' expr ':' response_codes_specifier_list
        = 'DEFAULT' ':' response_codes_specifier_list

response_code
        = Integer ',' response_code_type ',' description_string ';'
        = Integer ',' response_code_type ',' description_string ',' help_string ';'

response_code_type
        = 'SUCCESS'
        = 'MISC_WARNING'
        = 'DATA_ENTRY_WARNING'
        = 'DATA_ENTRY_ERROR'
        = 'MODE_ERROR'
        = 'PROCESS_ERROR'
        = 'MISC_ERROR'
```

A.6.25 SOURCE

```
source
        = 'SOURCE' Identifier '{' source_attribute_list '}'

source_attribute_list
        = source_attribute_listR

source_attribute_listR
        = source_attribute
        = source_attribute_listR source_attribute

source_attribute
        = source_help                                              /*0 */
        = source_label                                             /*0 */
        = source_emphasis                                          /*0 */
        = source_line_color                                        /*0 */
        = source_line_type                                         /*0 */
```

```
    = source_y_axis                                    /*O */
    = source_members                                   /*M */
    = source_init_actions                              /*O */
    = source_refresh_actions                           /*O */
    = source_exit_actions                              /*O */

source_help
    = help

source_label
    = label

source_emphasis
    = 'EMPHASIS' boolean_specifier

source_line_color
    = 'LINE_COLOR' line_color_specifier

source_line_type
    = 'LINE_TYPE' line_type_specifier ';'

source_y_axis
    = 'Y_AXIS' axis_specifier

source_members
    = members

source_init_actions
    = 'INIT_ACTIONS' '{' actions_specifier_list '}'

source_refresh_actions
    = 'REFRESH_ACTIONS' '{' actions_specifier_list '}'

source_exit_actions
    = 'EXIT_ACTIONS' '{' actions_specifier_list '}'
```

A.6.26 VALUE_ARRAY

```
array
    = 'ARRAY' Identifier '{' array_attribute_list '}'

array_attribute_list
    = array_attribute
    = array_attribute_list array_attribute
```

```
array_attribute
        = array_type                                          /*M */
        = array_size                                          /*M */
        = help                                                /*O */
        = label                                               /*M */
        = response_codes                                      /*O */

array_type
        = 'TYPE' Identifier ';'

array_size
        = 'NUMBER_OF_ELEMENTS' Integer ';'
```

A.6.27 VARIABLE

```
variable
        = 'VARIABLE' Identifier '{' variable_attribute_list '}'

variable_attribute_list
        = variable_attribute
        = variable_attribute_list variable_attribute

variable_attribute
        = constant_unit                                       /*O */
        = default_value                                       /*O */
        = handling                                            /*O */
        = help                                                /*O */
        = initial_value                                       /*O */
        = label                                               /*M */
        = post_edit_actions                                   /*O */
        = post_read_actions                                   /*O */
        = post_write_actions                                  /*O */
        = pre_edit_actions                                    /*O */
        = pre_read_actions                                    /*O */
        = pre_write_actions                                   /*O */
        = refresh_actions                                     /*O */
        = read_timeout                                        /*O */
        = response_codes                                      /*O */
        = type                                                /*M */
        = validity                                            /*O */
        = variable_class                                      /*M */
        = variable_style                                      /*O */
        = write_timeout                                       /*O */

variable_class
```

```
        ='CLASS' variable_class_definition ';'

variable_class_definition
        =variable_class_keyword
        =variable_class_definition '&' variable_class_keyword

variable_class_keyword
        ='ALARM'
        ='ANALOG_INPUT'
        ='ANALOG_OUTPUT'
        ='COMPUTATION'
        ='CONTAINED'
        ='CORRECTION'
        ='DEVICE'
        ='DIAGNOSTIC'
        ='DIGITAL_INPUT'
        ='DIGITAL_OUTPUT'
        ='DISCRETE_INPUT'
        ='DISCRETE_OUTPUT'
        ='DYNAMIC'
        ='FREQUENCY_INPUT'
        ='FREQUENCY_OUTPUT'
        ='HART'
        ='INPUT'
        ='LOCAL'
        ='LOCAL_DISPLAY'
        ='OPERATE'
        ='OUTPUT'
        ='SERVICE'
        ='TUNE'

variable_style
        ='STYLE' string ';'

constant_unit
        ='CONSTANT_UNIT' string_specifier

default_value
        ='DEFAULT_VALUE' expr_specifier

handling
        ='HANDLING' handling_specifier
```

```
handling_specifier
        = handling_definition ';'
        = 'IF' '(' expr ')' '{' handling_specifier '}'
        = 'IF' '(' expr ')' '{' stmt1: handling_specifier '}'
          'ELSE' '{' stmt2: handling_specifier '}'
        = 'SELECT' '(' expr ')' '{' handling_selection_list '}'

handling_selection_list
        = handling_selection
        = handling_selection_list handling_selection

handling_selection
        = 'CASE' expr ':' handling_specifier
        = 'DEFAULT' ':' handling_specifier

handling_definition
        = handling_definition_

handling_definition_
        = handling_keyword
        = handling_definition_ '&' handling_keyword

handling_keyword
        = 'READ'
        = 'WRITE'

initial_value
      = 'INITIAL_VALUE' expr ';'

pre_edit_actions
        = 'PRE_EDIT_ACTIONS' '{' actions_specifier_list '}'

post_edit_actions
        = 'POST_EDIT_ACTIONS' '{' actions_specifier_list '}'

pre_read_actions
        = 'PRE_READ_ACTIONS' '{' actions_specifier_list '}'

post_read_actions
        = 'POST_READ_ACTIONS' '{' actions_specifier_list '}'

pre_write_actions
        = 'PRE_WRITE_ACTIONS' '{' actions_specifier_list '}'
```

```
post_write_actions
        = 'POST_WRITE_ACTIONS' '{' actions_specifier_list '}'

actions_specifier_list
        = actions_specifier
        = actions_specifier_list actions_specifier

actions_specifier
        = method_list
        = 'IF' '(' expr ')' '{' actions_specifier_list '}'
        = 'IF' '(' expr ')' '{' stmt1: actions_specifier_list '}'
          'ELSE' '{' stmt2: actions_specifier_list '}'
        = 'SELECT' '(' expr ')' '{' actions_selection_list '}'

actions_selection_list
        = actions_selection
        = actions_selection_list actions_selection

actions_selection
        = 'CASE' expr ':' actions_specifier_list
        = 'DEFAULT' ':' actions_specifier_list

method_list
        = method_specification
        = method_list ',' method_specification

method_specification
        = method_reference
        = method_definition

read_timeout
        = 'READ_TIMEOUT' expr_specifier

write_timeout
        = 'WRITE_TIMEOUT' expr_specifier

expr_specifier
        = expr ';'
        = 'IF' '(' expr ')' '{' expr_specifier '}'
        = 'IF' '(' expr ')' '{' stmt1: expr_specifier '}'
          'ELSE' '{' stmt2: expr_specifier '}'
        = 'SELECT' '(' expr ')' '{' expr_selection_list '}'
```

```
expr_selection_list
        = expr_selection
        = expr_selection_list expr_selection

expr_selection
        = 'CASE' expr ':' expr_specifier
        = 'DEFAULT' ':' expr_specifier

type
        = 'TYPE' type_specifier

type_specifier
        = arithmetic_type
        = enumerated_type
        = index_type
        = string_type
        = date_time_type
        = object_reference

arithmetic_type
        = 'INTEGER' arithmetic_option_size arithmetic_options
        = 'UNSIGNED_INTEGER' arithmetic_option_size arithmetic_options
        = 'DOUBLE' arithmetic_options
        = 'FLOAT' arithmetic_options

arithmetic_option_size
        = '(' Integer ')'

arithmetic_options
        = ';'
        = '{' arithmetic_option_list '}'

arithmetic_option_list
        = arithmetic_option
        = arithmetic_option_list arithmetic_option

arithmetic_option
        = arithmetic_default_value
        = arithmetic_initial_value
        = display_format
        = edit_format
        = enumerator_list
```

```
/
        = maximum_value
        = maximum_value_n
        = minimum_value
        = minimum_value_n
        = scaling_factor

arithmetic_default_value
        = 'DEFAULT_VALUE' expr_specifier

arithmetic_initial_value
        = 'INITIAL_VALUE' expr_specifier

display_format
        = 'DISPLAY_FORMAT' string_specifier

edit_format
        = 'EDIT_FORMAT' string_specifier

scaling_factor
        = 'SCALING_FACTOR' expr_specifier

maximum_value
        = 'MAX_VALUE' expr_specifier

maximum_value_n
        = MAX_VALUE_n expr_specifier

minimum_value
        = 'MIN_VALUE' expr_specifier

minimum_value_n
        = MIN_VALUE_n expr_specifier

enumerated_type
        = 'ENUMERATED' enumerated_option_size '{'enumerated_option_list
          '}'
        = 'BIT_ENUMERATED' enumerated_option_size '{'
          bit_enumerated_option_list '}'

enumerated_option_size
        = '(' Integer ')'

enumerated_option_list
```

```
        = enumerated_option
        = enumerated_option_list enumerated_option

enumerated_option
        = arithmetic_default_value
        = arithmetic_initial_value
        = enumerators_specifier

enumerators_specifier_list
        = enumerators_specifier
        = enumerators_specifier_list enumerators_specifier

enumerators_specifier
        = enumerator_list
        = 'IF' '(' expr ')' '{' enumerators_specifier_list '}'
        = 'IF' '(' expr ')' '{' stmt1: enumerators_specifier_list '}'
          'ELSE' '{' stmt2: enumerators_specifier_list '}'
        = 'SELECT' '(' expr ')' '{' enumerators_selection_list '}'

enumerators_selection_list
        = enumerators_selection
        = enumerators_selection_list enumerators_selection

enumerators_selection
        = 'CASE' expr ':' enumerators_specifier_list
        = 'DEFAULT' ':' enumerators_specifier_list

enumerator_list
        = enumerator
        = enumerator_list ',' enumerator

enumerator
        = '{' enumerator_value ',' description_string '}'
        = '{' enumerator_value ',' description_string ',' help_string '}'

enumerator_value
        = Integer
        = Real
        = string

description_string
        = string
```

```
help_string
        = string

bit_enumerated_option_list
        = bit_enumerated_option
        = bit_enumerated_option_list bit_enumerated_option

bit_enumerated_option
        = arithmetic_default_value
        = arithmetic_initial_value
        = bit_enumerators_specifier

bit_enumerators_specifier_list
        = bit_enumerators_specifier
        = bit_enumerators_specifier_list bit_enumerators_specifier

bit_enumerators_specifier
        = bit_enumerator_list
        = 'IF' '(' expr ')' '{' bit_enumerators_specifier_list '}'
        = 'IF' '(' expr ')' '{' stmt1: bit_enumerators_specifier_list '}'
          'ELSE' '{' stmt2: bit_enumerators_specifier_list '}'
        = 'SELECT' '(' expr ')' '{' bit_enumerators_selection_list '}'

bit_enumerators_selection_list
        = bit_enumerators_selection
        = bit_enumerators_selection_list bit_enumerators_selection

bit_enumerators_selection
        = 'CASE' expr ':' bit_enumerators_specifier_list
        = 'DEFAULT' ':' bit_enumerators_specifier_list

bit_enumerator_list
        = bit_enumerator
        = bit_enumerator_list ',' bit_enumerator

bit_enumerator
        = '{' Integer ',' description_string '}'
        = '{' Integer ',' description_string ','
              help_string '}'
        = '{' Integer ',' description_string ','
              variable_class_definition_wrap '}'
        = '{' Integer ',' description_string ','
              status_class '}'
```

```
= '{' Integer ',' description_string ','
      help_string ',' variable_class_definition_wrap '}'
= '{' Integer ',' description_string ','
      help_string ',' status_class '}'
= '{' Integer ',' description_string ','
      help_string ',' method_reference '}'
= '{' Integer ',' description_string ','
      variable_class_definition_wrap ',' status_class '}'
= '{' Integer ',' description_string ','
      variable_class_definition_wrap ',' method_reference '}'
= '{' Integer ',' description_string ','
      status_class ',' method_reference '}'
= '{' Integer ',' description_string ','
      help_string ',' variable_class_definition_wrap ',' status_class '}'
= '{' Integer ',' description_string ','
      help_string ',' variable_class_definition_wrap ',' method_reference '}'
= '{' Integer ',' description_string ','
      help_string ',' status_class ',' method_reference '}'
= '{' Integer ',' description_string ','
      variable_class_definition_wrap ',' status_class ',' method_reference '}'
= '{' Integer ',' description_string ','
      help_string ',' variable_class_definition_wrap ','
      status_class ',' method_reference '}'

variable_class_definition_wrap
    = variable_class_definition

status_class
    = status_class_definition

status_class_definition
    = status_class_keyword
    = status_class_definition '&' status_class_keyword

status_class_keyword
    = 'HARDWARE'
    = 'SOFTWARE'
    = 'PROCESS'
    = 'MODE'
    = 'DATA'
    = 'MISC'
    = 'EVENT'
    = 'STATE'
```

```
        = 'SELF_CORRECTING'
        = 'CORRECTABLE'
        = 'UNCORRECTABLE'
        = 'SUMMARY'
        = 'DETAIL'
        = 'MORE'
        = 'COMM'
        = 'IGNORE_IN_TEMPORARY_MASTER'
        = 'BAD'

index_type
        = 'INDEX' item_array_reference ';'
        = 'INDEX' '(' Integer ')' item_array_reference ';'

string_type
        = string_option_type string_option_size ';'
        = string_option_type string_option_size '{' '}'
        = string_option_type string_option_size '{' string_option_list '}'

string_option_type
        = string_keyword

string_keyword
        = 'ASCII'
        = 'BITSTRING'
        = 'EUC'
        = 'PACKED_ASCII'
        = 'PASSWORD'
        = 'VISIBLE'
        = 'OCTET'

string_option_size
        = '(' Integer ')'

string_option_list
        = string_option
        = string_option_list string_option

string_option
        = string_default_value
        = string_initial_value
        = enumerator_list
```

```
string_default_value
        = 'DEFAULT_VALUE' string ' ;'

string_initial_value
        = 'INITIAL_VALUE' string ' ;'

date_time_type
        = 'DATE' ' ;'
        = 'DATE' '{' '}'
        = 'DATE' '{' string_option_list '}'
        = 'DATE_AND_TIME' ' ;'
        = 'DATE_AND_TIME' '{' '}'
        = 'DATE_AND_TIME' '{' string_option_list '}'
        = 'DURATION' ' ;'
        = 'DURATION' '{' '}'
        = 'DURATION' '{' string_option_list '}'
        = 'TIME' ' ;'
        = 'TIME' '{' '}'
        = 'TIME' '{' string_option_list '}'
        = 'TIME' '(' Integer ')' ' ;'
        = 'TIME' '(' Integer ')' '{' '}'
        = 'TIME' '(' Integer ')' '{' string_option_list '}'
        = 'TIME_VALUE' ' ;'
        = 'TIME_VALUE' '{' '}'
        = 'TIME_VALUE' '{' string_option_list '}'

object_reference
        = 'OBJECT_REFERENCE' object_reference_value ' ;'

object_reference_value
        = 'ROOT'
        = 'PARENT'
        = 'CHILD'
        = 'SELF'
        = 'NEXT'
        = 'PREV'
        = 'FIRST'
        = 'LAST'
```

A.6.28 VARIABLE_LIST

```
variable_list
      = 'VARIABLE_LIST' Identifier '{' variable_list_attribute_list '}'

variable_list_attribute_list
```

```
        = variable_list_attribute
        = variable_list_attribute_list variable_list_attribute

    variable_list_attribute
        = help              /*O */
        = label             /*O */
        = members           /*M */
        = response_codes    /*O */
```

A.6.29 WAVEFORM

```
    waveform
        = 'WAVEFORM' Identifier '{' waveform_attribute_list '}'

    waveform_attribute_list
        = waveform_attribute_listR

    waveform_attribute_listR
        = waveform_attribute
        = waveform_attribute_listR waveform_attribute

    waveform_attribute
        = waveform_help                 /*O */
        = waveform_label                /*O */
        = waveform_type                 /*M */
        = waveform_handling             /*O */
        = waveform_emphasis             /*O */
        = waveform_exit_actions         /*O */
        = waveform_line_color           /*O */
        = waveform_line_type            /*O */
        = waveform_y_axis               /*O */
        = waveform_init_actions         /*O */
        = waveform_refresh_actions      /*O */
        = waveform_key_points           /*O */

    waveform_help
        = help

    waveform_label
        = label

    waveform_handling
        = handling

    waveform_emphasis
```

```
    = 'EMPHASIS' boolean_specifier

waveform_exit_actions
    = 'EXIT_ACTIONS' '{' actions_specifier_list '}'

waveform_line_color
    = 'LINE_COLOR' line_color_specifier

waveform_line_type
    = 'LINE_TYPE' line_type_specifier

line_color_specifier
    = color ';'
    = 'IF' '(' expr ')' '{' line_color_specifier '}'
    = 'IF' '(' expr ')' '{' line_color_specifier '}'
      'ELSE' '{' line_color_specifier '}'
    = 'SELECT' '(' expr ')' '{' line_color_selection_list '}'

line_color_selection_list
    = line_color_selection_listR

line_color_slection_listR
    = line_color_selection
    = line_color_selection_listR line_color_selection

line_color_selection
    = 'CASE' expr ':' line_color_specifier
    = 'DEFAULT' ':' line_color_specifier

color
    = Integer
    = variable_reference

line_type_specifier
    = line_type_keyword ';'
    = 'IF' '(' expr ')' '{' line_type_specifier '}'
    = 'IF' '(' expr ')' '{' stmt1: line_type_specifier '}'
      'ELSE' '{' stmt2: line_type_specifier '}'
    = 'SELECT' '(' expr ')' '{' line_type_selection_list '}'

line_type_selection_list
    = line_type_selection_listR
```

```
line_type_selection_listR
    = line_type_selection
    = line_type_selection_listR line_type_selection

line_type_selection
    = 'CASE' expr ':' line_type_specifier
    = 'DEFAULT' ':' line_type_specifier

line_type_keyword
    = 'DATA'
    = 'DATA' digit
    = 'LOW_LOW_LIMIT'
    = 'LOW_LIMIT'
    = 'HIGH_LIMIT'
    = 'HIGH_HIGH_LIMIT'
    = 'TRANSPARENT'

waveform_type
    = 'TYPE' waveform_type_specifier

waveform_type_specifier
    = waveform_yt_type
    = waveform_xy_type
    = waveform_horizontal_type
    = waveform_vertical_type

waveform_yt_type
    = 'YT' '{' waveform_yt_type_option_list '}'

waveform_yt_type_option_list
      = waveform_yt_type_option_listR

waveform_yt_type_option_listR
    = waveform_yt_type_option
    = waveform_yt_type_option_listR waveform_yt_type_option

waveform_yt_type_option
    = yt_x_initial              /*M */
    = yt_x_increment            /*M */
    = waveform_y_values         /*M */
    = number_of_points          /*O */

number_of_points
```

```
        = 'NUMBER_OF_POINTS' expr_specifier

yt_x_initial
        = 'X_INITIAL' expr_specifier

yt_x_increment
        = 'X_INCREMENT' expr_specifier

waveform_y_values
        = 'Y_VALUES' '{' values_option_list '}'

waveform_x_values
        = 'X_VALUES' '{' values_option_list '}'

values_option_list
        = values_option_listR

values_option_listR
        = values_option
        = values_option_listR ',' values_option

values_option
        = reference_without_call
        = Integer
        = Real

waveform_xy_type
        = 'XY' '{' waveform_xy_type_option_list '}'

waveform_xy_type_option_list
        = waveform_xy_type_option_listR

waveform_xy_type_option_listR
        = waveform_xy_type_option
        = waveform_xy_type_option_listR waveform_xy_type_option

waveform_xy_type_option
        = waveform_x_values              /* M */
        = waveform_y_values              /* M */
        = number_of_points               /* O */

waveform_horizontal_type
        = 'HORIZONTAL' '{' waveform_y_values '}'
```

```
waveform_vertical_type
    = 'VERTICAL' '{' waveform_x_values '}'

waveform_y_axis
    = 'Y_AXIS' axis_specifier

axis_specifier
    = axis_reference ';'
    = 'IF' '(' expr ')' '{' axis_specifier '}'
    = 'IF' '(' expr ')' '{' stmt1: axis_specifier '}'
        'ELSE' '{' stmt2: axis_specifier '}'
    = 'SELECT' '(' expr ')' '{' axis_selection_list '}'

axis_selection_list
    = axis_selection_listR

axis_selection_listR
    = axis_selection
    = axis_selection_listR axis_selection

axis_selection
    = 'CASE' expr ':' axis_specifier
    = 'DEFAULT' ':' axis_specifier

waveform_init_actions
    = 'INIT_ACTIONS' '{' actions_specifier_list '}'

waveform_refresh_actions
    = 'REFRESH_ACTIONS' '{' actions_specifier_list '}'

waveform_key_points
    = 'KEY_POINTS' '{' key_points_options_list '}'

key_points_options_list
    = key_points_options_listR

key_points_options_listR
    = key_points_options
    = key_points_options_listR key_points_options

key_points_options
    = waveform_x_values          /*M */
```

```
    = waveform_y_values        /*M*/
```

A.6.30 共同属性

```
help
    = 'HELP' string_specifier

label
    = 'LABEL' string_specifier

members
    = 'MEMBERS' '{' members_specifier_list '}'

number_specifier:
    = number_items ';'
    = 'IF' '(' expr ')' '{' number_specifier '}'
    = 'IF' '(' expr ')' '{' number_specifier '}'
      'ELSE' '{' number_specifier '}'
    = 'SELECT' '(' expr ')' '{' number_selection_list '}'

number_items:
    = expr
    = variable_reference

response_codes
    = 'RESPONSE_CODES' '{' response_codes_specifier_list '}'
    = 'RESPONSE_CODES' response_code_reference_specifier

validity
    = 'VALIDITY' boolean_specifier

string_specifier
    = string ';'
    = 'IF' '(' expr ')' '{' string_specifier '}'
    = 'IF' '(' expr ')' '{' string_specifier '}'
      'ELSE' '{' string_specifier '}'
    = 'SELECT' '(' expr ')' '{' string_selection_list '}'

string_selection_list
    = string_selection
    = string_selection_list string_selection

string_selection
    = 'CASE' expr ':' string_specifier
    = 'DEFAULT' ':' string_specifier
```

```
string
    = string_list

string_list
    = string_terminal
    = string_list '+' string_terminal

string_terminal
    = string_literal
    = variable_reference
    = variable_reference '(' Integer ')'
    = dictionary_reference

string_literal
    = String
    = string_literal String

members_specifier_list
    = members_specifier
    = members_specifier_list members_specifier

members_specifier
    = member
    = 'IF' '(' expr ')' '{' members_specifier_list '}'
    = 'IF' '(' expr ')' '{' members_specifier_list '}'
        'ELSE' '{' members_specifier_list '}'
    = 'SELECT' '(' expr ')' '{' members_selection_list '}'

members_selection_list
    = members_selection
    = members_selection_list members_selection

members_selection
    = 'CASE' expr ':' members_specifier_list
    = 'DEFAULT' ':' members_specifier_list

member
    = Identifier ',' reference_without_call ';'
    = Identifier ',' reference_without_call ',' description_string ';'
    = Identifier ',' reference_without_call ',' description_string ',' help_string ';'

response_code_reference_specifier
```

```
    = response_code_reference
    = 'IF' '(' expr ')' '{' response_code_reference_specifier '}'
    = 'IF' '(' expr ')' '{' response_code_reference_specifier
      '}'
      'ELSE' '{' response_code_reference_specifier '}'
    = 'SELECT' '(' expr ')' '{' response_code_reference_selection_list '}'

response_code_reference_selection_list
    = response_code_reference_selection
    = response_code_reference_selection_list
      response_code_reference_selection

response_code_reference_selection
    = 'CASE' expr ':' response_code_reference_specifier
    = 'DEFAULT' ':' response_code_reference_specifier

boolean_specifier
    = boolean ';'
    = 'IF' '(' expr ')' '{' boolean_specifier '}'
    = 'IF' '(' expr ')' '{' boolean_specifier '}'
      'ELSE' '{' boolean_specifier '}'
    = 'SELECT' '(' expr ')' '{' boolean_selection_list '}'

boolean_selection_list
    = boolean_selection
    = boolean_selection_list boolean_selection

boolean_selection
    = 'CASE' expr ':' boolean_specifier
    = 'DEFAULT' ':' boolean_specifier

boolean
    = 'FALSE'
    = 'TRUE'
```

A.6.31 OPEN、CLOSE

```
open
      = 'OPEN' filename

close
      = 'CLOSE' filename

filename
      = Identifier
```

A.6.32 表达式

```
primary_expr
    = reference
    = conditional_expr
    = String
    = 'PI'
    = '(' expr ')'
    = primary_expr_keyword

primary_expr_keyword
    = axis_scaling_keyword

postfix_expr
    = primary_expr
    = postfix_expr '++'
    = postfix_expr '--'

unary_expr
    = postfix_expr
    = '++' unary_expr
    = '--' unary_expr
    = unary_operator unary_expr
    = Identifier '(' ')'
    = Identifier '(' c_argument_expr_list ')'
    = 'CURRENT_ROLE'

unary_operator
    = '+'
    = '-'
    = '~'
    = '!'

multiplicative_expr
    = unary_expr
    = multiplicative_expr '*' unary_expr
    = multiplicative_expr '/' unary_expr
    = multiplicative_expr '%' unary_expr

additive_expr
    = multiplicative_expr
    = additive_expr '+' multiplicative_expr
    = additive_expr '-' multiplicative_expr
```

```
shift_expr
    = additive_expr
    = shift_expr '〈〈' additive_expr
    = shift_expr '〉〉' additive_expr

relational_expr
    = shift_expr
    = relational_expr '〈' shift_expr
    = relational_expr '〉' shift_expr
    = relational_expr '〈=' shift_expr
    = relational_expr '〉=' shift_expr

equality_expr
    = relational_expr
    = equality_expr '==' relational_expr
    = equality_expr '!=' relational_expr

and_expr
    = equality_expr
    = and_expr '&' equality_expr

exclusive_or_expr
    = and_expr
    = exclusive_or_expr '^' and_expr

inclusive_or_expr
    = exclusive_or_expr
    = inclusive_or_expr '|' exclusive_or_expr

logical_and_expr
    = inclusive_or_expr
    = logical_and_expr '&&' inclusive_or_expr

logical_or_expr
    = logical_and_expr
    = logical_or_expr '||' logical_and_expr

conditional_expr
    = logical_or_expr
    = logical_or_expr '?' expr ':' conditional_expr

assignment_expr
    = conditional_expr
```

```
        = unary_expr assignment_operator assignment_expr

    assignment_operator
        = '='
        = '*='
        = '/='
        = '%='
        = '+='
        = '-='
        = '>>='
        = '<<='
        = '&='
        = '^='
        = '|='

    expr
        = assignment_expr
        = expr ',' assignment_expr
```

A.6.33 C-Grammer

```
    c_primary_expr
            = c_char
            = c_dictionary
            = c_identifier
            = c_integer
            = c_real
            = c_string
            = '(' c_expr ')'

    c_char
            = Character

    c_dictionary
            = '[' Identifier ']'

    c_identifier
            = Identifier

    c_integer
            = ExprInteger

    c_real
            = ExprReal
```

```
c_string
        = c_string_literal

c_string_literal
        = string_literal

c_postfix_expr
        = c_primary_expr
        = c_postfix_expr '[' c_expr ']'
        = Identifier '(' ')'
        = Identifier '(' c_argument_expr_list ')'
        = c_postfix_expr '.' Identifier
        = c_postfix_expr '.' selector
        = c_postfix_expr '++'
        = c_postfix_expr '--'

c_argument_expr_list
        = c_assignment_expr
        = c_argument_expr_list ',' c_assignment_expr

c_unary_expr
        = c_postfix_expr
        = '++' c_unary_expr
        = '--' c_unary_expr
        = c_unary_operator c_postfix_expr

c_unary_operator
        = '+'
        = '-'
        = '~'
        = '!'

c_multiplicative_expr
        = c_unary_expr
        = c_multiplicative_expr '*' c_unary_expr
        = c_multiplicative_expr '/' c_unary_expr
        = c_multiplicative_expr '%' c_unary_expr

c_additive_expr
        = c_multiplicative_expr
        = c_additive_expr '+' c_multiplicative_expr
        = c_additive_expr '-' c_multiplicative_expr
```

```
c_shift_expr
        = c_additive_expr
        = c_shift_expr '<<' c_additive_expr
        = c_shift_expr '>>' c_additive_expr

c_relational_expr
        = c_shift_expr
        = c_relational_expr '<' c_shift_expr
        = c_relational_expr '>' c_shift_expr
        = c_relational_expr '<=' c_shift_expr
        = c_relational_expr '>=' c_shift_expr

c_equality_expr
        = c_relational_expr
        = c_equality_expr '==' c_relational_expr
        = c_equality_expr '!=' c_relational_expr

c_and_expr
        = c_equality_expr
        = c_and_expr '&' c_equality_expr

c_exclusive_or_expr
        = c_and_expr
        = c_exclusive_or_expr '^' c_and_expr

c_inclusive_or_expr
        = c_exclusive_or_expr
        = c_inclusive_or_expr '|' c_exclusive_or_expr

c_logical_and_expr
        = c_inclusive_or_expr
        = c_logical_and_expr '&&' c_inclusive_or_expr

c_logical_or_expr
        = c_logical_and_expr
        = c_logical_or_expr '||' c_logical_and_expr

c_conditional_expr
        = c_logical_or_expr
        = c_logical_or_expr '?' c_logical_or_expr ':' c_conditional_expr

c_assignment_expr
        = c_conditional_expr
```

```
    = c_unary_expr c_assignment_operator c_assignment_expr

c_assignment_operator
    = '='
    = '*='
    = '/='
    = '%='
    = '+='
    = '-='
    = '>>='
    = '<<='
    = '&='
    = '^='
    = '|='

c_expr
    = c_assignment_expr
    = c_expr ',' c_assignment_expr

c_constant_expr
    = c_conditional_expr

c_declaration
    = c_declaration_specifiers c_declarator_list ';'

c_declaration_specifiers
    = c_type_specifier
    = c_type_specifier c_declaration_specifiers

c_type_specifier
    = 'char'
    = 'short'
    = 'int'
    = 'long'
    = 'signed'
    = 'unsigned'
    = 'float'
    = 'double'
    = 'DD_STRING'

c_declarator_list
    = c_declarator
    = c_declarator_list ',' c_declarator
```

```
c_declarator
        = Identifier
        = Identifier c_declarator_array_specifier_list

c_declarator_array_specifier_list
        = c_declarator_array_specifier
        = c_declarator_array_specifier c_declarator_array_specifier_list

c_declarator_array_specifier
        = '[' ']'
        = '[' c_constant_expr ']'

c_statement
        = c_labeled_statement
        = c_compound_statement
        = c_expr_statement
        = c_selection_statement
        = c_iteration_statement
        = c_jump_statement

c_labeled_statement
        = 'case' c_constant_expr ':' c_statement
        = 'default' ':' c_statement

c_compound_statement
        = '{' '}'
        = '{' c_statement_list '}'
        = '{' c_declaration_list '}'
        = '{' c_declaration_list c_statement_list '}'

c_declaration_list
        = c_declaration
        = c_declaration_list c_declaration

c_statement_list
        = c_statement
        = c_statement_list c_statement

c_expr_statement
        = ';'
        = c_expr ';'
```

```
c_selection_statement
    ='if' '(' c_expr ')' if_stmt: c_statement
    ='if' '(' c_expr ')' if_stmt: c_statement 'else' c_statement:
    ='switch' '(' c_expr ')' c_statement

c_iteration_statement
    ='do' c_statement 'while' '(' c_expr ')' ';'
    ='while' '(' c_expr ')' c_statement
    ='for' '(' ';' ';' ')'
      c_statement
    ='for' '(' ';' ';' expr: c_expr ')'
      c_statement
    ='for' '(' ';' while: c_expr ';' ')'
      c_statement
    ='for' '(' ';' while: c_expr ';' expr: c_expr ')'
      c_statement
    ='for' '(' start: c_expr ';' ';' ')'
      c_statement
    ='for' '(' start: c_expr ';' ';' expr: c_expr ')'
      c_statement
    ='for' '(' start: c_expr ';' while: c_expr ';' ')'
      c_statement
    ='for' '(' start: c_expr ';' while: c_expr ';' expr: c_expr ')'
      c_statement

c_jump_statement
    ='continue' ';'
    ='break' ';'
    ='return' ';'
    ='return' c_expr ';'
```

A.6.34 重定义

```
array_redefinition
    ='DELETE' 'ARRAY' Identifier ';'
    ='REDEFINE' 'ARRAY' Identifier '{' array_attribute_list '}'
    ='ARRAY' Identifier '{' array_attribute_redefinition_list '}'

array_attribute_redefinition_list
    =array_attribute_redefinition
    =array_attribute_redefinition_list array_attribute_redefinition

array_attribute_redefinition
    =array_type_redefinition
    =array_size_redefinition
```

```
    = help_redefinition
    = required_label_redefinition
    = response_codes_reference_redefinition

array_type_redefinition
    = 'REDEFINE' array_type

array_size_redefinition
    = 'REDEFINE' array_size

axis_redefinition
    = 'DELETE' 'AXIS' Identifier ';'
    = 'REDEFINE' 'AXIS' Identifier '{' '}'
    = 'REDEFINE' 'AXIS' Identifier '{' axis_attribute_list '}'
    = 'AXIS' Identifier '{' axis_attribute_redefinition_list '}'

axis_attribute_redefinition_list
    = axis_attribute_redefinition
    = axis_attribute_redefinition_list axis_attribute_redefinition

axis_attribute_redefinition
    = optional_label_redefinition
    = minimum_value_redefinition
    = maximum_value_redefinition
    = axis_scaling_redefinition
    = help_redefinition
    = constant_unit_redefinition

axis_scaling__redefinition
    = 'DELETE' 'SCALING' ';'
    = 'REDEFINE' axis_scaling

block_redefinition
    = 'DELETE' 'BLOCK' Identifier ';'
    = 'REDEFINE' 'BLOCK' Identifier '{' '}'
    = 'REDEFINE' 'BLOCK' Identifier '{' block_attribute_list '}'
    = 'BLOCK' Identifier '{' block_attribute_redefinition_list '}'

block_attribute_redefinition_list
    = block_attribute_redefinition
    = block_attribute_redefinition_list block_attribute_redefinition

block_attribute_redefinition
```

```
        = block_a_axis_items_redefinition
        = block_a_characteristics_redefinition
        = block_a_chart_items_redefinition
        = block_a_collection_items_redefinition
        = block_a_edit_display_items_redefinition
        = block_a_file_items_redefinition
        = block_a_graph_items_redefinition
        = block_a_grid_items_redefinition
        = block_a_help_redefinition
        = block_a_image_items_redefinition
        = block_a_item_array_items_redefinition
        = block_a_label_redefinition
        = block_a_local_parameters_redefinition
        = block_a_list_items_redefinition
        = block_a_menu_items_redefinition
        = block_a_method_items_redefinition
        = block_a_parameters_redefinition
        = block_a_parameter_lists_redefinition
        = block_a_refresh_items_redefinition
        = block_a_source_items_redefinition
        = block_a_unit_items_redefinition
        = block_a_wao_items_redefinition
        = block_a_waveform_items_redefinition
        = block_b_number_redefinition
        = block_b_type_redefinition

block_a_axis_items_redefinition
        = 'DELETE' 'AXIS_ITEMS' ';'
        = 'REDEFINE' block_a_axis_items

block_a_characteristics_redefinition
        = 'REDEFINE' block_a_characteristics

block_a_chart_items_redefinition
        = 'DELETE' 'CHART_ITEMS' ';'
        = 'REDEFINE' block_a_chart_items

block_a_collection_items_redefinition
        = 'DELETE' 'COLLECTION_ITEMS' ';'
        = 'REDEFINE' block_a_collection_items

block_a_edit_display_items_redefinition
        = 'DELETE' 'EDIT_DISPLAY_ITEMS' ';'
```

```
        = 'REDEFINE' block_a_edit_display_items

block_a_file_items_redefinition
        = 'DELETE' 'FILE_ITEMS' ';'
        = 'REDEFINE' block_a_file_items

block_a_graph_items_redefinition
        = 'DELETE' 'GRAPH_ITEMS' ';'
        = 'REDEFINE' block_a_graph_items

block_a_grid_items_redefinition
        = 'DELETE' 'GRID_ITEMS' ';'
        = 'REDEFINE' block_a_grid_items

block_a_help_redefinition
        = help_redefinition

block_a_image_items_redefinition
        = 'DELETE' 'IMAGE_ITEMS' ';'
        = 'REDEFINE' block_a_image_items

block_a_item_array_items_redefinition
        = 'DELETE' 'ITEM_ARRAY_ITEMS' ';'
        = 'REDEFINE' block_a_item_array_items

block_a_label_redefinition
        = required_label_redefinition

block_a_list_items_redefinition
        = 'DELETE' 'LIST_ITEMS' ';'
        = 'REDEFINE' block_a_list_items

block_a_local_parameters_redefinition
        = 'LOCAL_PARAMETERS' '{' parameter_redefinition_list '}'

block_a_menu_items_redefinition
        = 'DELETE' 'MENU_ITEMS' ';'
        = 'REDEFINE' block_a_menu_items

block_a_method_items_redefinition
        = 'DELETE' 'METHOD_ITEMS' ';'
        = 'REDEFINE' block_a_method_items
```

```
block_a_parameters_redefinition
    = 'PARAMETERS' '{' parameter_redefinition_list '}'

parameter_redefinition_list
    = parameter_redefinition
    = parameter_redefinition_list parameter_redefinition

parameter_redefinition
    = 'REDEFINE' member
    = 'ADD' member

block_a_parameter_lists_redefinition
    = 'PARAMETER_LISTS' '{' parameter_redefinition_list '}'

block_a_refresh_items_redefinition
    = 'DELETE' 'REFRESH_ITEMS' ';'
    = 'REDEFINE' block_a_refresh_items

block_a_source_items_redefinition
    = 'DELETE' 'SOURCE_ITEMS' ';'
    = 'REDEFINE' block_a_source_items

block_a_unit_items_redefinition
    = 'DELETE' 'UNIT_ITEMS' ';'
    = 'REDEFINE' block_a_unit_items

block_a_wao_items_redefinition
    = 'DELETE' 'WRITE_AS_ONE_ITEMS' ';'
    = 'REDEFINE' block_a_wao_items

block_a_waveform_items_redefinition
    = 'DELETE' 'WAVEFORM_ITEMS' ';'
    = 'REDEFINE' block_a_waveform_items

block_b_type_redefinition
    = 'REDEFINE' block_b_type

block_b_number_redefinition
    = 'REDEFINE' block_b_number

chart_redefinition
    = 'DELETE' 'CHART' Identifier ';'
    = 'REDEFINE' 'CHART' Identifier '{' chart_attribute_list '}'
```

```
    = 'CHART' Identifier '{' chart_attribute_redefinition_list '}'

chart_attribute_redefinition_list
    = chart_attribute_redefinition
    = chart_attribute_redefinition_list chart_attribute_redefinition

chart_attribute_redefinition
    = optional_label_redefinition
    = help_redefinition
    = members_redefinition
    = chart_height_redefinition
    = chart_width_redefinition
    = chart_type_redefinition
    = chart_cycle_time_redefinition
    = chart_length_redefinition

chart_height_redefinition
    = 'DELETE' 'HEIGHT' ';'
    = 'REDEFINE' chart_height

chart_width_redefinition
    = 'DELETE' 'WIDTH' ';'
    = 'REDEFINE' chart_width

chart_type_redefinition
    = 'DELETE' 'TYPE' ';'
    = 'REDEFINE' chart_type

chart_cycle_time_redefinition
    = 'DELETE' 'CYCLE_TIME' ';'
    = 'REDEFINE' chart_cycle_time

chart_length_redefinition
    = 'DELETE' 'LENGTH' ';'
    = 'REDEFINE' chart_length

collection_redefinition
    = 'DELETE' 'COLLECTION' Identifier ';'
    = 'REDEFINE' 'COLLECTION' Identifier '{' '}' = 'REDEFINE'
        'COLLECTION' 'OF' item_type Identifier '{' '}'
    = 'REDEFINE' 'COLLECTION' Identifier '{' collection_attribute_list '}'
    = 'REDEFINE' 'COLLECTION' 'OF' item_type Identifier '{'
        collection_attribute_list '}'
```

```
    = 'COLLECTION' Identifier '{' collection_attribute_redefinition_list
        '}'
    = 'COLLECTION' 'OF' item_type Identifier '{'
        collection_attribute_redefinition_list '}'

collection_attribute_redefinition_list
    = collection_attribute_redefinition
    = collection_attribute_redefinition_list
        collection_attribute_redefinition

collection_attribute_redefinition
    = help_redefinition
    = optional_label_redefinition
    = members_redefinition

command_redefinition
    = 'DELETE' 'COMMAND' Identifier ';'
    = 'REDEFINE' 'COMMAND' Identifier '{' '}'
    = 'REDEFINE' 'COMMAND' Identifier '{' command_attribute_list '}'
    = 'COMMAND' Identifier '{' command_attribute_redefinition_list
        '}'

command_attribute_redefinition_list
    = command_attribute_redefinition
    = command_attribute_redefinition_list command_attribute_redefinition
command_attribute_redefinition
    = command_header_redefinition
    = command_slot_redefinition
    = command_index_redefinition
    = command_block_redefinition
    = command_number_redefinition
    = command_operation_redefinition
    = command_transaction_redefinition
    = command_connection_redefinition
    = command_module_redefinition
    = command_response_codes_redefinition

command_header_redefinition
    = 'DELETE' 'HEADER' ';'
    = 'REDEFINE' command_header

command_slot_redefinition
    = 'DELETE' 'SLOT' ';'
```

```
    ='REDEFINE' command_slot

command_index_redefinition
    ='DELETE' 'INDEX' ';'
    ='REDEFINE' command_index

command_block_redefinition
    ='DELETE' 'BLOCK' ';'
    ='REDEFINE' command_block

command_number_redefinition
    ='DELETE' 'NUMBER' ';'
    ='REDEFINE' command_number

command_operation_redefinition
    ='REDEFINE' command_operation

command_transaction_redefinition
    ='ADD' command_transaction
    ='REDEFINE' command_transaction
    ='DELETE' 'TRANSACTION' ';'
    ='DELETE' 'TRANSACTION' Integer ';'

command_connection_redefinition
    ='DELETE' 'CONNECTION' ';'
    ='REDEFINE' command_connection

command_module_redefinition
    ='DELETE' 'MODULE' ';'
    ='REDEFINE' command_module

command_response_codes_redefinition
    =response_codes_reference_redefinition

connection_redefinition
    ='DELETE' 'CONNECTION' Identifier ';'
    ='REDEFINE' 'CONNECTION' Identifier '{' '}'
    ='REDEFINE' 'CONNECTION' Identifier '{'
        connection_attribute_list '}'
    ='CONNECTION' Identifier '{'
        connection_attribute_redefinition_list '}'

connection_attribute_redefinition_list
```

```
    = connection_attribute_redefinition
    = connection_attribute_redefinition_list
        connection_attribute_redefinition

connection_attribute_redefinition
    = appinstance_redefinition

appinstance_redefinition
    = 'REDEFINE' appinstance

domain_redefinition
    = 'DELETE DOMAIN' Identifier ';'
    = 'REDEFINE DOMAIN' Identifier '{' domain_attribute_list '}'
    = 'DOMAIN' Identifier '{' domain_attribute_redefinition_list '}'

domain_attribute_redefinition_list
    = domain_attribute_redefinition
    = domain_attribute_redefinition_list domain_attribute_redefinition

domain_attribute_redefinition
    = handling_redefinition
    = response_codes_reference_redefinition

edit_display_redefinition
    = 'DELETE' 'EDIT_DISPLAY' Identifier ';'
    = 'REDEFINE' 'EDIT_DISPLAY' Identifier '{' '}'
    = 'REDEFINE' 'EDIT_DISPLAY' Identifier '{' edit_display_attribute_list
      '}'
    = 'EDIT_DISPLAY' Identifier '{'
        edit_display_attribute_redefinition_list '}'

edit_display_attribute_redefinition_list
    = edit_display_attribute_redefinition
    = edit_display_attribute_redefinition_list
        edit_display_attribute_redefinition

edit_display_attribute_redefinition
    = display_items_redefinition
    = edit_items_redefinition
    = required_label_redefinition
    = post_edit_actions_redefinition
    = pre_edit_actions_redefinition
```

```
display_items_redefinition
    = 'DELETE' 'DISPLAY_ITEMS' ';'
    = 'REDEFINE' display_items

edit_items_redefinition
    = 'REDEFINE' edit_items

file_redefinition
    = 'DELETE' 'FILE' Identifier ';'
    = 'REDEFINE' 'FILE' Identifier '{' file_attribute_list '}'
    = 'FILE' Identifier '{' file_attribute_redefinition_list '}'

file_attribute_redefinition_list
    = file_attribute_redefinition
    = file_attribute_redefinition_list file_attribute_redefinition

file_attribute_redefinition
    = optional_label_redefinition
    = help_redefinition
    = members_redefinition

graph_redefinition
    = 'DELETE' 'GRAPH' Identifier ';'
    = 'REDEFINE' 'GRAPH' Identifier '{' graph_attribute_list '}'
    = 'GRAPH' Identifier '{' graph_attribute_redefinition_list '}'

graph_attribute_redefinition_list
    = graph_attribute_redefinition
    = graph_attribute_redefinition_list graph_attribute_redefinition

graph_attribute_redefinition
    = optional_label_redefinition
    = help_redefinition
    = members_redefinition
    = graph_x_axis_redefinition
    = graph_height_redefinition
    = graph_width_redefinition
    = graph_cycle_time_redefinition

graph_x_axis_redefinition
    = 'DELETE' 'X_AXIS' ';'
    = 'REDEFINE' waveform_x_axis
```

```
graph_height_redefinition
    = 'DELETE' 'HEIGHT' ';'
    = 'REDEFINE' graph_height

graph_width_redefinition
    = 'DELETE' 'WIDTH' ';'
    = 'REDEFINE' graph_width

graph_cycle_time_redefinition
    = 'DELETE' 'CYCLE_TIME' ';'
    = 'REDEFINE' graph_cycle_time

grid_redefinition
    = 'DELETE' 'GRID' Identifier ';'
    = 'REDEFINE' 'GRID' Identifier '{' grid_attribute_list '}'
    = 'GRID' Identifier '{' grid_attribute_redefinition_list '}'

grid_attribute_redefinition_list
    = grid_attribute_redefinition
    = grid_attribute_redefinition_list grid_attribute_redefinition

grid_attribute_redefinition
    = optional_label_redefinition
    = help_redefinition
    = grid_vectors_redefinition
    = grid_handling_redefinition
    = grid_height_redefinition
    = grid_width_redefinition
    = grid_orientation_redefinition
    = grid_validity_redefinition

grid_vectors_redefinition
    = 'REDEFINE' grid_vectors

grid_handling_redefinition
    = 'DELETE' 'HANDLING' ';'
    = 'REDEFINE' grid_handling

grid_height_redefinition
    = 'DELETE' 'HEIGHT' ';'
    = 'REDEFINE' grid_height

grid_width_redefinition
```

```
      ='DELETE' 'WIDTH' ';'
      ='REDEFINE' grid_width

grid_orientation_redefinition
      ='DELETE' 'ORIENTATION' ';'
      ='REDEFINE' grid_orientation

grid_validity_redefinition
      ='DELETE' 'VALIDITY' ';'
      ='REDEFINE' grid_validity

image_redefinition
      ='DELETE' 'IMAGE' Identifier ';'
      ='REDEFINE' 'IMAGE' Identifier '{' image_attribute_list '}'
      ='IMAGE' Identifier '{' image_attribute_redefinition_list '}'

image_attribute_redefinition_list
      = image_attribute_redefinition
      = image_attribute_redefinition_list image_attribute_redefinition

image_attribute_redefinition
      = optional_label_redefinition
      = help_redefinition
      = image_path_redefinition
      = image_link_redefinition
      = image_validity_redefinition

image_path_redefinition
      ='REDEFINE' image_path

image_link_redefinition
      ='DELETE' 'LINK' ';'
      ='REDEFINE' image_link

image_validity_redefinition
      ='DELETE' 'VALIDITY' ';'
      ='REDEFINE' image_validity

item_array_redefinition
      ='DELETE' 'ITEM_ARRAY' Identifier ';'
      ='REDEFINE' 'ITEM_ARRAY' 'OF' item_type Identifier '{''}'
      ='REDEFINE' 'ITEM_ARRAY' 'OF' item_type Identifier '{'
          item_array_attribute_list '}'
```

```
    = 'ITEM_ARRAY' 'OF' item_type Identifier '{'
        item_array_attribute_redefinition_list '}'

item_array_attribute_redefinition_list
    = item_array_attribute_redefinition
    = item_array_attribute_redefinition_list
        item_array_attribute_redefinition

item_array_attribute_redefinition
    = elements_redefinition
    = help_redefinition
    = optional_label_redefinition

elements_redefinition
    = 'ELEMENTS' '{' element_redefinition_list '}'
    = 'REDEFINE' elements

element_redefinition_list
    = element_redefinition
    = element_redefinition_list element_redefinition

element_redefinition
    = 'DELETE' Integer ';'
    = 'REDEFINE' element
    = 'ADD' element

list_redefinition
    = 'DELETE' 'LIST' Identifier ';'
    = 'REDEFINE' 'LIST' Identifier '{' list_attribute_list '}'
    = 'LIST' Identifier '{' list_attribute_redefinition_list '}'

list_attribute_redefinition_list
    = list_attribute_redefinition
    = list_attribute_redefinition_list list_attribute_redefinition

list_attribute_redefinition
    = help_redefinition
    = optional_label_redefinition
    = list_capacity_redefinition
    = list_count_redefinition
    = list_type_redefinition

list_capacity_redefinition
```

```
     ='DELETE' 'CAPACITY' ';'
     ='REDEFINE' list_capacity

list_count_redefinition
     ='DELETE' 'COUNT' ';'
     ='REDEFINE' list_count

list_type_redefinition
     ='REDEFINE' list_type

menu_redefinition
     ='DELETE' 'MENU' Identifier ';'
     ='REDEFINE' 'MENU' Identifier '{' '}'
     ='REDEFINE' 'MENU' Identifier '{' menu_attribute_list '}'
     ='MENU' Identifier '{' menu_attribute_redefinition_list '}'

menu_attribute_redefinition_list
     =menu_attribute_redefinition
     =menu_attribute_redefinition_list menu_attribute_redefinition

menu_attribute_redefinition
     =help_redefinition
     =required_label_redefinition
     =menu_access_redefinition
     =menu_entry_redefinition
     =menu_items_redefinition
     =menu_purpose_redefinition
     =menu_role_redefinition
     =menu_style_redefinition
     =validity_redefinition
     =pre_edit_actions_redefinition
     =pre_read_actions_redefinition
     =pre_write_actions_redefinition
     =post_edit_actions_redefinition
     =post_read_actions_redefinition
     =post_write_actions_redefinition

menu_access_redefinition
     ='DELETE' 'ACCESS' ';'
     ='REDEFINE' menu_access

menu_entry_redefinition
     ='DELETE' 'ENTRY' ';'
```

```
    = 'REDEFINE' menu_entry

menu_items_redefinition
    = 'REDEFINE' menu_items

menu_purpose_redefinition
    = 'DELETE' 'PURPOSE' ';'
    = 'REDEFINE' menu_purpose

menu_role_redefinition
    = 'DELETE' 'ROLE' ';'
    = 'REDEFINE' menu_role

menu_style_redefinition
    = 'DELETE' 'STYLE' ';'
    = 'REDEFINE' menu_style

method_redefinition
    = 'DELETE' 'METHOD' Identifier ';'
    = 'REDEFINE' 'METHOD' Identifier '{' '}'
    = 'REDEFINE' 'METHOD' Identifier '{' method_attribute_list '}'
    = 'METHOD' Identifier '{' method_attribute_redefinition_list '}'

method_attribute_redefinition_list
    = method_attribute_redefinition
    = method_attribute_redefinition_list method_attribute_redefinition

method_attribute_redefinition
    = help_redefinition
    = required_label_redefinition
    = method_access_redefinition
    = method_definition_redefinition
    = validity_redefinition
    = variable_class_redefinition

method_access_redefinition
    = 'REDEFINE' method_access

method_definition_redefinition
    = 'REDEFINE' method_definition

program_redefinition
    = 'DELETE' 'PROGRAM' Identifier ';'
```

```
    = 'REDEFINE' 'PROGRAM' Identifier '{' '}'
    = 'REDEFINE' 'PROGRAM' Identifier '{' program_attribute_list '}'
    = 'PROGRAM' Identifier '{' program_attribute_redefinition_list
      '}'

program_attribute_redefinition_list
    = program_attribute_redefinition
    = program_attribute_redefinition_list program_attribute_redefinition

program_attribute_redefinition
    = arguments_redefinition
    = response_codes_reference_redefinition

arguments_redefinition
    = 'DELETE' 'ARGUMENTS' ';'
    = 'REDEFINE' arguments

record_redefinition
    = 'DELETE' 'RECORD' Identifier ';'
    = 'REDEFINE' 'RECORD' Identifier '{' record_attribute_list '}'
    = 'RECORD' Identifier '{' record_attribute_redefinition_list '}'

record_attribute_redefinition_list
    = record_attribute_redefinition
    = record_attribute_redefinition_list record_attribute_redefinition

record_attribute_redefinition
    = help_redefinition
    = required_label_redefinition
    = members_redefinition
    = response_codes_reference_redefinition

refresh_relation_redefinition
    = 'DELETE' 'REFRESH' Identifier ';'
    = 'REDEFINE' 'REFRESH' Identifier
      '{' '}'
    = 'REDEFINE' 'REFRESH' Identifier
      '{' refresh_relation_left ':' refresh_relation_right '}'

unit_relation_redefinition
    = 'DELETE' 'UNIT' Identifier ';'
    = 'REDEFINE' 'UNIT' Identifier
      '{' '}'
```

```
    = 'REDEFINE' 'UNIT' Identifier
      '{' unit_relation_left ':' unit_relation_right '}'

wao_relation_redefinition
    = 'DELETE' 'WRITE_AS_ONE' Identifier ';'
    = 'REDEFINE' 'WRITE_AS_ONE' Identifier
      '{' '}'
    = 'REDEFINE' 'WRITE_AS_ONE' Identifier
      '{' wao_specifier '}'

response_codes_definition_redefinition
    = 'DELETE' 'RESPONSE_CODES' Identifier ';'
    = 'REDEFINE' 'RESPONSE_CODES' Identifier '{' '}'
    = 'REDEFINE' 'RESPONSE_CODES' Identifier '{'
        response_codes_specifier_list '}'
    = 'RESPONSE_CODES' Identifier '{' response_code_redefinition_list
      '}'

response_code_redefinition_list
    = response_code_redefinition
    = response_code_redefinition_list response_code_redefinition

response_code_redefinition
    = 'DELETE' Integer ';'
    = 'REDEFINE' response_code
    = 'ADD' response_code

help_redefinition
    = 'DELETE' 'HELP' ';'
    = 'REDEFINE' help

required_label_redefinition
    = 'REDEFINE' label

optional_label_redefinition
    = 'DELETE' 'LABEL' ';'
    = 'REDEFINE' label

response_codes_reference_redefinition
    = 'DELETE' 'RESPONSE_CODES' ';'
    = 'REDEFINE' response_codes

validity_redefinition
```

```
        = 'DELETE' 'VALIDITY' ';'
        = 'REDEFINE' validity

    members_redefinition
        = 'MEMBERS' '{' member_redefinition_list '}'
        = 'REDEFINE' members

    member_redefinition_list
        = member_redefinition
        = member_redefinition_list member_redefinition

    member_redefinition
        = 'DELETE' Identifier ';'
        = 'REDEFINE' member
        = 'ADD' member

    source_redefinition
        = 'DELETE' 'SOURCE' Identifier ';'
        = 'REDEFINE' 'SOURCE' Identifier '{' source_attribute_list '}'
        = 'SOURCE' Identifier '{' source_attribute_redefinition_list '}'

    source_attribute_redefinition_list
        = source_attribute_redefinition
        = source_attribute_redefinition_list source_attribute_redefinition

    source_attribute_redefinition
        = help_redefinition
        = optional_label_redefinition
        = source_emphasis_redefinition
        = source_line_color_redefinition
        = source_line_type_redefinition
        = source_y_axis_redefinition
        = members_redefinition
        = source_refresh_actions_redefinition
        = source_init_actions_redefinition
        = source_exit_actions_redefinition

    source_emphasis_redefinition
        = 'DELETE' 'EMPHASIS' ';'
        = 'REDEFINE' source_emphasis

    source_line_color_redefinition
        = 'DELETE' 'LINE_COLOR' ';'
```

```
    = 'REDEFINE' source_line_color

source_line_type_redefinition
    = 'DELETE' 'LINE_TYPE' ';'
    = 'REDEFINE' source_line_type

source_y_axis_redefinition
    = 'DELETE' 'Y_AXIS' ';'
    = 'REDEFINE' waveform_y_axis

source_init_actions_redefinition
    = 'DELETE' 'INIT_ACTIONS' ';'
    = 'REDEFINE' source_init_actions

source_refresh_actions_redefinition
    = 'DELETE' 'REFRESH_ACTIONS' ';'
    = 'REDEFINE' source_refresh_actions

source_exit_actions_redefinition
    = 'DELETE' 'REFRESH_ACTIONS' ';'
    = 'REDEFINE' source_refresh_actions

variable_redefinition
    = 'DELETE' 'VARIABLE' Identifier ';'
    = 'REDEFINE' 'VARIABLE' Identifier '{' variable_attribute_list
      '}'
    = 'VARIABLE' Identifier '{' variable_attribute_redefinition_list
      '}'

variable_attribute_redefinition_list
    = variable_attribute_redefinition_list variable_attribute_redefinition

variable_attribute_redefinition
    = constant_unit_redefinition
    = default_value_redefinition
    = handling_redefinition
    = help_redefinition
    = initial_value_redefinition
    = required_label_redefinition
    = post_edit_actions_redefinition
    = post_read_actions_redefinition
    = post_write_actions_redefinition
```

```
    = pre_edit_actions_redefinition
    = pre_read_actions_redefinition
    = pre_write_actions_redefinition
    = refresh_actions_redefinition
    = read_timeout_redefinition
    = response_codes_reference_redefinition
    = type_redefinition
    = validity_redefinition
    = variable_class_redefinition
    = variable_style_redefinition
    = write_timeout_redefinition

variable_class_redefinition
    = 'REDEFINE' variable_class

variable_style_redefinition
    = 'DELETE' 'STYLE' ';'
    = 'REDEFINE' variable_style

constant_unit_redefinition
    = 'DELETE' 'CONSTANT_UNIT' ';'
    = 'REDEFINE' constant_unit

default_value_redefinition
    = 'DELETE' 'DEFAULT_VALUE' ';'
    = 'REDEFINE' default_value

handling_redefinition
    = 'DELETE' 'HANDLING' ';'
    = 'REDEFINE' handling

initial_value_redefinition
    = 'DELETE' 'INITIAL_VALUE' ';'
    = 'REDEFINE' initial_value

pre_edit_actions_redefinition
    = 'DELETE' 'PRE_EDIT_ACTIONS' ';'
    = 'REDEFINE' pre_edit_actions

post_edit_actions_redefinition
    = 'DELETE' 'POST_EDIT_ACTIONS' ';'
    = 'REDEFINE' post_edit_actions
```

```
pre_read_actions_redefinition
    = 'DELETE' 'PRE_READ_ACTIONS' ';'
    = 'REDEFINE' pre_read_actions

post_read_actions_redefinition
    = 'DELETE' 'POST_READ_ACTIONS' ';'
    = 'REDEFINE' post_read_actions

pre_write_actions_redefinition
    = 'DELETE' 'PRE_WRITE_ACTIONS' ';'
    = 'REDEFINE' pre_write_actions

post_write_actions_redefinition
    = 'DELETE' 'POST_WRITE_ACTIONS' ';'
    = 'REDEFINE' post_write_actions

refresh_actions_redefinition
    = 'DELETE' 'REFRESH_ACTIONS' ';'
    = 'REDEFINE' refresh_actions

read_timeout_redefinition
    = 'DELETE' 'READ_TIMEOUT' ';'
    = 'REDEFINE' read_timeout

write_timeout_redefinition
    = 'DELETE' 'WRITE_TIMEOUT' ';'
    = 'REDEFINE' write_timeout

type_redefinition
    = 'REDEFINE' 'TYPE' arithmetic_type
    = 'TYPE' arithmetic_type_redefinition
    = 'REDEFINE' 'TYPE' enumerated_type
    = 'TYPE' enumerated_type_redefinition
    = 'REDEFINE' 'TYPE' string_type
    = 'TYPE' string_type_redefinition
    arithmetic_type_redefinition
    = 'INTEGER' arithmetic_option_size_redefinition '{'
        arithmetic_option_redefinition_list '}'
    = 'UNSIGNED_INTEGER' arithmetic_option_size_redefinition '{'
        arithmetic_option_redefinition_list '}'
    = 'FLOAT' '{' arithmetic_option_redefinition_list '}'
    = 'DOUBLE' '{' arithmetic_option_redefinition_list '}'
```

```
arithmetic_option_size_redefinition
      = arithmetic_option_size_redefinition1

arithmetic_option_size_redefinition1
      = '(' Integer ')'

arithmetic_option_redefinition_list
      = arithmetic_option_redefinition
      = arithmetic_option_redefinition_list arithmetic_option_redefinition

arithmetic_option_redefinition
      = arithmetic_default_value_redefinition
      = arithmetic_initial_value_redefinition
      = display_format_redefinition
      = edit_format_redefinition
      = enumerator_list_redefinition
      = maximum_value_redefinition
      = maximum_value_n_redefinition
      = minimum_value_redefinition
      = minimum_value_n_redefinition
      = scaling_factor_redefinition

arithmetic_default_value_redefinition
      = 'DELETE' 'DEFAULT_VALUE' ';'
      = 'REDEFINE' arithmetic_default_value

arithmetic_initial_value_redefinition
      = 'DELETE' 'INITIAL_VALUE' ';'
      = 'REDEFINE' arithmetic_initial_value

display_format_redefinition
      = 'DELETE' 'DISPLAY_FORMAT' ';'
      = 'REDEFINE' display_format

edit_format_redefinition
      = 'DELETE' 'EDIT_FORMAT' ';'
      = 'REDEFINE' edit_format

enumerator_list_redefinition
      = 'DELETE' Integer ';'
      = 'REDEFINE' enumerator
      = 'ADD' enumerator
```

```
maximum_value_redefinition
     = 'DELETE' 'MAX_VALUE' ';'
     = 'REDEFINE' maximum_value

maximum_value_n_redefinition
     = 'DELETE' MAX_VALUE_n ';'
     = 'REDEFINE' maximum_value_n

minimum_value_redefinition
     = 'DELETE' 'MIN_VALUE' ';'
     = 'REDEFINE' minimum_value

minimum_value_n_redefinition
     = 'DELETE' MIN_VALUE_n ';'
     = 'REDEFINE' minimum_value_n

scaling_factor_redefinition
     = 'DELETE' 'SCALING_FACTOR' ';'
     = 'REDEFINE' scaling_factor

enumerated_type_redefinition
     = 'ENUMERATED' enumerated_option_size_redefinition '{'
         enumerated_option_redefinition_list '}'
     = 'BIT_ENUMERATED' enumerated_option_size_redefinition '{'
         bit_enumerated_option_redefinition_list '}'

enumerated_option_size_redefinition
     = enumerated_option_size_redefinition1

enumerated_option_size_redefinition1
     = '(' Integer ')'

enumerated_option_redefinition_list
     = enumerated_option_redefinition
     = enumerated_option_redefinition_list enumerated_option_redefinition

enumerated_option_redefinition
     = arithmetic_default_value_redefinition
     = arithmetic_initial_value_redefinition
     = enumerators_redefinition

enumerators_redefinition
```

```
        = 'DELETE' Integer ';'
        = 'REDEFINE' enumerator
        = 'ADD' enumerator

bit_enumerated_option_redefinition_list
        = bit_enumerated_option_redefinition
        = bit_enumerated_option_redefinition_list
            bit_enumerated_option_redefinition

bit_enumerated_option_redefinition
        = arithmetic_default_value_redefinition
        = arithmetic_initial_value_redefinition
        = bit_enumerators_redefinition

bit_enumerators_redefinition
        = 'DELETE' Integer ';'
        = 'REDEFINE' bit_enumerator
        = 'ADD' bit_enumerator

string_type_redefinition
        = string_option_type '{' string_option_redefinition_list '}'
        = string_option_type string_option_size_redefinition '{'
            string_option_redefinition_list '}'

string_option_size_redefinition
        = string_option_size_redefinition1

string_option_size_redefinition1
        = '(' Integer ')'

string_option_redefinition_list
        = string_option_redefinition
        = string_option_redefinition_list string_option_redefinition

string_option_redefinition
        = string_default_value_redefinition
        = string_initial_value_redefinition
        = string_enumerator_list_redefinition

string_default_value_redefinition
        = 'DELETE' 'DEFAULT_VALUE' ';'
        = 'REDEFINE' string_default_value
```

```
string_initial_value_redefinition
    = 'DELETE' 'INITIAL_VALUE' ';'
    = 'REDEFINE' string_initial_value

string_enumerator_list_redefinition
    = 'DELETE' string ';'
    = 'REDEFINE' enumerator
    = 'ADD' enumerator

variable_list_redefinition
    = 'DELETE' 'VARIABLE_LIST' Identifier ';'
    = 'REDEFINE' 'VARIABLE_LIST' Identifier '{' '}'
    = 'REDEFINE' 'VARIABLE_LIST' Identifier '{'
        variable_list_attribute_list '}'
    = 'VARIABLE_LIST' Identifier '{'
        variable_list_attribute_redefinition_list '}'

variable_list_attribute_redefinition_list
    = variable_list_attribute_redefinition
    = variable_list_attribute_redefinition_list
        variable_list_attribute_redefinition

variable_list_attribute_redefinition
    = help_redefinition
    = optional_label_redefinition
    = members_redefinition
    = response_codes_reference_redefinition

waveform_redefinition
    = 'DELETE' 'WAVEFORM' Identifier ';'
    = 'REDEFINE' 'WAVEFORM' Identifier '{' waveform_attribute_list '}'
    = 'WAVEFORM' Identifier '{' waveform_attribute_redefinition_list '}'

waveform_attribute_redefinition_list
    = waveform_attribute_redefinition
    = waveform_attribute_redefinition_list waveform_attribute_redefinition

waveform_attribute_redefinition
    = help_redefinition
    = optional_label_redefinition
    = waveform_type_redefinition
    = handling_redefinition
    = waveform_emphasis_redefinition
```

```
        = waveform_exit_actions_redefinition
        = waveform_line_color_redefinition
        = waveform_line_type_redefinition
        = waveform_y_axis_redefinition
        = waveform_init_actions_redefinition
        = waveform_refresh_actions_redefinition
        = waveform_key_points_redefinition

waveform_type_redefinition
        = 'REDEFINE' waveform_type
        = 'TYPE' waveform_type_redefinition

waveform_type_redefinition
        = 'YT' '{' waveform_yt_type_option_redefinition_list '}'
        = 'XY' '{' waveform_xy_type_option_redefinition_list '}'
        = 'HORIZONTAL' '{' waveform_y_values_redefinition '}'
        = 'VERTICAL' '{' waveform_x_values_redefintion '}'

waveform_yt_type_option_redefinition_list
        = waveform_yt_type_option_redefinition
        = waveform_yt_type_option_redefinition_list
          waveform_yt_type_option_redefinition

waveform_yt_type_option_redefinition
        = yt_x_initial_redefinition
        = yt_x_increment_redefinition
        = waveform_y_values_redefinition
        = number_of_points_redefinition

yt_x_initial_redefinition
        = 'REDEFINE' yt_x_initial

yt_x_increment_redefinition
        = 'REDEFINE' yt_x_increment

waveform_y_values_redefinition
        = 'REDEFINE' waveform_y_values
        = 'ADD' waveform_y_values

waveform_x_values_redefinition
        = 'REDEFINE' waveform_x_values
        = 'ADD' waveform_x_values
```

```
number_of_points_redefinition
    = 'DELETE' 'NUMBER_OF_POINTS' ';'
    = 'REDEFINE' number_of_points

waveform_xy_type_option_redefinition_list
    = waveform_xy_type_option_redefinition
    = waveform_xy_type_option_redefinition_list
      waveform_xy_type_option_redefinition

waveform_xy_type_option_redefinition
    = waveform_x_values_redefinition
    = waveform_y_values_redefinition
    = number_of_points_redefinition

waveform_emphasis_redefinition
    = 'DELETE' 'EMPHASIS' ';'
    = 'REDEFINE' waveform_emphasis

waveform_exit_actions_redefinition
    = 'DELETE' 'EXIT_ACTIONS' ';'
    = 'REDEFINE' waveform_exit_actions

waveform_line_color_redefinition
    = 'DELETE' 'LINE_COLOR' ';'
    = 'REDEFINE' waveform_line_color

waveform_line_type_redefinition
    = 'DELETE' 'LINE_TYPE' ';'
    = 'REDEFINE' waveform_line_type

waveform_y_axis_redefinition
    = 'DELETE' 'Y_AXIS' ';'
    = 'REDEFINE' waveform_y_axis

waveform_init_actions_redefinition
    = 'DELETE' 'INIT_ACTIONS' ';'
    = 'REDEFINE' waveform_init_actions

waveform_refresh_actions_redefinition
    = 'DELETE' 'REFRESH_ACTIONS' ';'
    = 'REDEFINE' waveform_refresh_actions

waveform_key_points_redefinition
```

```
        = 'DELETE' 'KEY_POINTS' ';'
        = 'REDEFINE' 'KEY_POINTS' '{' key_points_options_redefinition_list '}'

    key_points_options_redefinition_list
        = key_points_options_redefinition_listR

    key_points_options_redefinition_listR
        = key_points_options_redefinition
        = key_points_options_redefinition_listR key_points_options_redefinition

    key_points_options_redefinition
        = waveform_x_values_redefinition
        = waveform_y_values_redefinition
```

A. 6. 35 References

```
    reference
        = reference_without_call
        = reference_without_call '(' argument_list ')'

    reference_without_call
        = Identifier
        = reference_without_call '[' expr ']'
        = reference_without_call '.' Identifier
        = reference_without_call '.' selector
        = reference_without_call '->' Identifier = 'BLOCK' '.' Identifier
        = 'LOCAL_PARAM' '.' Identifier
        = 'PARAM' '.' Identifier
        = 'PARAM_LIST' '.' Identifier
    selector
        = 'CAPACITY'
        = 'CONSTANT_UNIT'
        = 'COUNT'
        = 'DEFAULT_VALUE'
        = 'FIRST'
        = 'HELP'
        = 'INITIAL_VALUE'
        = 'LABEL'
        = 'LAST'
        = 'MAX_VALUE'
        = MAX_VALUE_n
        = 'MIN_VALUE'
        = MIN_VALUE_n
```

```
    = 'SCALING'
    = 'SCALING_FACTOR'
    = 'VARIABLE_STATUS'
    = 'VIEW_MAX'
    = 'VIEW_MIN'
    = 'X_AXIS'
    = 'Y_AXIS'
dictionary_reference
    = '[' Identifier ']'
axis_reference
    = reference_without_call
block_reference
    = reference_without_call
chart_reference
    = reference_without_call
collection_reference
    = reference_without_call
connection_reference
    = reference_without_call
edit_display_reference
    = reference_without_call
file_reference
    = reference_without_call
graph_reference
    = reference_without_call
list_reference
    = reference_without_call
item_array_reference
    = reference_without_call
menu_reference
    = reference_without_call
method_reference
    = reference_without_call
record_reference
    = reference_without_call
refresh_reference
    = reference_without_call
response_code_reference
    = reference_without_call
source_reference
    = reference_without_call
```

```
unit_reference
    = reference_without_call
variable_reference
    = reference_without_call
wao_reference
    = reference_without_call
waveform_reference
    = reference_without_call
```

附　录　B
（规范性附录）
EDDL 内置库

B.1　概要

本附录描述了可在 EDD 中使用的内置子程序，这些内置程序支持用户或设备的交互，典型的用户交互是对于 VARIABLE 值的用户输入或确认的例子，典型的设备交互是对于向设备传送命令、解释响应代码和状态位的例子。本附录包含内置程序库。

本文档除指定的内置程序外，用户特定的内置程序也可被采用，这些内置程序应被集成到 EDD 应用程序中。

注：内置程序按字母顺序列出。

B.2　内置程序描述的约定

下列约定适用于内置程序定义：

- 表 B.1 定义了内置程序词法元素表的格式。
- 表 B.2 定义了表 B.1 各项的内容。

表 B.1　内置词法元素表的格式

参数名	类型	指向	用法	描　述

表 B.2　词法元素表的内容

各项	文本	含　义
参数名	〈name〉	是形式参数的名称
	“〈return〉”	表示内置程序的返回值
类型	数据类型	形式参数的抽象数据类型（基本的或衍生的）
指向	I	指定一个输入参数
	O	指定一个输出参数
	I/O	指定一个输入输出参数
	—	在没有返回值时使用（VOID）
用法	m	形式参数是强制的
	o	形式参数是可选择的
	c	形式参数是有条件的
	—	在没有返回值时使用（VOID）
描述	〈text〉	对于参数的描述文本
	—	在没有返回值时使用（VOID）

B.3　内置程序 abort

用途

内置程序 abort 将显示一个用于表示程序已终止并等待来自于用户确认的信息，一旦作出确认，系统将执行终止程序列表中的某一个终止程序，然后退出该程序。

词法结构

abort(VOID)

内置程序 abort 的词法元素如表 B.3 所示。

表 B.3　内置程序 abort

参数名	类型	指向	用法	描　　述
〈return〉	VOID	—	—	—

B.4　内置程序 abort_on_all_comm_error

用途

内置程序 abort_on_all_comm_error 设置了一旦接收到通信错误就终止的程序。

当一个程序启动后，它并不是在通信错误时就终止，而是在 abort_on_all_comm_error 被调用时才终止该程序，如果接收到通信错误，内置 abort_on_all_comm_error 将终止一个必须处理某通信错误代码的程序来释放该程序。

调用 abort_on_all_comm_error 之后，任何一个产生通信请求并返回错误的内置程序调用，都将会导致程序终止，0 通信错误不被认为是一个通信错误。

通信错误码由协会定义，它们的相关字符串在文本字典中定义。

词法结构

abort_on_all_comm_error (VOID)

内置程序 abort_on_all_comm_error 的词法元素如表 B.4 所示。

表 B.4　内置程序 abort_on_all_comm_error

参数名	类型	指向	用法	描　　述
〈return〉	VOID	—	—	—

B.5　内置程序 ABORT_ON_ALL_COMM_STATUS

用途

内置程序 ABORT_ON_ALL_COMM_STATUS 将设置在通信状态终止掩码中的所有位，如果设备返回任一状态值，将会导致系统终止当前程序，当通信事务中返回的第一个数据字节中的第七位被置位，该字节就定义为通信状态。

在每个程序开始的时候，重试和终止掩码被复位成它们的缺省值，所以新的掩码值只在当前程序中是有效的，可用掩码列表和它们的缺省值见内置程序 ABORT_ON_RESPONSE_CODES。

本功能所影响的掩码也用于内置程序 send、send_trans、send_command、send_command_trans、ext_send_commandext_send_command_trans、get_more_status 和 display。

词法结构

ABORT_ON_ALL_COMM_STATUS(VOID)

内置程序 ABORT_ON_ALL_COMM_STATUS 的词法元素如表 B.5 所示。

表 B.5　内置程序 ABORT_ON_ALL_COMM_STATUS

参数名	类型	指向	用法	描　　述
〈return〉	VOID	—	—	—

B.6 内置程序 ABORT_ON_ALL_DEVICE_STATUS

用途

内置程序 ABORT_ON_ALL_DEVICE_STATUS 将对在设备状态终止掩码中的所有位置位，如果设备返回任何设备状态值，将导致系统终止当前程序，设备状态码定义为在一个事务中返回的第二个数据字节。

在每次程序开始时，重试和终止掩码被复位成它们缺省值，所以新的掩码值将只在当前的程序中有效，有效掩码列表和它们的缺省值函数见 ABORT_ON_RESPONSE_CODE。

本功能所影响的掩码也用于内置程序 send、send_trans、send_command、send_command_trans、ext_send_command、ext_send_command_trans、get_more_status 和 display。

词法结构

ABORT_ON_ALL_DEVICE_STATUS(VOID)

内置程序 ABORT_ON_ALL_DEVICE_STATUS 的词法元素如表 B.6 所示。

表 B.6 内置程序 ABORT_ON_ALL_DEVICE_STATUS

参数名	类型	指向	用法	描　　述
〈return〉	VOID	—	—	—

B.7 内置程序 ABORT_ON_RESPONSE_CODES

用途

内置程序 ABORT_ON_RESPONSE_CODES 将对响应代码终止掩码的所有位置位，如果设备返回的任何响应代码的值，都将导致系统中断当前程序。

当事务处理中返回的第一个数据字节的第七位为 0 时，该字节被定义为响应代码。

在每次程序开始时，重试和终止掩码被复位为它们的缺省值，所以新的掩码值只在当前程序中有效，有效掩码列表和它们的缺省值函数见 ABORT_ON_RESPONSE_CODES。

本功能所影响的掩码也用于内置程序 send，send_trans、send_command、send_command_trans、ext_send_command、ext_send_command_trans、get_more_status 和 display。

词法结构

ABORT_ON_RESPONSE_CODES(VOID)

内置程序 ABORT_ON_RESPONSE_CODES 的词法元素如表 B.7 所示。

表 B.7 内置 ABORT_ON_RESPONSE_CODES

参数名	类型	指向	用法	描　　述
〈return〉	VOID	—	—	—

B.8 内置程序 ABORT_ON_ALL_RESPONSE_CODES

用途

如果在调用内置程序后，接受到任何产生于被请求设备的非零响应代码，内置程序 ABORT_ON_ALL_RESPONSE_CODES 都会导致这个程序终止。该内置程序释放必须处理任何错误响应代码的程序。当一个程序启动后，只有该内置程序被调用后才会在任何响应代码情况下终止程序，响应代码是一个表示应用程序特定错误条件的值，0 响应代码不被认为是错误的响应代码，每个响应代码和响应代码类型都在 EDDL 中都有定义。

词法结构

ABORT_ON_ALL_RESPONSE_CODES(VOID)

内置程序 ABORT_ON_ALL_RESPONSE_CODES 的词法元素如表 B.8 所示。

表 B.8 内置程序 ABORT_ON_ALL_RESPONSE_CODES

参数名	类型	指向	用法	描述
〈return〉	VOID	—	—	—

B.9 内置程序 ABORT_ON_COMM_ERROR

用途

一旦接受到特定的通信错误就导致程序终止。

如果收到一个特定的通信错误，内置程序 ABORT_ON_COMM_ERROR 就导致程序终止。

当一个程序被启动后，只有内置 ABORT_ON_COMM_ERROR 被调用后，才会由指定的通信错误终止该程序。

注：0 通信错误不被认为是通信错误。

该内置程序允许编程者选择哪种通信错误将被程序处理，并释放必须处理特定通信错误代码的程序。

通信错误代码是由协会定义的，它们的相关字符串可在文本字典中定义。

词法结构

ABORT_ON_COMM_ERROR(ERROR)

内置程序 ABORT_ON_COMM_ERROR 的词法元素如表 B.9 所示。

表 B.9 内置程序 ABORT_ON_COMM_ERROR

参数名	类型	指向	用法	描述
error	无符号长整型	I	m	指定错误代码
〈return〉	长整型	O	m	在表 B.235 中指定的任何返回代码

B.10 内置程序 ABORT_ON_COMM_ERROR

用途

内置程序 ABORT_ON_COMM_ERROR 将对无通信错误的掩码置位，这样，如果当发送命令时通信错误被发现，程序将被终止。

在每次程序开始时，重试和终止将被复位成它们的缺省值，所以新的掩码值只在当前程序中有效，见关于该掩码实现的 send-command 函数，有效掩码列表和它们的缺省值内置见内置 ABORT_ON_COMM_ERROR。

本功能所影响的掩码也用于内置程序 send、send_trans、send_command、send_command_trans、ext_send_command、ext_send_command_trans、get_more_status 和 display。

词法结构

ABORT_ON_COMM_ERROR(void)

内置程序 ABORT_ON_COMM_ERROR 的词法元素如表 B.10 所示。

表 B.10 内置程序 ABORT_ON_COMM_ERROR

参数名	类型	指向	用法	描述
〈return〉	VOID	—	—	—

B.11 内置程序 ABORT_ON_COMM_STATUS

用途

内置程序 ABORT_ON_COMM_STATUS 将在通信状态终止掩码中设置校正位，这样，所指定的

comm_status_value 将导致程序终止，当事务中返回的的第一个数据字节第七位为1，该字节就被定义为通信状态。

在每次程序开始时，再试和终止掩码被复位为它们的缺省值，所以新的掩码值只在当前程序中有效。对于掩码的实现见发送命令函数。有效掩码列表和它们的缺省值见 ABORT_ON_RESPONSE。

本功能所影响的掩码也用于内置程序 send、send_trans、send_command、send_command_trans、ext_send_command、ext_send_command_trans、get_more_status 和 display 等函数函数用到。

词法结构

ABORT_ON_COMM_STATUS(comm_status)

内置程序 ABORT_ON_COMM_STATUS 的词法元素如表 B.11 所示。

表 B.11 内置程序 ABORT_ON_COMM_STATUS

参数名	类型	指向	用法	描述
comm_status	无符号字符	I	m	为通信状态指定位掩码
〈return〉	VOID	—	—	—

B.12 内置程序 ABORT_ON_DEVICE_STATUS

用途

内置程序 ABORT_ON_DEVICE_STATUS 在设备状态终止掩码中设置校正位，这样，指定的设备状态值将导致程序终止，事务中返回数据的第二个字节被定义设备状态。

在每次程序开始，再试和终止掩码被设置为它们缺省值，所以新掩码的值只在当前的程序中有效。其掩码的实现见发送命令函数。有效掩码列表和他们的缺省值见 ABORT_ON_RESPONSE_CODE。

本功能所影响的掩码也用于内置程序 send、send_trans、send_command、send_command_trans、ext_send_command、ext_send_command_trans、get_more_status 和 display。

词法结构

ABORT_ON_DEVICE_STATUS (device_status)

内置程序 ABORT_ON_DEVICE_STATUS 的词法元素如表 B.12 所示。

表 B.12 内置程序 ABORT_ON_DEVICE_STATUS

参数名	类型	指向	用法	描述
device_status	无符号字符	I	m	为设备状态指定位掩码
〈return〉	VOID	—	—	—

B.13 内置程序 ABORT_ON_NO_DEVICE

用途

内置程序 ABORT_ON_NO_DEVICE 将设置无设备掩码，这样，在发送命令时如果没有设备被找到，程序将被终止。

在每次程序开始时，重试和终止掩码被设置为它们缺省值，所以新的掩码只在当前程序中有效，掩码的实现见发送命令功能。有效掩码列表和它们的缺省值见 ABORT_ON_RESPONSE_CODE。

本功能所影响的掩码也用于内置程序 send、send_trans、send_command、send_command_trans、ext_send_command、ext_send_command_trans、get_more_status 和 display。

词法结构

ABORT_ON_NO_DEVICE(VOID)

内置程序 ABORT_ON_NO_DEVICE 的词法元素如表 B.13 所示。

表 B.13 内置程序 ABORT_ON_NO_DEVICE

参数名	类型	指向	用法	描　述
〈return〉	VOID	—	—	—

B.14 内置程序 ABORT_ON_RESPONSE_CODE

用途

内置程序 ABORT_ON_RESPONSE_CODE 将在响应代码终止掩码中设置校正位，这样，所指定的响应代码值将导致程序终止，当事务中返回的数据的第一个字节的第七位为 0，则这个字节被定义为响应代码。

重试和终止掩码在程序开始时被复位为默认值，所以新掩码值只在当前程序中有效。

以下是全部可用的掩码列表，掩码的缺省值如下：

- response_code_abort_mask＝ACCESS_RESTRICTED|CMD_NOT_IMPLEMENRED
- response_code_retry_mask＝NO BITS SET
- cmd_48_response_code_abort_mask＝ACCESS_RESTRICTED|CMD_NOT_IMPLEMENTED
- cmd_48_response_code_retry_mask＝NO BITS SET
- device_status_abort_mask＝DEVICE_MALFUNCTION
- device_status_retry_mask＝NO BITS SET
- cmd_48_device_status_abort_mask＝DEVICE_MALFUNCTION
- cmd_48_device_status_retry_mask＝NO BITS SET
- comm_status_abort_mask＝NO BITS SET
- comm_status_retry_mask＝ALL BITS SET
- cmd_48_comm_status_abort_mask＝NO BITS SET
- cmd_48_comm_status_retry_mask＝ALL BITS SET
- no_device_abort_mask＝ALL BITS SET
- comm_error_abort_mask＝ALL BITS SET
- comm_error_retry_mask＝NO BITS SET
- cmd_48_no_device_abort_mask＝ALL BITS SET
- cmd_48_comm_error_abort_mask＝ALL BITS SET
- cmd_48_comm_error_retry_mask＝NO BITS SET
- cmd_48_data_abort_mask＝NO BITS SET
- cmd_48_data_retry_mask＝NO BITS SET

本功能所影响的掩码也用于内置程序 send、send_trans、send_command、send_command_trans、ext_send_command、ext_send_command_trans、get_more_status 和 display。

词法结构

void ABORT_ON_RESPONSE_CODE(response code)

内置程序 ABORT_ON_RESPONSE_CODE 的词法元素如表 B.14 所示。

表 B.14 内置 ABORT_ON_RESPONSE_CODE

参数名	类型	指向	用法	描　述
response_code	整型数	I	m	为响应代码指定位掩码
〈return〉	VOID	—	—	—

B.15 内置程序 ABORT_ON_RESPONSE_CODE

用途

一旦接受到指定的响应代码，ABORT_ON_RESPONSE_CODE 就导致程序终止。

如果程序接受到指定的响应代码，内置程序就导致程序终止。内置程序释放必须处理指定响应代码的程序。

一个程序运行后，只有内置程序被调用后，才能按指定的响应代码去终止程序，响应代码是一个表示应用程序指定错误条件的值。

注：值为 0 的响应代码不是错误的响应代码，每个响应代码类型在 EDD 中都有定义。

词法结构

abort_on_response_code (code)

内置程序 ABORT_ON_RESPONSE_CODE 的词法元素如表 B.15 所示。

表 B.15　内置 ABORT_ON_RESPONSE_CODE

参数名	类型	指向	用法	描　　述
code	无符号长整型	I	m	为响应代码指定位掩码
〈return〉	长整型	O	m	在表 B.235 中指定的任何返回代码

B.16 内置程序 abs

用途

内置程序 abs 返回一个浮点值的绝对值。

词法结构

Abs (x)

内置程序 abs 的词法元素如表 B.16 所示。

表 B.16　内置程序 abs

参数名	类型	指向	用法	描　　述
x	双精度	I	m	浮点值
〈return〉	双精度	O	m	绝对值

B.17 内置程序 ACKNOWLEDGE

用途

内置程序 ACKNOWLEDGE 将显示一个提示并等待回车键按下，和内置 ACKNOWLEDGE 不同，提示不包含嵌入设备的 VARIABLE。

词法结构

ACKNOWLEDGE(prompt)

ACKNOWLEDGE 的词法元素如表 B.17 所示。

表 B.17　内置程序 ACKNOWLEDGE

参数名	类型	指向	用法	描　　述
prompt	字符[ ]	I	m	指定被显示的信息
〈return〉	整型	O	m	指定内置程序的返回值

用于返回值的符号名应是 SUCCESS。

B.18 内置程序 acknowledge

用途

内置程序 acknowledge 将显示提示信息并等待用户确认，提示信息可包括本地变量值和/或设备变量值。

词法结构

acknowledge (prompt, global_var_ids)

内置程序 acknowledge 的词法元素如表 B.18 所示。

表 B.18 内置程序 acknowledge

参数名	类型	指向	用法	描述
prompt	字符[]	I	m	指定被显示的信息
global_var_ids	整型数组	I	m	指定包含唯一 VARIABLE 实例标识的数组
〈return〉	整型	O	m	指定内置程序的返回值

用于返回值的符号名应是 SUCCESS。

B.19 内置程序 acos

用途

内置程序 acos 返回浮点值的反余弦。

词法结构

acos (x)

内置程序 acos 的词法元素如表 B.19 所示。

表 B.19 内置程序 acos

参数名	类型	指向	用法	描述
x	双精度	I	m	指定浮点值
〈return〉	双精度	O	m	返回的余弦

B.20 内置程序 add_abort_method(version A)

用途

内置程序 add_abort_method 将增加一个程序到终止程序列表中，如当前程序被终止，该程序列表被执行。终止程序列表一次能容纳 20 个程序，程序按照加到表中的顺序运行，并且同一程序可多次加到表中，每个 non_abort 程序执行后列表被清空。

add_abort_method 只在程序被终止时执行，而在正常条件下的程序退出时不执行该程序，由于当发送命令或内置掩码被调用时的终止掩码条件，程序可被终止。

词法结构

add_abort_method(abort_method_id)

内置程序 add_abort_method 的词法元素如表 B.20 所示。

表 B.20 内置程序 add_abort_method

参数名	类型	指向	用法	描述
abort_method_id	引用	I	m	指定 METHOD 实例的名字
〈return〉	整型	O	m	指定程序被成功加入列表中还是该列表已满

用于返回值的符号名应是 TRUE 或 FALSE。

B.21　内置程序 add_abort_method(version B)

用途

内置程序 add_abort_method 增加一个终止程序到所调用程序的终止程序列表中，终止程序列表是一旦程序终止就将被执行的程序列表。终止程序列表仅适用于当前执行的程序。

当响应代码或通信错误发生时，程序终止，它通过其他内置程序调用来设置触发终止程序。如 abort_on_all_comm_error 和 abort_on_all_reponse_codes，程序也可以通过对内置程序 method _abort 的直接调用，或当一个错误产生时，被明确地终止，程序执行的正常结束不被认为是终止。

程序开始执行时，中断列表开始为空表，终止程序加在列表的后面，并按照它们出现的顺序从列表的前面开始被删除和运行，例如，先进先出。在列表中，终止程序可以出现多次。

终止程序可以在程序间共享，也就是说，两个程序在它们各自的列表中可以有相同的终止程序。

method_id 参数是由编程人员采用 Builtin ITEM_ID 和程序名来指定，内置终止程序不能调用 add _abort_method。

词法结构

long

add-abort_method(method_id)

内置程序 add_abort_method 的词法元素如表 B.21 所示。

表 B.21　内置程序 add_abort_method

参数名	类型	指向	用法	描　　述
method_id	无符号长整型	I	m	指定程序的 ID
〈return〉	长整型	O	m	在表 B.235 中指定的任何返回代码

B.22　内置程序 asin

用途

内置程序 asin 返回浮点值的正弦。

词法结构

asin (x)

内置程序 asin 的词法元素如表 B.22 所示。

表 B.22　内置程序 asin

参数名	类型	指向	用法	描　　述
x	双精度	I	m	指定的浮点值
〈return〉	双精度	O	m	返回的正弦

B.23　内置程序 assign

用途

内置 assign 设置一个 VARIABLE 的值为另一个 VARIABLE 的值，设置目标 VARIABLE 的值等于源 VARIABLE 的值。

注：该内置程序是完成 ABN_GET_TYPE_VALUE 跟着 put_type_value 的一种简写。

参数 dst_id，src_id、dst_member_id 和 src_member_id 是采用内置 ITEM_ID 和 MEMBER_ID 和 VARIABLE 引用来指定，源 VARIABLE 和目标 VARIABLE 都具有相同的类型。

词法结构

long assign(dst_id,dst_member_id,src_id,src_member_id)

内置程序 assign 的词法元素如表 B.23 所示。

表 B.23 内置程序 assign

参数名	类型	指向	用法	描　　述
dst_id	无符号长整型	I	m	指定目标变量的项 ID
dst_member_id	无符号长整型	I	m	指定目标变量的成员 ID
src_id	无符号长整型	I	m	指定源变量的项 ID
src_id	无符号长整型	I	m	指定源变量的成员 ID
〈return〉	长整型	O	m	在表 B.235 中指定的任何返回代码

B.24 内置程序 assign_double

用途

内置程序 assign_double 用来给一个 VARIABLE 赋值。

词法结构

assign_double(device_var,new_value)

内置程序 assign_double 的词法元素如表 B.24 所示。

表 B.24 内置程序 assign_double

参数名	类型	指向	用法	描　　述
device_var	引用	I	m	指定变量名
new_value	双精度	I	m	指定引用变量的新值
〈return〉	整型	O	m	指定内置程序的返回值

如果赋值成功,返回值的符号名应是 TRUE,如果变量标识无效,则返回值的符号名应是 FALSE。

B.25 内置程序 assign_float

用途

内置程序 assign_float 为 VARIABLE 赋值。

词法结构

Assign_float(device_var,new_value)

内置程序 assign_float 的词法元素如表 B.25 所示。

表 B.25 内置程序 assign_float

参数名	类型	指向	用法	描　　述
device_var	引用	I	m	指定变量名
new_value	双精度	I	m	指定引用变量的新值
〈return〉	整型	O	m	指定内置程序的返回值

B.26 内置程序 assign_int

用途

内置程序 assign_int 为 VARIABLE 赋值。

词法结构

assign_int(device_var,new_value)

内置程序 assign_int 的词法元素如表 B.26 所示。

表 B.26 内置程序 assign_int

参数名	类型	指向	用法	描述
device_var	引用	I	m	指定变量名
new_value	整型	I	m	指定引用变量的新值
〈return〉	整型	O	m	指定内置程序的返回值

如果赋值成功,返回值的符号名应是 TRUE,如果变量标识无效,则返回值的符号名应是 FALSE。

B.27 内置程序 assign_var

用途

内置程序 assign_var 把源 VARIABLE 的值赋给目标 VARIABLE。两个变量应有相同的类型。

词法结构

assign_var(destination_var,source_var)

内置的程序 assign_var 的词法元素如表 B.27 所示。

表 B.27 内置程序 assign_var

参数名	类型	指向	用法	描述
destination_var	引用	I	m	指定目标变量名
source_var	引用	I	m	指定源变量名
〈return〉	整型	O	m	指定内置程序的返回值

如果赋值成功,返回值的符号名应是 TRUE,如果变量标识无效,则返回值的符号名应是 FALSE。

B.28 内置程序 atan

用途

内置程序 atan 返回浮点值的反正切。

词法结构

atan(x)

内置程 atan 的词法元素如表 B.28 所示。

表 B.28 内置程序 atan

参数名	类型	指向	用法	描述
x	双精度	I	m	指定的浮点值
〈return〉	双精度	O	m	返回的正切

B.29　内置程序 ATOF

用途

内置程序将字符串转换为浮点值。

词法结构

ATOF (string)

内置程序 ATOF 的词法元素如表 B.29 所示。

表 B.29　内置程序 ATOF

参数名	类型	指向	用法	描　　述
string	DD_STRING	I	m	指定的用于转换的字符串
〈return〉	双精度	O	m	指定内置程序的返回值

B.30　内置程序 atof

用途

该内置程序把文本转换成浮点值。

词法结构

atof(str)

内置程序 atof 的词法元素如表 B.30 所示。

表 B.30　内置程序 atof

参数名	类型	指向	用法	描　　述
str	字符[]	I	m	指定被转换的文本
〈return〉	浮点	O	m	指定内置程序的返回值

B.31　内置程序 ATOI

用途

内置程序 ATOI 将字符串转换为整型值。

词法结构

ATOI (str)

内置程序 ATOI 的词法元素如表 B.31 所示。

表 B.31　内置程序 ATOI

参数名	类型	指向	用法	描　　述
str	DD_STRING	I	m	指定的用于转换的字符串
〈return〉	整型	O	m	指定内置程序的返回值

B.32　内置程序 atoi

用途

该内置程序把一个文本转换成整型值

词法结构

atoi(str)

内置程序 atoi 的词法结构如表 B.32 所示。

表 B.32 内置程序 atoi

参数名	类型	指向	用法	描 述
str	字符[]	I	m	指定被转换的文本
〈return〉	整型	O	m	指定内置程序的返回值

B.33 内置程序 BUILD_MESSAGE

用于

内置程序 BUILD_MASSAGE 返回一个基于格式化规范的字符串。任何包含在该格式化字符串内的变量引用将被扩展为当前值,程序局部变量和 DD 变量能在消息参数中被引用。更多信息,参见内置程序 PUT_MESSAGE。

词法结构

BUILD_MESSAGE(string)

内置程序 BUILD_MESSAGE 的词法元素如表 B.33 所示。

表 B.33 内置程序 BUILD_MESSAGE

参数名	类型	指向	用法	描 述
string	DD_STRING	I	m	指定的格式化规范
〈return〉	DD_STRING	O	m	返回的格式化字符串

B.34 内置程序 cbrt

用途

内置程序 cbrt 返回浮点值的立方根。

词法结构

cbrt (x)

内置程序 cbrt 的词法元素如表 B.34 所示。

表 B.34 内置程序 cbrt

参数名	类型	指向	用法	描 述
x	双精度	I	m	指定的浮点值
〈return〉	双精度	O	m	返回的立方根

B.35 内置程序 ceil

用途

内置程序 ceil 返回不超过指定浮点值的最小整数值。

词法结构

ceil (x)

内置程序 ceil 的词法元素如表 B.35 所示。

表 B.35 内置程序 ceil

参数名	类型	指向	用法	描 述
x	双精度	I	m	指定的浮点值
〈return〉	双精度	O	m	返回的上限值

B.36 内置程序 cos

用途

内置程序 cos 返回浮点值的余弦。

词法结构

cos（x）

内置程序 cos 的词法元素如表 B.36 所示。

表 B.36 内置程序 cos

参数名	类型	指向	用法	描述
x	双精度	I	m	指定的浮点值
〈return〉	双精度	O	m	返回的正弦

B.37 内置程序 cosh

用途

内置程序 cosh 返回浮点值的双曲余弦。

词法结构

cosh(x)

内置程序 cosh 的词法元素如表 B.37 所示。

表 B.37 内置程序 cosh

参数名	类型	指向	用法	描述
x	双精度	I	m	指定的浮点值
〈return〉	双精度	O	m	返回的双曲余弦

B.38 内置程序 dassign

用途

内置程序 dassign 给 VARIABLE 赋值。

词法结构

dassign(device_var,new_value)

内置程序 dassign 的词法元素如表 B.38 所示。

表 B.38 内置 dassign

参数名	类型	指向	用法	描述
device_var	引用	I	m	指定变量的名字
new_value	双精度	I	m	指定被引用变量的新值
〈return〉	整型	O	m	指定内置程序的返回值

如果赋值成功，返回值的符号名应是 TRUE，如果变量标识无效，则返回值的符号名应是 FALSE。

B.39 内置程序 Date_to_DayOfMontrh

用途

内置程序 Date_to_DayOfMonth 通过自 1900 年 1 月 1 日以来所给定的天数计算月份中的日期。

词法结构

Date_to_DayOfMonth (date)

内置程序 Date_to_DayOfMonth 的词法元素如表 B.39 所示。

表 B.39 内置程序 Date_to_DayOfMonth

参数名	类型	指向	用法	描述
date	长整型	I	m	指定天数。EDD 应用程序支持长整型与 DATE 间的隐式类型转换，因此该内置程序也接受 DATE 类型
〈return〉	整型	O	m	返回月份中的某一天

B.40 内置程序 Date_to_Month

用途

内置程序 Date_to_Month 通过自 1900 年 1 月 1 日以来所给定的天数计算月份。

词法结构

Date_to_Month (date)

内置程序 Date_to_Month 的词法元素如表 B.40 所示。

表 B.40 内置程序 Date_to_Month

参数名	类型	指向	用法	描述
date	长整型	I	m	指定天数。EDD 应用程序支持长整型与 DATE 间的隐式类型转换，因此该内置程序也接受 DATE 类型
〈return〉	整型	O	m	返回月份

B.41 内置程序 Date_to_Year

用途

内置程序 Date_to_Year 通过自 1900 年 1 月 1 日以来所给定的天数计算年份。

词法结构

Date_to_Year (date)

内置程序 Date_to_Year 的词法元素如表 B.41 所示。

表 B.41 内置程序 Date_to_Year

参数名	类型	指向	用法	描述
date	长整型	I	m	指定天数。EDD 应用程序支持长整型与 DATE 间的隐式类型转换，因此该内置程序也接受 DATE 类型
〈return〉	整型	O	m	返回从 1900 年 1 月 1 日以来的月份

B.42 内置程序 DELAY

用途

内置程序 DELAY 将显示提示消息，并按指定的秒数暂停。提示可以包括局部变量值(见内置程序 put_message 的词法结构)，但提示不可以包括设备变量值。延迟时间应是一个正数。

注 1：先前显示的消息不保证保留在屏幕上。

注 2：在每次对该功能调用后，一些 EDD 应用程序会清除显示。

词法结构

DELAY (delay_time，promt)

内置程序 DELAY 的词法元素如表 B.42 所示。

表 B.42 内置程序 DELAY

参数名	类型	指向	用法	描述
delay_time	无符号整型	I	m	指定的延迟秒数
prompt	字符[]	I	m	指定用于显示的消息
〈return〉	VOID	—	—	—

B.43 内置程序 delay

用途

内置程序 DELAY 用来显示提示信息并按指定的秒数暂停一会儿，提示信息包括本地变量值(见内置 Put_message 的词法结构)，提示信息不包含设备的变量值。延迟时间应是一个正数。

注 1：以前显示的信息不能保证继续保留在屏幕上。

注 2：在每次对该功能调用后，一些 EDD 应用程序会清除显示。

词法结构

delay (delay_time, prompt,global_var_ids)

内置程序 DELAY 的词法元素如表 B.43 所示。

表 B.43 内置程序 Delay

参数名	类型	指向	用法	描述
delay_time	无符号整型数	I	m	按秒数指定延迟
prompt	字符[]	I	m	指定用于显示的信息
global_var_ids	整型数组	I	m	指定一个包含 VARIABLE 实例唯一标识的数组
〈return〉	VOID	—	—	—

B.44 内置程序 DELAY_TIME

用途

内置程序 DELAY_TIME 可以使程序按指定的秒数暂停，延迟时间应是一个正数。

词法结构

DELAY_TIME(delay_time)

内置程序 DELAY_TIME 的词法元素如表 B.44 所示。

表 B.44 内置程序 DELAY_TIME

参数名	类型	指向	用法	描述
delay_time	无符号整型数	I	m	按秒数指定延迟
〈return〉	VOID	—	—	—

B.45 内置程序 delayfor

用途

内置程序 delayfor 在应用程序显示上输出一字符串并按分配的时间数等待后终止。VARIABLE 值以形式化的信息嵌入到信息字符串中。

词法结构

delayfor(duration,prompt,ids,indices,id_count)

内置程序 delayfor 的词法元素如表 B.45 所示。

表 B.45 内置程序 delayfor

参数名	类型	指向	用法	描　　述
duration	长整型	I	m	按秒数指定延迟
prompt	字符[]	I	m	指定被显示的信息
ids	无符号长整型数组	I	m	指定用于提示信息中 VARIABLE 实例的项 ID
indices	无符号长整型数组	I	m	指定用于提示信息中 VARIABLE 的成员 ID 或数组,如果没有成员 ID 或数组目录,该值设为零
id_count	长整型	I	m	为数组标识和目录指定数组元素的号数,如果数组标识和目录为 NULL,该值设为零
〈return〉	长整型	O	m	在表 B.235 中指定的任何返回代码

B.46 内置 DICT_ID

用途

内置程序 DICT_ID 可用来为获得 stddict_string 的调用指定一个文本字典 ID,它将一个文本字典名字转换成一个文本字典 ID,该内置程序由 EDD 工具处理,为所提供的字典名字生成字典 ID,EDD 工具对 DICT_ID(名字)替换的值是一个无符号长整型数。

一个文本字典的输入包括三个部分:一个独立的 ID,一个名字,和一个多语言描述。这个功能采用文本字典名检索唯一的 ID。

词法结构

DICR_ID(name)

内置程序 DICT_ID 的词法元素如表 B.46 所示。

表 B.46 内置程序 DICT_ID

参数名	类型	指向	用法	描　　述
name	字符[]	I	m	指定字典的名字
〈return〉	长整型	O	m	为以命名字符串指定字典 ID

B.47 内置程序 discard_on_exit

用途

对存储在高速缓存 EDD 应用程序 VARIABLE 表中的 VARIABLE 值,内置程序 discard_on_exit 设置结束动作来放弃任何由程序产生修改,该修改还未被送到设备。它导致程序结束时放弃对变量表中变量值的修改。

当程序修改了在高速缓存 EDD 应用程序中的 VARIABLE 值时,它也修改了该值的驻留备份,该修改只在这个程序的生命周期内有效。要修改设备中的该值,程序应把该值送到设备中或调用 send_on_exit。要只在变量表中保存该值(而不是发送它们到设备中),应调用内置程序 save_on_exit。

程序终止后,变量表中被修改的值返回给设备,替换在被程序修改前已存在的值。

所有已修改但没有发送给设备的值,都是在程序终止时对这些值作处理,要么放弃它们、要么发送它们给设备、要么按某种方法保存这种修改,使它们在程序结束后也有效(但不影响设备的值)。

本内置程序在非高速缓存EDD应用程序中不产生任何动作,因为所有的参数值都被直接写到设备中。

如果一个过程在退出之前未调用 discard_on_exit、save_on_exit 或 send_on_exit,任何内置程序修改的值将被放弃,就象内置程序 discad_on_exit 被调用了一样。

词法结构

discard_on_exit(VOID)

内置程序 discard_on_exit 的词法元素如表 B.47 所示。

表 B.47　内置程序 discard_on_exit

参数名	类型	指向	用法	描　　述
〈return〉	VOID	—	—	—

B.48　内置程序 display

用途

内置程序 display 在屏幕上显示指定的信息,并不断的更新字符串中的动态 VARIABLE 值(参考 put_message 的语法结构)。在操作员确认之前 VARIABLE 将一直被更新。

注 1:以前显示的信息不能被保证继续保留在屏幕上。

注 2:在每次对该功能调用后,一些 EDD 应用程序会清除显示。

词法结构

display (ptompt,global_var_ids)

内置程序 display 的词法元素如表 B.48 所示。

表 B.48　内置程序 display

参数名	类型	指向	用法	描　　述
prompt	字符[]	I	m	指定被显示的信息
global_var_ids	整型数组	I	m	指定包含 VARIABLE 实例的唯一标识的数组
〈return〉	VOID	—	—	—

B.49　内置程序 display_builtin_error

用途

内置程序 display_builtin_error 在应用程序显示设备上显示一个关于指定内置程序错误的文本,在用户确认这个信息之前,该内置显示不向程序返回控制。

注 1:本内置程序对内置子程序调用提供了一个调试的方法,它将返回一个错误。因为内置程序返回的错误类型不能被已完全调试好的程序所接受,所以它不能用在最终版的程序中。

注 2:内置程序错误代码应定义在一个文件中。

词法结构

display_builtin_error (error)

内置程序 display_builtin_error 的词法元素如表 B.49 所示。

表 B.49　内置程序 display_builtin_error

参数名	类型	指向	用法	描　　述
error	长整型	I	m	指定内置程序错误代码
〈return〉	长整型	O	m	在表 B.235 中指定的任何返回代码

B.50　内置程序 display_comm_error

用途

内置程序 display_comm_error 在应用程序显示设备上显示关于通信错误的文本字符串。

注 1：0 通讯错误不被认为是一个通讯错误。

注 2：只有用户确认信息之后，内置程序才返回控制给程序。

在内部，本内置程序调用内置程序 get_comm_error_string 以得到相关文本串，调用内置程序 get_ackowledgement 以显示相关文本串并等待用户确认。

通信错误代码由协会定义，它们相关的文本串在文本字典中定义。

词法结构

display_comm_error(error)

内置程序 display_comm_error 的词法元素如表 B.50 所示。

表 B.50　内置程序 display_comm_error

参数名	类型	指向	用法	描　　述
error	无符号长整型	I	m	指定通信错误代码
〈return〉	长整型	O	m	在表 B.235 中指定的任何返回代码

B.51　内置 display_comm_status

用途

内置程序 display_comm_status 显示与 comm_status_value 字节值相关的字符串。该消息会保留在屏幕上直到操作员做出确认。

注 1：以前显示的信息不能被保证继续保留在屏幕上。

注 2：在每次对该功能调用后，一些 EDD 应用程序会清除显示。

词法结构

displaly_comm_ststus(comm_status_value)

内置程序 displaly_comm_status 的词法元素如表 B.51 所示。

表 B.51　内置程序 display_comm_status

参数名	类型	指向	用法	描　　述
comm_status_value	整型	I	m	指定通信错误代码
〈return〉	VOID	—	—	—

B.52　内置程序 display_device_status

用途

内置程序 display_device_status 将显示与指定 device_status 字节相关的字符串，该显示的字符串将保留，直到操作者做出确认。

注 1：以前显示的信息不能被保证继续保留在屏幕上。

注 2：在每次对该功能调用后，一些 EDD 应用程序会清除显示。

词法结构

display_device_status(device_status_value)

内置程序 displayl_device_status 的词法元素如表 B.52 所示。

表 B.52　内置程序 display_device_status

参数名	类型	指向	用法	描　　述
device_status_value	整型	I	m	指定设备状态代码
〈return〉	VOID	—	—	—

B.53　内置程序 display_dynamics

用途

内置程序 display_dynamics 在应用程序输出设备上连续显示一个信息，内置程序持续更新指定的值，直到被用户中断，在用户中断前控制不返回给程序(应用程序代码扫描确认信息，内置程序等待应用代码接受用户的干涉、检查它，并返回控制给程序)。

VARIABLE 值可作形式化信息嵌入到文本串中，该调用可被用于设备 VARIABLE 或本地程序 VARLABLE，该调用的主要目的是显示用户每隔一个周期时间想要观察的设备值信息。

词法结构

display_dynamics(prompt, ids, indices, id_count)

内置程序 display_dynamics 的词法元素如表 B.53 所示。

表 B.53　内置程序 display_dynamics

参数名	类型	指向	用法	描　　述
prompt	字符[]	I	m	指定被显示的信息
ids	无符号长整型数组	I	m	指定用于提示信息的 VARIABLE 的项 ID
indices	无符号长整型数组	I	m	指定用于提示信息中的 VARIABLE 的成员 ID 和数组索引，如果没有成员 ID 和数组索引，该值设为零
id_count	长整型	I	m	为数组标识和目录指定数组元素的号数，如果数组标识和目录为 NULL，该值设为零
〈return〉	长整型	O	m	在表 B.235 中指定的任何返回代码

B.54　内置程序 display_message

用途

内置程序 display_message 在应用程序输出设备上显示一个信息，它不要求用户确认就返回控制给程序。

设备、本地程序变量值和设备 VARIABLE 的标签可作形式化信息嵌入到提示字符串中，该调用用于告诉系统用户不需任何动作的状态变化。

词法结构

display_message(prompt, ids, indices, id_count)

内置程序 display_message 的词法元素见表 B.54 所示。

表 B.54 内置程序 display_ message

参数名	类型	指向	用法	描述
prompt	字符[]	I	m	指定被显示的信息
ids	无符号长整型数组	I	m	指定用于提示信息的 VARIABLE 的项 ID
indices	无符号长整型数组	I	m	指定用于提示信息中的 VARIABLE 的成员 ID 和数组索引,如果没有成员 ID 和数组索引,该值设为零
id_count	长整型	I	m	为数组标识和目录指定数组元素的编号,如果数组标识和目录为 NULL,该值设为零
〈return〉	长整型	O	m	在表 B.235 中指定的任何返回代码

B.55 内置程序 display_response_code

用途

内置程序 display_response_code 对某一项显示了响应代码的描述,在用户确认该信息之前,该显示内置程序不返回控制给程序。

在内部,本内置程序调用内置程序 get_response_code_string 以得到相关的文本串,调用内置程序 get_aknowledgement 以显示相关的文本字符串,并等待用户的确认。

响应代码是一个表示应用程序特定错误条件的值,0 响应代码值不被认为是错误响应代码。每一个响应代码和响应代码类型都在 EDD 中定义。

参数标识和 member_id 都与一个参数有关,在它被最后一次读或写后,应有与它相关的响应代码。参数 id 和 memebr_id 是采用内置 ITEM_ID 和 MEMBER_ID、以及请求中 VARIABLE 的名字或引用来指定的。

词法结构

display_response_code(id,member_id,code)

内置程序 display_response_code 的词法元素如表 B.55 所示。

表 B.55 内置程序 display_response_code

参数名	类型	指向	用法	描述
id	无符号长整型	I	m	指定生成响应代码各项的项 ID
member_id	无符号长整型	I	m	指定生成响应代码各项的成员 ID
code	无符号长整型	I	m	按照从内置程序 get_response_code 所接受到的指定响应代码
〈return〉	长整型	O	m	在表 B.235 中指定的任何返回代码

B.56 内置程序 display_response_status

用途

内置程序 display_response_status 将显示与 response_code 字节相关的字符串。显示的字符串一直保留在屏幕上,直到操作员作出确认。

注1：以前显示的信息不能被保证继续保留在屏幕上。

注2：在每次对该功能调用后，一些 EDD 应用程序会清除显示。

词法结构

display_response_status(response_code_value)

内置程序 display_response_status 的词法元素如表 B.56 所示。

表 B.56　内置程序 display_response_status

参数名	类型	指向	用法	描　述
Response_code	整型	I	m	指定在提示中显示的响应代码
〈return〉	VOID	—	—	—

B.57　内置程序 display_xmtr_status

用途

内置程序 display_xmtr_status 显示与指定变送器 VARIABLE 的特定值相关的字符串，所显示的字符串一直保留在屏幕上，直到操作员作出确认。

注1：以前显示的信息不能被保证继续保留在屏幕上。

注2：在每次对该功能调用后，一些 EDD 应用程序会清除显示。

词法结构

display_xmtr_status(xmtr_variable,response_code_value)

内置程序 display_xmtr_status 的词法元素如表 B.57 所示。

表 B.57　内置程序 display_ xmtr_status

参数名	类型	指向	用法	描　述
xmtr_variable	整型	I	m	指定对一个 VARIABLE 实例的引用
Response_code	整型	I	m	指定响应代码的值
〈return〉	VOID	—	—	—

B.58　内置程序 edit_device_value

用途

内置程序 edit_device_value 对由 param_id 和 param_member_id 所指定的设备值显示提示，用户可编辑该显示值。

注：设备值可驻留在高速缓存 EDD 应用程序的 VARIABLE 表中，在程序终止前或该值通过程序明确地被发送给设备之前，该值不能被写到设备。

VARIABLE 值可作形式化信息嵌入到信息字符串中，应用程序编辑和修改该值输入给设备值，该编辑是基于在原始 EDD 中对每一个 VARIABLE 所定义的 VARIABLE 算法类型，与 VARIABLE 相关的 EDDL 属性包括：

- HANDLING
- DISPLAY_FORMAT
- EDIT_FORMAT
- MIN_VALUE
- MAX_VALUE

词法结构

edit_device_value(prompt,ids,indices,id_count,param_id,param_member_id)

内置程序 edit_device_value 的词法元素如表 B.58 所示。

表 B.58 内置程序 edit_device_value

参数名	类型	指向	用法	描述
prompt	字符[]	I	m	指定被显示的信息
ids	无符号长整型数组	I	m	指定用于提示信息的 VARIABLE 的项 ID
indices	无符号长整型数组	I	m	指定用于提示信息中的 VARIABLE 的成员 ID 和数组索引，如果没有成员 ID 和数组索引，该值设为零
id_count	长整型	I	m	为数组标识和目录指定数组元素的号数，如果数组标识和目录为 NULL，该值设为零
param_id	无符号长整型	I	m	指定被修改 VARIABLE 的项 ID
param_member_id	无符号长整型	I	m	指定被修改 VARIABLE 的成员 ID
〈return〉	长整型	O	m	在表 B.235 中指定的任何返回代码

B.59 内置程序 edit_local_value

用途

内置程序 edit_local_value 用由参数 local_var 指定的本地程序 VARIABLE 名字显示一个提示，local_var 参数是一个无终止符的 C 字符串字符，用户可编辑本地程序 VARIABLE 的显示值。

VARIABLE 值可作形式化信息嵌入到信息字符串中，EDD 应用程序可靠地防止了只执行基于 VARIABLE 类型检查所返回的无效值，程序将对返回值执行范围检查。

词法结构

edit_local_value(prompt,ids,indices,id_count,local_var)

内置程序 edit_local_value 的词法元素如表 B.59 所示。

表 B.59 内置程序 edit_local_value

参数名	类型	指向	用法	描述
prompt	字符[]	I	m	指定被显示的信息
ids	无符号长整型数组	I	m	指定用于提示信息的 VARIABLE 的项 ID
indices	无符号长整型数组	I	m	指定用于提示信息中的 VARIABLE 的成员 ID 和数组索引，如果没有成员 ID 和数组索引，该值设为零
id_count	长整型	I	m	为数组标识和目录指定数组元素的号数，如果数组标识和目录为 NULL，该值设为零
local_var	字符[]	I	m	指定将被修改的本地 VARIABLE 的名字
〈return〉	长整型	O	m	在表 B.235 中指定的任何返回代码

B.60 内置程序 exp

用途

内置程序 exp 返回浮点值的指数

词法结构

exp (x)

内置程序 exp 的词法元素如表 B.60 所示。

表 B.60 内置程序 exp

参数名	类型	指向	用法	描述
x	双精度	I	m	指定浮点值
〈return〉	双精度	O	m	返回的指数值

B.61 内置程序 ext_send_command

用途

内置程序 ext_send_command 与 send_command 函数具有相同功能，除了用命令 48 从设备返回的命令状态和数据字节不同。

该调用功能可靠地为返回的数据分配数组，cmd_status 和 more_data_status VARIABLE 是 3 字节数组的指针，并且 more_data_info VARIABLE 是一个大小等于按命令 48 由设备返回的数据字节数的数组指针(最大值 25)。如果状态位表明有多个数据存在返回(状态类别更多)，命令 48 被自动执行，如果命令 48 没有发布，more_data_status 和 more_data_info 字节被置为 0。

词法结构

ext_send_command (cmd_number, cmd_status, more_data_status, more_data_info)

内置程序 ext_send_command 的词法元素见表 B.61 所示。

表 B.61 内置程序 ext_send_command

参数名	类型	指向	用法	描述
cmd_number	整型	I	m	指定 COMMAND 数
cmd_status	字符[]	I	m	指定 COMMAND 状态
more_data_status	字符[]	I	m	指定是否更多的状态数据可用
more_data_info	字符[]	I	m	指定是否更多的信息可用
〈return〉	整型	O	m	指定内置程序的返回值

如果命令成功，则返回值的符号名应是 BI_SUCCESS；如果发送命令时产生错误，则返回值的符号名应是 BI_COMM_ERROR；或如果设备没找到，则返回值的符号名应是 BI_NO_DEVICE。

B.62 内置程序 ext_send_command_trans

用途

内置程序 ext_send_command_trans 用所指定的事务处理来传送命令给设备，该功能用于发送已被多事务处理定义的命令。

内置程序 ext_send_command_trans 与 send_command 函数具有相同功能，除了用命令 48 从设备返回的命令状态和数据字节不同。

该调用功能可靠地为返回的数据分配数组，cmd_status 和 more_data_status VARIABLE 是 3 字节数组的指针，并且更多的数据信息 VARIABLE 是一个数组指针，其大小等于按命令 48 由设备返回的数据字节数 (最大值 25)。如果命令 48 为发布，more_data_status 和 more_data_info 字节被置为 0。

词法结构

ext_send_command_trans(cmd_number,transaction,cmd_status,
more_data_status,more_data_info)

内置程序 ext_send_command_trans 的词法元素如表 B.62 所示。

表 B.62 内置程序 ext_send_command_trans

参数名	类型	指向	用法	描述
cmd_number	整型	I	m	指定 COMMAND 数
transaction	整型	I	m	指定 TRANSACTION 的数
cmd_status	字符[]	I	m	指定 COMMAND 状态
more_data_status	字符[]	I	m	指定是否更多的状态数据可用
more_data_info	字符[]	I	m	指定是否更多的信息可用
〈return〉	整型	O	m	指定内置程序的返回值

如果命令成功,则返回值的符号名应是 BI_SUCCESS;如果发送命令时产生错误,则返回值的符号名应是 BI_COMM_ERROR;或如果设备没找到,则返回值的符号名应是 BI_NO_DEVICE。

B.63 内置程序 fail_on_all_comm_errors

用途

当任何通信错误被接收到时,内置程序 fail_on_all_comm_errors 表示内置程序向程序发送一个返回代码,替代终止程序或重试通信请求。

当任何通信错误发生时,内置程序 fail_on_all_comm_errors 预设内置程序发送一个通信错误代码给程序,替代终止程序或试图重试失败的通信请求程序。

当通信错误产生时,内置程序在返回错误 BLTIN_FAIL_COMM_ERROR 时执行一次通信请求。如果合适,程序可调用 get_comm_error 和随后的 get_comm_error_string 去获得关于错误的附加信息,然后显示该错误字符串。

词法结构

fail_on_all_comm_errors(VOID)

内置程序 fail_on_all_comm_errors 的词法元素如表 B.63 所示。

表 B.63 内置程序 fail_on_all_comm_errors

参数名	类型	指向	用法	描述
〈return〉	VOID	—	—	—

B.64 内置 fail_on_all_response_codes

用途

当任何响应代码被接收到时,内置程序 fail_on_all_response_codes 表示内置程序返回一内置程序错误代码给程序,代替终止程序或重试。

当任何响应代码被接收时,内置程序 fail_on_all_response_codes 预设内置程序发送返回代码给程序,代替终止程序或试图重试失败的通信请求程序。

当响应代码错误发生时,在返回错误 BLTIN_FALL_RESPONSE_CODE 时任何内置程序执行一请求。如果合适,程序可调用 get_comm_error 和随后的 get_comm_error_string 以获得关于错误的附加信息。

响应代码是一个表示应用程序特定错误条件的值。

注:0 响应代码值不被认为是错误响应代码,每一个响应代码和响应代码类型都在 EDD 中定义。

词法结构

fail_on_all_response_codes(VOID)

内置程序 fail_on_all_response_codes 的词法元素如表 B.64 所示。

表 B.64 内置程序 fail_on_all_response_codes

参数名	类型	指向	用法	描述
〈return〉	VOID	—	—	—

B.65 内置程序 fail_on_comm_error

用途

当通信错误被收到时,内置程序 fail_on_comm_error 表示内置程序返回一返回代码给程序以代替终止程序或重试。

当通信错误产生时,内置程序 fail_on_comm_error 预设内置程序返回一内置错误代码给程序,代替终止程序或试图重试一失败的通信请求。

当指定的通信错误产生时,在返回错误内置程序 fail_on_comm_error 时任何内置程序执行一请求,如果合适,程序可调用 get_comm_error 和随后的 get_comm_error_string 以获得关于错误的附加信息,随后显示它。

通信错误代码由协会定义,它们的相关字符串在文本字典中定义,0 通信错误不被认为是通信错误。

词法结构

fail_on_comm_error(error)

内置程序 fail_on_comm_error 的词法结构如表 B.65 所示。

表 B.65 内置 fail_on_comm_error

参数名	类型	指向	用法	描述
error	无符号长整型	I	m	指定通信错误代码
〈return〉	长整型	O	m	在表 B.235 中指定的任何返回代码

B.66 内置程序 fail_on_response_code

用途

当一个指定的错误响应代码被接收到时,内置程序 fail_on_response_code 设置内置程序向程序返回一个内置程序错误代码,代替终止程序或重试。

当响应代码错误产生时,内置程序 fail_on_response_code 预设内置程序返回一内置错误代码给程序,代替终止程序或重试一失败请求。

当响应代码错误产生时,在返回错误 BLTIN_FAIL_RESPONSE_CODE 时任何内置程序执行一请求,如果合适,程序可调用 get_comm_error 和随后的 get_comm_error_string 以获得关于错误的附加信息,然后显示它。

响应代码是一个表示应用程序特定错误代码的值。

注:0 响应代码值不被认为是一个错误响应代码,每一个响应代码和响应代码类型都在 EDD 中定义。

词法结构

fail_on_response_code(code)

内置程序 fail_on_response_code 的词法元素如表 B.66 所示。

表 B.66 内置程序 fail_on_ response_code

参数名	类型	指向	用法	描述
code	无符号长整型	I	m	指定响应代码
〈return〉	长整型	O	m	在表 B.235 中指定的任何返回代码

B.67 内置程序 fassign

用途

内置程序 fassign 给 VARIABLE 赋值。

词法结构

fassign(device_var,new_value)

内置程序 fassign 的词法元素如表 B.67 所示。

表 B.67 内置程序 fassign

参数名	类型	指向	用法	描述
device_var	引用	I	m	指定 VARIABLE 名
new-value	双精度	I	m	指定引用 VARIABLE 的新值
〈return〉	整型	O	m	指定内置程序的返回值

如果指派成功，返回值的符号名应为 TRUE；如果变量标识是无效的，返回值的符号名应为 FALSE。

B.68 内置 fgetval

用途

内置程序 fgetval 是特别计划用于预读写和读写后的程序，该功能将返回设备 VARIABLE 的值，就像它接收自所连接的设备。VARIABLE 值存入 EDD 应用程序之前，定标操作将被执行。

词法结构

fgetval(VOID)

内置程序 fgetval 的词法元素如表 B.68 所示。

表 B.68 内置程序 fgetval

参数名	类型	指向	用法	描述
〈return〉	双精度	O	m	指定变量的值

B.69 内置程序 float_value

用途

内置程序 float_value 返回指定 VARIABLE 的值。

词法结构

float_value(source_var_name)

内置程序 float_value 的词法元素如表 B.69 所示。

表 B.69 内置程序 float_value

参数名	类型	指向	用法	描述
source_var_name	引用	I	m	指定 VARIABLE 引用的名字
〈return〉	双精度	O	m	指定内置程序的返回值

B.70 内置程序 floor

用途

内置程序 floor 返回不超过指定浮点值的最大整数值。

词法结构

floor (x)

内置程序 floor 的词法元素如表 B.70 所示。

表 B.70 内置程序 floor

参数名	类型	指向	用法	描述
x	双精度	I	m	指定的浮点值
〈return〉	双精度	O	m	返回的下限值

B.71 内置程序 fmod

用途

内置程序 fmod 返回两个浮点数相除后的浮点余数。

词法结构

fmod (x,y)

内置程序 fmod 的词法元素如表 B.71 所示。

表 B.71 内置程序 fmod

参数名	类型	指向	用法	描述
x	双精度	I	m	指定的分子
y	双精度	I	m	指定的分母
〈return〉	双精度	O	m	返回余数

B.72 内置程序 fsetval

用途

内置程序 fsetval 设置了浮点类型 VARIABLE 的值，为此，预先/之后动作已被指派给所指定的值。

Fsetval 功能特别计划用于预读写和事后读写的程序，该功能将设置设备 VARIABLE 值为指定的值。

词法结构

fsetval(value)

内置程序 fsetval 的词法元素如表 B.72 所示。

表 B.72 内置程序 fsetval

参数名	类型	指向	用法	描述
value	双精度	I	m	指定 VARIABLE 的新值
〈return〉	双精度	O	m	指定变量的值

B.73 内置程序 ftoa

用途

本内置程序把一个浮点值转换成一个文本字符串。

词法结构

ftoa(f)

内置程序 ftoa 的词法元素如表 B.73 所示。

表 B.73 内置程序 ftoa

参数名	类型	指向	用法	描述
f	浮点	I	m	指定将转换成文本值的浮点值
〈return〉	字符[]	O	m	指定返回的文本

B.74 内置程序 fvar_value

用途

内置程序 fvar_value 返回指定的 VARIABLE 值。

词法结构

fvar_value(source_var)

内置程序 fvar_value 的词法元素如表 B.74 所示。

表 B.74 内置程序 fvar_value

参数名	类型	指向	用法	描述
source_var	引用	I	m	指定 VARIABLE 引用的名字
〈return〉	双精度	O	m	指定内置程序的返回值

B.75 内置程序 get_acknowledgement

用途

内置程序 get_acknowlegement 用来在应用程序显示设备上显示已提供的提示，并在用户确认信息后返回给程序，VARIABLE 值以形式化信息嵌入到信息字符串中。

词法结构

get_acknowledgement(prompt,ids,indices,id_count)

内置程序 get_acknowledgement 的词法元素如表 B.75 所示。

表 B.75 内置程序 get_acknowledgement

参数名	类型	指向	用法	描述
prompt	字符[]	I	m	指定被显示的信息
ids	无符号长整型数组	I	m	指定用于提示信息的 VARIABLE 的项 ID

表 B.75（续）

参数名	类型	指向	用法	描述
indices	无符号长整型数组	I	m	指定用于提示信息中的 VARIABLE 的成员 ID 和数组索引，如果没有成员 ID 和数组索引，该值设为零
id_count	长整型	I	m	为数组标识和目录指定数组元素的号数，如果数组标识和目录为 NULL，该值设为零
〈return〉	长整型	O	m	在表 B.235 中指定的任何返回代码

B.76　内置程序 get_comm_error

用途

在内置程序返回 BLTIN_FALL_COMM_ERROR 代码的事件中，内置程序 get_comm_error 返回接受自应用程序的通信错误代码。

该内置程序主要用于调试用途，通过显示通信错误给程序编程人员看，以确定发生了什么样的通信故障。

在少数情况下，该程序可响应特殊的通信错误，但是，程序应按下列方法指定通信错误的交替处理。

- fail_on_all_comm_errors
- fail_on_comm_error
- abort_on_all_comm_errors
- ABORT_ON_COMM_ERROR

该交替处理可能导致在通信错误存在的基础上，程序终止或立即处理错误。

通信错误代码由协会定义，它们的相关字符串可在文本字典中定义。0 通信错误不被认为是通信错误，该内置程序获得上一次通信请求返回的通信错误代码。

词法结构

get_comm_error(VOID)

内置程序 get_comm_error 的词法元素如表 B.76 所示。

表 B.76　内置程序 get_comm_error

参数名	类型	指向	用法	描述
〈return〉	无符号长整型	O	m	指定通信错误代码

B.77　内置程序 get_comm_error_string

用途

内置程序 get_comm_error_string 在所提供的错误代码基础上，格式化了描述通信错误的描述字符串。如果可能，通信错误的描述被采用；如果描述不存在，带错误编号的缺省通信错误信息被采用。

词法结构

get_comm_error_string(error,string,maxlen)

内置程序 get_comm_error_string 的词法元素如表 B.77 所示。

表 B.77 内置程序 get_comm_error_string

参数名	类型	指向	用法	描述
error	无符号长整型	I	m	指定通信错误代码
string	字符[]	I	m	指定通信错误描述
maxlen	长整型	I	m	指定字符串的最大长度
〈return〉	长整型	O	m	在表 B.235 中指定的任何返回代码

B.78 内置程序 get_date

用途

内置程序 get_date 重试正被操作的当前未定标 VARIABLE 日期值，该内置程序仅由与 pre_edit，post-edit，post_read 或 pre_write 动作有关的程序调用。

当 pre_edit，post-edit，post_read 或 pre_write 动作中的一个被定义成属性的 VARIABLE 被应用程序、用户程序、或编辑程序读或写时，与这些动作有关的程序就被运行。

词法结构

get_date(date,size)

内置程序 get_date 的词法元素如表 B.78 所示。

表 B.78 内置程序 get_date

参数名	类型	指向	用法	描述
date	字符[]	I	m	指定 VARIABLE 的返回值，本字节缓冲器的结构在本规范中定义，本输出参数应指出有效的存储介质
size	长整型	I	m	指定 VARIABLE 的返回长度，本输出参数应指出有效的存储介质
〈return〉	长整型	O	m	在表 B.235 中指定的任何返回代码

B.79 内置程序 get_date_value

用途

内置程序 get_date_value 重试来自 VARIABLE 表(高速缓存 EDD 应用程序)或设备所指定 VARIABLE 的当前未定标值，并返回这个值。

该值是一个包含最多八个字符的字节缓冲器，并包含设备类型的日期和时间、时间或持续时间 VARIABLE。

词法结构

get_date_value(id,member_id,date,size)

内置程序 get_date_value 的词法元素如表 B.79 所示。

表 B.79 内置程序 get_date_value

参数名	类型	指向	用法	描述
id	无符号长整型	I	m	指定 VARIABLE 引用的 ID
member_id	无符号长整型	I	m	指定 BLOCK_A、PARAMETER_LIST、RECORD、VALUE_ARRAY、COLLECTION 或 REFERENCE_ARRAY 的成员 ID

表 B.79（续）

参数名	类型	指向	用法	描述
date	字符[]	I	m	为内置程序的结果指定最大 8 个字节缓冲器
size	长整型	I	m	指定已用缓冲器的大小
〈return〉	长整型	O	m	在表 B.235 中指定的任何返回代码

B.80 内置程序 get_dds_error

用途

内置程序 get_dds_error 提供一种对返回错误的内置子程序的调试调用方法，它不能被用在最终版的程序中，因为用 get_dds_error 返回的错误类型不能被完全调试好的程序所接受。

在错误返回 BLTIN_DDS_ERRO 被接受到之后，程序将确定实际接受到的 EDD 错误，作为选择，按长度分配的字符指针应被传递以从错误获得其文本。

返回的 EDD 错误和选择性描述都是针对最新的 EDD 错误。

返回由上次调用所生成的 EDD 错误，并选择性地返回描述该错误的文本字符串。

词法结构

get_dds_error(string,maxlen)

内置程序 get_dds_error 的词法元素如表 B.80 所示。

表 B.80 内置程序 get_dds_error

参数名	类型	指向	用法	描述
string	字符[]	I	m	对错误的文本描述指定一个指针
maxlen	长整型	I	m	按字节指定可选的输出缓冲器(字符串)的最大长度，本参数只有当参数字符串被分配给错误信息时才是有意义的
〈return〉	长整型	O	m	指定由以前内置程序调用生成的错误代码

B.81 内置程序 GET_DEV_VAR_VALUE

用途

内置程序 GET_DEV_VAR_VALUE 将显示指定的提示信息，并允许用户编辑设备 VARIABLE 的值。当输入新的值时，设备 VARIABLE 值的副本将被更新，但不发送给设备。用一个发送命令功能可明确地完成本内置程序。

提示不包含嵌入的本地和/或设备 VARIABLE 的值。

注 1：以前显示的信息不能被保证继续保留在屏幕上。

注 2：在每次对该功能调用后，一些 EDD 应用程序会清除显示。

词法结构

GET_DEV_VAR_VALUE(prompt,device_var_name)

内置程序 GET_DEV_VAR_VALUE 的词法元素如表 B.81 所示。

表 B.81 内置程序 GET_DEV_VAR_VALUE

参数名	类型	指向	用法	描述
prompt	字符[]	I	m	指定被显示的信息
device_var_name	引用	I	m	指定 VARIABLE 的引用名，它可以被编辑
〈return〉	整型	O	m	指定内置程序的返回值

如果变量被成功修改,返回值的符号名应是 BI_SUCCESS;如果在输入新值或访问指定变量是发生错误,在返回值的符号名应是 BI_ERROR。

B.82 内置程序 get_dev_var_value

用途

内置程序 GET_DEV_VAR_VALUE 将显示指定的提示信息,并允许用户编辑设备 VARIABLE 的值。当输入新的值时,更新设备 VARIABLE 值的副本,但不发送给设备。用一个发送命令功能可明确地完成本内置程序。

提示不包含嵌入的本地和/或设备 VARIABLE 的值(见内置程序 PUT_MESSAGE)。

注 1:以前显示的信息不能被保证继续保留在屏幕上。

注 2:在每次对该功能调用后,一些 EDD 应用程序会清除显示。

词法结构

get_dev_var_value(prompt,global_var_ids,device_var_name)

内置程序 get_dev_var_value 的词法元素如表 B.82 所示。

表 B.82 内置程序 get_dev_var_value

参数名	类型	指向	用法	描述
prompt	字符[]	I	m	指定被显示的信息
global_var_ids	整型数组	I	m	指定包含 VARIABLE 实例的唯一标识的数组
device_var_name	引用	I	m	指定 VARIABLE 的名称,它可以被编辑
〈return〉	整型	O	m	指定如果 VARIABLE 被成功修改或者如果输入新值或访问指定的 VARIABLE 时产生错误时的状态

如果变量被成功修改,返回值的符号名应是 BI_SUCCESS;如果在输入新值或访问指定变量是发生错误,在返回值的符号名应是 BI_ERROR。

B.83 内置程序 get_dictionary_string

用途

内置程序 get_dictionary_string 将按当前语言用给出的名字检索文本字典字符串,如果在当前语言中该字符串不存在,英语字符串将被检索。如果该字符串在所有语言中都没有被定义,就产生一错误条件,并且功能将返回 FALSE。如果该字符串长度超过 max_str_len,该字符串将被截断。当参数 dict_string_name 出现文本字典中时是字符串的名字。

词法结构

get_dictionary_string(dict_string_name,string,max_str_len)

内置程序 get_dictionary_string 的词法元素如表 B.83 所示。

表 B.83 内置程序 get_dictionary_string

参数名	类型	指向	用法	描述
dict_string_name	引用	I	m	指定字典入口的名字
string	字符[]	I	m	指定结果字符串的缓冲器
max_str_len	整型	I	m	指定缓冲器的最大长度
〈return〉	整型	O	m	指定如果成功的状态

如果成功,返回值的符号名应是 TRUE;如果字符串没找到,返回值的符号名为 FALSE。

B.84 内置程序 get_double

用途

内置程序 get_double 检索正在被操作 VARIABLE 的当前未定标双精度值。

得到当前双精度 VARIABLE 值就像直接从设备中读出一样。

只有程序相关的 pre_edit,post-edit,post_read 或 pre_write 动作,才调用内置程序 get_double。

当 VARIABLE 的 pre_edit、post-edit、post_read 或 pre_write 动作之一已被定义为一种属性时,与之有关的程序才在被应用程序或其他程序读取时运行。

词法结构

get_double(value)

内置程序 get_double 的词法元素如表 B.84 所示。

表 B.84 内置程序 get_double

参数名	类型	指向	用法	描述
value	双精度	O	m	指定的 VARIABLE 返回值
〈return〉	整型	O	m	在表 B.235 中指定的任何返回代码

B.85 内置程序 get_double_value

用途

内置程序 get_double_value 从变量表(高速缓存 EDD 应用程序)或设备中检索当前指定 VARIABLE 的未定标值,并返回该值。

参数标识和成员标识用内置 ITEM_ID 和 MEMBER_ID 以及变量的名字或引用指定。

VARIABLE 是一个双精度数据类型,并且在 VARIABLE 表或设备中是一个有效的变量。

词法结构

get_double_value(id,member_id,value)

内置程序 get_double_value 的词法元素如表 B.85 所示。

表 B.85 内置程序 get_double_value

参数名	类型	指向	用法	描述
id	无符号整型数	I	m	指定要访问的 VARIABLEID 的项 ID
member_id	无符号整型数	I	m	指定要访问的 VARIABLE 的成员 ID
value	双精度	O	m	指定 VARIABLE 的返回值
〈return〉	长整型	O	m	在表 B.235 中指定的任何返回代码

B.86 内置程序 get_enum_string

用途

内置程序 get_enum_string 返回与列举或按位列举变量值先关的字符串。

词法结构

get_enum_string (variable,value,string)

内置程序 get_enum_string 的词法元素如表 B.86 所示。

表 B.86 内置程序 get_enum_string

参数名	类型	指向	用法	描述
variable	DD_ITEM	I	m	指定一个列举或按位列举变量
value	int	I	m	指定变量的值
string	DD_STRING	O	m	返回与变量值相关的字符串
〈return〉	长整型	O	m	在表 B.235 中指定的任何返回代码

B.87 内置程序 get_float

用途

内置程序 get_float 检索当前正在被操作 VARIABLE 的未被定标浮点值。

得到当前未定标浮点 VARIABLE 的值，就像它被直接从设备中读出一样。

只有程序相关的 pre_edit、post-edit、post_read 或 pre_write 动作，才调用内置程序 get_float。当 VARIABLE 的 pre_edit、post-edit、post_read 或 pre_write 动作之一已被定义为一种属性，与之有关的程序才在被应用程序或其他程序读取时运行。

词法结构

get_float(value)

内置程序 get_float 的词法元素如表 B.87 所示。

表 B.87 内置 get_float

参数名	类型	指向	用法	描述
value	浮点	O	m	指定 VARIABLE 的返回值
〈return〉	长整型	O	m	在表 B.235 中指定的任何返回代码

B.88 内置程序 get_float_value

用途

内置程序 get_float_value 从 VARIABLE 表(高速缓存 EDD 应用程序)或设备中检索指定 VARIABLE 的当前未定标值，并返回该值。

参数标识和成员标识被用内置程序 ITEM_ID 和 MEMBER_ID 以及 VARIABLE 的名字或引用指定。

词法结构

get_ float _value(id，member_id，value)

内置程序 get_ float _value 的词法元素如表 B.88 所示。

表 B.88 内置程序 get_float_value

参数名	类型	指向	用法	描述
id	无符号长整型	I	m	指定访问的 VARIABLE 的项 ID
member_id	无符号长整型	I	m	指定访问的 VARIABLE 的成员 ID
value	浮点	O	m	指定 VARIABLE 的返回值
〈return〉	长整型	O	m	在表 B.235 中指定的任何返回代码

B.89 内置程序 GET_LOCAL_VAR_VALUE

用途

内置程序 GET_LOCAL_VAR_VALUE 显示指定的提示信息，并允许用户编辑本地 VARIABLE 的值。

该提示不包含嵌入的本地和/或设备 VARIABLE 值。

注 1：以前显示的信息不能被保证继续保留在屏幕上。

注 2：在每次对该功能调用后，一些 EDD 应用程序会清除显示。

词法结构

GET_LOCAL_VAR_VALUE(prompt,local_var_name)

内置程序 GET_LOCAL_VAR_VALUE 的词法元素如表 B.89 所示。

表 B.89 内置程序 GET_LOCAL_VAR_VALUE

参数名	类型	指向	用法	描述
prompt	字符[]	I	m	指定被显示的信息
local_var_name	引用	I	m	指定编辑的本地 VARIABLE 名字
〈return〉	整型	O	m	指定如果 VARIABLE 被成功修改或者输入新值或者访问指定 VARIABLE 时产生错误的状态

如果变量被成功修改，返回值的符号名应是 BI_SUCCESS；如果在输入新值或访问指定变量是发生错误，在返回值的符号名应是 BI_ERROR。

B.90 内置程序 get_local_var_value

用途

内置程序 get_local_var_value 显示指定的提示信息，并允许用户编辑本地变量的值。

提示可以包含嵌入的本地和/或设备 VARIABLE 值。

注 1：以前显示的信息不能被保证继续保留在屏幕上。

注 2：在每次对该功能调用后，一些 EDD 应用程序会清除显示。

词法结构

get_local_var_value (prompt,global_var_ids,local_var_name)

内置程序 get_local_var_value 的词法元素如表 B.90 所示。

表 B.90 内置程序 get_local_var_value

参数名	类型	指向	用法	描述
prompt	字符[]	I	m	指定被显示的信息
global_var_ids	整型数组	I	m	指定包含 VARIABLE 实例唯一标识的数组
local_var_name	引用	I	m	指定编辑的本地 VARIABLE 名字
〈return〉	整型	O	m	指定如果 VARIABLE 被成功修改或者输入新值或者访问指定的 VARIABLE 时产生错误的状态

如果变量被成功修改，返回值的符号名应是 BI_SUCCESS；如果在输入新值或访问指定变量是发生错误，在返回值的符号名应是 BI_ERROR。

B.91 内置程序 get_more_status

用途

内置程序 get_more_status 向设备发送命令 48，并返回响应代码、通讯状态及在状态数组中提供的命令状态字节，它也返回在 more_data_info 中返回的任何数据字节。该功能将按与发送命令相同的方式处理状态/数据字节。

调用的功能可靠地对返回的数据分配数组，参数 more_data_status 是一个 3 字节数组，more_data_status 是一个大小等于由设备按命令 48 返回的数据字节数的数组(最大 25)。

词法结构

get_more_status(more_data_status, more_data_info)

内置程序 get_more_status 的词法元素如表 B.91 所示。

表 B.91 内置程序 get_more_status

参数名	类型	指向	用法	描述
more_data_status	字符[]	I	m	指定是否有更多的信息可用
more_data_info	字符[]	I	m	指定是否有更多的信息可用
〈return〉	整型	O	m	指定如果命令成功、错误产生或设备未找到的状态

如果命令成功，返回值的符号名应是 BI_SUCESS；如果在发送命令是产生错误，则返回值的符号名应是 BI_COMM_ERROR；如果设备未找到，则返回值的符号名应是 BI_NO_DEVICE。

B.92 内置程序 get_resolve_status

用途

内置程序 get_resolve_status 返回最近的内置程序"get_resolve_"的错误编号，这些以"get_resolve_"开始的引用拆分内置程序，拆分了 BLOCK_A、PARAMETER、PARAMETER_LIST、VALUE_ARRAY、REFERENCE_ARRAY、COLLECTION 或 RECORD 的一个元素的可能动态 ID。如果这些拆分引用程序遇到错误，它就给 ID 返回一个 0。

如果调用的程序希望知道是什么错误，它就调用内置程序 get_resolve_status 来得到这个错误代码。该内置程序用于在创建程序时调试用。

返回由内置程序 resolve_array_ref、resolve_block_ref、resolve_parm_ref、resolve_param_list_ref 或 resolve_record_ref 生成的错误代码。

词法结构

get_resolve_status(VOID)

内置程序 get_resolve_status 的词法元素如表 B.92 所示。

表 B.92 内置程序 get_resolve_status

参数名	类型	指向	用法	描述
〈return〉	无符号长整型	O	m	指定错误号

B.93 内置程序 get_response_code

用途

在内置程序通信调用返回错误内置程序 fail_on_response_code 的事件中，内置程序 get_response_code 返回由设备获得的响应代码，它也返回与原始请求相关的引用值(err_id, err_member_id)信息，原始请求是上一次促成通信的内置程序调用。

响应代码是一个表示特定应用程序错误条件的值。

注：0 响应代码值不被认为一个错误响应代码，每个响应代码和响应代码类型在 EDD 中定义。

当响应代码被返回，就获得上次通信请求中返回的被访问值的响应代码、ID项和ID成员。

词法结构

get_response_code(resp_code,err_id,err_member_id)

内置程序 get_response_code 的词法元素如表 B.93 所示。

表 B.93　内置程序 get_response_code

参数名	类型	指向	用法	描　　述
resp_code	无符号长整型	I	m	指定返回响应代码的号数
err_id	无符号长整型	O	m	指定返回某项生成响应代码的项 ID
err_member_id	无符号长整型	O	m	指定返回某项导致响应代码的成员 ID
〈return〉	长整型	O	m	在表 B.235 中指定的任何返回代码

B.94　内置程序 get_response_code_string

用途

内置程序 get_response_code_string 搜索指定 VARIABLE 的响应代码，并返回指定响应代码的描述。如果响应代码未找到，并且该项是 RECORD 的一个成员或是 REFERENCE_ARRAY 的一个元素时，那么对指定的代码检查 RECORD 或 REFERENCE_ARRAY。

如果响应代码的描述是未知的并且要被显示，程序开发人员就调用该内置程序。否则，如果响应代码已知，程序就可确定在确定性错误出现时应做什么。不标准的错误描述也可由应用程序代替标准错误代码来显示。

在调用该内置程序之前，对于具有响应代码的项，程序将采用内置程序 get_response_code 来得到 item_ID 和该项的 member_ID。参数标示符和 member_id 是采用内置 ITEM_ID 和 MEMBER_ID 以及 VARIABLE 的名字或引用来指定。

词法结构

get_response_code_string(id,member_id,code,string,maxlen)

内置程序 get_response_code_string 的词法元素如表 B.94 所示。

表 B.94　内置程序 get_response_code_string

参数名	类型	指向	用法	描　　述
id	无符号长整型	I	m	指定查找项的项 ID
member_id	无符号长整型	I	m	指定查找项的成员 ID
code	无符号长整型	I	m	对被找到的描述字符串指定响应代码
string	字符 *	O	m	对返回响应代码描述指定缓冲器
maxlen	长整型	I	m	指定缓冲器的最大长度
〈return〉	长整型	O	m	在表 B.235 中指定的任何返回代码

B.95 内置程序 get_signed

用途

内置程序 get_signed 检索正在被操作 VARIABLE 的当前未定标带符号值。

得到带符号 VARIABLE 的当前值，就像直接从设备中读出一样。

内置程序 get_signed 只有通过与 pre-edit、post-edit、post-read 或 pre-write 动作相关的程序才能被调用。当 VARIABLE 的 pre_edit、post-edit、post_read 或 pre_write 动作之一被定义为属性时，与之有关的程序才在被应用程序或其他程序读取时运行。

词法结构

get_signed(value)

内置程序 get_signed 的词法元素如表 B.95 所示。

表 B.95 内置程序 get_signed

参数名	类型	指向	用法	描述
value	长整型	I	m	指定带符号 VARIABLE 的返回值
〈return〉	长整型	O	m	在表 B.235 中指定的任何返回代码

B.96 内置程序 get_signed_value

用途

内置程序 get_signed_value 从 VARIABLE 表(高速缓存 EDD 应用程序)或设备中，检索指定 VARIABLE 的当前未定标值，并返回它。

参数标识和成员标识被采用内置 ITEM_ID 和 MEMBER_ID 以及 VARIABLE 的名字和引用来指定。VARIABLE 具有带符号整型数的数据类型，并且是在 VARIABLE 表或设备中有效 VARIABLE。

词法结构

get_signed_value(id,member_id,value)

内置程序 get_signed_value 的词法结构如表 B.96 所示。

表 B.96 内置程序 get_signed_value

参数名	类型	指向	用法	描述
id	无符号长整型	I	m	指定访问 VARIABLE 的项 ID
member_id	无符号长整型	I	m	指定访问 VARIABLE 的成员 ID
value	长整型	O	m	指定带符号 VARIABLE 的返回值
〈return〉	长整型	O	m	在表 B.235 中指定的任何返回代码

B.97 内置程序 get_status_code_string

用途

内置程序 get_status_code_string 将对所指定的设备 VARIABLE 和状态代码值返回状态代码字符串。如果字符串长度长于 status_string_length 定义的最大长度，字符串要被截断。状态代码对于指定的设备 VARIABLE 是有效的。

词法结构

get_status_code_string(variable_name,status_code,status_string,status_string_length)

内置程序 get_status_code_string 的词法元素如表 B.97 所示。

表 B.97　内置程序 get_status_code_string

参数名	类型	指向	用法	描　　述
variable_name	字符[]	I	m	指定访问 VARIABLE 的名字
status_code	整型数	I	m	指定感兴趣的状态代码的值
status_string	字符 *	O	m	指定带符号 VARIABLE 返回值的缓冲器
status_string_length	整型	I	m	指定缓冲器的最大空间
〈return〉	VOID	—	—	—

B.98　内置程序 get_status_string

用途

内置程序 get_status_string 搜索被引用 ENUMERATED 或 BIT_ENUMERATED VARIABLE 成员，并返回与所给缓冲器中状态相匹配的成员描述。

该内置程序得到一个与 ENUMERATED 或 BITE NUMERATED 值相关的字符串。ENUMERATED 和 BIT_ENUMERATED VARIABLE 最常用的用法，是用来得到与按设备中实际状态定义的状态位有关的字符串。与 ENUMERATED 和 BIT_ENUMERATED VARIABLE 相关的字符串在 EDDL 中定义。

参数标识和成员标识是采用内置 ITEM_ID 和 MEMBER_ID 以及请求中 VARIABLE 的名字或引用来指定的。

获得指定设备中指定状态的描述。

词法结构

get_status_string(id,member_id,status,string,maxlen)

内置程序 get_status_string 的词法结构如表 B.98 所示。

表 B.98　内置程序 get_status_string

参数名	类型	指向	用法	描　　述
id	无符号长整型	I	m	指定访问 VARIABLE 的项 ID
member_id	无符号长整型	I	m	指定访问 VARIABLE 的成员 ID
status	无符号长整型	I	m	指定搜索的值
string	字符 *	O	m	指定对于返回字符串的缓冲器
maxlen	长整型	I	m	指定缓冲器的最大空间
〈return〉	长整型	O	m	在表 B.235 中指定的任何返回代码

B.99　内置程序 get_stddict_string

用途

内置程序 get_stddict_string 获得一文本字典标识并在提供的字符缓存区中返回相应的文本字符串。返回字符串是关于应用程序的正确语言。

文本字典的输入包括三个部分：唯一的标识、名字、多语言描述。该内置程序返回输入的多语言描述部分。内置程序字符串在 standard.dct 文件中定义。

词法结构

get_stddict_string(id,string,maxlen)

内置程序 get_stddict_string 的词法元素如表 B.99 所示。

表 B.99 内置程序 get_stddict_string

参数名	类型	指向	用法	描述
id	无符号长整型	I	m	指定文本字典标识
string	字符 *	O	m	为字符串指定返回缓冲器
maxlen	长整型	I	m	指定缓冲器的最大空间
〈return〉	长整型	O	m	在表 B.235 中指定的任何返回代码

B.100 内置程序 get_string

用途

内置程序 get_string 检索正被操作 VARIABLE 的当前值、未定标值和字符串值。

得到字符串 VARIABLE 的当前值，就像是直接从设备中读出一样。VARIABLE 应是一有效参数。VARIABLE 具有字符数据类型并是一个字节缓冲器，它包含了各种非 ANSI 数据类型，如：

- ASCII
- PASSWORD
- EUC(Extended Unit Code)
- BITSTRING

这些数据类型的设备 VARIABLE 将由程序处理，因为它们不支持 ANSI-C。内置程序 get_string 只有通过与 pre-edit、post-edit、post-read 或 pre-write 动作相关的程序才能被调用。当 VARIABLE 的 pre_edit、post-edit、post_read 或 pre_write 动作之一被定义为属性，与之有关的程序才在被应用程序、用户程序或编辑程序读取时运行。

词法结构

get_string(string,len)

内置程序 get_string 的词法元素如表 B.100 所示。

表 B.100 内置程序 get_string

参数名	类型	指向	用法	描述
string	字符 *	O	m	为返回字符串指定缓冲器
len	长整型	I	m	指定字符串的最大空间，字符串的返回长度
〈return〉	整型	O	m	在表 B.235 中指定的任何返回代码

B.101 内置程序 get_string_value

用途

内置程序 get_string_value 从 VARIABLE 表(高速缓存 EDD 应用程序)或设备中检索指定 VARIABLEd 当前未定标值，并返回它。

参数标识和成员标识采用在内置 ITEM_ID 和 MEMBER_ID 以及请求中的 VARIABLE 名字或引用来指定。

词法结构

get_string_value(id,member_id,string,len)

内置程序 get_string_value 的词法结构如表 B.101 所示。

表 B.101 内置程序 get_string_value

参数名	类型	指向	用法	描述
id	无符号长整型	I	m	指定 VARIABLE 引用的 ID
member_id	无符号长整型	I	m	指定 BLOCK_A、PARAMETER_LIST、RECORD、VALUE_ARRAY、COLLECTION 或 REFERENCE_ARRAY 的成员 ID
string	字符 *	O	m	指定结果字符串缓冲器
len	长整型	I	m	指定结果字符串的空间
〈return〉	整型	O	m	在表 B.235 中指定的任何返回代码

B.102 内置程序 GET_TICK_COUNT

用途

内置程序 GET_TICK_COUNT 按毫秒返回自从上次系统引导以来时间。它可用于时间标志。

词法结构

GET_TICK_COUNT(VOID)

内置程序 GET_TICK_COUNT 的词法元素如表 B.102 所示。

表 B.102 内置程序 GET_TICK_COUNT

参数名	类型	指向	用法	描述
〈return〉	长整型	O	m	按毫秒指定从上次系统引导后的时间

B.103 内置程序 get_unsigned

用途

内置程序 get_unsigned 检索正在被操作 VARIABLE 的当前未定标无符号值。

内置 get_unsigned 只有通过与 pre-edit、post-edit、post-read 或 pre-write 动作相关的程序才能被调用。当 VARIABLE 的 pre_edit、post-edit、post_read 或 pre_write 动作之一被定义为属性，与之有关的程序才在被应用程序、用户程序或编辑程序读取时就运行。

获得无符号变量的当前值，就象直接从设备中读取一样。

词法结构

get_unsigned(value)

内置程序 get_unsigned 的词法元素如表 B.103 所示。

表 B.103 内置程序 get_unsigned

参数名	类型	指向	用法	描述
value	无符号长整型	O	m	指定返回值
〈return〉	长整型	O	m	在表 B.235 中指定的任何返回代码

B.104 内置程序 get_unsigned_value

用途

内置程序 get_unsigned_value 从 VARIABLE 表(高速缓存 EDD 应用程序)或设备中检索指定

VARIABLE 的当前已定标值，并返回它。

参数标识和成员标识采用内置 ITEM_ID 和 MEMBER_ID 以及请求中的 VARIABLE 的名字和引用来指定。变量具有无符号的数据类型。无符号值包括下列数据类型的设备变量：

- UNSIGNED
- ENUMERATED
- BIT_ENUMERATED
- INDEX

具有列举、位列举、和索引数据类型的设备变量将由程序来处理，因为它们不被 ANSI-C 所支持。变量应是有效参数。

词法结构

get_unsigned_value(id, member_id, value)

内置程序 get_unsigned_value 的词法元素如表 B.104 所示。

表 B.104　内置程序 get_unsigned_value

参数名	类型	指向	用法	描述
id	无符号长整型	I	m	指定访问变量的项 ID
member_id	无符号长整型	I	m	指定访问变量的成员 ID
value	无符号长整型	O	m	指定变量的返回值
〈return〉	长整型	O	m	在表 B.235 中指定的任何返回代码

B.105　内置程序 iassign

用途

内置程序 iassign 给设备变量赋一个指定的值。变量应是有效的，并引用整型变量。

词法结构

iassign(device_var, new_value)

内置程序 iassign 的词法元素如表 B.105 所示。

表 B.105　内置程序 iassign

参数名	类型	指向	用法	描述
device_var	参考	I	m	指定访问变量的名字
new_value	整型	I	m	指定 VARIABLE 的新值
〈return〉	整型	O	m	指定内置程序的返回值

如果指派成功，则返回值的符号名应为 TRUE；如果变量标识无效，则返回值的符号名应为 FALSE。

B.106　内置程序 igetval

用途

内置程序 igetval 是特别计划用于 pre-read/write 和 post-read/write 程序中。本功能将返回设备变量的值，就像接收自所连接的设备一样。在变量值被存到 EDD 应用程序之前，对于它的定标操作就已被执行。

词法结构

igetval(VOID)

内置程序 igetval 的词法结构如表 B.106 所示。

表 B.106 内置程序 igetval

参数名	类型	指向	用法	描述
〈return〉	整型	O	m	指定变量的值

B.107 内置程序 IGNORE_ALL_COMM_STATUS

用途

内置程序 IGNORE_ALL_COMM_STATUS 将清除通信重试和终止掩码中的所有位。它将导致系统忽略在通信状态值中的所有位。当事务处理中返回的第一个数据字节的第七位置为 1 时，该字节被定义为通信状态。

每次程序开始时，重试和终止掩码被复位为它们的默认值，所以新的掩码值只在当前程序中才有效。掩码的实现见内置程序 send_command。可用的掩码表和它们的缺省值见 ABORT_ON_RESPONSE_CODE。

本函数影响的掩码也用于内置程序 send、send_trans、send_command、send_command_trans、ext_send_command、ext_send_command_trans、get_more_status 和 display。

词法结构

IGNORE_ALL_COMM_STATUS(VOID)

内置程序 IGNORE_ALL_COMM_STATUS 的词法元素如表 B.107 所示。

表 B.107 内置程序 IGNORE_ALL_COMM_STATUS

参数名	类型	指向	用法	描述
〈return〉	VOID	—	—	—

B.108 内置程序 IGNORE_ALL_DEVICE_STATUS

用途

内置程序 IGNORE_ALL_DEVICE_STATUS 将清除设备状态重试和终止掩码中的所有位，这将导致系统忽略设备状态字节中的所有位。设备状态字节被定义为在事物处理中返回的第 2 个数据字节。

每次程序开始时，重试和终止掩码被复位为它们的默认值，所以新的掩码值只在当前程序中有效。对于掩码的实现见内置程序 send_command。可用的掩码表和它们的缺省值见 ABORT_ON_RESPONSE_CODE。ABORT_ON_RESPONSE 查看当前任务列表和它们的默认值。

本函数影响的掩码也用于内置程序 send、send_trans、send_command、send_command_trans、ext_send_command、ext_send_command_trans、get_more_status 和 display。

词法结构

IGNORE_ALL_DEVICE_STATUS(VOID)

内置程序 IGNORE_ALL_ DEVICE _STATUS 的词法元素如表 B.108 所示。

表 B.108 内置程序 IGNORE_ALL_DEVICE_STATUS

参数名	类型	指向	用法	描述
〈return〉	VOID	—	—	—

B.109 内置程序 IGNORE_ALL_RESPONSE_CODES

用途

内置程序 IGNORE_ALL_ RESPONSE _STATUS 将清除重试响应代码和终止掩码中的所有位，它将导致系统忽略从设备返回的所有响应代码值。

当事务处理中返回的第一个数据字节的第七位为 0，该字节被定义为响应代码。

每次程序开始时，重试和终止掩码被复位为它们的默认值，所以，新掩码值只在当前程序中有效。掩码的实现见内置程序 send_command。可用的掩码表和它们的缺省值见 ABORT_ON_RESPONSE_CODE。

本函数影响的掩码也用于内置程序 send、send_trans、send_command、send_command_trans、ext_send_command、ext_send_command_trans、get_more_status 和 display。

词法结构

IGNORE_ALL_RESPONSE_STATUS(VOID)

内置程序 IGNORE_ALL_RESPONSE_STATUS 的词法元素如表 B.109 所示。

表 B.109 内置程序 IGNORE_ALL_RESPONSE_CODES

参数名	类型	指向	用法	描述
〈return〉	VOID	—	—	—

B.110 内置程序 IGNORE_COMM_ERROR

用途

内置程序 IGNORE_COMM_ERROR 将设置通信错误掩码，以便在传送命令时，通信错误条件将被忽略。

每次程序开始时，重试和终止掩码被复位为它们的默认值，所以，新掩码值只在当前程序中有效。掩码的实现见内置程序 send_command。可用的掩码表和它们的缺省值见 ABORT_ON_RESPONSE_CODE。

本函数影响的掩码也用于内置程序 send、send_trans、send_command、send_command_trans、ext_send_command、ext_send_command_trans、get_more_status 和 display。

词法结构

IGNORE_COMM_ERROR (VOID)

内置程序 IGNORE_COMM_ERROR 的词法元素如表 B.110 所示。

表 B.110 内置程序 IGNORE_COMM_ERROR

参数名	类型	指向	用法	描述
〈return〉	VOID	—	—	—

B.111 内置程序 IGNORE_COMM_STATUS

用途

内置程序 IGNORE_COMM_STATUS 将清除在通信状态终止和重试掩码中的校验位，以便在 comm_status 中的指定位将被忽略。当事务处理中返回的第一个数据字节的第七位为 1，该字节被定义为 comm_status。

每次程序开始时，重试和终止掩码被复位为它们的默认值，所以，新掩码值只有在当前程序中有效。掩码的实现见内置程序 send_command。可用的掩码表和它们的缺省值见 ABORT_ON_RESPONSE_CODE。

本函数影响的掩码也用于内置程序 send、send_trans、send_command、send_command_trans、ext_send_command、ext_send_command_trans、get_more_status 和 display。

词法结构

IGNORE_COMM_STATUS(comm_status)

内置程序 IGNORE_ COMM_STATUS 的词法元素如表 B. 111 所示。

表 B. 111　内置程序 IGNORE_COMM_STATUS

参数名	类型	指向	用法	描述
comm_status	整型	I	m	为忽略指定新的重试和终止掩码
〈return〉	VOID	—	—	—

B. 112　内置程序 IGNORE_DEVICE_STATUS

用途

内置程序 IGNORE_ DEVICE_STATUS 清除设备状态重试和终止掩码中的校验位，以便设备状态字节中的指定位被忽略。在事务处理中返回的第二个数据字节被定义为设备状态。

每次程序开始时，重试和终止掩码被复位为它们的默认值，所以，新掩码值只有在当前程序中有效。掩码的实现见内置程序 send_command。可用的掩码表和它们的缺省值见 ABORT_ON_RESPONSE_CODE。

本函数影响的掩码也用于内置程序 send、send_trans、send_command、send_command_trans、ext_send_command、ext_send_command_trans、get_more_status 和 display。

词法结构

IGNORE_ALL_DEVICE_STATUS(device_status)

内置程序 IGNORE_ALL_DEVICE_STATUS 的词法元素如表 B. 112 所示。

表 B. 112　内置 IGNORE_DEVICE_STATUS

参数名	类型	指向	用法	描述
device_status	整型	I	m	为忽略指定新的重试和终止掩码
〈return〉	VOID	—	—	—

B. 113　内置程序 IGNORE_NO_DEVICE

用途

内置程序 IGNORE_NO_DEVICE 将设置无设备掩码，以表示在传送命令时无设备的条件将被忽略。

每次程序开始时，重试和终止掩码被复位为它们的默认值，所以，新掩码值只在当前程序中有效。掩码的实现见内置程序 send_command。可用的掩码表和它们的缺省值见 ABORT_ON_RESPONSE_CODE。

本函数影响的掩码也用于内置程序 send、send_trans、send_command、send_command_trans、ext_send_command、ext_send_command_trans、get_more_status 和 display。

词法结构

IGNORE_NO_DEVICE(VOID)

内置程序 IGNORE_NO_DEVICE 的词法结构如表 B. 113 所示。

表 B.113 内置程序 IGNORE_NO_DEVICE

参数名	类型	指向	用法	描述
〈return〉	VOID	—	—	—

B.114 内置程序 IGNORE_RESPONSE_CODE

用途

内置程序 IGNORE_RESPONSE_CODE 清除响应代码掩码中的校验位，以便指定的响应代码值将被忽略。当事务中返回的第一个数据字节的第七位为 0 时，该字节被定义为响应代码。

每次程序开始时，重试和终止掩码被复位为它们的默认值，所以，新掩码值只在当前程序中有效。掩码的实现见内置程序 send_command。可用的掩码表和它们的缺省值见 ABORT_ON_RESPONSE_CODE。

本函数影响的掩码也用于内置程序 send、send_trans、send_command、send_command_trans、ext_send_command、ext_send_command_trans、get_more_status 和 display。

词法结构

IGNORE_ALL_RESPONSE_STATUS(response_code)

内置程序 IGNORE_RESPONSE_STATUS 的词法元素如表 B.114 所示。

表 B.114 内置 IGNORE_RESPONSE_CODE

参数名	类型	指向	用法	描述
response_code	整型	I	m	为忽略指定新的重试和终止掩码
〈return〉	VOID	—	—	—

B.115 内置程序 int_value

用途

内置程序 int_value 将返回指定设备变量的值。变量标示符应是有效的并是整数类型。

词法结构

int_value(source_var_name)

内置程序 int_value 的词法元素如表 B.115 所示。

表 B.115 内置 int_value

参数名	类型	指向	用法	描述
source_var_name	字符[]	I	m	指定 VARIABLE 的名字
〈return〉	整型	O	m	指定变量的值

B.116 内置程序 is_NaN

用途

内置程序 is_NaN 检查一个双精度浮点值是否不是一个数字。不是一个数字是指的按 IEEE 754 规范指定的无效双精度值，对于双精度值 NaN 的值为：0x7FF8000000000000。

词法结构

is_NaN(dvalue)

内置程序 is_NaN 的词法元素如表 B.116 所示。

表 B.116 内置程序 is_NaN

参数名	类型	指向	用法	描述
dvalue	双精度	I	m	指定变量名
〈return〉	长整型	O	m	如果 dvalue 等于 NaN,为 1;等于其他时为 0

B.117 内置程序 isetval

用途

内置程序 isetval 将为已被指派给指定值的 pre\post 动作设置浮点型的设备变量值。isetval 是特别计划用于 pre-read/write 和 post-read/write 程序。这个功能将设置设备变量的值为指定的值。

词法结构

isetval(value)

内置程序 isetval 的词法元素如表 B.117 所示。

表 B.117 内置程序 isetval

参数名	类型	指向	用法	描述
value	整型	I	m	指定变量的新值
〈return〉	整型	O	m	指定变量的值

B.118 内置程序 ITEM_ID

用途

内置程序 ITEM_ID 可用于程序中指定用于调用其他功能的变量的 ID 项。

词法结构

ITEM_ID(name)

内置程序 ITEM_ID 的词法元素如表 B.118 所示。

表 B.118 内置程序 ITEM_ID

参数名	类型	指向	用法	描述
name	引用	I	m	指定变量名
〈return〉	无符号长整型	O	m	指定 VARIABLE 的项 ID

B.119 内置程序 ITOA

用途

内置程序 ITOA 将浮点值转换为字符串。

词法结构

ITOA (i)

内置程序 ITOA 的词法元素如表 B.119 所示。

表 B.119 内置程序 ITOA

参数名	类型	指向	用法	描述
i	整型	I	m	指定将转换成字符串的整型值
〈return〉	DD_STRING	O	m	指定被转换成字符串的值

B.120 内置程序 itoa

用途

本内置程序转换一个浮点型的值为一个文本字符串。

词法结构

itoa(i)

内置程序 itoa 的词法元素如表 B.120 所示。

表 B.120 内置程序 itoa

参数名	类型	指向	用法	描述
i	整型	I	m	指定将转换成文本的整数值
〈return〉	字符[]	O	m	指定返回的文本

B.121 内置程序 ivar_value

用途

内置程序 ivar_value 将返回指定变量的值。变量 source_var_name 应是有效的并是整数类型。

词法结构

ivar_value(source_var_name)

内置程序 ivar_value(source_var_name)的词法元素如表 B.121 所示。

表 B.121 内置程序 ivar_value

参数名	类型	指向	用法	描述
source_var_name	引用	I	m	指定变量名
〈return〉	整型	O	m	指定变量值

B.122 内置程序 lassign

用途

内置程序 lassign 将给设备变量赋一个指定的值。变量应是有效的，并应引用长整型类型变量。

词法结构

lassign(var_name，new_value)

内置程序 lassign 的词法元素如表 B.122 所示。

表 B.122 内置 lassign

参数名	类型	指向	用法	描述
var_name	引用	I	m	指定 VARIABLE 名
new_value	整型	I	m	指定变量的新值
〈return〉	整型	O	m	指定内置程序的返回值

如果指派成功，则返回值的符号名应为 TRUE；如果变量标识无效，在返回值的符号名应为 FALSE。

B.123 内置程序 lgetval

用途

内置程序 lgetval 是特别计划用于 pre-read/write 和 post-read/write 程序中。该功能返回一个

VARIABLE 的值,就象接收自所连接的设备一样。在变量值存储到 EDD 应用程序之前,定标操作将被立即执行。

词法结构

lgetval(VIOD)

内置程序 lgetval 的词法元素如表 B.123 所示。

表 B.123 内置程序 lgetval

参数名	类型	指向	用法	描述
〈return〉	整型	O	m	指定变量值

B.124 内置程序 ListDeleteElementAt

用途

内置程序 ListDeleteElementAt 将从表中删除一个元素。如果表是 FILE 的一个成员,则指定的元素将从永久存储器中删除。

如果 COUNT 在指定 LIST 中被明确声明,则由 COUNT 属性引用的任何变量将不会被更新,当元素从表中被删除时,由方法负责更行 COUNT。如果 COUNT 没有被明确声明,COUNT 属性将自动更新。

如果索引参数小于 0 或大于表中的元素数,将返回一个错误;如果表参数不参考 LIST 实例,也将返回一个错误。

词法结构

ListDeleteElementAt(list,index)

内置程序 ListDeleteElementAt 的词法元素如表 B.124 所示。

表 B.124 内置程序 ListDeleteElementAt

参数名	类型	指向	用法	描述
list	引用	I	m	指定 LIST 实例名
index	整型	I	m	指定将被删除的元素索引
〈return〉	长整型	O	m	指定内置程序的返回值

B.125 内置程序 ListInsert

用途

内置程序 ListInsert 将向表中插入一个元素。如果表是 FILE 的一个成员,指定的元素将被加入到永久存储器中。

如果 COUNT 和/或 CAPACITY 在指定 LIST 中被明确声明,则由这些属性引用的任何变量将不会被更新,当元素被插入表中时,由方法负责更新 COUNT 和 CAPACITY。如果 COUNT 和/或 CAPACITY 没有被明确声明,则属性将自动更新。

如果索引参数小于 0 或大于表的容量,将返回一个错误;如果表参数不参考 LIST 实例,也将返回一个错误。

词法结构

ListInsert (list,index,item)

内置程序 ListInsert 的词法元素如表 B.125 所示。

表 B.125 内置程序 ListInsert

参数名	类型	指向	用法	描述
list	引用	I	m	指定 LIST 实例名
index	整型	I	m	指定被请求元素的索引
item	引用	I	m	指定将被插入项的名称
〈return〉	长整型	O	m	指定内置程序的返回值

B.126 内置程序 log

用途

内置程序 log 返回一个浮点值的自然对数。

词法结构

log (x)

内置程序 log 的词法元素如表 B.126 所示。

表 B.126 内置程序 log

参数名	类型	指向	用法	描述
x	双精度	I	m	指定浮点数
〈return〉	双精度	O	m	返回的自然对数

B.127 内置程序 log10

用途

内置程序 log10 返回浮点值的以 10 为底的对数。

词法元素

log10 (x)

内置程序 log10 的词法元素如表 B.127 所示。

表 B.127 内置程序 log10

参数名	类型	指向	用法	描述
x	双精度	I	m	指定浮点数
〈return〉	双精度	O	m	返回的以 10 为底的对数

B.128 内置程序 log2

用途

内置程序 log2 返回浮点值的以 2 为底的对数。

词法结构

log2 (x)

内置程序 log2 的词法元素如表 B.128 所示。

表 B.128 内置程序 log2

参数名	类型	指向	用法	描述
x	双精度	I	m	指定浮点数
〈return〉	双精度	O	m	返回的以 2 为底的对数

B.129 内置程序 LOG_MESSAGE

用途

内置程序 LOG_MESSAGE 用来在登录协议中插入一个信息。

词法结构

LOG_MESSAGE(priority,message)

内置程序 LOG_MESSAGE 的词法元素如表 B.129 所示。

表 B.129 内置程序 LOG_MESSAGE

参数名	类型	指向	用法	描述
priority	整型	I	m	指定信息的优先权,0:错误,1:警告,2:低优先权信息
message	字符[]	I	m	指定插入到登录协议中的信息字符串
〈return〉	VOID	O	m	—

B.130 内置程序 long_value

用途

内置程序 long_value 将返回指定设备变量的值。变量标示符应是有效的,并是长整型类型。

词法结构

long_value(source_var_name)

内置程序 long_value 的词法元素如表 B.130 所示。

表 B.130 内置程序 long_value

参数名	类型	指向	用法	描述
source_var_name	引用	I	m	指定变量名
〈return〉	整型	O	m	指定变量值

B.131 内置程序 lsetval

用途

内置程序 lsetval 将为已指派给指定值的 pre/post 动作设置长整型类型设备变量值。它是特别计划用于 pre-read/write 和 post-read/write 程序。本函数设置一个设备变量值为一指定值。

词法结构

lsetval(value)

内置程序 lsetval 的语法元素如表 B.131 所示。

表 B.131 内置程序 lsetval

参数名	类型	指向	用法	描述
value	整型	I	m	指定 VARIABLE 的新值
〈return〉	整型	O	m	指定变量值

B.132 内置程序 lvar_value

用途

内置程序 lvar_value 将返回指定设备变量的值。变量标示符应是有效的,并是长整型类型。

词法结构

lvar_value(source_var_name)

内置程序 lvar_value 的词法元素如表 B.132 所示。

表 B.132 内置程序 lvar_value

参数名	类型	指向	用法	描述
source_var_name	引用	I	m	指定 VARIABLE 名
〈return〉	整型	O	m	指定变量值

B.133 内置程序 MEMBER_ID

用途

内置程序 MEMBER_ID 可用于程序中为调用其他内置程序的变量指定 ID 成员，它返回 BLOCK、PARAMETER_LIST、RECORD、REFERNCE_ARRAY、COLLECTION 或 VALUE_ARRAY 的 ID 成员。

词法结构

MEMBER_ID(name)

内置程序 MEMBER_ID 的词法元素如表 B.133 所示。

表 B.133 内置程序 MEMBER_ID

参数名	类型	指向	用法	描述
name	引用	I	m	指定项目成员的名称
〈return〉	整型	O	m	指定引用的成员 ID

B.134 内置程序 MenuDisplay

用途

内置程序 MenuDisplay 将向用户显示 MENU 实例，并提供可供用户选择的选项列表。一旦作出一个选择，就返回选项列表中的选项位置，列表中的位置是基于 O 的，例如，如果提供的表包含了两个选项，而第一个选项被选择，该函数将返回 0；如果第二个选项被选择，则返回 1。选项是以由分号隔开的单一字符串的形式传递给函数的。

词法结构

MenuDisplay (menu，options，selection)

如果 IEE 应用程序不能显示菜单，将返回一个错误。

内置程序 MenuDisplay 的词法元素如表 B.134 所示。

表 B.134 内置程序 MenuDisplay

参数名	类型	指向	用法	描述
menu	引用	I	m	指定将被显示的 MENU
options	char[]	I	m	指定由分开的文本组成的选项字符串，该文本是为表示给用户而定义的一组选项
selection	长整型 *	I	m	指定基于 0 的可选项(见选项参数)
〈return〉	长整型	O	m	指定内置程序的返回值

B.135 内置程序 method_abort

用途

内置程序 method_abort 显示一个信息表示程序正在终止并等待用户的确认。

确认后,在终止程序表中的终止程序将从该表的最前面(指加入到表中的第 1 个终止程序)到表的最后一个接一个地执行。终止程序列表被保留仅用于对单个程序的调用执行。

终止程序被执行后,该程序被终止并返回控制权给应用程序。

如果终止程序调用了 method_abort,终止程序列表处理被立即结束。

词法结构

method_abort(prompt)

内置程序 method_abort(prompt)的词法元素如表 B.135 所示。

表 B.135 内置程序 method_abort

参数名	类型	指向	用法	描述
prompt	字符[]	I	m	指定显示的信息
〈return〉	VOID	O	m	—

B.136 内置程序 ObjectReference

用途

内置程序 ObjectReference 返回一个对象的唯一 id。连同返回的对象引用,该内置程序使访问有不同 EDD 的其他对象的变量和方法成为可能。

例如,在一个远程 I/O 头站的 EDD 中,使用采用 ObjectReference(CHILD)的模块来进行一致性校验是可能的。

词法结构

ObjectReference (string)

内置程序 ObjectReference 的词法元素如表 B.136 所示。

表 B.136 内置程序 ObjectReference

参数名	类型	指向	用法	描述
string	字符[]	I	m	用于导向或对象名称,见表 148
〈return〉	长整型	O	m	指定表示对象引用的 ID

B.137 内置程序 pow

用途

内置程序 pow 返回两个浮点值的幂函数。

词法结构

pow (x,y)

内置程序 pow 的词法元素如表 B.137 所示。

表 B.137 内置程序 pow

参数名	类型	指向	用法	描述
x	双精度	I	m	指定底
y	双精度	I	m	指定指数
〈return〉	双精度	O	m	返回 x^y

B.138　内置程序 process_abort

用途

内置程序 process_abort 将终止当前程序，运行一个在终止程序列表中的终止程序。与内置程序 abort 不同，当该功能被执行时，不显示任何信息。该内置功能不能从一个终止程序内部来运行。

词法结构

process_abort(VOID)

内置程序 process_abort 的词法元素如表 B.138 所示。

表 B.138　内置程序 process_abort

参数名	类型	指向	用法	描述
〈return〉	VOID	—	—	—

B.139　内置程序 put_date

用途

内置程序 put_date 存储被处理变量的新未定标日期值。

该内置程序 put_date 只能通过与 pre-edit、post-edit、post-read 或 pre-write 动作相关的程序才能调用。当变量的 pre_edit、post-edit、post_read 或 pre_write 动作之一被定义为属性，由应用程序、用户程序或编辑程序写入的时候，与之有关的程序才运行。

词法结构

put_date(data，size)

内置程序 put_date 的词法元素如表 B.139 所示。

表 B.139　内置 put_date

参数名	类型	指向	用法	描述
data	字符[]	I	m	指定 VARIABLE 的新值
size	长整型	I	m	指定新值的长度
〈return〉	长整型	O	m	在表 B.235 中指定的任何返回代码

B.140　内置程序 put_date_value

用途

内置程序 put_date_value 存储特定定标变量的已提供值到变量表(高速缓存 EDD 应用程序)或设备中。

参数标识和成员标识采用内置 ITEM_ID 和 MEMBER_ID 或请求中的变量名和引用来指定。

它将 date_and_time、time 或连续变量的值送到变量表或设备中。

变量应是一字符型数据类型。字符串最多可包含 8 个字符，并包含下列数据类型的变量：

- DATA_AND_TIME
- TIME
- DURATION

变量在变量表或设备中应是有效的。

词法结构

put_date_value(id，member_id，data，size)

内置程序 put_date_value 的词法元素如表 B.140 所示。

表 B.140 内置程序 put_date_value

参数名	类型	指向	用法	描述
id	无符号长整型	I	O	指定访问 VARIABLE 的项 ID
member_id	无符号长整型	I	O	指定访问 VARIABLE 的成员 ID
data	字符[]	I	m	指定 VARIABLE 的新值
size	长整型	I	m	指定新值的长度
〈return〉	长整型	O	m	在表 B.235 中指定的任何返回代码

B.141 内置程序 put_double

用途

该内置程序 put_double 只能通过与 pre-edit、post-edit、post-read 或 pre-write 动作相关的程序才能调用。

当变量的 pre_edit、post-edit、post_read 或 pre_write 动作之一被定义为属性，被应用程序、用户程序或编辑程序写的时候，与之有关的程序才运行。

存储双精度变量的新值就像驻留在设备中一样(未定标)。内置程序 put_double 存储正在被处理变量新的未定标双精度值。

词法结构

put_double(value)

内置程序 put_double 的词法元素如表 B.141 所示。

表 B.141 内置程序 put_double

参数名	类型	指向	用法	描述
value	双精度	I	m	指定 VARIABLE 的新值
〈return〉	长整型	O	m	在表 B.235 中指定的任何返回代码

B.142 内置程序 put_double_value

用途

内置程序 put_double_value 存储特定已定标变量的已提供值到变量表(高速缓存 EDD 应用程序)或设备中。

参数标识和成员标识采用内置 ITEM_ID 和 MEMBER_ID 以及请求中的变量名和引用来指定 。

将双精度变量的指定值存到变量表或设备中。变量应是双精度数据类型，并且在变量表和设备中是有效的。

词法结构

put_double_value(id,member_id,value)

内置程序 put_double_value 的词法元素如表 B.142 所示。

表 B.142 内置 put_double_value

参数名	类型	指向	用法	描述
id	无符号长整型	I	O	指定访问 VARIABLE 的项 ID

表 B. 142（续）

参数名	类型	指向	用法	描述
member_id	无符号长整型	I	O	指定访问 VARIABLE 的成员 ID
value	双精度	I	m	指定 VARIABLE 的新值
〈return〉	长整型	O	m	在表 B. 235 中指定的任何返回代码

B. 143 内置 put_float

用途

内置程序 put_float 存储正被操作变量新的未定标浮点值。

该内置程序 put_float 只能通过与 pre-edit、post-edit、post-read 或 pre-write 动作相关的程序才能调用。当变量的 pre_edit、post-edit、post_read 或 pre_write 动作之一被定义为属性，被应用程序、用户程序或编辑程序写的时候，与之有关的程序才运行。

词法结构

put_float (value)

内置程序 put_float 的词法元素如表 B. 143 所示。

表 B. 143 内置程序 put_float

参数名	类型	指向	用法	描述
value	双精度	I	m	指定 VARIABLE 的新值
〈return〉	长整型	O	m	在表 B. 235 中指定的任何返回代码

B. 144 内置程序 put_float_value

用途

内置程序 put_float_value 存储特定定标变量的已提供值到变量表（高速缓存 EDD 应用程序）或设备中。

该值的类型是适合于自动扩展的双精度类型，当两个浮点值相乘，自动扩展就会产生。

参数标识和成员标识采用内置 ITEM_ID 和 MEMBER_ID 以及请求中的变量名和引用来指定。变量应是浮点数据类型，并且在变量表和设备中应是有效的。

词法结构

put_float_value(id，member_id，value)

内置程序 put_float_value 的词法元素如表 B. 144 所示。

表 B. 144 内置程序 put_float_value

参数名	类型	指向	用法	描述
id	无符号长整型	I	O	指定访问 VARIABLE 的项 ID
member_id	无符号长整型	I	O	指定访问 VARIABLE 的成员 ID
value	双精度	I	m	指定 VARIABLE 的新值
〈return〉	长整型	O	m	在表 B. 235 中指定的任何返回代码

B.145 内置程序 PUT_MESSAGE

用途

内置程序 PUT_MESSAGE 在屏幕上显示指定的信息。任何嵌入的本地变量引用将被扩展给变量的值(见内置程序 put_message 的语法结构)。

在本函数中,不支持嵌入式设备变量。

注 1:以前显示的信息不能被保证继续保留在屏幕上。

注 2:在每次对该功能调用后,一些 EDD 应用程序会清除显示。

词法结构

PUT_MESSAGE(message)

内置程序 PUT_MESSAGE 的词法元素如表 B.145 所示。

表 B.145 内置程序 PUT_MESSAGE

参数名	类型	指向	用法	描述
message	字符[]	I	m	指定被显示的信息
〈return〉	VOID	—	—	—

B.146 内置程序 put_message

用途

内置程序 put_message 将在屏幕上显示指定的信息。任何嵌入式变量引用将被扩展到当前的变量值。

任何标示符数字将被字符串访问,但被访问的数组入口应包含有效的变量标示符,本地和设备变量将混合在显示信息中。

在 put_message 字符串中也支持多语言。这是靠不同的国家代码标示符区分不同的语言字符串来完成,国家代码标识是一竖直的条型字符字符,'|',后面紧跟着国家的三位数字电话代码,如果电话代码长度少于三位,在左面补 0。例如,下列字符串是为英国和德国定义的:

注 1:以前显示的信息不能被保证继续保留在屏幕上。

注 2:在每次对该功能调用后,一些 EDD 应用程序会清除显示。

词法结构

put_message(message,global_var_ids)

内置程序 put_message 的词法元素如表 B.146 所示。

表 B.146 内置程序 put_message

参数名	类型	指向	用法	描述
message	字符[]	I	m	指定被显示的信息
global_var_ids	整型数组	I	m	指定包含 VARIABLE 实例的唯一标示符的数组
〈return〉	VOID	—	—	—

B.147 内置程序 put_signed

用途

内置程序 put_signed 存储正在被操作变量新的未标定变量值。

该内置程序 put_signed 只能通过与 pre-edit、post-edit、post-read 或 pre-write 动作相关的程序才能调用。当变量的 pre_edit、post-edit、post_read 或 pre_write 动作之一被定义为属性,被应用程序、用户

程序或编辑程序写入的时候，与之有关的程序才运行。

词法结构

put_signed(value)

内置程序 put_signed 的词法元素如表 B.147 所示。

表 B.147 内置程序 put_signed

参数名	类型	指向	用法	描述
value	长整型	I	m	指定 VARIABLE 的新值
〈return〉	长整型	O	m	在表 B.235 中指定的任何返回代码

B.148 内置程序 put_signed_value

用途

内置程序 put_signed_value 把指定定标变量的新值存储到变量表(高速缓存 EDD 应用程序)或设备中。

参数标识和成员标识采用内置 ITEM_ID 和 MEMBER_ID 以及未定标的变量名引用来指定。把指定的有符号整型变量值存储到变量表和设备中。

被写的变量应是长整型数据类型，并且在变量表和设备中应是有效的。

词法结构

put_signed_value(id, member_id, value)

内置程序 put_signed_value 的词法结构如表 B.148 所示。

表 B.148 内置程序 put_signed_value

参数名	类型	指向	用法	描述
id	无符号长整型	I	O	指定访问 VARIABLE 的项 ID
member_id	无符号长整型	I	O	指定访问 VARIABLE 的成员 ID
value	长整型	I	m	指定 VARIABLE 的新值
〈return〉	长整型	O	m	在表 B.235 中指定的任何返回代码

B.149 内置程序 put_string

用途

内置程序 put_string 存储正在被操作变量新的未定标字符串值。

变量应在变量表或设备中是有效的。

变量应该是一字符型数据类型，一个字符型字符串包含下列数据类型的设备变量：

- ASCII
- PASSWORD
- EUC(Extend Unit Code)
- BITSTRING

带列举、位列举和索引数据类型的设备变量不能被程序处理，因为它们不能被 ANSI-C 支持。该内置 put_string 只能通过与 pre-edit、post-edit、post-read 或 pre-write 动作相关的程序才能调用。只有和事件 pre-edit, post-edit, post-read 或 pre-write 相关的程序才能调用内置 put_string。当变量的 pre_edit、post-edit、post_read 或 pre_write 动作之一被定义为属性，被应用程序、用户程序或编辑程序写入的时候，与之有关的程序才运行。

词法结构

put_string(string,len)

内置程序 put_string 的词法元素如表 B.149 所示。

表 B.149 内置程序 put_string

参数名	类型	指向	用法	描述
string	字符[]	I	m	指定 VARIABLE 的新值
len	长整型	I	m	指定新值的长度
〈return〉	长整型	O	m	在表 B.235 中指定的任何返回代码

B.150 内置程序 put_string_value

用途

内置程序 put_string_value 存储指定定标变量的已提供值到变量表(高速缓存 EDD 应用程序)或设备中。

参数标识和成员标识采用在内置 ITEM_ID 和 MEMBER_ID 以及请求中的变量名和引用来指定。

变量在变量表或设备中应是有效的。变量应是一字符串数据类型;该字符串应包含下列数据类型的设备变量:

- ASCII
- PASSWORD
- EUC(Extend Unit Code)
- BITSTRING

带列举、位列举和索引数据类型的设备变量应被程序处理,因为它们不能被 ANSI_C 支持。

词法结构

put_strnig_value(id,member_id,string,len)

内置程序 put_string_value 的词法元素如表 B.150 所示。

表 B.150 内置程序 put_string_value

参数名	类型	指向	用法	描述
id	无符号长整型	I	O	指定访问 VARIABLE 的项 ID
member_id	无符号长整型	I	O	指定访问 VARIABLE 的成员 ID
string	字符[]	I	m	指定 VARIABLE 的新值
len	长整型	I	m	指定新值的长度
〈return〉	长整型	O	m	在表 B.235 中指定的任何返回代码

B.151 内置程序 put_unsigned

用途

内置程序 put_unsigned 存储正在被操作变量新的未定标无符号值。该变量应是无符号数据类型,并在变量表或设备中是有效变量。一个无符号值包含下列数据类型的设备变量:

- UNSIGNED
- ENUMERATED

- BIT_ENUMERATED
- INDEX

这些数据类型的设备变量应由程序处理，因为它们不能被 ANSI_C 支持。该内置程序 put_unsigned 只能通过与 pre-edit、post-edit、post-read 或 pre-write 动作相关的程序才能调用。只有和事件 pre-edit，post-edit，post-read 或 pre-write 相关的程序才能调用内置 put_unsigned。当变量的 pre_edit、post-edit、post_read 或 pre_write 动作之一被定义为属性，被应用程序、用户程序或编辑程序写入的时候，与之有关的程序才运行。

词法结构

put_unsigned(value)

内置程序 put_unsigned 的词法元素如表 B.151 所示。

表 B.151 内置程序 put_unsigned

参数名	类 型	指 向	用 法	描 述
value	无符号长整型	I	m	指定 VARIABLE 的新值
〈return〉	长整型	O	m	在表 B.235 中指定的任何返回代码

B.152 内置程序 put_unsigned_value

用途

内置程序 put_unsigned_value 存储正在被操作变量的新的未定标无符号值。

参数标识和成员标识采用内置 ITEM_ID 和 MEMBER_ID 以及请求中的变量名或引用来指定。

变量应是无符号数据类型，并且在变量表或设备中是有效的变量。一个无符号值包含下列数据类型的设备变量：

- UNSIGNED
- ENUMERATED
- BIT_ENUMERATED
- INDEX

这些数据类型的设备变量应由程序处理，因为它们不能被 ANSI_C 支持。该变量在变量表或设备中应是有效的。

词法结构

put_unsiged_value(id，member_id，value)

内置程序 put_unsigned_value 的词法元素如表 B.152 所示。

表 B.152 内置程序 put_unsigned_value

参数名	类 型	指 向	用 法	描 述
id	无符号长整型	I	O	指定访问 VARIABLE 的项 ID
member_id	无符号长整型	I	O	指定访问 VARIABLE 的成员 ID
value	无符号长整型	I	m	指定 VARIABLE 的新值
〈return〉	长整型	O	m	在表 B.235 中指定的任何返回代码

B. 153 内置程序 READ_COMMAND

用途

内置程序 READ_COMMAND 允许用给出的命令读取变量。

词法结构

READ_COMMANR(command_identifier)

内置程序 READ_COMMAND 的词法元素如表 B. 153 所示。

表 B. 153 内置程序 READ_COMMAND

参数名	类型	指向	用法	描述
command_identifier	引用	I	m	指定执行命令的标示符
〈return〉	VOID	—	—	—

B. 154 内置程序 read_value

用途

内置程序 read_value 导致从设备读取参数值。

内置程序 read_value 在非高速缓存 EDD 应用程序中不做任何事,因为非高速缓存应用程序不具有变量表来更新。

内置程序 read_value 受制于与应用程序读写一个值相同的读写超时。参数标识和成员标识采用内置 ITEM_ID 和 MEMBER_ID 以及请求中的变量名和引用来指定。

词法结构

read_value(id,member_id)

内置程序 read_value 的词法元素如表 B. 154 所示。

表 B. 154 内置程序 read_value

参数名	类型	指向	用法	描述
id	无符号长整型	I	O	指定访问 VARIABLE 的项 ID
member_id	无符号长整型	I	O	指定访问 VARIABLE 的成员 ID
〈return〉	长整型	O	m	在表 B. 235 中指定的任何返回代码

B. 155 内置程序 remove_abort_method(version A)

用途

如果当前程序被终止,内置程序 remove_abort_method 将从终止程序表中删除一个程序,这个终止程序表就是被执行的程序列表。该内置程序将删除程序表中指定程序的第 1 次出现,启动加入的第一个程序。如果一个指定程序有多次出现,只删除第一次。在一个终止程序被执行中,终止程序不能被删除。

词法结构

remove_abort_method(abort_method_name)

内置程序 remove_abort_method 的词法元素如表 B. 155 所示。

表 B.155 内置程序 remove_abort_method

参数名	类 型	指 向	用 法	描 述
abort_method_name	引用	I	O	指定方法的标识
〈return〉	整型	O	m	指定内置程序的返回值

B.156 内置程序 remove_abort_method(version B)

用途

内置程序 remove_abort_method 将从终止程序表中删除一个程序，如果主程序终止，终止程序列表包含被执行的程序。

本内置程序删除在表中找到的程序的第 1 次出现，从最前面开始直到最后面。表的最前面有最先加入的终止程序(FIFO)，如果程序在表中出现多次，后续出现的次数不被删除。

member_id 的参数是由编程人员采用内置 ITEM_ID 和程序名来指定，终止程序不能调用 remove_abort_method。

词法结构

remove_abort_method(method_id)

内置程序 remove_abort_method 的词法元素如表 B.156 所示。

表 B.156 内置程序 remove_abort_method

参数名	类 型	指 向	用 法	描 述
method_id	无符号长整型	I	O	指定方法的 ID
〈return〉	长整型	O	m	在表 B.235 中指定的任何返回代码

B.157 内置程序 remove_all_abort_methods

用途

内置程序 remove_all_abort_methods 从终止程序列表中删除所有程序。该内置程序除了删除所有的终止程序外，其他与 remove_abort_method 或 remove_abort_method 相似。终止程序不能调用 remove_all_abort_methods。

词法结构

remove_all_abort_methods(VOID)

内置程序 remove_all_abort_methods 的词法元素如表 B.157 所示。

表 B.157 内置程序 remove_all_abort_methods

参数名	类 型	指 向	用 法	描 述
〈return〉	VOID	—	—	—

B.158 内置程序 resolve_array_ref

用途

内置程序 resolve_array_ref 是程序开发人员在分析如 item_array_name 事情时使用。内置程序 item_array_name 获得 REFERENCE_ARRAY 的项目 ID 和索引，并把它们拆分到成 REFERENCE_ARRAY 元素引用的项目 ID 中。本内置程序可用来填充传给显示内置程序的数组。

参数标识和成员标识采用内置 ITEM_Id 和 MEMBER_ID 以及请求中的变量名或引用来指定。

如果 REFERENCE_ARRAY 的成员具有条件从属性(也就是说，一个元素的定义依赖于另一个值),在拆分时这种依赖性也要考虑进去。

词法结构

resolve_array_ref(id,member_id)

内置程序 resolve_array_ref 的词法元素如表 B.158 所示。

表 B.158 内置程序 resolve_array_ref

参数名	类 型	指 向	用 法	描 述
id	无符号长整型	I	m	指定 REFERENCE_ARRAY 的项 ID
member_id	无符号长整型	I	m	指定被请求 REFERENCE_ARRAY 元素的索引
〈return〉	无符号长整型	O	m	指定被拆分引用的项 ID,或对于错误为 0。在错误条件下,内置程序 get_resolve_status 将被用于访问实际的错误代码

B.159 内置程序 resolve_block_ref

用途

内置程序 resolve_block_ref 是为程序开发人员分析如 BLOCK_A 事件时使用。内置程序 resolve_block_ref 获取一个功能块特性记录的成员的 ID 成员并返回 ID 项给被拆分的元素。

参数 member_id 采用 MEMBER_ID 内置程序和请求中的变量名和引用来指定的。如果特性记录的成员有条件从属性(也就是说,一个元素的定义依赖于另一个值),在拆分的过程中,依赖性应被考虑进去。

拆分 member_id 引用会生成 BLOCK_A 元素到项目 ID 中,它随后被用于内置程序调用。

词法结构

resolve_block_ref(member_id)

内置程序 resolve_block_ref 的词法元素如表 B.159 所示。

表 B.159 内置程序 resolve_block_ref

参数名	类 型	指 向	用 法	描 述
member_id	无符号长整型	I	m	指定 BLOCK_A 的成员 ID
〈return〉	无符号长整型	O	m	指定被拆分引用的项 ID,或对于错误为 0。在错误条件下,内置程序 get_resolve_status 将被用于访问实际的错误代码

B.160 内置程序 resolve_param_list_ref

用途

内置程序 resolve_param_list_ref 是为程序开发人员分析如 PARAM_LIST 命名时使用。它获得 PARAMETER_LIST 的成员 ID,并返回完全被拆分元素的 ID 项。

参数 member_id 采用内置 MEMBER_ID 和请求中的变量名和引用来指定。如果参数列表的成员有条件从属性——一个元素的定义依赖于另外的值——在拆分时应将该依赖性考虑进去。

内置程序 resolve_param_list_ref 拆分 member_id 引用会生成 PARAMETER_LIST 元素到 ID 项,随后被用于内置程序调用。

词法结构

resolve_param_list_ref(member_id)

内置程序 resolve_param_list_ref 的词法元素如表 B.160 所示。

表 B.160　内置程序 resolve_param_list_ref

参数名	类　型	指　向	用　法	描　　述
member_id	无符号长整型	I	m	指定参数表的成员 ID
〈return〉	无符号长整型	O	m	指定被拆分引用的项 ID,或对于错误为 0。在错误条件下,内置 get_resolve_status 将被用于访问实际的错误代码

B.161　内置程序 resolve_param_ref

用途

内置程序 resolve_param_list_ref 是为程序开发人员分析如 PARAM. name 时使用。它获得 PARAMETER 元素的 ID 成员,并返回完全被拆分元素的 ID 项。

参数 member_id 采用 MEMBER_ID 内置程序以及请求中的变量名和引用来指定。拆分 member_id 引用会生成 PARAMETER 元素到项目 ID 中,随后被用于内置程序的调用。

词法结构

resolve_param_ref(member_id)

内置程序 resolve_param_ref 的词法元素如表 B.161 所示。

表 B.161　内置程序 resolve_param_ref

参数名	类　型	指　向	用　法	描　　述
member_id	无符号长整型	I	m	指定参数的成员 ID
〈return〉	无符号长整型	O	m	指定被拆分引用的项 ID,或对于错误为 0。在错误条件下,内置 get_resolve_status 将被用于访问实际的错误代码

B.162　内置程序 resolve_record_ref

用途

内置程序 resolve_record_ref 是为程序开发人员分析如 record_name、member_name 时使用。它获得记录的 ID 项和记录元素或成员的 ID 成员,并返回完全被拆分元素的 ID 项。

如果一个记录的成员有条件依赖性(也就是说,一个元素的定义依赖于另一个值),在分解过程中,这种依赖性应被考虑进去。

参数标识和成员标识采用内置 ITEM_ID 和 MEMBER_ID 以及请求中的变量名和引用来指定。

拆分 member_id 引用会生成 RECORD 元素到项目 ID 中,随后被用于内置程序的调用。

词法结构

resolve_record_ref(id,member_id)

内置程序 resolve_record_ref 的词法元素如表 B.162 所示。

表 B.162　内置程序 resolve_record_ref

参数名	类　型	指　向	用　法	描　　述
id	无符号长整型	I	m	指定被拆分 RECORD 的项 ID
member_id	无符号长整型	I	m	指定记录成员的成员 ID
〈return〉	无符号长整型	O	m	指定被拆分引用的项 ID,或对于错误为 0。在错误条件下,内置 get_resolve_status 将被用于访问实际的错误代码

B.163 内置程序 retry_on_all_comm_errors

用途

在出现通信错误之后，内置程序 retry_on_all_comm_errors 导致由程序产生的上一次请求被重试。在失败和错误返回被返回之前，该请求将重试三次。

本内置程序在任何通信错误后，从必须明确重试该请求中释放出程序。

通信错误代码在标准行规中定义，并且它们的相关字符串在文本字典中定义。

注：0 通讯错误不被认为是一个通讯错误。

词法结构

retry_on_all_comm_errors(VOID)

内置程序 retry_on_comm_errors 的词法元素如表 B.163 所示。

表 B.163 内置程序 retry_on_all_comm_errors

参数名	类型	指向	用法	描述
〈return〉	VOID	—	—	—

B.164 内置程序 RETRY_ON_ALL_COMM_STATUS

用途

内置程序 RETRY_ON_ALL_COMM_STATUS 将在通信状态重试掩码中设置所有位，如果设备返回任何通讯状态值，将导致系统重试当前命令。当事务处理中返回的第一个数据字节的第七位被置位时，该字节被定义为通信状态。

每次程序开始时，重试和终止掩码被复位为它们的默认值，所以新掩码值只在当前程序中有效。掩码的实现见内置程序 send_command。可用的掩码表和它们的缺省值见内置程序 ABORT_ON_RESPONSE_CODE。

本功能影响的掩码也用于内置程序 send、send_trans、send_command、send_command_trans、ext_send_command、ext_send_command_trans、get_more_status 和 display。

词法结构

RETRY_ON_ALL_COMM_STATUS(VOID)

内置程序 RETRY_ON_ALL_COMM_STATUS 的词法元素如表 B.164 所示。

表 B.164 内置 RETRY_ON_ALL_COMM_STATUS

参数名	类型	指向	用法	描述
〈return〉	VOID	—	—	—

B.165 内置程序 RETRY_ON_ALL_DEVICE_STATUS

用途

内置程序 RETRY_ON_ALL_DEVICE_STATUS 将在设备状态重试掩码中设置所有位。如果设备返回任意设备状态值时系统将重试当前命令。设备状态被定义为事务处理中返回的第二个数据字节。

在每次程序开始时，重试和终止掩码被复位为他们的默认值，所以新的掩码值只在当前程序中有效。

本功能影响的掩码也用于内置程序 send、send_trans、send_command、send_command_trans、ext_send_command、ext_send_command_trans、get_more_status 和 display。

词法结构

RETRY_ON_ALL_DEVICE_STATUS(VOID)

内置程序 RETRY_ON_ALL_DEVICE_STATUS 的词法元素如表 B.165 所示。

表 B.165　内置程序 RETRY_ON_ALL_DEVICE_STATUS

参数名	类　型	指　向	用　法	描　　述
〈return〉	VOID	—	—	—

B.166　内置程序 RETRY_ON_ALL_RESPONSE_CODES

用途

内置程序 RETRY_ON_ALL_RESPONSE_CODES 将在响应代码重试掩码中设置所有位。如果设备返回任何代码值，这将导致系统将重试当前命令。

当事务处理中返回的第一个数据字节的第七位为 0 时，该字节被定义为响应代码。

在每次程序开始时，重试和终止掩码被复位为他们的默认值，所以新的掩码值只在当前程序中有效。

掩码的实现见 send_command 函数。可用的掩码表和它们的缺省值见内置程序 ABORT_ON_RESPONSE_CODE。

本功能影响的掩码也用于内置程序 send、send_trans、send_command、send_command_trans、ext_send_command、ext_send_command_trans、get_more_status 和 display。

词法结构

RETRY_ON_ALL_RESPONSE_CODES(VOID)

内置程序 RETRY_ON_ALL_RESPONSE_CODES 的词法元素如表 B.166 所示。

表 B.166　内置程序 RETRY_ON_ALL_RESPONSE_CODES

参数名	类　型	指　向	用　法	描　　述
〈return〉	VOID	—	—	—

B.167　内置程序 retry_on_all_response_codes

用途

内置程序 retry_on_all_response_codes 导致在任何响应代码之后程序所产生的的最后一次请求被重试。在请求失败和错误返回被返回之前，请求将重试三次。当一个程序开始时，这是内置程序的一个缺省动作。

该内置功能在任何响应代码后从必须明确重试的一个请求中释放出。

响应代码是一个表示应用程序特定错误条件的整数值。

注：0 响应代码不被认为是一个错误响应代码。每个响应代码和响应代码类型在 EDD 中定义。

词法结构

retry_on_all_response_code(VOID)

内置程序 retry_on_all_response_code 的词法元素如表 B.167 所示。

表 B.167　内置程序 retry_on_all_response_codes

参数名	类　型	指　向	用　法	描　　述
〈return〉	VOID	—	—	—

B.168　内置程序 RETRY_ON_COMM_ERROR

用途

内置程序 RETRY_ON_COMM_ERROR 设置无通讯错误掩码，以便在发送命令时，如果发现一个通信错误，当前命令将被重试。

在每次程序开始时，重试和终止掩码被复位为它们的默认值，所以，新的掩码只在当前过程中有效。掩码的实现见 send_command。可用的掩码表和它们的缺省值见内置程序 ABORT_ON_RESPONSE_CODE。

本功能影响的掩码也用于内置程序 send、send_trans、send_command、send_command_trans、ext_send_command、ext_send_command_trans、get_more_status 和 display。

词法结构

RETRY_ON_COMM_ERROR(VOID)

内置程序 RETRY_ON_COMM_ERROR 的词法元素如表 B.168 所示。

表 B.168　内置函数程序 RETRY_ON_COMM_ERROR

参数名	类　型	指　向	用　法	描　　述
〈return〉	VOID	—	—	—

B.169　内置程序 retry_on_comm_error

用途

内置程序 retry_on_comm_error 导致由程序产生的上一次请求在出现指定的通信错误后被重试，在请求失败并且错误返回被返回之前，该请求将被重试三次。

在收到所给的通信错误后，本内置程序从必须明确重试的一个请求中释放出程序。

通信错误代码由协会定义，它们的相关字符串在文本字典中定义。0 通信错误不被认为是通信错误。

词法结构

retry_on_comm_error(error)

内置程序 retry_on_comm_error 的词法元素如表 B.169 所示。

表 B.169　内置程序数 retry_on_comm_error

参数名	类　型	指　向	用　法	描　　述
error	无符号长整型	I	m	指定通信错误
〈return〉	长整型	O	m	指定内置程序返回值

B.170　内置程序 RETRY_ON_COMM_STATUS

用途

内置程序 RETRY_ON_COMM_STATUS 将在通讯状态重试掩码中设置的校验位，以便这个指定的通讯状态值将导致当前命令被重试。当事务处理中返回的第一个数据字节的第七位为 1 时，该字节被定义为通信状态。

在每次程序开始时，重试和终止掩码被复位为他们的默认值，所以新的掩码值只在当前程序中有效。掩码的实现见 send_cmmand 函数。可用的掩码表和它们的缺省值见内置程序 ABORT_ON_RESPONSE_CODE。

本功能影响的掩码也用于内置程序 send、send_trans、send_command、send_command_trans、ext_send_command、ext_send_command_trans、get_more_status 和 display。

词法结构

RETRY_ON_COMM_STATUS(comm_status)

内置程序 RETRY_ON_COMM_STATUS 的词法元素如表 B.170 所示。

表 B.170　内置 RETRY_ON_COMM_STATUS

参数名	类　型	指　向	用　法	描　　述
Comm_status	整型	I	m	指定新的通信状态重试掩码
〈return〉	VOID	—	—	—

B.171　内置程序 RETRY_ON_DEVICE_STARUS

用途

内置程序 RETRY_ON_DEVICE_STARUS 将在设备状态重试掩码中设置校验位，以便所指定的设备状态值将导致当前命令被重试。设备状态值被定义为事务处理中返回的第二个数据字节。

在每次程序开始时，重试和终止掩码被复位为他们的默认值，所以新的掩码值只在当前程序中有效。掩码的实现见 send_cmmand 函数。可用的掩码表和它们的缺省值见内置程序 ABORT_ON_RESPONSE_CODE。

本函数影响的掩码也用于内置程序 send、send_trans、send_command、send_command_trans、ext_send_command、ext_send_command_trans、get_more_status 和 display。

词法结构

RETRY_ON_DEVICE_STATUS(device_status)

内置程序 RETRY_ON_DEVICE_STATUS 的词法元素如表 B.171 所示。

表 B.171　内置程序 RETRY_ON_DEVICE_STATUS

参数名	类　型	指　向	用　法	描　　述
Device_status	整型	I	m	指定新的通讯状态值重试掩码
〈return〉	VOID	—	—	—

B.172　内置程序 RETRY_ON_NO_DEVICE

用途

内置程序 RETRY_ON_NO_DEVICE 将设置无设备掩码，以便在发送命令时，如果没有设备被发现，当前命令将被重试。

在每次程序开始时，重试和终止掩码被复位为他们的默认值，所以新的掩码值只在当前程序中有效。掩码的实现见 send_cmmand 函数。可用的掩码表和它们的缺省值见内置程序 ABORT_ON_RESPONSE_CODE。

本功能影响的掩码也用于内置程序 send、send_trans、send_command、send_command_trans、ext_send_command、ext_send_command_trans、get_more_status 和 display。

词法结构

RETRY_ON_NO_DEVICE (VOID)

内置程序 RETRY_ON_NO_DEVICE 的词法元素如表 B.172 所示。

表 B.172　内置程序 RETRY_ON_NO_DEVICE

参数名	类　型	指　向	用　法	描　　述
〈return〉	VOID	—	—	—

B.173 内置程序 RETRY_ON_RESPONSE_CODE

用途

内置程序 RETRY_ON_RESPONSE_CODE 将在响应代码重试掩码中设置校验位，以便所指定的响应代码值将导致当前命令被重试。当事务中返回的第一个数据字节的第七位是 0 时，该字节被定义为响应代码。

在每次程序开始时，重试和终止掩码被复位为他们的默认值，所以新的掩码值只在当前程序中有效。掩码的实现见 send_cmmand 函数。可用的掩码表和它们的缺省值见内置程序 ABORT_ON_RESPONSE_CODE。

本功能影响的掩码也用于内置程序 send、send_trans、send_command、send_command_trans、ext_send_command、ext_send_command_trans、get_more_status 和 display。

词法结构

RETRY_ON_RESPONSE_CODE (response_code)

内置程序 RETRY_ON_RESPONSE_CODE 的词法元素如表 B.173 所示。

表 B.173 内置程序 RETRY_ON_RESPONSE_CODE

参数名	类 型	指 向	用 法	描 述
response_code	整型	I	m	指定新的通信状态重试掩码
〈return〉	VOID	—	—	—

B.174 内置程序 retry_on_response_code

用途

内置程序 retry_on_response_code 导致在指定的响应代码被接收到后，由程序产生的上一次请求被重试三次。

本内置程序在所给出的响应代码被接收到后，从必须明确重试的请求中释放出程序。

响应代码是一个表示应用程序指定错误条件的值。

注：0 响应代码值不被认为是一个错误响应代码。每一个响应代码及其类型在 EDD 中定义。

重试程序的上一次请求，直到收到指定的响应代码。

词法结构

retry_on_response_code(code)

内置程序 retry_on_response_code 的词法元素如表 B.174 所示。

表 B.174 内置程序 retry_on_response_code

参数名	类 型	指 向	用 法	描 述
code	无符号长整型	I	M	指定被拆分的响应代码
〈return〉	长整型	O	M	在表 B.235 中指定的任何返回代码

B.175 内置程序 round

用途

内置程序 round 将浮点值四舍五入到最近的整数。

词法结构

round (x)

内置程序 round 的词法元素如表 B.175 所示。

表 B.175　内置程序 round

参数名	类　型	指　向	用　法	描　　　述
x	双精度	I	M	指定的浮点值
〈return〉	双精度	O	M	返回的四舍五入值

B.176　内置程序 rspcode_string

用途

内置程序 rspcode_string 将对所指定的命令和响应代码返回响应代码字符串。如果字符串的长度比在 response_string_length 中定义的最大长度长，该字符串将被截断。所指定的响应代码对于指示命令应是有效的。

词法结构

rspcode_string(cmd_nember,response_code,response_string,response_string_length)

内置程序 rspcode_string 的词法元素如表 B.176 所示。

表 B.176　内置 rspcode_string

参数名	类　型	指　向	用　法	描　　　述
cmd_number	整型	I	m	指定命令号
respose_code	整型	I	m	指定响应代码
response_string	字符 *	O	m	指定用于响应代码字符串的缓冲器
response_string_length	整型	I		指定字符串缓冲器的最大长度
〈return〉	VOID	—	—	—

B.177　内置程序 save_on_exit

用途

内置程序 save_on_exit 设置终止动作，以保存在变量表中还未发送给设备的程序改变了的变量。在设备中的该值不受影响。只要应用程序未改变该值，该值将按被应用程序写入的那样被保存。

当一个程序改变了一个变量的值时，事实上只改变 EDD 应用程序中该值的副本。这个改变只在程序的生命周期中有效。为了使这个值永久地存在变量表中，程序在退出之前应保存该值。

所有已改变的但未发送到设备去的值，都是在程序的结尾，要么通过发送它们给设备、要么通过放弃它们、要么通过按存在于程序最后的方法保存它们(但不影响设备)来处理。保存的值可被其他程序使用。

如果程序未调用内置程序 discard_on_exit、save_on_exit 或 send_on_exit，任何内置程序中的值将被放弃，如同 discard_on_exit 调用一样。

如果程序中止，那么内置程序 discard_on_exit 选项就被强制，即使在程序终止之前内置程序 save_on_exit 被调用。

词法结构

save_on_exit(VOID)

内置程序 save_on_exit 的词法元素如表 B.177 所示。

表 B.177　内置程序 save_on_exit

参数名	类　型	指　向	用　法	描　　　述
〈return〉	VOID	—	—	—

B.178 内置程序 save_values

用途

内置程序 save_value 导致在程序会话期间所有被修改设备变量的值，在程序已经退出后被永久保留。

如果本功能未被调用，被修改但未发送给设备的设备变量将被恢复成它们以前的值。

词法结构

save_value(VIOD)

内置程序 save_value 的词法元素如表 B.178 所示。

表 B.178 内置程序 save_value

参数名	类 型	指 向	用 法	描 述
〈return〉	整型	O	m	指定内置程序的返回值

B.179 内置程序 SELECT_FROM_LIST

用途

除了设备变量不能被允许在提示字符串中之外，内置程序 SELECT_FROM_LIS 和内置程序 SELECT_FROM_LIST 具有相同的功能。在选择列表中至少应有两个选项。

注 1：以前显示的信息不能被保证继续保留在屏幕上。

注 2：在每次对该功能调用后，一些 EDD 应用程序会清除显示。

词法结构

SELECT_FROM_LIST(prompt，option_list)

内置程序 SELECT_FROM_LIST 词法元素如表 B.179 所示。

表 B.179 内置程序 SELECT_FROM_LIST

参数名	类 型	指 向	用 法	描 述
prompt	字符[]	I	m	指定被显示的信息
option_list	字符[]	I	m	指定包含分隔文本的选项字符串，这些文本定义了菜单项
〈return〉	整型	O	m	按位置指定选项的结果(基于 0 的)

B.180 内置程序 slect_from_list

用途

内置程序 slect_from_list 将显示一个提示，并为用户提供一个选项表去选择。一旦选择作出，在选项表中选项的位置将被返回。选项表中的位置是从 0 开始的。例如，如果所提供的选项表包含两项，当选择第一项时本函数将返回 0，选择第二项时 1 被返回。

提示和/或选项列表可以包含嵌入的本地和/或设备变量值(语法结构参看 put_message)。

选项就象两个选项之间用分号隔开的单个字符串一样被传给本功能，选项表中至少应有两个选项。

注 1：以前显示的信息不能被保证继续保留在屏幕上。

注 2：在每次对该功能调用后，一些 EDD 应用程序会清除显示。

词法结构

select_from_list(prompt，global_var_ids，option_list)

内置程序 select_from_list 的词法元素如表 B.180 所示。

表 B.180 内置 select_from_list

参数名	类 型	指 向	用 法	描 述
prompt	字符[]	I	m	指定被显示的信息
Global_var_ids	整形数组	I	m	指定包含 VARIABLE 实例唯一标识的数组
Option_list	字符[]	I	m	指定包含分隔文本的选项字符串,这些文本定义了菜单项
〈return〉	整型	O	m	按位置指定选项的结果(从 0 开始)

B.181 内置程序 select_from_menu

用途

内置程序 select_from_menu 显示一选项表或菜单项供用户选择,并重新获得所选择的编号。当用户完成了一个选择后,它就返回给调用程序,选择项从 1 开始直到参数选项所指定选项数的范围。变量值可按形式化信息嵌入到提示信息字符串中。选项字符串根据用户选择的菜单来定义,是一个包含选项的字符串;每个选项和其他选项之间用冒号来分隔。每个选项可有国家代码嵌入在里面。

- 应用程序应该按照后续原则显示字符串。
- 屏幕上显示的菜单项应与字符串中的顺序相同。
- 显示在屏幕上提示字符串应出现在菜单的上端。
- 提示字符串是不可选的。
- 菜单从上到下表示。

词法结构

select_from_menu(prompt,ids,indices,id_count,options,selection)

内置程序 select_from_menu 的词法元素如表 B.181 所示。

表 B.181 内置程序 select_from_menu

参数名	类 型	指 向	用 法	描 述
prompt	字符[]	I	m	指定显示的信息
ids	无符号长整型数组	I	m	指定用在提示信息中 VARIABLE 的项 ID
indices	无符号长整型数组	I	m	指定用在提示信息中 VARIABLE 的成员 ID 或索引
id_count	长整型	I	m	在 REFERENCE_ARRAY 中为标识和索引指定的 REFERENCE_ARRAY 元素的号。如果 REFERENCE_ARRAY 的标识和索引为 0 这个值也设置为 0
option	字符[]	I	m	指定包含分隔文本的选项字符串,这些文本定义了菜单项
selection	长整型	O	m	按位置指定选项结果(基于 0 的)
〈return〉	长整型	O	m	在表 B.235 中指定的任何返回代码

B.182 内置程序 send

用途

内置程序 send 将发送指定的命令并在 cmd_status 数组中分别返回响应代码、通讯状态以及命令状态。

在 cmd_status 数组中的字节和相应终止掩码进行逻辑 AND,以决定程序是否应该终止。如果有一个匹配,程序就终止并运行终止程序(如果有任意个中止程序被指派)。如果没有与终止掩码相匹配的,一样的数据就与相应的重试掩码相 AND,如果有一个相匹配,该命令将被重试。这将持续到要么命令成功、要么终止产生、要么重试的最大次数已达到。

命令的状态字节是一个 cmd_ststus 参数返回的三字节数组指针,它分配在程序中产生调用。

词法结构

send(cmd_number,cmd_status)

内置程序 send 的词法元素如表 B.182 所示。

表 B.182 内置程序 send

参数名	类 型	指 向	用 法	描 述
cmd_number	整型	I	m	指定要发送的命令号
cmd_status	字符 *	O	m	指定发送命令的状态字节
〈return〉	整型	O	m	指定内置程序的返回值

如果命令成功,则返回值的符号名应是 BI_SUCESS;如果发送命令时产生错误,则返回值的符号名应是 BI_COMM_ERROR;如果没有设备被找到,则返回值的符号名是 BI_NO_DEVICE。

B.183 内置程序 send_all_values

用途

内置程序 send_all_values 发送在变量表中被程序已改变但还未传给设备的全部值。该动作改变设备的值来匹配程序修改的值。

因为该内置程序没有变量表,它不针对非高速缓存 EDD 应用程序做任何事。采用变量表中已被程序修改的全部值来更新设备。

词法结构

send_all_values(VOID)

内置程序 send_all_values 的词法结构如表 B.183 所示。

表 B.183 内置程序 send_all_values

参数名	类 型	指 向	用 法	描 述
〈return〉	长整型	O	m	在表 B.235 中指定的任何返回代码

B.184 内置程序 send_command

用途

内置程序 send_command 将发送指定的命令。如果表示更多的数据存在的状态位被返回(状态类别 MOR),命令 48 将被自动发布。来自于原始命令和命令 48 的状态/数据字节立即与相应的终止掩码逻辑 AND,以确定是否程序应该终止。如果有一个匹配,程序就终止并运行终止程序(如果任意个中止程序被指派)。如果没有与终止掩码相匹配,一样的数据就与相应的重试掩码相 AND,如果有一个匹配,该命令将被重试。这将持续到要么命令成功、要么终止产生、要么重试的最大次数已达到。对于本函数没有状态或数据字节被返回。

词法结构

send_command(cmd_number)

内置程序 send_command 的词法结构如表 B.184 所示。

表 B.184 内置程序 send_command

参数名	类型	指向	用法	描述
cmd_number	整型	I	m	指定要发送的命令的号
〈rcturn〉	整型	O	m	指定内置程序的返回值

如果命令成功，则返回值的符号名应是 BI_SUCESS；如果发送命令时产生错误，则返回值的符号名应是 BI_COMM_ERROR；如果没有设备被找到，则返回值的符号名是 BI_NO_DEVICE。

B.185 内置程序 send_command_trans

用途

内置程序 send_command_trans 用指定的事务处理向设备发送命令。本功能用于发送被用多个事务处理所定义的命令。

内置程序 send_command 将发送指定的命令。如果表示有更多数据可用的状态位被返回(状态类别 MORE)，命令 48 将自动发布。来自于原始命令和命令 48 的状态/数据字节立即与相应的终止掩码逻辑 AND，以确定是否程序应该终止。如果有一个匹配，程序就终止并运行终止程序(如果有任意一个已分配的中止程序)。如果没有与终止掩码相匹配的，一样的数据就与相应的重试掩码相 AND。如果有一个匹配，该命令将被重试。这将持续到要么命令成功、要么终止产生、要么重试的最大次数已达到。对于本命令不返回状态或数据字节。

词法结构

send_command_trans(cmd_number,transaction)

内置程序 send_command_trans 的词法元素如表 B.185 所示。

表 B.185 内置程序 send_command_trans

参数名	类型	指向	用法	描述
cmd_number	整型	I	m	指定要发送的命令的号码
transaction	整型	I	m	指定 TRANSACTION 的号
〈return〉	整型	O	m	指定内置程序的返回值

B.186 内置程序 send_on_exit

用途

内置程序 send_on_exit 设置结束动作，以发送任何由程序产生的变化给存储在 EDD 应用程序变量表中的变量，该变化还没有发送给设备。本内置程序在非高速缓存 EDD 应用程序中不做任何事，因为非高速缓存不具有变量表。

当程序修改一个变量值时，它改变了该值的副本。这个改变只对这个程序的生命周期有效。为了在设备中形成这个变化，程序将发送该值给设备，或在程序退出之前调用本内置程序。

所有被改变但还未被发送给设备的值都在程序结束的时候被处理，要么发送它们给设备、要么放弃它们、要么在现行程序的最后保存这个值的改变。程序结束后变量表中已被改变的变量被发送。

如果程序未调用内置程序 discard_on_exit 或内置程序 send_on_exit 的周期超出，任何由内置程序改变的值都被放弃，就象内置程序 discard_on_exit 被调用了一样。如果程序终止，即使在程序被终止之前调用了内置程序 save_on_exit 或 send_on_exit，内置程序 discard_on_exit 选项也要被强制。

词法结构

send_on_exit(VOID)

内置程序 send_on_exit 的词法元素如表 B.186 所示。

表 B.186 内置程序 send_on_exit

参数名	类型	指向	用法	描述
〈return〉	VOID	—	—	—

B.187 内置程序 send_trans

用途

内置程序 send_trans 发送带指定事务处理的命令给设备。本函数用于发送被用多个事务处理所定义的命令。

内置程序 send_trans 将发送指定的命令并在 cmd_status 数组中分别返回响应代码，通讯状态和命令状态。这些字节和相应的终止掩码逻辑 AND，以确定程序是否终止。如果匹配，程序将被终止并运行终止程序（如果任意一个终止程序已被指派）。如果不匹配，命令将被重试，一直持续到要么程序成功、要么一个终止发生或者重试的最大次数已经达到。

命令的状态字节在 cmd_status 参数中返回，它是一个 3 字节数组，在程序生成的调用中指派。

词法结构

send _trans(cmd_number，transaction，cmd_status)

内置程序 send_ trans 的词法元素如表 B.187 所示。

表 B.187 内置程序 send_ trans

参数名	类型	指向	用法	描述
cmd_number	整型	I	m	指定要发送的命令的号
transaction	整型	I	m	指定 TRANSACTION 的号
cmd_status	字符 *	O	m	指定发送命令的状态字节
〈return〉	整型	O	m	指定如果命令成功、发生错误或没有设备被找到时的状态

如果命令成功，则返回值的符号名应是 BI_SUCESS；如果发送命令时产生错误，则返回值的符号名应是 BI_COMM_ERROR；如果没有设备被找到，则返回值的符号名是 BI_NO_DEVICE。

B.188 内置程序 send_value

用途

内置程序 send_value 导致在变量列表中有变化的变量值被发送到设备中，并因而更新设备值。本内置程序在非高速缓存 EDD 应用程序中不做任何事，因为非高速缓存 EDD 应用程序没有变量表。设备中一些值是 READ_ONLY 而不能被写入，试图写入会导致一个内置程序错误被返回。

参数标识和成员标识采用内置 ITEM_ID 和 MEMBER_ID 以及请求中的变量名和引用来指定。

词法结构

send_value(id，member_id)

内置程序 send_value 的词法元素如表 B.188 所示。

表 B.188 内置程序 send_value

参数名	类型	指向	用法	描述
id	无符号长整型	I	m	指定读取变量的项 ID
member_id	无符号长整型	I	m	指定将读取变量的成员 ID
〈return〉	长整型	O	m	在表 B.235 中指定的任何返回值

B.189　内置程序 SET_NUMBER_OF_RETRIES

用途

内置程序 SET_NUMBER_OF_RETRIES 设置由于相应的重试掩码命令将被多次重试的次数，在每个程序开始的时候该值的缺省值为 0。

词法结构

SET_NUMBER_OF_RETRIES(n)

内置程序 SET_NUMBER_OF_RETRIES 的词法元素如表 B.189 所示。

表 B.189　内置程序 SET_NUMBER_OF_RETRIES

参数名	类　型	指　向	用　法	描　　述
n	整型	I	m	指定一个命令重试的次数
〈return〉	整型	O	m	指定内置程序的返回值

B.190　内置程序 sin

用途

内置程序 sin 返回浮点值的正弦。

词法结构

sin (x)

内置程序 sin 的词法元素如表 B.190 所示。

表 B.190　内置程序 sin

参数名	类　型	指　向	用　法	描　　述
x	双精度	I	m	指定浮点值
〈return〉	双精度	O	m	返回正弦值

B.191　内置程序 sinh

用途

内置程序 sinh 返回浮点值的双曲正弦。

词法元素

sinh(x)

内置程序 sinh 的词法元素如表 B.191 所示。

表 B.191　内置程序 sinh

参数名	类　型	指　向	用　法	描　　述
x	双精度	I	m	指定浮点数
〈return〉	双精度	O	m	返回的双曲正弦值

B.192　内置程序 sqrt

用途

内置程序 sqrt 返回浮点值的平方根。

词法结构

sqrt (x)

内置程序 sqrt 的词法元素如表 B.192 所示。

表 B.192 内置程序 sqrt

参数名	类 型	指 向	用 法	描 述
x	双精度	I	m	指定浮点数
〈return〉	双精度	O	m	返回的平方根

B.193 内置程序 strcmp

用途

内置程序 strcmp 比较两个字符串。

词法结构

strcmp (string1,string2)

内置程序 strcmp 的词法元素如表 B.193 所示。

表 B.193 内置程序 strcmp

参数名	类 型	指 向	用 法	描 述
string1	DD_STRING	I	m	指定第一个字符串
string2	DD_STRING	I	m	指定第二个字符串
〈return〉	整型	O	m	如果两个字符串相等,返回 0;如果第一个字符串小于第二个字符串,返回负值;如果第一个字符串大于第二个字符串,返回正值

B.194 内置程序 strlen

用途

内置程序 strlen 返回字符串的长度。

词法结构

strlen (string)

内置程序 strlen 的词法元素如表 B.194 所示。

表 B.194 内置程序 strlen

参数名	类 型	指 向	用 法	描 述
string	DD_STRING	I	m	指定将被返回长度的字符串
〈return〉	整型	O	m	返回的字符串长度

B.195 内置程序 strlwr

用途

内置程序 strlwr 返回字符串的低级版本。

词法结构

strlwr(string)

内置程序 strlwr 的词法元素如表 B.195 所示。

表 B.195 内置程序 strlwr

参数名	类 型	指 向	用 法	描 述
string	DD_STRING	I	m	指定被转换的字符串
〈return〉	DD_STRING	O	m	返回字符串的低级版本

B.196 内置程序 strmid

用途

内置程序 strmid 返回一个字符串的子链。

词法结构

strmid (string,position,length)

内置程序 strmid 的词法元素如表 B.196 所示。

表 B.196 内置程序 strmid

参数名	类 型	指 向	用 法	描 述
string	DD_STRING	I	m	指定输入字符串
position	整型	I	m	指定将从输入字符串中提取的首字母
length	整型	I	m	指定将从输入字符串中提取的字符个数
〈return〉	DD_STRING	O	m	返回指定的子链

B.197 内置程序 strstr

用途

内置程序 strstr 返回一个字符串的子字符串。

词法结构

strstr(string,substring)

内置程序 strstr 的词法元素如表 B.197 所示。

表 B.197 内置程序 strstr

参数名	类 型	指 向	用 法	描 述
string	DD_STRING	I	m	指定被搜索的字符串
substring	DD_STRING			指定搜索字符串
〈return〉	DD_STRING	O	m	返回在 s2 中的 s1 的第一个可用字符;如果字符串未找到,则返回 NULL

B.198 内置程序 strtrim

用途

内置程序 strtrim 修剪字符串的空白部分。

词法结构

strtrim(string)

内置程序 strstrim 的词法元素如表 B.198 所示。

表 B.198 内置程序 strtrim

参数名	类 型	指 向	用 法	描 述
string	DD_STRING	I	m	指定将被修剪的字符串
〈return〉	DD_STRING	O	m	返回引导和后续空白被删除的字符串

B.199 内置程序 strupr

用途

内置程序 strupr 返回字符串的较高版本。

词法结构

strupr(string)

内置程序 strupr 的词法元素如表 B.199 所示。

表 B.199 内置程序 strupr

参数名	类型	指向	用法	描述
string	DD_STRING	I	m	指定将被转换的字符串
〈return〉	DD_STRING	O	m	返回字符串的较高版本

B.200 内置程序 tan

用途

内置程序 tan 返回浮点值的正切。

词法结构

tan (x)

内置程序 tan 的词法元素如表 B.200 所示。

表 B.200 内置程序 tan

参数名	类型	指向	用法	描述
x	双精度	I	m	指定浮点值
〈return〉	双精度	O	m	返回正切

B.201 内置程序 tanh

用途

内置程序 tanh 返回浮点值的双曲正切。

词法元素

tanh(x)

内置程序 tanh 的词法元素如表 B.201 所示。

表 B.201 内置程序 tanh

参数名	类型	指向	用法	描述
x	双精度	I	m	指定浮点值
〈return〉	双精度	O	m	返回双曲正切

B.202 内置程序 To_Date_and_Time

用途

内置程序 To_Date_and_Time 计算从给定日期 1900 年 1 月 1 日起的天和分数天的数目。

返回的值可以被分配给 DATE_AND_TIME 变量或能与之进行比较。

词法结构

To_Date_and_Time (days,hours,minute,second,millisecond)

内置程序 To_Date_and_Time 的词法元素如表 B.202 所示。

表 B.202 内置程序 To_Date_and_Time

参数名	类 型	指 向	用 法	描 述
days	整型	I	m	指定天数
hour	整型	I	m	指定小时
minute	整型	I	m	指定分钟
second	整型	I	m	指定秒
millisecond	整型	I	m	指定微秒
〈return〉	双精度	O	m	返回整数和分数天数。EDD 应用程序支持双精度浮点数和 DATE_AND_TIME 间的隐式类型转换

B.203 内置程序 trunc

用途

内置程序 trunc 删除浮点值的引导部分。

词法结构

trunc(x)

内置程序 trunc 的词法元素如表 B.203 所示。

表 B.203 内置程序 trunc

参数名	类 型	指 向	用 法	描 述
x	双精度	I	m	指定浮点值
〈return〉	双精度	O	m	返回删除引导部分的值

B.204 内置程序 VARID

用途

内置程序 VARID 将返回指定变量的数字标识，一个有效的变量名将被提供。设备描述中的每个变量被分配一个唯一的数字标识。当一个变量的标识要么需要存储到临时缓冲器中、要么作为参数被发送给其他内置程序的时候，本功能将被用到。

词法结构

VARID(varible_name)

内置程序 VARID 的词法元素如表 B.204 所示。

表 B.204 内置程序 VARID

参数名	类 型	指 向	用 法	描 述
variable_name	引用	I	m	指定 VARIABLE 的标识
〈return〉	整型	O	m	指定变量标识

B.205 内置程序 vassign

用途

内置程序 vassign 将把原变量的值赋给目标变量，两个变量都应是有效的，并它们应具有相同的类型。

语法结构

vassign(dest_var,source_var)

内置程序 vassign 的语法元素如表 B.205 所示。

表 B.205　内置程序 vassign

参数名	类　型	指　向	用　法	描　　述
Dest_var	字符[]	I	m	指定目标 VARIABLE 的标识
Source_var	字符[]	I	m	指定源 VARIABLE 的标识
〈return〉	整型	O	m	指定内置程序返回值

如果指派成功,返回值的符号名应为 TRUE;如果变量标识无效,则返回值的符号名应为 FALSE。

B.206　内置程序 WRITE_COMMAND

用途

内置程序 WRITE_COMMAND 允许用给定命令写变量。

词法结构

WRITE_COMMAND (command_identifier)

内置程序 WRITE_COMMAND 的词法元素如表 B.206 所示。

表 B.206　内置程序 WRITE_COMMAND

参数名	类　型	指　向	用　法	描　　述
command_identifier	引用	I	m	指定执行 COMMAND 的标识
〈return〉	长整型	O	m	指定内置程序返回值

B.207　内置程序 XMTR_ABORT_ON_ALL_COMM_STATUS

用途

内置程序 XMTR_ABORT_ON_ALL_COMM_STATUS 将设置命令 48 通信状态中断掩码的所有位。如果设备返回任何命令 48 的通信状态值,该内置程序将导致系统终止当前程序。当事务处理中返回的第一个数据字节的第七位被置位,该字节被定义为通信状态。

在每个程序开始时,重试和终止掩码被复位为它们的缺省值,所以新的掩码值只在当前程序中有效。掩码的实现见 send_command 函数。可用的掩码表和它们的缺省值见内置程序 ABORT_ON_RESPONSE_CODE。

本功能影响的掩码也用于内置程序 send、send_trans、send_command、send_command_trans、ext_send_command、ext_send_command_trans、get_more_status 和 display。

词法结构

XMTR_ABORT_ON_ALL_COMM_STATUS(VOID)

内置程序 XMTR_ABORT_ON_ALL_COMM_STATUS 的词法元素如表 B.207 所示。

表 B.207　内置程序 XMTR_ABORT_ON_ALL_COMM_STATUS

参数名	类　型	指　向	用　法	描　　述
〈return〉	VOID	—	—	—

B.208　内置程序 XMTR_ABORT_ON_ALL_DEVICE_STATUS

用途

内置程序 XMTR_ABORT_ON_ALL_DEVICE_STATUS 将设置命令 48 设备状态终止掩码的所有位。如果设备返回任何命令 48 设备状态值,本内置程序将导致系统终止当前程序。设备状态被定义为事务处理中返回的第二个数据字节。

在每个程序开始时，重试和终止掩码被复位为它们的缺省值，所以新的掩码值只在当前程序中有效。掩码的实现见 send_command 函数。可用的掩码表和它们的缺省值见内置程序 ABORT_ON_RESPONSE_CODE。

本功能影响的掩码也用于内置程序 send、send_trans、send_command、send_command_trans、ext_send_command、ext_send_command_trans、get_more_status 和 display。

词法结构

XMTR_ABORT_ON_ALL_DEVICE_STATUS(VOID)

内置程序 XMTR_ABORT_ON_ALL_DEVICE_STATUS 的词法元素如表 B.208 所示。

表 B.208 内置程序 XMTR_ABORT_ON_ALL_DEVICE_STATUS

参数名	类 型	指 向	用 法	描 述
⟨return⟩	VOID	—	—	—

B.209 内置程序 XMTR_ABORT_ON_ALL_RESPONSE_CODES

用途

内置程序 XMTR_ABORT_ON_ALL_RESPONSE_CODES 将设置命令 48 响应代码中止掩码的所有位。如果设备返回任何命令 48 响应代码值，本内置程序将导致系统终止当前程序。

在每个程序开始时，重试和终止掩码被复位为它们的缺省值，所以新的掩码值只在当前程序中有效。掩码的实现见 send_command 函数。可用的掩码表和它们的缺省值见内置程序 ABORT_ON_RESPONSE_CODE。

本功能影响的掩码也用于内置程序 send、send_trans、send_command、send_command_trans、ext_send_command、ext_send_command_trans、get_more_status 和 display。

词法结构

XMTR_ABORT_ON_ALL_RESPONSE_CODES(VOID)

内置程序 XMTR_ABORT_ON_ALL_RESPONSE_CODES 的词法元素如表 B.209 所示。

表 B.209 内置程序 XMTR_ABORT_ON_ALL_RESPONSE_CODES

参数名	类 型	指 向	用 法	描 述
⟨return⟩	VOID	—	—	—

B.210 内置程序 XMTR_ABORT_ON_COMM_ERROR

用途

内置程序 XMTR_ABORT_ON_COMM_ERROR 将设置命令 48 无通信错误掩码，以便如果在发送命令 48 时发现一个通信错误就将终止程序。

在每个程序开始时，重试和终止掩码被复位为它们的缺省值，所以新的掩码值只在当前程序中有效。掩码的实现见 send_command 函数。可用的掩码表和它们的缺省值见内置程序 ABORT_ON_RESPONSE_CODE。

本功能影响的掩码也用于内置程序 send、send_trans、send_command、send_command_trans、ext_send_command、ext_send_command_trans、get_more_status 和 display。

词法结构

XMTR_ABORT_ON_COMM_ERROR(VOID)

内置程序 XMTR_ABORT_ON_COMM_ERROR 的词法元素如表 B.210 所示。

表 B.210 内置程序 XMTR_ABORT_ON_COMM_ERROR

参数名	类 型	指 向	用 法	描 述
〈return〉	VOID	—	—	—

B.211 内置程序 XMTR_ABORT_ON_COMM_STATUS

用途

内置程序 XMTR_ABORT_ON_COMM_STATUS 将在命令 48 通信状态终止掩码中设置校验位，以便所指定的命令 48 通信状态值将导致程序终止。当事务处理中返回的第一个数据字节的第七位是 1，该字节就被定义为通信状态。该 comm_status_value 可被设置为 0～127 之间的值，每一位与收到的通信错误相对应。

在每个程序开始时，重试和终止掩码被复位为它们的缺省值，所以新的掩码值只在当前程序中有效。掩码的实现见 send_command 函数。可用的掩码表和它们的缺省值见内置程序 ABORT_ON_RESPONSE_CODE。

本功能影响的掩码也用于内置程序 send、send_trans、send_command、send_command_trans、ext_send_command、ext_send_command_trans、get_more_status 和 display。

词法结构

XMTR_ABORT_ON_COMM_STATUS(comm_status)

内置程序 XMTR_ABORT_ON_COMM_STATUS 的词法元素如表 B.211 所示。

表 B.211 内置程序 XMTR_ABORT_ON_COMM_STATUS

参数名	类 型	指 向	用 法	描 述
comm_status	整型	I	m	指定新的通信状态终止掩码
〈return〉	VOID	—	—	—

B.212 内置程序 XMTR_ABORT_ON_DATA

用途

内置程序 XMTR_ABORT_ON_DATA 将在终止数据掩码位中设置校验位，以便如果在数据区中由命令 48 返回的指定位被置位，程序就将被终止。

在每个程序开始时，重试和终止掩码被复位为它们的缺省值，所以新的掩码值只在当前程序中有效。掩码的实现见 send_command 函数。可用的掩码表和它们的缺省值见内置程序 ABORT_ON_RESPONSE_CODE。

本功能影响的掩码也用于内置程序 send、send_trans、send_command、send_command_trans、ext_send_command、ext_send_command_trans、get_more_status 和 display。

词法结构

XMTR_ABORT_ON_DATA(data)

内置程序 XMTR_ABORT_ON_DATA 的词法元素如表 B.212 所示。

表 B.212 内置程序 XMTR_ABORT_ON_DATA

参数名	类 型	指 向	用 法	描 述
data	整型	I	m	指定新的数据终止掩码
〈return〉	VOID	—	—	—

B.213 内置程序 XMTR_ABORT_ON_DEVICE_STATUS

用途

内置程序 XMTR_ABORT_ON_DEVICE_STATUS 将设置命令 48 设备状态终止掩码中校验位，以便所指定的命令 48 设备状态值将导致程序终止。设备状态值被定义为事务处理中返回的第二个数据字节。该设备状态值可被设置为 0～127 的值，每一位与从设备返回的设备状态相对应。

在每个程序开始时，重试和终止掩码被复位为它们的缺省值，所以新的掩码值只在当前程序中有效。掩码的实现见 send_command 函数。可用的掩码表和它们的缺省值见内置程序 ABORT_ON_RESPONSE_CODE。

词法结构

XMTR_ABORT_ON_DEVICE_STATUS(device_status)

内置程序 XMTR_ABORT_ON_DEVICE_STATUS 的词法元素如表 B.213 所示。

表 B.213 内置程序 XMTR_ABORT_ON_DEVICE_STATUS

参数名	类型	指向	用法	描述
device_status	整型	I	m	指定新的设备状态终止掩码
〈return〉	VOID	—	—	—

B.214 内置程序 XMTR_ABORT_ON_NO_DEVICE

用途

内置程序 XMTR_ABORT_ON_NO_DEVICE 将设置命令 48 无设备掩码，以便在发送命令 48 时，如果没有找到设备，程序将被终止。

在每个程序开始时，重试和终止掩码被复位为它们的缺省值，所以新的掩码值只在当前程序中有效。掩码的实现见 send_command 函数。可用的掩码表和它们的缺省值见内置程序 ABORT_ON_RESPONSE_CODE。

本功能影响的掩码也用于内置程序 send、send_trans、send_command、send_command_trans、ext_send_command、ext_send_command_trans、get_more_status 和 display。

词法结构

XMTR_ABORT_ON_NO_DEVICE(VOID)

内置程序 XMTR_ABORT_ON_NO_DEVICE 的词法元素如表 B.214 所示。

表 B.214 内置 XMTR_ABORT_ON_NO_DEVICE

参数名	类型	指向	用法	描述
〈return〉	VOID	—	—	—

B.215 内置程序 XMTR_ABORT_ON_NO_RESPONSE_CODE

用途

内置程序 XMTR_ABORT_ON_NO_RESPONSE_CODE 将设置在响应代码终止掩码中的校验位以便所指定的命令 48 中响应代码值将导致程序终止。当事务处理中返回的第一个数据字节的第七位是 0，该字节被定义为响应代码。

在每个程序开始时，重试和终止掩码被复位为它们的缺省值，所以新的掩码值只在当前程序中有效。掩码的实现见 send_command 函数。可用的掩码表和它们的缺省值见内置程序 ABORT_ON_RESPONSE_CODE。

本功能影响的掩码也用于内置程序 send、send_trans、send_command、send_command_trans、ext_send_command、ext_send_command_trans、get_more_status 和 display。

词法结构

XMTR_ABORT_ON_NO_RESPONSE_CODE(response_code)

内置程序 XMTR_ABORT_ON_NO_RESPONSE_CODE 的词法元素如表 B.215 所示。

表 B.215 内置程序 XMTR_ABORT_ON_NO_RESPONSE_CODE

参数名	类 型	指 向	用 法	描 述
response_code	整型	I	m	指定新的响应代码终止掩码
〈return〉	VOID	—	—	—

B.216 内置程序 XMTR_IGNORE_ALL_COMM_STATUS

用途

内置程序 XMTR_IGNORE_ALL_COMM_STATUS 将清除命令 48 通信状态重试和中止掩码中的所有位。这将导致系统忽略通信状态值中的所有位。当事务处理中返回的第一个数据字节的第七位被置位,该字节就被定义为通信状态。

在每个程序开始时,重试和终止掩码被复位为它们的缺省值,所以新的掩码值只在当前程序中有效。掩码的实现见 send_command 函数。可用的掩码表和它们的缺省值见内置程序 ABORT_ON_RESPONSE_CODE。

本功能影响的掩码也用于内置程序 send、send_trans、send_command、send_command_trans、ext_send_command、ext_send_command_trans、get_more_status 和 display。

词法结构

XMTR_IGNORE_ALL_COMM_STATUS(VOID)

内置程序 XMTR_IGNORE_ALL_COMM_STATUS 的词法元素如表 B.216 所示。

表 B.216 内置程序 XMTR_ABORT_ON_NO_RESPONSE_CODE

参数名	类 型	指 向	用 法	描 述
〈return〉	VOID	—	—	—

B.217 内置程序 XMTR_IGNORE_ALL_DEVICE_STATUS

用途

内置程序 XMTR_IGNORE_ALL_DEVICE_STATUS 将清除命令 48 中设备状态重试和中止掩码中的所有位。这将导致系统忽略在命令 48 设备状态值中所有位,设备状态字节被定位为事务处理中返回的第二个字节。

在每个程序开始时,重试和终止掩码被复位为它们的缺省值,所以新的掩码值只在当前程序中有效。掩码的实现见 send_command 函数。可用的掩码表和它们的缺省值见内置程序 ABORT_ON_RESPONSE_CODE。

本功能影响的掩码也用于内置程序 send、send_trans、send_command、send_command_trans、ext_send_command、ext_send_command_trans、get_more_status 和 display。

词法结构

XMTR_IGNORE_ALL_DEVICE_STATUS (VOID)

内置程序 XMTR_IGNORE_ALL_DEVICE_STATUS 词法元素如表 B.217 所示。

表 B.217 内置程序 XMTR_IGNORE_ALL_DEVICE_STATUS

参数名	类 型	指 向	用 法	描 述
〈return〉	VOID	—	—	—

B.218 内置程序 XMTR_IGNORE_ALL_RESPONSE_CODES

用途

内置程序 XMTR_IGNORE_ALL_RESPONSE_CODES 将清除命令 48 响应代码重试和终止掩码中的所有位。这将导致系统忽略从设备返回的所有响应代码值。

在每个程序开始时，重试和终止掩码被复位为它们的缺省值，所以新的掩码值只在当前程序中有效。掩码的实现见 send_command 函数。可用的掩码表和它们的缺省值见内置程序 ABORT_ON_RESPONSE_CODE。

本功能影响的掩码也用于内置程序 send、send_trans、send_command、send_command_trans、ext_send_command、ext_send_command_trans、get_more_status 和 display。

词法结构

XMTR_IGNORE_ALL_RESPONSE_CODES (VOID)

内置程序 XMTR_IGNORE_ALL_RESPONSE_CODES 词法元素如表 B.218 所示。

表 B.218 内置程序 XMTR_IGNORE_ALL_RESPONSE_CODES

参数名	类 型	指 向	用 法	描 述
〈return〉	VOID	—	—	—

B.219 内置程序 XMTR_IGNORE_COMM_ERROR

用途

内置程序 XMTR_IGNORE_COMM_ERROR 将设置命令 48 通信错误掩码，以便在发送命令 48 时，通信错误条件将被忽略。

在每个程序开始时，重试和终止掩码被复位为它们的缺省值，所以新的掩码值只在当前程序中有效。掩码的实现见 send_command 函数。可用的掩码表和它们的缺省值见内置程序 ABORT_ON_RESPONSE_CODE。

本功能影响的掩码也用于内置程序 send、send_trans、send_command、send_command_trans、ext_send_command、ext_send_command_trans、get_more_status 和 display。

词法结构

XMTR_IGNORE_COMM_ERROR (VOID)

内置程序 XMTR_IGNORE_COMM_ERROR 词法元素如表 B.219 所示。

表 B.219 内置程序 XMTR_IGNORE_COMM_ERROR

参数名	类 型	指 向	用 法	描 述
〈return〉	VOID	—	—	—

B.220 内置程序 XMTR_IGNORE_COMM_STATUS

用途

内置程序 XMTR_IGNORE_COMM_STATUS 将清除命令 48 通信状态终止和重试掩码中的校验位，以便在命令 48 通信状态值中的指定位将被忽略。当事务处理中返回的第一个数据字节的第七位为 1，该字节被定义为通信状态。

在每个程序开始时，重试和终止掩码被复位为它们的缺省值，所以新的掩码值只在当前程序中有效。掩码的实现见 send_command 函数。可用的掩码表和它们的缺省值见内置程序 ABORT_ON_RESPONSE_CODE。

本功能影响的掩码也用于内置程序 send、send_trans、send_command、send_command_trans、ext_send_command、ext_send_command_trans、get_more_status 和 display。

词法结构

XMTR_IGNORE_COMM_STATUS(comm_status)

内置程序 XMTR_IGNORE_COMM_STATUS 词法元素如表 B.220 所示。

表 B.220　内置程序 XMTR_IGNORE_COMM_STATUS

参数名	类 型	指 向	用 法	描 述
comm_status	整型	I	m	指定新的通信状态终止和重试掩码
〈return〉	VOID	—	—	—

B.221　内置程序 XMTR_IGNORE_DEVICE_STATUS

用途

内置程序 XMTR_IGNORE_DEVICE_STATUS 将清除命令 48 设备状态终止和重试掩码中的校验位，以便在命令 48 设备状态字节中的指定位被忽略。设备状态被定义为事务处理中返回的第二个数据字节。

在每个程序开始时，重试和终止掩码被复位为它们的缺省值，所以新的掩码值只在当前程序中有效。掩码的实现见 send_command 函数。可用的掩码表和它们的缺省值见内置程序 ABORT_ON_RESPONSE_CODE。

本功能影响的掩码也用于内置程序 send、send_trans、send_command、send_command_trans、ext_send_command、ext_send_command_trans、get_more_status 和 display。

词法结构

XMTR_IGNORE_DEVICE_STATUS (device_status)

内置程序 XMTR_IGNORE_DEVICE_STATUS 词法元素如表 B.221 所示。

表 B.221　内置程序 XMTR_IGNORE_DEVICE_STATUS

参数名	类 型	指 向	用 法	描 述
device_status	整型	I	m	指定新的设备状态终止和重试掩码
〈return〉	VOID	—	—	—

B.222　内置程序 XMTR_IGNORE_NO_DEVICE

用途

内置程序 XMTR_IGNORE_NO_DEVICE 将设置命令 48 无设备掩码，以表示当发送命令 48 时应该无设备条件将被忽略。

在每个程序开始时，重试和终止掩码被复位为它们的缺省值，所以新的掩码值只在当前程序中有效。掩码的实现见 send_command 函数。可用的掩码表和它们的缺省值见内置程序 ABORT_ON_RESPONSE_CODE。

本功能影响的掩码也用于内置程序 send、send_trans、send_command、send_command_trans、ext_send_command、ext_send_command_trans、get_more_status 和 display。

词法结构

XMTR_IGNORE_NO_DEVICE (VOID)

内置程序 XMTR_IGNORE_NO_DEVICE 词法元素如表 B.222 所示。

表 B.222 内置程序 XMTR_IGNORE_NO_DEVICE

参数名	类 型	指 向	用 法	描 述
〈return〉	VOID	—	—	—

B.223 内置程序 XMTR_IGNORE_RESPONSE_CODE

用途

内置程序 XMTR_IGNORE_RESPONSE_CODE 清空命令 48 响应代码掩码中的所有位，以便所指定的命令 48 响应代码值被忽略。当事务处理中返回的第一个数据字节的第七位为 0 时，该字节被定义为响应代码。

在每个程序开始时，重试和终止掩码被复位为它们的缺省值，所以新的掩码值只在当前程序中有效。掩码的实现见 send_command 函数。可用的掩码表和它们的缺省值见内置程序 ABORT_ON_RESPONSE_CODE。

本功能影响的掩码也用于内置程序 send、send_trans、send_command、send_command_trans、ext_send_command、ext_send_command_trans、get_more_status 和 display。

词法结构

XMTR_IGNORE_RESPONSE_CODE (response_code)

内置程序 XMTR_IGNORE_RESPONSE_CODE 词法元素如表 B.223 所示。

表 B.223 内置程序 XMTR_IGNORE_RESPONSE_CODE

参数名	类 型	指 向	用 法	描 述
response_code	整型	I	m	指定新的响应代码掩码
〈return〉	VOID	—	—	—

B.224 内置程序 XMTR_RETRY_ON_ALL_DEVICE_STATUS

用途

内置程序 XMTR_RETRY_ON_ALL_DEVICE_STATUS 将设置在命令 48 设备状态重试掩码中的所有位。这将导致如果设备返回任何命令 48 设备状态值，系统将重试命令 48。设备状态被定义为事务处理中返回的第二个数据字节。

在每个程序开始时，重试和终止掩码被复位为它们的缺省值，所以新的掩码值只在当前程序中有效。掩码的实现见 send_command 函数。可用的掩码表和它们的缺省值见内置程序 ABORT_ON_RESPONSE_CODE。

本功能影响的掩码也用于内置程序 send、send_trans、send_command、send_command_trans、ext_send_command、ext_send_command_trans、get_more_status 和 display。

词法结构

XMTR_RETRY_ON_ALL_DEVICE_STATUS (VOID)

内置程序 XMTR_RETRY_ON_ALL_DEVICE_STATUS 词法元素如表 B.224 所示。

表 B.224 内置程序 XMTR_RETRY_ON_ALL_DEVICE_STATUS

参数名	类 型	指 向	用 法	描 述
〈return〉	VOID	—	—	—

B.225 内置程序 XMTR_RETRY_ON_ALL_RESPONSE_CODE

用途

内置程序 XMTR_RETRY_ON_ALL_RESPONSE_CODE 将设置命令 48 通信状态重试掩码中的所有位。这将导致如果设备返回任何命令 48 通信态值,系统将重试命令 48。当事务处理中返回的第一个数据字节第七位被置位,该字节被定义为通信状态。

在每个程序开始时,重试和终止掩码被复位为它们的缺省值,所以新的掩码值只在当前程序中有效。掩码的实现见 send_command 函数。可用的掩码表和它们的缺省值见内置程序 ABORT_ON_RESPONSE_CODE。

本功能影响的掩码也用于内置程序 send、send_trans、send_command、send_command_trans、ext_send_command、ext_send_command_trans、get_more_status 和 display。

词法结构

XMTR_RETRY_ON_ALL_RESPONSE_CODE (VOID)

内置程序 XMTR_RETRY_ON_ALL_RESPONSE_CODE 词法元素如表 B.225 所示。

表 B.225 内置程序 XMTR_RETRY_ON_ALL_RESPONSE_CODE

参数名	类 型	指 向	用 法	描 述
〈return〉	VOID	—	—	—

B.226 内置程序 XMTR_RETRY_ON_ALL_RESPONSE_CODES

用途

内置程序 XMTR_RETRY_ON_ALL_RESPONSE_CODE 将设置命令 48 响应代码重试掩码中的全部位。这将导致如果设备返回任何命令 48 响应代码,系统将重试命令 48。

在每个程序开始时,重试和终止掩码被复位为它们的缺省值,所以新的掩码值只在当前程序中有效。掩码的实现见 send_command 函数。可用的掩码表和它们的缺省值见内置程序 ABORT_ON_RESPONSE_CODE。

本功能影响的掩码也用于内置程序 send、send_trans、send_command、send_command_trans、ext_send_command、ext_send_command_trans、get_more_status 和 display。

词法结构

XMTR_RETRY_ON_ALL_RESPONSE_CODES (VOID)

内置程序 XMTR_RETRY_ON_ALL_RESPONSE_CODES 词法元素如表 B.226 所示。

表 B.226 内置程序 XMTR_RETRY_ON_ALL_RESPONSE_CODES

参数名	类 型	指 向	用 法	描 述
〈return〉	VOID	—	—	—

B.227 内置程序 XMTR_RETRY_ON_COMM_ERROR

用途

内置程序 XMTR_RETRY_ON_COMM_ERROR 设置命令 48 无通信错误掩码,以便当发送命令 48 时,如果通信错误未被发现,命令 48 将被重试。

在每个程序开始时,重试和终止掩码被复位为它们的缺省值,所以新的掩码值只在当前程序中有效。掩码的实现见 send_command 函数。可用的掩码表和它们的缺省值见内置程序 ABORT_ON_

RESPONSE_CODE。

本功能影响的掩码也用于内置程序 send、send_trans、send_command、send_command_trans、ext_send_command、ext_send_command_trans、get_more_status 和 display。

词法结构

XMTR_RETRY_ON_COMM_ERROR (VOID)

内置程序 XMTR_RETRY_ON_COMM_ERROR 词法元素如表 B.227 所示。

表 B.227 内置程序 XMTR_RETRY_ON_COMM_ERROR

参数名	类型	指向	用法	描述
〈return〉	VOID	—	—	

B.228 内置程序 XMTR_RETRY_ON_COMM_STATUS

用途

内置程序 XMTR_RETRY_ON_COMM_STATUS 将设置在命令 48 通信状态重试掩码中校验位，以便所指定的命令 48 通信状态值将导致命令 48 被重试。当事务处理中返回的第一个数据字节的第七位为 1，该字节被定义为通信状态。

在每个程序开始时，重试和终止掩码被复位为它们的缺省值，所以新的掩码值只在当前程序中有效。掩码的实现见 send_command 函数。可用的掩码表和它们的缺省值见内置程序 ABORT_ON_RESPONSE_CODE。

本功能影响的掩码也用于内置程序 send、send_trans、send_command、send_command_trans、ext_send_command、ext_send_command_trans、get_more_status 和 display。

词法结构

XMTR_RETRY_ON_COMM_STATUS (comm_status)

内置程序 XMTR_RETRY_ON_COMM_STATUS 词法元素如表 B.228 所示。

表 B.228 内置程序 XMTR_RETRY_ON_COMM_STATUS

参数名	类型	指向	用法	描述
comm_status	整型	I	m	指定新的通信状态重试掩码
〈return〉	VOID	—	—	

B.229 内置程序 XMTR_RETRY_ON_DATA

用途

内置程序 XMTR_RETRY_ON_DATA 将设置重试数据掩码中的校验位，以便如果在命令 48 返回的数据区中所指定的位被置位，命令 48 将被重试。

在每个程序开始时，重试和终止掩码被复位为它们的缺省值，所以新的掩码值只在当前程序中有效。掩码的实现见 send_command 函数。可用的掩码表和它们的缺省值见内置程序 ABORT_ON_RESPONSE_CODE。

本功能影响的掩码也用于内置程序 send、send_trans、send_command、send_command_trans、ext_send_command、ext_send_command_trans、get_more_status 和 display。

词法结构

XMTR_RETRY_ON_DATA (data)

内置程序 XMTR_RETRY_ON_DATA 词法元素如表 B.229 所示。

表 B.229 内置程序 XMTR_RETRY_ON_DATA

参数名	类 型	指 向	用 法	描 述
data	int	I	m	指定新的数据重试掩码
〈return〉	VOID	—	—	—

B.230 内置程序 XMTR_RETRY_ON_DEVICE_STATUS

用途

内置程序 XMTR_RETRY_ON_DEVICE_STATUS 将设置在命令 48 设备状态重试掩码中的校验位，以便所指定的命令 48 设备状态值将导致命令 48 被重试。设备状态被定义为事务处理中返回的第二个数据字节。

在每个程序开始时，重试和终止掩码被复位为它们的缺省值，所以新的掩码值只在当前程序中有效。掩码的实现见 send_command 函数。可用的掩码表和它们的缺省值见内置程序 ABORT_ON_RESPONSE_CODE。

本功能影响的掩码也用于内置程序 send、send_trans、send_command、send_command_trans、ext_send_command、ext_send_command_trans、get_more_status 和 display。

词法结构

XMTR_RETRY_ON_DEVICE_STATUS (device_status)

内置程序 XMTR_RETRY_ON_DEVICE_STATUS 词法元素如表 B.230 所示。

表 B.230 内置程序 XMTR_RETRY_ON_DEVICE_STATUS

参数名	类 型	指 向	用 法	描 述
device_status	整型 4	I	m	指定新的设备状态重试掩码
〈return〉	VOID	—	—	—

B.231 内置程序 XMTR_RETRY_ON_NO_DEVICE

用途

内置程序 XMTR_RETRY_ON_NO_DEVICE 将设置命令 48 无设备掩码，以便当发送命令 48 时，如果无设备被找到，命令 48 将被重试。

在每个程序开始时，重试和终止掩码被复位为它们的缺省值，所以新的掩码值只在当前程序中有效。掩码的实现见 send_command 函数。可用的掩码表和它们的缺省值见内置程序 ABORT_ON_RESPONSE_CODE。

本功能影响的掩码也用于内置程序 send、send_trans、send_command、send_command_trans、ext_send_command、ext_send_command_trans、get_more_status 和 display。

词法结构

XMTR_RETRY_ON_NO_DEVICE (VOID)

内置程序 XMTR_RETRY_ON_NO_DEVICE 词法元素如表 B.231 所示。

表 B.231 内置程序 XMTR_RETRY_ON_NO_DEVICE

参数名	类 型	指 向	用 法	描 述
〈return〉	VOID	—	—	—

B.232 内置程序 XMTR_RETRY_ON_RESPONSE_CODE

用途

内置程序 XMTR_RETRY_ON_RESPONSE_CODE 将设置在响应代码重试掩码中的校验位，以便所指定的命令 48 响应代码值将导致命令 48 被重试。当事务处理中返回的第一个数据字节第七位为 0，该字节被定义为响应代码。

在每个程序开始时，重试和终止掩码被复位为它们的缺省值，所以新的掩码值只在当前程序中有效。掩码的实现见 send_command 函数。可用的掩码表和它们的缺省值见内置程序 ABORT_ON_RESPONSE_CODE。

本功能影响的掩码也用于内置程序 send、send_trans、send_command、send_command_trans、ext_send_command、ext_send_command_trans、get_more_status 和 display。

词法结构

XMTR_RETRY_ON_RESPONSE_CODE (response_code)

内置程序 XMTR_RETRY_ON_RESPONSE_CODE 词法元素如表 B.232 所示。

表 B.232 内置程序 XMTR_RETRY_ON_RESPONSE_CODE

参数名	类 型	指 向	用 法	描 述
〈return〉	VOID	—	—	—

B.233 内置程序 YearMonthDay_to_Date

用途

内置程序 YearMonthDay_to_Date 将返回自 1900 年 1 月 1 日以来的天数，该值能被指派给日期变量或与之进行比较。

词法结构

YearMonthDay_to_Date (year, month, day_of_month)

内置程序 YearMonthDay_to_Date 的词法元素如表 B.233 所示。

表 B.233 内置程序 YearMonthDay_to_Date

参数名	类 型	指 向	用 法	描 述
year	整型	I	m	指定年
month	整型	I	m	指定月
day_of_month	整型	I	m	指定月份中的天
〈return〉	长整型	O	m	返回自 1900 年 1 月 1 日以来的天数。EDD 应用程序支持长整型和 DATE 间的隐式数据转换

B.234 内置程序返回代码

一些内置程序具有特定的返回代码。这些返回代码在表 B.235 中指定，对表 B.235 的描述见表 B.234。

表 B.234 返回代码描述表的内容

栏	意 义
值	指定从内置程序返回的长整型
标识	指定对一个返回的长整型值的引用
描述	对返回代码指定描述

表 B.235 返回代码描述

值	标识	描述
0	BLTIN_SUCCESS	成功
1801	BLTIN_NO_MEMORY	内存不足
1802	BLTIN_VAR_NOT_FOUND	不能找到变量
1803	BLTIN_BAD_ID	指定项或成员 ID 不存在
1804	BLTIN_NO_DATA_TO_SEND	没有值发送给设备
1805	BLTIN_WRONG_DATA_TYPE	用于内置程序的错误变量类型
1806	BLTIN_NO_RESP_CODES	项没有响应代码
1807	BLTIN_BAD_METHOD_ID	无效的方法项
1808	BLTIN_BUFFER_TOO_SMALL	提供给起始字符串的缓冲器太小
1809	BLTIN_CANNOT_READ_VARIABLE	不能读取指定变量
1810	BLTIN_INVALID_PROMPT	错误的提示字符串
1811	BLTIN_NO_LANGUAGE_STRING	没有用于当前语言的有效字符串
1812	BLTIN_DDS_ERROR	产生一个 DDS 错误
1813	BLTIN_FAIL_RESPONSE_CODE	接收自设备的响应代码导致内置程序失败
1814	BLTIN_FAIL_COMM_ERROR	通信错误导致内置程序失败
1815	BLTIN_NOT_IMPLEMENTED	内置程序功能还未被实施
1816	BLTIN_BAD_ITEM_TYPE	用于内置程序的错误项类型
1817	BLTIN_VALUE_NOT_SET	在使用前,CLASS LOCAL 变量还未被初始化

附　录　C
（资料性附录）
EDD 示例

C.1　温度变送器的 EDD 示例

下列 EDD 实例描述了一个温度变送器，它由一个设备块、一个模拟量输入功能块和一个温度技术块组成。EDD 文件的通用结构如下：

a)　开始的是 EDD 标识，带有符合 7.2 的关键词。

b)　对于一个温度技术块、一个模拟量输入功能块和一个设备块有通用的部分，每一部分都是块描述开始(block_b 类型)，后面跟着参数。

c)　每一个参数都是通过它的变量属性以及描述通信事物处理的命令来描述。

d)　描述的菜单部分描述了操作界面的结构，画面的设计是由工具指定。

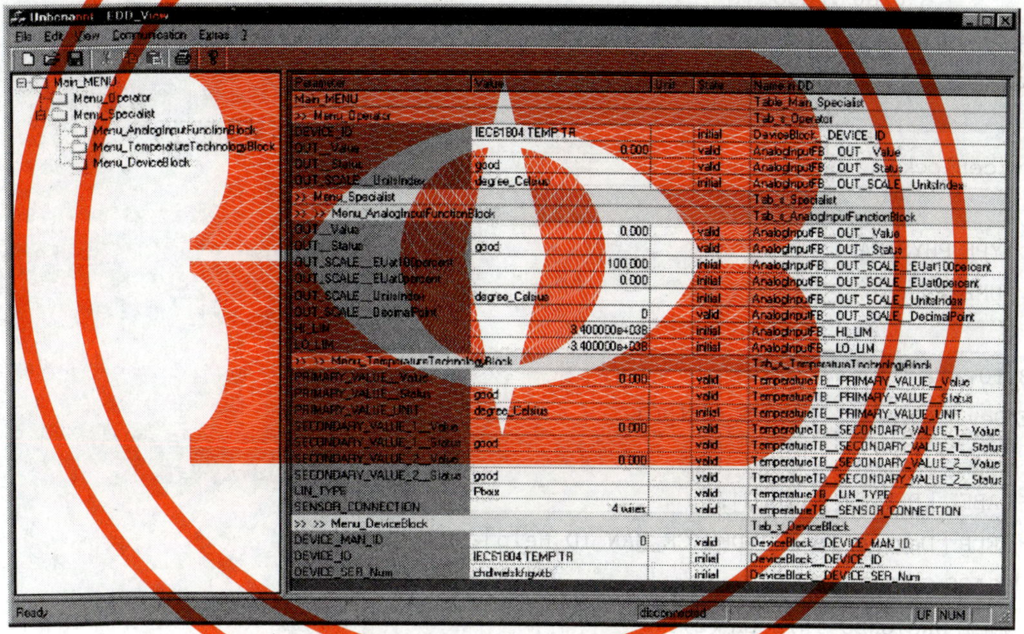

图 C.1　使用 EDD 操作员画面的例子

图 C.1 给出了温度变送器怎样在操作员画面上可见的例子，左侧有一个菜单结构(Main_MENU、Menu_Operator、Menu_Specialist)。Menu_Operator 引用了测量值以及它的单位和状态。Menu_Specialist 有 Analog_Input_Function_Block、Temperature_Technology_Block 和 Device_Block 子菜单。在右侧有一个与菜单详细内容显示有关的表，如，在相应菜单定义中所涉及到的参数。该表示法基于 C.2 中的 EDD 示例。

C.2　EDD 示例

```
/* ---------------------------------------------------------------------------
* Copyright (C) GB/T 21099
* Product: EDD
* Device: GB/T 21099 Temperature Transmitter
* Description: Electronic Device Description (EDD)
```

```
* Dictionary:
*  $ Revision: Kelbel
*  $ Date: 2002-09-11
* ---------------------------------------------------------------------------------- */
MANUFACTURER 0,
DEVICE_TYPE 0,
DEVICE_REVISION 1,
DD_REVISION 1
/* ---------------------------------------------------------------------------------
* DEFINE
* ---------------------------------------------------------------------------------- */
#define DEF_STATUS \
                { 0x00 ,[bad] },\
                { 0x40 ,[uncertain] },\
                { 0x80 ,[good] }
/* ----------------------------------------------------------------------------------
* Device Block
* ---------------------------------------------------------------------------------- */
BLOCK DeviceBlock
{
        TYPE PHYSICAL;
        NUMBER 1;
}
//----DB-10----
VARIABLE DeviceBlock __ DEVICE_MAN_ID
{
        LABEL [DEVICE_MAN_ID];
        HELP [DeviceBlock __ DEVICE_MAN_ID_Help];
        CLASS CONTAINED;
        TYPE UNSIGNED_INTEGER (2);
        HANDLING READ;
}
COMMAND Read __ DeviceBlock __ DEVICE_MAN_ID
{
        BLOCK DeviceBlock;
        INDEX 10;
        OPERATION READ;
        TRANSACTION
        {
                REQUEST
                {
                }
                REPLY
```

```
                {
                    DeviceBlock __ DEVICE_MAN_ID
                }
            }
}
//----DB-11----
VARIABLE DeviceBlock __ DEVICE_ID
{
        LABEL [DEVICE_ID];
        HELP [DeviceBlock __ DEVICE_ID_Help];
        CLASS CONTAINED;
        TYPE ASCII (16)
        {
                DEFAULT_VALUE "IEC61804 TEMP TR";
        }
        HANDLING READ;
}
COMMAND Read __ DeviceBlock __ DEVICE_ID
{
        BLOCK DeviceBlock;
        INDEX 11;
        OPERATION READ;
        TRANSACTION
        {
                REQUEST
                {
                }
                REPLY
                {
                        DeviceBlock __ DEVICE_ID
                }
        }
}
//----DB-12----
VARIABLE DeviceBlock __ DEVICE_SER_Num
{
        LABEL [DEVICE_SER_Num];
        HELP [DeviceBlock __ DEVICE_SER_Num_Help];
        CLASS CONTAINED;
        TYPE ASCII (16)
        {
                DEFAULT_VALUE "chdelskfrgwlwtb";
        }
```

```
        HANDLING READ;
COMMAND Read __ DeviceBlock __ DEVICE_SER_Num
{
        BLOCK DeviceBlock;
        INDEX 12;
        OPERATION READ;
        TRANSACTION
        {
                REQUEST
                {
                }
                REPLY
                {
                        DeviceBlock __ DEVICE_SER_Num
                }
        }
}
/*-----------------------------------------------------------------------------
* Analog Input Function Block
*-----------------------------------------------------------------------------*/
BLOCK AnalogInputFB
{
        TYPE FUNCTION;
        NUMBER 1;
}
//----AIFB-10----
VARIABLE AnalogInputFB __ OUT __ Value
{
        LABEL [OUT __ Value];
        HELP [AnalogInputFB __ OUT __ Help];
        CLASS CONTAINED;
        TYPE FLOAT;
        HANDLING READ;
}
VARIABLE AnalogInputFB __ OUT __ Status
{
        LABEL [OUT __ Status];
        HELP [AnalogInputFB __ OUT __ Help];
        CLASS CONTAINED;
        TYPE ENUMERATED (1)
        {
                DEF_STATUS
        }
```

```
        HANDLING READ;
}
COMMAND Read__AnalogInputFB__OUT
{
        BLOCK AnalogInputFB;
        INDEX 10;
        OPERATION READ;
        TRANSACTION
        {
                REQUEST
                {
                }
                REPLY
                {
                        AnalogInputFB__OUT__Value,
                        AnalogInputFB__OUT__Status
                }
        }
}
//----AIFB-12----
VARIABLE AnalogInputFB__OUT_SCALE__EUat100percent
{
        LABEL [OUT_SCALE__EUat100percent];
        HELP [AnalogInputFB__OUT_SCALE__EUat100percent__Help];
        CLASS CONTAINED;
        TYPE FLOAT
        {
                DEFAULT_VALUE 100;
        }
        HANDLING READ & WRITE;
}
VARIABLE AnalogInputFB__OUT_SCALE__EUat0percent
{
        LABEL [OUT_SCALE__EUat0percent];
        HELP [AnalogInputFB__OUT_SCALE__EUat0percent__Help];
        CLASS CONTAINED;
        TYPE FLOAT
        {
                DEFAULT_VALUE 0;
        }

        HANDLING READ & WRITE;
}
```

```
VARIABLE AnalogInputFB __ OUT_SCALE __ UnitsIndex
{
        LABEL [OUT_SCALE __ UnitsIndex];
        HELP [AnalogInputFB __ OUT_SCALE __ UnitsIndex __ Help];
        CLASS CONTAINED;
        TYPE ENUMERATED (2)
        {
                DEFAULT_VALUE 1001;
                { 1000 ,[Kelvin], [Kelvin_help] },
                { 1001 ,[degree_Celsius], [degree_Celsius_help] },
                { 1002 ,[degree_Fahrenheit], [degree_Fahrenheit_help] },
                { 1003 ,[degree_Rankine], [degree_Rankine_help] },
                { 1243 ,[millivolt], [millivolt_help] },
                { 1281 ,[Ohm], [Ohm_help] }
        }
        HANDLING READ & WRITE;
}
VARIABLE AnalogInputFB __ OUT_SCALE __ DecimalPoint
{
        LABEL [OUT_SCALE __ DecimalPoint];
        HELP [AnalogInputFB __ OUT_SCALE __ DecimalPoint __ Help];
        CLASS CONTAINED;
        TYPE INTEGER (1);
        HANDLING READ & WRITE;
}
COMMAND Read __ AnalogInputFB __ OUT_SCALE
{
        BLOCK AnalogInputFB;
        INDEX 12;
        OPERATION READ;
        TRANSACTION
        {
                REQUEST
                {
                }
                REPLY
                {
                        AnalogInputFB __ OUT_SCALE __ EUat100percent,
                        AnalogInputFB __ OUT_SCALE __ EUat0percent,
                        AnalogInputFB __ OUT_SCALE __ UnitsIndex,
                        AnalogInputFB __ OUT_SCALE __ DecimalPoint
            }
        }
```

```
}
COMMAND Write__AnalogInputFB__OUT_SCALE
{
        BLOCK AnalogInputFB;
        INDEX 12;
        OPERATION WRITE;
        TRANSACTION
        {
                REQUEST
                {
                AnalogInputFB__OUT_SCALE__EUat100percent,
                AnalogInputFB__OUT_SCALE__EUat0percent,
                AnalogInputFB__OUT_SCALE__UnitsIndex,
                AnalogInputFB__OUT_SCALE__DecimalPoint
                }
                REPLY
                {
                }
            }
}
//----AIFB-23----
VARIABLE AnalogInputFB__HI_LIM
{
        LABEL [HI_LIM];
        HELP [AnalogInputFB__HI_LIM__Help];
        CLASS CONTAINED;
        TYPE FLOAT
        {
                DEFAULT_VALUE 3.4E+38;
        }
        HANDLING READ & WRITE;
}
COMMAND Read__AnalogInputFB__HI_LIM
{
                BLOCK AnalogInputFB;
                INDEX 23;
                OPERATION READ;
                TRANSACTION
                {
                        REQUEST
                        {
                        }
                        REPLY
```

```
                    {
                              AnalogInputFB __ HI_LIM
                    }
          }
}
COMMAND Write __ AnalogInputFB __ HI_LIM
{
          BLOCK AnalogInputFB;
          INDEX 23;
          OPERATION WRITE;
          TRANSACTION
          {
                    REQUEST
                    {
                              AnalogInputFB __ HI_LIM
                    }
                    REPLY
                    {
                    }
          }
}
//----AIFB-25----
VARIABLE AnalogInputFB __ LO_LIM
{
          LABEL [LO_LIM];
          HELP [AnalogInputFB __ LO_LIM __ Help];
          CLASS CONTAINED;
          TYPE FLOAT
          {
                    DEFAULT_VALUE -3.4E+38;
          }
          HANDLING READ & WRITE;
}
COMMAND Read __ AnalogInputFB __ LO_LIM
{
          BLOCK AnalogInputFB;
          INDEX 25;
          OPERATION READ;
          TRANSACTION
          {
                    REQUEST
                    {
                    }
```

```
            REPLY
            {
                AnalogInputFB __ LO_LIM
            }
        }
}
COMMAND Write __ AnalogInputFB __ LO_LIM
{
        BLOCK AnalogInputFB;
        INDEX 25;
        OPERATION WRITE;
        TRANSACTION
        {
            REQUEST
            {
                AnalogInputFB __ LO_LIM
            }
            REPLY
            {
            }
        }
}
/* --------------------------------------------------------------------------------
* Temperature Technology Block
* --------------------------------------------------------------------------------*/
BLOCK TemperatureTB
{
        TYPE TRANSDUCER;
        NUMBER 1;
}
//----TTB-8----
VARIABLE TemperatureTB __ PRIMARY_VALUE __ Value
{
        LABEL [PRIMARY_VALUE __ Value];
        HELP [TemperatureTB __ PRIMARY_VALUE __ Help];
        CLASS CONTAINED;
        TYPE FLOAT;
        HANDLING READ;
}
VARIABLE TemperatureTB __ PRIMARY_VALUE __ Status
{
        LABEL [PRIMARY_VALUE __ Status];
        HELP [TemperatureTB __ PRIMARY_VALUE __ Help];
```

```
        CLASS CONTAINED;
        TYPE ENUMERATED (1)
        {
                DEF_STATUS
        }
        HANDLING READ;
}
COMMAND Read __ TemperatureTB __ PRIMARY_VALUE
{
        BLOCK TemperatureTB;
        INDEX 8;
        OPERATION READ;
        TRANSACTION
        {
                REQUEST
                {
                }
                REPLY
                {
                        TemperatureTB __ PRIMARY_VALUE __ Value,
                        TemperatureTB __ PRIMARY_VALUE __ Status
                }
        }
}
//----TTB-9----
VARIABLE TemperatureTB __ PRIMARY_VALUE_UNIT
{
        LABEL [PRIMARY_VALUE_UNIT];
        HELP [TemperatureTB __ PRIMARY_VALUE_UNIT __ Help];
        CLASS CONTAINED;
        TYPE ENUMERATED (2)
        {
                DEFAULT_VALUE 1001;
                { 1000 ,[Kelvin], [Kelvin_help] },
                { 1001 ,[degree_Celsius], [degree_Celsius_help] },
                { 1002 ,[degree_Fahrenheit], [degree_Fahrenheit_help] },
                { 1003 ,[degree_Rankine], [degree_Rankine_help] },
                { 1243 ,[millivolt], [millivolt_help] },
                { 1281 ,[Ohm], [Ohm_help] }
        }
        HANDLING READ & WRITE;
}
COMMAND Read __ TemperatureTB __ PRIMARY_VALUE_UNIT
```

```
{
        BLOCK TemperatureTB;
        INDEX 9;
        OPERATION READ;
        TRANSACTION
        {
                REQUEST
                {
                }
                REPLY
                {
                        TemperatureTB __ PRIMARY_VALUE_UNIT
                }
        }
}
COMMAND Write __ TemperatureTB __ PRIMARY_VALUE_UNIT
{
        BLOCK TemperatureTB;
        INDEX 9;
        OPERATION WRITE;
        TRANSACTION
        {
                REQUEST
                {
                        TemperatureTB __ PRIMARY_VALUE_UNIT
                }
                REPLY
                {
                }
        }
}
//----TTB-10----
VARIABLE TemperatureTB __ SECONDARY_VALUE_1 __ Value
{
        LABEL [SECONDARY_VALUE_1 __ Value];
        HELP [TemperatureTB __ SECONDARY_VALUE_1 __ Help];
        CLASS CONTAINED;
        TYPE FLOAT;
        HANDLING READ;
}
VARIABLE TemperatureTB __ SECONDARY_VALUE_1 __ Status
{
        LABEL [SECONDARY_VALUE_1 __ Status];
```

```
        HELP [TemperatureTB __ SECONDARY_VALUE_1 __ Help];
        CLASS CONTAINED;
        TYPE ENUMERATED (1)
        {
                DEF_STATUS
        }
        HANDLING READ;
}
COMMAND Read __ TemperatureTB __ SECONDARY_VALUE_1
{
        BLOCK TemperatureTB;
        INDEX 10;
        OPERATION READ;
        TRANSACTION
        {
                REQUEST
                {
                }
                REPLY
                {
                        TemperatureTB __ SECONDARY_VALUE_1 __ Value,
                        TemperatureTB __ SECONDARY_VALUE_1 __ Status
                }
        }
}
//----TTB-11----
VARIABLE TemperatureTB __ SECONDARY_VALUE_2 __ Value
{
        LABEL [SECONDARY_VALUE_2 __ Value];
        HELP [TemperatureTB __ SECONDARY_VALUE_2 __ Help];
        CLASS CONTAINED;
        TYPE FLOAT;
        HANDLING READ;
}
VARIABLE TemperatureTB __ SECONDARY_VALUE_2 __ Status
{
        LABEL [SECONDARY_VALUE_2 __ Status];
        HELP [TemperatureTB __ SECONDARY_VALUE_2 __ Help];
        CLASS CONTAINED;
        TYPE ENUMERATED (1)
        {
                DEF_STATUS
        }
```

```
        HANDLING READ;
}
COMMAND Read __ TemperatureTB __ SECONDARY_VALUE_2
{
        BLOCK TemperatureTB;
        INDEX 11;
        OPERATION READ;
        TRANSACTION
        {
                REQUEST
                {
                }
                REPLY
                {
                        TemperatureTB __ SECONDARY_VALUE_2 __ Value,
                        TemperatureTB __ SECONDARY_VALUE_2 __ Status
                }
        }
}
//----TTB-14----
VARIABLE TemperatureTB __ LIN_TYPE
{
        LABEL [LIN_TYPE];
        HELP [TemperatureTB __ LIN_TYPE __ Help];
        CLASS CONTAINED;
        TYPE ENUMERATED (1)
        {
                { 0 ,[No_linearisation]},
                { 102 ,"RTD Pt100 a = 0.003850 (IEC 751,DIN 43760,JIS C1604—97,BS 1904)"},
                { 105 ," RTD Pt1000 a = 0. 003850 (IEC 751, DIN 43760, JIS C1604—97,
BS1904)"},
                { 123 ,"RTD Ni100 a = 0.006180 (DIN 43760)"},
                { 128 ,"TC Type B, Pt30Rh-Pt6Rh (IEC 584, NIST MN 175, DIN 43710, BS 4937,ANSI
MC96.1, JIS C1602, NF C42-321)"},
                { 129 ,"TC Type C (W5), W5-W26Rh (ASTM E 988)"},
                { 130 ,"TC Type D (W3), W3-W25Rh (ASTM E 988)"},
                { 131 ,"TC Type E, Ni10Cr-Cu45Ni (IEC 584, NIST MN 175, DIN 43710, BS 4937,AN-
SI MC96.1, JIS C1602, NF C42-321)"},
                { 133 ,"TC Type J, Fe-Cu45Ni (IEC 584, NIST MN 175, DIN 43710, BS 4937, ANSI
MC96.1, JIS C1602, NF C42-321)"},
                { 134 ,"TC Type K, Ni10Cr-Ni5 (IEC 584, NIST MN 175, DIN 43710, BS 4937,ANSI
MC96.1, JIS C1602, NF C42-321)"},
                { 135 ,"TC Type N, Ni14CrSi-NiSi (IEC 584, NIST MN 175, DIN 43710, BS 4937,
```

```
ANSI MC96.1, JIS C1602, NF C42-321)"},
                { 136 ,"TC Type R, Pt13Rh-Pt (IEC 584, NIST MN 175, DIN 43710, BS 4937, ANSI
MC96.1, JIS C1602, NF C42-321)"},
                { 137 ,"TC Type S, Pt10Rh-Pt (IEC 584, NIST MN 175, DIN 43710, BS 4937, ANSI
MC96.1, JIS C1602, NF C42-321)"},
                { 138 ,"TC Type T, Cu-Cu45Ni (IEC 584, NIST MN 175, DIN 43710, BS 4937,ANSI
MC96.1, JIS C1602, NF C42-321)"},
                { 139 ,"TC Type L, Fe-CuNi (DIN 43710)"},
                { 140 ,"TC Type U, Cu-CuNi (DIN 43710)"},
                { 253 ,[Ptxxx]}
        }
        HANDLING READ & WRITE;
}
COMMAND Read__TemperatureTB__LIN_TYPE
{
        BLOCK TemperatureTB;
        INDEX 14;
        OPERATION READ;
        TRANSACTION
        {
                REQUEST
                {
                }
                REPLY
                {
                        TemperatureTB__LIN_TYPE
                }
        }
}
COMMAND Write__TemperatureTB__LIN_TYPE
{
        BLOCK TemperatureTB;
        INDEX 14;
        OPERATION WRITE;
        TRANSACTION
        {
                REQUEST
                {
                        TemperatureTB__LIN_TYPE
                }
                REPLY
                {
                }
```

```
        }
}
//----TTB-36----
VARIABLE TemperatureTB__SENSOR_CONNECTION
{
        LABEL [SENSOR_CONNECTION];
        HELP [TemperatureTB__SENSOR_CONNECTION__Help];
        CLASS CONTAINED;
        TYPE ENUMERATED (1)
        {
                { 0 ,"2 wires" },
                { 1 ,"3 wires" },
                { 2 ,"4 wires" }
        }
        HANDLING READ & WRITE;
}
COMMAND Read__TemperatureTB__SENSOR_CONNECTION
{
        BLOCK TemperatureTB;
        INDEX 36;
        OPERATION READ;
        TRANSACTION
        {
                REQUEST
                {
                }
                REPLY
                {
                        TemperatureTB__SENSOR_CONNECTION
                }
        }
}
COMMAND Write__TemperatureTB__SENSOR_CONNECTION
{
        BLOCK TemperatureTB;
        INDEX 36;
        OPERATION WRITE;
        TRANSACTION
        {
                REQUEST
                {
                        TemperatureTB__SENSOR_CONNECTION
                }
```

```
                REPLY
                {
                }
        }
}
/*----------------------------------------------------------------------------
* MENU
*----------------------------------------------------------------------------*/
MENU Table_Main_Specialist
{
        LABEL [Main_MENU];
        ITEMS
        {
                Tab_s_Operator,
                Tab_s_Specialist
        }
}
MENU Tab_s_Operator
{
        LABEL [Menu_Operator];
        ITEMS
        {
                DeviceBlock __ DEVICE_ID,
                AnalogInputFB __ OUT __ Value,
                AnalogInputFB __ OUT __ Status,
                AnalogInputFB __ OUT_SCALE __ UnitsIndex
        }
}
MENU Tab_s_Specialist
{
        LABEL [Menu_Specialist];
        ITEMS
        {
                Tab_s_AnalogInputFunctionBlock,
                Tab_s_TemperatureTechnologyBlock,
                Tab_s_DeviceBlock
        }
}
MENU Tab_s_AnalogInputFunctionBlock
{
        LABEL [Menu_AnalogInputFunctionBlock];
        ITEMS
        {
```

```
            AnalogInputFB__OUT__Value,
            AnalogInputFB__OUT__Status,
            AnalogInputFB__OUT_SCALE__EUat100percent,
            AnalogInputFB__OUT_SCALE__EUat0percent,
            AnalogInputFB__OUT_SCALE__UnitsIndex,
            AnalogInputFB__OUT_SCALE__DecimalPoint,
            AnalogInputFB__HI_LIM,
            AnalogInputFB__LO_LIM
        }
}
MENU Tab_s_TemperatureTechnologyBlock
{
        LABEL [Menu_TemperatureTechnologyBlock];
        ITEMS
        {
            TemperatureTB__PRIMARY_VALUE__Value,
            TemperatureTB__PRIMARY_VALUE__Status,
            TemperatureTB__PRIMARY_VALUE_UNIT,
            TemperatureTB__SECONDARY_VALUE_1__Value,
            TemperatureTB__SECONDARY_VALUE_1__Status,
            TemperatureTB__SECONDARY_VALUE_2__Value,
            TemperatureTB__SECONDARY_VALUE_2__Status,
            TemperatureTB__LIN_TYPE,
            TemperatureTB__SENSOR_CONNECTION
        }
}
MENU Tab_s_DeviceBlock
{
        LABEL [Menu_DeviceBlock];
        ITEMS
        {
            DeviceBlock__DEVICE_MAN_ID,
            DeviceBlock__DEVICE_ID,
            DeviceBlock__DEVICE_SER_Num
        }
}
```

附　录　D
（规范性附录）
EDDL 和内置程序的行规

D.1　EDDL 和内置程序的行规

本附录包含了选项表，该选项表定义了哪一个 EDDL 结构和算法被采用，以及哪一个内置程序被不同的协会所选择。

在表 D.1、表 D.2、表 D.3 中的约定用于行规应用：

表 D.1　行规选择表

词法结构	属性	存在	限制

表 D.2　EDDL 形式定义行规表

引用	标题	存在	限制

表 D.3　选择表的内容

栏	文本	含义
词法结构		是 EDDL 的词法结构元素
属性	＜text＞	是词法结构元素的一个属性
存在	NO	该（子）条款未包括在本行规中
	YES	该（子）条款完全(100%)包括在本行规中，在这种条件下，没有更详细的内容需要给出
限制	—	除了在引用文档（子）条款中已给出的限制外，没有其他限制或者不适用
	＜text＞	直接定义的文本，脚注或表格注释可用于较长的文本表格
引用	＜#＞	条款或附录号
标题	＜text＞	开头的标题

D.2　关于 PROFIBUS[1)] 的行规

D.2.1　EDDL 行规

表 D.4 是来自于第 7 章所指定的词法结构构成并被 PROFIBUS 国际协会所采用的元素选择。

1)　PROFIBUS 标志是 PROFIBUS 国际性组织(PI)的注册商标，PI 是一个支持 PROFIBUS 现场总线的非商业赢利组织，本信息是为本部分的用户提供方便，不构成欧洲电工技术委员会对商标或任何它的产品的认可，与本行规兼容不要求使用商品名 PROFIBUS，商品名 PROFIBUS 的使用需要到该商品拥有者的许可。

表 D.4 PROFIBUS 的 EDDL 元素选项

引用	基本构成	属性	存在	限制
7.2.2.1	DD_REVISION		是	—
7.2.2.2	DEVICE_REVISION		是	—
7.2.2.3	DEVICE_TYPE		是	—
7.2.2.4	EDD_PROFILE		是	—
7.2.2.5	EDD_VERSION		是	—
7.2.2.6	MANUFACTURER		是	—
7.2.2.7	MANUFACTURER_EXT		是	—
7.3	AXIS		是	—
7.3.2.1		MAX_VALUE	是	—
7.3.2.2		MIN_VALUE	是	—
7.3.2.3		SCALING	是	—
7.3.2.4		CONSTANT_UNIT	是	—
7.4.1	BLOCK_A		不	—
7.4.2	BLOCK_B		是	—
7.4.2.2.1		NUMBER	是	—
7.4.2.2.2		TYPE	是	—
7.5	CHART		是	—
7.30.4		MEMBERS	是	—
7.5.2.1		CYCLE_TIME	是	—
7.5.2.2		HEIGHT	是	—
7.30.2		HELP	是	—
7.30.3		LABEL	是	—
7.5.2.4		LENGTH	是	—
7.5.2.5		TYPE	是	—
7.5.2.3		WIDTH	是	—
7.6	COLLECTION		是	—
7.6.2		item_type	是	除了：BLOCK_A，VARIABLE_LIST，PROGRAM，DOMAIN
7.30.4		MEMBERS	是	—
7.30.2		HELP	是	—
7.30.3		LABEL	是	—
7.7	COMMAND		是	—
7.7.2.1		OPERATION	是	—
7.7.2.2		TRANSACTION	是	—
7.7.2.3		INDEX	是	—

表 D.4（续）

引用	基本构成	属性	存在	限制
7.7.2.4		BLOCK_B	是	—
7.7.2.5		NUMBER	不	—
7.7.2.6		SLOT	是	—
7.7.2.7		CONNECTION	是	—
7.7.2.8		HEADER	是	—
7.7.2.9		MODULE	是	—
7.30.5		RESPONSE_CODES	是	—
7.8	CONNECTION		是	—
7.8.2		APPINSTANCE	是	—
7.9	DOMAIN		不	—
7.10	EDIT_DISPLAY		是	—
7.10.2.1		EDIT_ITEMS	是	除了：BLOCK_A parameters，elements of BLOCK_A parameters
7.30.3		LABEL	是	—
7.10.2.2		DISPLAY_ITEMS	是	除了：BLOCK_A parameters，elements of BLOCK_A parameters
7.10.2.3		POST_EDIT_ACTIONS	是	—
7.10.2.4		PRE_EDIT_ACTIONS	是	—
7.11	FILE		是	—
7.30.4		MEMBERS	是	—
7.30.2		HELP	是	—
7.30.3		LABEL	是	—
7.12	GRAPH		是	—
7.30.4		MEMBERS	是	—
7.12.2.1		HEIGHT	是	—
7.12.2.2		WIDTH	是	—
7.12.2.3		CYCLE_TIME	是	—
7.30.2		HELP	是	—
7.30.3		LABEL	是	—
7.12.2.4		X_AXIS	是	—
7.13	GRID		是	—
7.13.2.1		VECTORS	是	—
7.13.2.2		HANDLING	是	—
7.13.2.3		HEIGHT	是	—
7.13.2.4		WIDTH	是	—

表 D.4（续）

引用	基本构成	属性	存在	限制
7.30.2		HELP	是	—
7.30.3		LABEL	是	—
7.13.2.5		ORIENTATION	是	—
7.13.2.6		VALIDITY	是	—
7.14	IMAGE		是	—
7.14.2.1		PATH	是	—
7.30.2		HELP	是	—
7.30.3		LABEL	是	—
7.14.2.2		LINK	是	—
7.14.2.3		VALIDITY	是	—
7.15	IMPORT		是	—
7.16	LIKE		是	—
7.17	LIST		是	—
7.17.2.1		TYPE	是	—
7.17.2.2		CAPACITY	是	—
7.17.2.3		COUNT	是	—
7.30.2		HELP	是	—
7.30.3		LABEL	是	—
7.18	MENU		是	—
7.18.2.1		ITEMS	是	除了：BLOCK_A parameters，elements of BLOCK_A parameters，qualifier DISPLAY_VALUE
7.30.3		LABEL	是	—
7.18.2.2		ACCESS	是	—
7.18.2.3		ENTRY	是	—
7.18.2.3		HELP	是	—
7.18.2.4		POST_EDIT_ACTIONS	是	—
7.18.2.5		POST_READ_ACTIONS	是	—
7.18.2.6		POST_WRITE_ACTIONS	是	—
7.18.2.7		PRE_EDIT_ACTIONS	是	—
7.18.2.8		PRE_READ_ACTIONS	是	—
7.18.2.9		PRE_WRITE_ACTIONS	是	—
7.18.2.10		PURPOSE	是	—
7.18.2.11		ROLE	是	—
7.18.2.12		STYLE	是	—

表 D.4（续）

引用	基本构成	属性	存在	限制
7.18.2.13		VALIDITY	是	—
7.19	METHOD		是	—
7.19.2.1		ACCESS	是	—
7.19.2.2		CLASS	是	除了:HART
7.30.1		DEFINITION	是	—
7.30.3		LABEL	是	—
7.30.2		HELP	是	—
7.19.2.3		VALIDUTY	是	—
7.20	PROGRAM		不	—
7.21	RECORD		是	—
7.30.4		MEMBERS	是	—
7.30.3		LABEL	是	—
7.30.2		HELP	是	—
7.30.5		RESPONSE_CODES	是	—
7.22	REFERENCE_ARRAY		是	—
7.6.2		item-type	是	除了:BLOCK_A，VARIABLE_LIST，PROGRAM，DOMAIN
7.22.2		ELEMENTS	是	—
7.30.2		HELP	是	—
7.30.3		LABEL	是	—
7.23.2	REFRESH		是	—
7.23.3	UNIT		是	—
7.23.4	WRITE_AS_ONE		是	—
7.24	RESPONSE_CODES		是	—
7.25	SOURCE		是	—
7.30.4		MEMBERS	是	—
7.25.2.1		EMPHASIS	是	—
7.30.2		HELP	是	—
7.30.3		LABEL	是	—
7.25.2.2		LIN_COLOR	是	—
7.25.2.3		LINT_TYPE	是	—
7.25.2.4		Y_AXIS	是	—
7.25.2.5		EXIT_ACTIONS	是	—
7.25.2.6		INIT_ACTIONS	是	—
7.25.2.7		REFRESH_ACTIONS	是	—

表 D.4(续)

引用	基本构成	属性	存在	限制
7.26	VALUE_ARRAY		是	—
7.30.2		LABEL	是	—
7.26.2.1		NUMBER_OF_ELEMENTS	是	—
7.26.2.2		TYPE	是	—
7.30.2		HELP	是	—
7.30.5		RESPONSE_CODES	是	—
7.27	VARIABLE		是	除了:HART
7.27.2.1		CLASS	是	—
7.30.2		LABEL	是	—
7.27.2.2		TYPE	是	—
7.27.2.3		CONSTANT_UNIT	是	—
7.27.2.4		HANDLING	是	—
7.30.2		HELP	是	—
7.27.2.6		POST_EDIT_ACTIONS	是	—
7.27.2.8		POST_READ_ACTIONS	是	—
7.27.2.9		POST_WRITE_ACTIONS	是	—
7.27.2.10		PRE_EDIT_ACTIONS	是	—
7.27.2.11		PRE_READ_ACTIONS	是	—
7.27.2.12		PRE_WRITE_ACTIONS	是	—
7.27.2.13		READ_TIMEOUT	是	—
7.30.5		RESPONSE_CODE	是	—
7.27.2.15		STYLE	是	—
7.27.2.16		VALIDITY	是	—
7.27.2.14		WRITE_TIMEOUT	是	—
7.28	VARIABLE_LIST		不	—
7.29	WAVEFORM		是	—
7.29.2.1		TYPE	是	—
7.29.2.2		EMPHASIS	是	—
7.29.2.3		EXIT_ACTIONS	是	—
7.29.2.4		HANDLING	是	—
7.30.2		HELP	是	—
7.29.2.5		INIT_ACTIONS	是	—
7.29.2.6		KEY_POINTS	是	—
7.30.3		LABEL	是	—
7.29.2.7		LIN_COLOR	是	—

表 D.4（续）

引用	基本构成	属性	存在	限制
7.29.2.8		LINE_TYPE	是	—
7.29.2.9		REFRESH_ACTIONS	是	—
7.29.2.10		Y_AXIS	是	—
7.31	OPEN		不	—
7.31	CLOSE		不	—
7.32	Conditional expressions		是	—
7.33	Reference		是	—
7.34	Strings		是	—
7.35	Expressions		是	—
7.36	Text dictionary		是	—
注：文本只能是 ISO Latin-1				

D.2.2 内置程序行规

表 D.5 是附录 D 中所指定的内置程序的选择，并被国际性组织 PROFIBUS 协会所采用。内置程序按字母顺序列出。

表 D.5 关于 PROFIBUS 的内置程序行规

引用	内置程序名	存在	限制
B.3	abort	是	—
B.4	abort_on_all_comm_errors	不	—
B.5	ABORT_ON_ALL_COMM_STATUS	不	—
B.6	ABORT_ON_ALL_DEVICE_STATUS	不	—
B.7	ABORT_ON_ALL_RESPONSE_CODES	不	—
B.8	abort_on_all_response_codes	不	—
B.9	abort_on_comm_error	不	—
B.10	ABORT_ON_COMM_ERROR	不	—
B.11	ABORT_ON_COMM_STATUS	不	—
B.12	ABORT_ON_DEVICE_STATUS	不	—
B.13	ABORT_ON_NO_DEVICE	不	—
B.14	ABORT_ON_RESPONSE_CODE	不	—
B.15	abort_on_response_code	不	—
B.16	abs	不	—
B.17	ACKNOWLEDGE	是	—
B.18	acknowledge	是	—
B.19	acos	是	—
B.20	add_abort_method (version A)	是	—

表 D.5（续）

引用	内置程序名	存在	限制
B.21	add_abort_method (version B)	是	—
B.22	asin	不	—
B.23	assign	是	—
B.24	assign_double	是	—
B.25	assign_float	是	—
B.26	assign_int	是	—
B.27	assign_var	是	—
B.28	atan	不	—
B.29	ATOF	不	—
B.30	atof	是	—
B.31	ATOI	不	—
B.32	atoi	是	—
B.33	BUILD_MESSAGE	不	—
B.34	cbrt	不	—
B.35	ceil	不	—
B.36	cos	不	—
B.37	cosh	不	—
B.38	dassign	是	—
B.39	Date_to_DayofMonth	是	—
B.40	Date_to_Month	是	—
B.41	Date_to_Year	是	—
B.42	DELAY	是	—
B.43	delay	是	—
B.44	DELAY_TIME	是	—
B.45	delayfor	是	—
B.46	DICT_ID	是	—
B.47	discard_on_exit	是	—
B.48	display	是	—
B.49	display_builtin_error	不	—
B.50	display_comm_error	不	—
B.51	display_comm_status	不	—
B.52	display_device_status	不	—
B.53	display_dynamics	是	—

表 D.5(续)

引用	内置程序名	存在	限制
B.54	display_message	是	—
B.55	display_response_code	不	—
B.56	display_response_status	是	—
B.57	display_xmtr_status	不	—
B.58	edit_device_value	是	—
B.59	edit_local_value	是	—
B.60	exp	不	—
B.61	ext_send_command	是	—
B.62	ext_send_command_trans	是	—
B.63	fail_on_all_comm_errors	不	—
B.64	fail_on_all_response_codes	不	—
B.65	fail_on_comm_error	不	—
B.66	fail_on_response_code	不	—
B.67	fassign	是	—
B.68	fgetval	是	—
B.69	float_value	是	—
B.70	floor	不	—
B.71	fmod	不	—
B.72	fsetval	是	—
B.73	ftoa	是	—
B.74	fvar_value	是	—
B.75	get_acknowlegement	是	—
B.76	get_comm_error	不	—
B.77	get_comm_error_string	不	—
B.78	get_date	是	—
B.79	get_date_value	是	—
B.80	get_dds_error	不	—
B.81	GET_DEV_VAR_VALUE	是	—
B.82	get_dev_var_value	是	—
B.83	get_dictionary_string	是	—
B.84	get_double	是	—
B.85	get_double_value	是	—
B.86	get_enum_string	不	—

表 D.5（续）

引用	内置程序名	存在	限制
B.87	get_float	是	—
B.88	get_float_value	是	—
B.89	GET_LOCAL_VAR_VALUE	是	—
B.90	get_local_var_value	是	—
B.91	get_more_status	是	—
B.92	get_resolve_status	不	—
B.93	get_response_code	不	—
B.94	get_response_code_string	不	—
B.95	get_signed	是	—
B.96	get_signed_value	是	—
B.97	get_status_code_string	不	—
B.98	get_status_string	不	—
B.99	get_stddict_string	是	—
B.100	get_string	是	—
B.101	get_string_value	是	—
B.102	GET_TICK_COUNT	不	—
B.103	get_unsigned	是	—
B.104	get_unsigned_value	是	—
B.105	iassign	是	—
B.106	igetval	是	—
B.107	IGNORE_ALL_COMM_STATUS	不	—
B.108	IGNORE_ALL_DEVICE_STATUS	不	—
B.109	IGNORE_ALL_RESPONSE_CODES	不	—
B.110	IGNORE_COMM_ERROR	不	—
B.111	IGNORE_COMM_STATUS	不	—
B.112	IGNORE_DEVICE_STATUS	不	—
B.113	IGNORE_NO_DEVICE	不	—
B.114	IGNORE_RESPONSE_CODE	不	—
B.115	int_value	是	—
B.116	is_NaN	是	—
B.117	isetval	是	—
B.118	ITEM_ID	不	—
B.119	ITOA	不	—
B.120	itoa	不	—
B.121	ivar_value	是	—

表 D.5(续)

引用	内置程序名	存在	限制
B.122	lassign	是	—
B.123	lgetval	是	—
B.124	Builtin_ListDeleteElementAt	是	—
B.125	Builtin_ListInsert	是	—
B.126	log	不	—
B.127	log10	不	—
B.128	log2	不	—
B.129	LOG_MESSAGE	不	—
B.130	long_value	是	—
B.131	lsetval	是	—
B.132	lvar_value	是	—
B.133	MEMBER_ID	不	—
B.134	Builtin_MenuDisplay	是	—
B.135	method_abort	是	—
B.136	ObjectReference	是	—
B.137	pow	不	—
B.138	process_abort	是	—
B.139	put_date	不	—
B.140	put_date_value	不	—
B.141	put_double	不	—
B.142	put_double_value	不	—
B.143	put_float	不	—
B.144	put_float_value	不	—
B.145	PUT_MESSAGE	是	—
B.146	put_message	是	—
B.147	put_signed	不	—
B.148	put_signed_value	不	—
B.149	put_string	不	—
B.150	put_string_value	不	—
B.151	put_unsigned	不	—
B.152	put_unsigned_value	不	—
B.153	ReadCommand	是	—
B.154	read_value	是	—
B.155	remove_abort_method (version A)	是	—
B.156	remove_abort_method (version B)	是	—

表 D.5（续）

引用	内置程序名	存在	限制
B.157	remove_all_abort_methods	是	—
B.158	resolve_array_ref	不	—
B.159	resolve_block_ref	不	—
B.160	resolve_param_list_ref	不	—
B.161	resolve_param_ref	不	—
B.162	resolve_record_ref	不	—
B.163	retry_on_all_comm_errors	不	—
B.164	RETRY_ON_ALL_COMM_STATUS	不	—
B.165	RETRY_ON_ALL_DEVICE_STATUS	不	—
B.166	RETRY_ON_ALL_RESPONSE_CODES	不	—
B.167	retry_on_all_response_codes	不	—
B.168	RETRY_ON_COMM_ERROR	不	—
B.169	retry_on_comm_error	不	—
B.170	RETRY_ON_COMM_STATUS	不	—
B.171	RETRY_ON_DEVICE_STATUS	不	—
B.172	RETRY_ON_NO_DEVICE	不	—
B.173	RETRY_ON_RESPONSE_CODE	不	—
B.174	retry_on_response_code	不	—
B.175	rspcode_string	不	—
B.177	save_on_exit	是	—
B.178	save_values	是	—
B.179	SELECT_FROM_LIST	是	—
B.180	select_from_list	是	—
B.181	select_from_menu	是	—
B.182	send	是	—
B.183	send_all_values	是	—
B.184	send_command	是	—
B.185	send_command_trans	是	—
B.186	send_on_exit	是	—
B.187	send_trans	是	—
B.188	send_value	是	—
B.189	SET_NUMBER_OF_RETRIES	是	—
B.190	sin	不	—
B.191	sinh	不	—
B.192	sqrt	不	—

表 D.5(续)

引用	内置程序名	存在	限制
B.193	strcmp	不	—
B.194	strlen	不	—
B.195	strlwr	不	—
B.196	strmid	不	—
B.197	strstr	不	—
B.198	strtrim	不	—
B.199	strupr	不	—
B.200	tan	不	—
B.201	tanh	不	—
B.202	To_Date_and_Time	不	—
B.203	trunk	不	—
B.204	VARID	是	—
B.205	vassign	是	—
B.206	WRITE_COMMAND	不	—
B.207	XMTR_ABORT_ON_ALL_COMM_STATUS	不	—
B.208	XMTR_ABORT_ON_ALL_DEVICE_STATUS	不	—
B.209	XMTR_ABORT_ON_ALL_RESPONSE_CODES	不	—
B.210	XMTR_ABORT_ON_COMM_ERROR	不	—
B.211	XMTR_ABORT_ON_COMM_STATUS	不	—
B.212	XMTR_ABORT_ON_DATA	不	—
B.213	XMTR_ABORT_ON_DEVICE_STATUS	不	—
B.214	XMTR_ABORT_ON_NO_DEVICE	不	—
B.215	XMTR_ABORT_ON_RESPONSE_CODE	不	—
B.216	XMTR_IGNORE_ALL_COMM_STATUS	不	—
B.217	XMTR_IGNORE_ALL_DEVICE_STATUS	不	—
B.218	XMTR_IGNORE_ALL_RESPONSE_CODES	不	—
B.219	XMTR_IGNORE_COMM_ERROR	不	—
B.220	XMTR_IGNORE_COMM_STATUS	不	—
B.221	XMTR_IGNORE_DEVICE_STATUS	不	—
B.222	XMTR_IGNORE_NO_DEVICE	不	—
B.223	XMTR_IGNORE_RESPONSE_CODE	不	—
B.224	XMTR_RETRY_ON_ALL_DEVICE_STATUS	不	—
B.225	XMTR_RETRY_ON_ALL_RESPONSE_CODE	不	—

表 D.5(续)

引用	内置程序名	存在	限制
B.226	XMTR_RETRY_ON_ALL_RESPONSE_CODES	不	—
B.227	XMTR_RETRY_ON_COMM_ERROR	不	—
B.228	XMTR_RETRY_ON_COMM_STATUS	不	—
B.229	XMTR_RETRY_ON_DATA	不	—
B.230	XMTR_RETRY_ON_DEVICE_STATUS	不	—
B.231	XMTR_RETRY_ON_NO_DEVICE	不	—
B.232	XMTR_RETRY_ON_RESPONSE_CODE	不	—
B.233	YearMonthDay_to_Date	是	—
B.234	Return Code	是	—

D.2.3 EDDL 形式定义行规

引用	标题	存在	限制
A.1	EDDL 预处理器	是	—
A.2	约定	是	—
A.3	运算符	是	—
A.4	关键词	是	—
A.5	结束符	是	—
A.6	形式 EDDL 语法	是	—

D.3 关于基金会现场总线®[2] 的行规

D.3.1 EDDL 行规

表 D.6 来自于第 7 章中所指定的词法结构构成并被基金会现场总线协会所采用的元素选择。

表 D.6 关于基金会现场总线 EDDL 元素选择

引 用	基本结构	属 性	存在	限 制 条 件
7.2.2.1		DD_REVISION	是	—
7.2.2.2		DEVICE_REVISION	是	—
7.2.2.3		DEVICE_TYPE	是	—
7.2.2.4		EDD_PROFILE	不	—
7.2.2.5		EDD_VERSION	不	—
7.2.2.6		MANUFACTURER	是	—
7.2.2.7		MANUFACTURER_EXT	不	—
7.3	AXIS		是	—

2) Foundation Fieldbus 是现场总线基金会协会(非赢利性组织)的商业名字,本信息是为本部分的用户提供方便,不构成欧洲电工技术委员会对商标或任何它的产品的认可,如果类似产品可导致相同的结构被表示,它们都可被采用。

表 D.6（续）

引用	基本结构	属性	存在	限制条件
7.30.2		HELP	是	—
7.30.3		LABEL	是	—
7.3.2.1		MAX_VALUE	是	—
7.3.2.2		MIN_VALUE	是	—
7.3.2.3		SCALING	是	—
7.3.2.4		CONSTANT_UNIT	是	—
7.4.1	BLOCK_A	—	是	—
7.4.1.2.1		CHARACTERISTICS	是	—
7.30.3		LABEL	是	—
7.4.1.2.2		PARAMETERS	是	—
7.4.1.2.3		AXIS_ITEMS	是	—
7.4.1.2.4		CHART_ITEMS	是	—
7.4.1.2.5		COLLECTION_ITEMS	是	—
7.4.1.2.6		EDIT_DISPLAY_ITEMS	是	—
7.4.1.2.7		FILE_ITEMS	是	—
7.4.1.2.8		GRAPH_ITEMS	是	—
7.4.1.2.9		GRID_ITEMS	是	—
7.4.1.2.10		IMAGE_ITEMS	是	—
7.4.1.2.11		LIST_ITEMS	是	—
7.4.1.2.12		LOCAL_PARAMETERS	是	—
7.30.2		HELP	是	—
7.4.1.2.13		MENU_ITEMS	是	—
7.4.1.2.14		METHOD_ITEMS	是	—
7.4.1.2.15		PARAMETER_LISTS	是	—
7.4.1.2.16		REFERENCE_ARRAY_ITEMS	是	—
7.4.1.2.17		REFRESH_ITEMS	是	—
7.4.1.2.18		SOURCE_ITEMS	是	—
7.1.1.2.19		UNIT_ITEMS	是	—
7.4.1.2.20		WAVEFORM_ITEMS	是	—
7.4.1.2.21		WRITE_AS_ONE_ITEMS	是	—
7.4.2	BLOCK_B		不	—
7.5	CHART		是	—
7.30.4		MEMBERS	是	—
7.5.2.1		CYCLE_TIME	是	—
7.5.2.2		HEIGHT	是	—

表 D.6（续）

引用	基本结构	属性	存在	限制条件
7.30.2		HELP	是	—
7.30.3		LABEL	是	—
7.5.2.4		LENGTH	是	—
7.5.2.5		TYPE	是	—
7.5.2.3		WIDTH	是	—
7.6	COLLECTION		是	—
7.6.2		item-type	是	只有：COLLECTION，DOMAIN，EDIT_DISPLAY，MENU，METHOD，PROGRAM，RECORD，REFERENCE_ARRAY，REFRESH，RESPONSE_CODES，UNIT，VALUE_ARRAY，VARIABLE，VARIABLE_LIST，WRITE_AS_ONE
7.30.4		MEMBERS	是	—
7.30.2		HELP	是	—
7.30.3		LABEL	是	—
7.7	COMMAND		不	—
7.30.5		RESPONSE_CODES	不	只有：referenced RESPONSE_CODES
7.8	CONNECTION		不	—
7.9	DOMAIN		是	—
7.9.2		HANDLING	是	—
7.30.5		RESPONSE_CODES	是	只有：referenced RESPONSE_CODES
7.10	EDIT_DISPLAY		是	—
7.10.2.1		EDIT_ITEMS	是	—
7.30.3		LABEL	是	—
7.10.2.2		DISPLAY_ITEMS	是	—
7.10.2.3		POST_EDIT_ACTIONS	是	只有：DEFINITION
7.10.2.4		PRE_EDIT_ACTIONS	是	只有：DEFINITION
7.11	FILE		是	—
7.30.4		MEMBERS	是	—
7.30.2		HELP	是	—
7.30.3		LABEL	是	—
7.12	GRAPH		是	—
7.30.4		MEMBERS	是	—
7.12.2.1		HEIGHT	是	—
7.12.2.2		WIDTH	是	—

表 D.6(续)

引用	基本结构	属性	存在	限制条件
7.12.2.3		CYCLE_TIME	是	—
7.30.2		HELP	是	—
7.30.3		LABEL	是	—
7.12.2.4		X_AXIS	是	—
7.13	GRID		是	—
7.13.2.1		VECTORS	是	—
7.13.2.2		HANDLING	是	—
7.13.2.3		HEIGHT	是	—
7.13.2.4		WIDTH	是	—
7.30.2		HELP	是	—
7.30.3		LABEL	是	—
7.13.2.5		ORIENTATION	是	—
7.13.2.6		VALIDITY	是	—
7.14	IMAGE		是	—
7.14.2.1		PATH	是	—
7.30.2		HELP	是	—
7.30.3		LABEL	是	—
7.14.2.2		LINK	是	—
7.14.2.3		VALIDITY	是	—
7.15	IMPORT		是	—
7.16	LIKE		是	可选 item-type 应该可以被用
7.17	LIST		是	—
7.17.2.1		TYPE	是	—
7.17.2.2		CAPACITY	是	—
7.17.2.3		COUNT	是	—
7.30.2		HELP	是	—
7.30.3		LABEL	是	—
7.18	MENU		是	—
7.18.2.1		ITEMS	是	—
7.30.3		LABEL	是	—
7.18.2.2		ACCESS	不	—
7.18.2.3		ENTRY	不	—
7.18.2.3		HELP	不	—
7.18.2.4		POST_EDIT_ACTIONS	不	除了:DEFINITION
7.18.2.5		POST_READ_ACTIONS	不	除了:DEFINITION

表 D.6（续）

引用	基本结构	属性	存在	限制条件
7.18.2.6		POST_WRITE_ACTIONS	不	除了:DEFINITION
7.18.2.7		PRE_EDIT_ACTIONS	不	除了:DEFINITION
7.18.2.8		PRE_READ_ACTIONS	不	除了:DEFINITION
7.18.2.9		PRE_WRITE_ACTIONS	不	除了:DEFINITION
7.18.2.10		PURPOSE	不	—
7.18.2.11		ROLE	不	—
7.18.2.12		STYLE	不	—
7.18.2.13		VALIDITY	不	—
7.19	METHOD		是	—
7.19.2.1		ACCESS	不	—
7.19.2.2		CLASS	是	—
7.30.1		DEFINITION	是	—
7.30.3		LABEL	是	—
7.30.2		HELP	是	—
7.19.2.3		TYPE	不	—
7.19.2.4		VALIDITY	是	—
7.20	PROGRAM		是	—
7.20.2.1		ARGUMENT	是	—
7.30.5		RESPONSE_CODES	是	只有:referenced RESPONSE_CODES
7.21	RECORD		是	—
7.30.4		MEMBERS	是	—
7.30.3		LABEL	是	—
7.30.2		HELP	是	—
7.30.5		RESPONSE_CODES	是	只有:referenced RESPONSE_CODES
7.22	REFERENCE_ARRAY		是	参考 ITEM_ARRAY
7.6.2		item-type	是	只有:COLLECTION,DOMAIN,EDIT_DISPLAY,MENU,METHOD,PROGRAM,RECORD,REFERENCE_ARRAY,REFRESH,RESPONSE_DOCES,UNIT,VALUE_ARRAY,VARIABLE,VARIABLE_LIST,WRITE_AS_ONE
7.22.2		ELEMENTS	是	—
7.30.2		HELP	是	—
7.30.3		LABEL	是	—
7.23.2	REFRESH		是	—

表 D.6（续）

引 用	基本结构	属 性	存在	限 制 条 件
7.23.3	UNIT		是	—
7.23.4	WRITE_AS_ONE		是	—
7.24	RESPONSE_CODES		是	—
7.25	SOURCE		是	—
7.30.4		MEMBERS	是	—
7.25.2.1		EMPHASIS	是	—
7.30.2		HELP	是	—
7.30.3		LABEL	是	—
7.25.2.2		LIN_COLOR	是	—
7.25.2.3		LINT_TYPE	是	—
7.25.2.4		Y_AXIS	是	—
7.25.2.5		EXIT_ACTIONS	是	—
7.25.2.6		INIT_ACTIONS	是	—
7.25.2.7		REFRESH_ACTIONS	是	—
7.26	VALUE_ARRAY		是	—
7.30.2		LABEL	是	—
7.26.2.1		NUMBER_OF_ELEMENTS	是	—
7.26.2.2		TYPE	是	—
7.30.2		HELP	是	—
7.30.5		RESPONSE_CODES	是	只有:referenced RESPONSE_CODES
7.27	VARIABLE		是	—
7.27.2.1		CLASS	是	每个 VARIABLE 有且仅有下列类之一:CONTAINED,INPUT,OUTPUT 可选的其他类:ALARM,DIAGNOSTIC,DYNAMIC,LOCAL,OPERATE,SERVICE,TUNE
7.27.2.4		DEFAULT_VALUE	不	
7.27.2.6		INITIAL_VALUE	不	
7.30.2		LABEL	是	
7.27.2.2		TYPE	是	除了:DATE,OBJECT REFERENCE,PACKED_ASCII
7.27.2.3		CONSTANT_UNIT	是	—
7.27.2.5		HANDLING	是	—
7.30.2		HELP	是	—
7.27.2.6		POST_EDIT_ACTIONS	是	除了:DEFINITION
7.27.2.8		POST_READ_ACTIONS	是	除了:DEFINITION

表 D.6（续）

引用	基本结构	属性	存在	限制条件
7.27.2.9		POST_WRITE_ACTIONS	是	除了:DEFINITION
7.27.2.10		PRE_EDIT ACTIONS	是	除了:DEFINITION
7.27.2.11		PRE_READ_ACTIONS	是	除了:DEFINITION
7.27.2.12		PRE_WRITE_ACTIONS	是	除了:DEFINITION
7.27.2.14		READ_TIMEOUT	是	—
7.27.2.13		REFRESH_ACTIONS	是	—
7.30.5		RESPONSE_CODE	是	只有:referenced RESPONSE_CODES
7.27.2.15		STYLE	是	—
7.27.2.16		VALIDITY	是	—
7.27.2.14		WRITE_TIMEOUT	是	—
7.28	VARIABLE_LIST		不	—
7.30.4		MEMBERS	是	—
7.30.2		HELP	是	—
7.30.3		LABEL	是	—
7.30.5		RESPONSE_CODES	是	只有:referenced RESPONSE_CODES
7.29	WAVEFORM		是	—
7.29.2.1		TYPE	是	—
7.29.2.2		EMPHASIS	是	—
7.29.2.3		EXIT_ACTIONS	是	—
7.29.2.4		HANDLING	是	—
7.30.2		HELP	是	—
7.29.2.5		INIT_ACTIONS	是	—
7.29.2.6		KEY_POINTS	是	—
7.30.3		LABEL	是	—
7.29.2.7		LIN_COLOR	是	—
7.29.2.8		LINE_TYPE	是	—
7.29.2.9		REFRESH_ACTIONS	是	—
7.29.2.10		Y_AXIS	是	—
7.31	OPEN		不	—
7.31	CLOSE		不	—
7.32	Conditional expressions		是	—
7.33	Reference		是	除了:引用EDD实例的HELP和LABEL属性(见7.34.5)
7.34	Strings		是	字符串操作(见7.34.6)不可能

表 D.6（续）

引用	基本结构	属　　性	存在	限制条件
7.35	Expressions		是	除了:ARRAY_INDEX(见表 204)和以下 VARIABLE 的属性值不可能:SCALING_FACTOR,DEFAULT_VALUE,INITIAL_VALUE,VARIABLE_STATUS(见 205)
7.36	Text dictionary		是	—
注:文本只能是 ISO Latin-1				

D.3.2 内置程序行规

表 D.7 是在附录 B 中所指定并被现场总线基金会协会所采用的内置程序的选择。

内置程序按字母顺序排列。

表 D.7 关于现场总线基金会的内置程序行规

引用	内置程序名	存在	限　　制
B.3	abort	不	—
B.4	abort_on_all_comm_errors	是	—
B.5	ABORT_ON_ALL_COMM_STATUS	不	—
B.6	ABORT_ON_ALL_DEVICE_STATUS	不	—
B.7	ABORT_ON_ALL_RESPONSE_CODES	不	—
B.8	abort_on_all_response_codes	是	—
B.9	abort_on_comm_error	是	—
B.10	ABORT_ON_COMM_ERROR	不	—
B.11	ABORT_ON_COMM_STATUS	不	—
B.12	ABORT_ON_DEVICE_STATUS	不	—
B.13	ABORT_ON_NO_DEVICE	不	—
B.14	ABORT_ON_RESPONSE_CODE	不	—
B.15	abort_on_response_code	是	—
B.16	abs	不	—
B.17	ACKNOWLEDGE	不	—
B.18	acknowledge	不	—
B.19	acos	不	—
B.20	add_abort_method (version A)	不	—
B.21	add_abort_method (version B)	是	—
B.22	asin	不	—
B.23	assign	是	—
B.24	assign_double	不	—
B.25	assign_float	不	—
B.26	assign_int	不	—

表 D.7（续）

引用	内置程序名	存在	限　　制
B.27	assign_var	不	—
B.28	atan	不	—
B.29	ATOF	不	—
B.30	atof	不	—
B.31	ATOI	不	—
B.32	atoi	不	—
B.33	BUILD_MESSAGE	不	—
B.34	cbrt	不	—
B.35	ceil	不	—
B.36	cos	不	—
B.37	cosh	不	—
B.38	dassign	不	—
B.39	Date_to_DayofMonth	不	—
B,40	Date_to_Month	不	—
B.41	Date_to_Year	不	—
B.42	DELAY	不	—
B.43	delay	不	—
B.44	DELAY_TIME	不	—
B.45	delayfor	是	—
B.46	DICT_ID	是	—
B.47	discard_on_exit	是	—
B.48	display	不	—
B.49	display_builtin_error	是	—
B.50	display_comm_error	是	—
B.51	display_comm_status	不	—
B.52	display_device_status	不	—
B.53	display_dynamics	是	—
B.54	display_message	是	—
B.55	display_response_code	是	—
B.56	display_response_status	不	—
B.57	display_xmtr_status	不	—
B.58	edit_device_value	是	—
B.59	edit_local_value	是	—
B.60	exp	不	—
B.61	ext_send_command	不	—

表 D.7（续）

引用	内置程序名	存在	限　　制
B. 62	ext_send_command_trans	不	—
B. 63	fail_on_all_comm_errors	是	—
B. 64	fail_on_all_response_codes	是	—
B. 65	fail_on_comm_error	是	—
B. 66	fail_on_response_code	是	—
B. 67	fassign	不	—
B. 68	fgetval	不	—
B. 69	float_value	不	—
B. 70	floor	不	—
B. 71	fmod	不	—
B. 72	fsetval	不	—
B. 73	ftoa	不	—
B. 74	fvar_value	不	—
B. 75	get_acknowlegement	是	—
B. 76	get_comm_error	是	—
B. 77	get_comm_error_string	是	—
B. 78	get_date	是	—
B. 79	get_date_value	是	—
B. 80	get_dds_error	是	—
B. 81	GET_DEV_VAR_VALUE	不	—
B. 82	get_dev_var_value	不	—
B. 83	get_dictionary_string	不	—
B. 84	get_double	是	—
B. 85	get_double_value	是	—
B. 86	get_enum_string	不	—
B. 87	get_float	是	—
B. 88	get_float_value	是	—
B. 89	GET_LOCAL_VAR_VALUE	不	—
B. 90	get_local_var_value	不	—
B. 91	get_more_status	不	—
B. 92	get_resolve_status	是	—
B. 93	get_response_code	是	—
B. 94	get_response_code_string	是	—
B. 95	get_signed	是	—
B. 96	get_signed_value	是	—

表 D.7（续）

引用	内置程序名	存在	限制
B. 97	get_status_code_string	不	—
B. 98	get_status_string	是	—
B. 99	get_stddict_string	是	—
B. 100	get_string	是	—
B. 101	get_string_value	是	—
B. 102	GET_TICK_COUNT	不	—
B. 103	get_unsigned	是	—
B. 104	get_unsigned_value	是	—
B. 105	iassign	不	—
B. 106	igetval	不	—
B. 107	IGNORE_ALL_COMM_STATUS	不	—
B. 108	IGNORE_ALL_DEVICE_STATUS	不	—
B. 109	IGNORE_ALL_RESPONSE_CODES	不	—
B. 110	IGNORE_COMM_ERROR	不	—
B. 111	IGNORE_COMM_STATUS	不	—
B. 112	IGNORE_DEVICE_STATUS	不	—
B. 113	IGNORE_NO_DEVICE	不	—
B. 114	IGNORE_RESPONSE_CODE	不	—
B. 115	int_value	不	—
B. 116	is_NaN	是	—
B. 117	isetval	不	—
B. 118	ITEM_ID	是	—
B. 119	ITOA	不	—
B. 120	itoa	不	—
B. 121	ivar_value	不	—
B. 122	lassign	不	—
B. 123	lgetval	不	—
B. 124	Builtin_ListDeleteElementAt	是	—
B. 125	Builtin_ListInsert	是	—
B. 126	log	不	—
B. 127	log10	不	—
B. 128	log2	不	—
B. 129	LOG_MESSAGE	不	—
B. 130	long_value	不	—
B. 131	lsetval	不	—

表 D.7（续）

引用	内置程序名	存在	限　制
B.132	lvar_value	不	—
B.133	MEMBER_ID	是	—
B.134	Builtin_MenuDisplay	是	—
B.135	method_abort	是	—
B.136	ObjectReference	不	—
B.137	pow	不	—
B.138	process_abort	不	—
B.139	put_date	是	—
B.140	put_date_value	是	—
B.141	put_double	是	—
B.142	put_double_value	是	—
B.143	put_float	是	—
B.144	put_float_value	是	—
B.145	PUT_MESSAGE	不	—
B.146	put_message	不	—
B.147	put_signed	是	—
B.148	put_signed_value	是	—
B.149	put_string	是	—
B.150	put_string_value	是	—
B.151	put_unsigned	是	—
B.152	put_unsigned_value	是	—
B.153	ReadCommand	不	—
B.154	read_value	是	—
B.155	remove_abort_method (version A)	不	—
B.156	remove_abort_method (version B)	是	—
B.157	remove_all_abort_methods	是	—
B.158	resolve_array_ref	是	—
B.159	resolve_block_ref	是	—
B.160	resolve_param_list_ref	是	—
B.161	resolve_param_ref	是	—
B.162	resolve_record_ref	是	—
B.163	retry_on_all_comm_errors	是	—
B.164	RETRY_ON_ALL_COMM_STATUS	不	—
B.165	RETRY_ON_ALL_DEVICE_STATUS	不	—
B.166	RETRY_ON_ALL_RESPONSE_CODES	不	—

表 D.7（续）

引用	内置程序名	存在	限　制
B.167	retry_on_all_response_codes	是	—
B.168	RETRY_ON_COMM_ERROR	不	—
B.169	retry_on_comm_error	是	—
B.170	RETRY_ON_COMM_STATUS	不	—
B.171	RETRY_ON_DEVICE_STATUS	不	—
B.172	RETRY_ON_NO_DEVICE	不	—
B.173	RETRY_ON_RESPONSE_CODE	不	—
B.174	retry_on_response_code	是	—
B.175	round	不	—
B.176	rspcode_string	不	—
B.177	save_on_exit	是	—
B.178	save_values	不	—
B.179	SELECT_FROM_LIST	不	—
B.180	select_from_list	不	—
B.181	select_from_menu	是	—
B.182	send	不	—
B.183	send_all_values	是	—
B.184	send_command	不	—
B.185	send_command_trans	不	—
B.186	send_on_exit	是	—
B.187	send_trans	不	—
B.188	send_value	是	—
B.189	SET_NUMBER_OF_RETRIES	不	—
B.190	sin	不	—
B.191	sinh	不	—
B.192	sqrt	不	—
B.193	strcmp	不	—
B.194	strlen	不	—
B.195	strlwr	不	—
B.196	strmid	不	—
B.197	strstr	不	—
B.198	strtrim	不	—
B.199	strupr	不	—
B.200	tan	不	—
B.201	tanh	不	—

表 D.7（续）

引用	内置程序名	存在	限　　制
B.202	To_Date_and_Time	不	—
B.203	trunk	不	—
B.204	VARID	不	—
B.205	vassign	不	—
B.206	WRITE_COMMAND	不	—
B.207	XMTR_ABORT_ON_ALL_COMM_STATUS	不	—
B.208	XMTR_ABORT_ON_ALL_DEVICE_STATUS	不	—
B.209	XMTR_ABORT_ON_ALL_RESPONSE_CODES	不	—
B.210	XMTR_ABORT_ON_COMM_ERROR	不	—
B.211	XMTR_ABORT_ON_COMM_STATUS	不	—
B.212	XMTR_ABORT_ON_DATA	不	—
B.213	XMTR_ABORT_ON_DEVICE_STATUS	不	—
B.214	XMTR_ABORT_ON_NO_DEVICE	不	—
B.215	XMTR_ABORT_ON_RESPONSE_CODE	不	—
B.216	XMTR_IGNORE_ALL_COMM_STATUS	不	—
B.217	XMTR_IGNORE_ALL_DEVICE_STATUS	不	—
B.218	XMTR_IGNORE_ALL_RESPONSE_CODES	不	—
B.219	XMTR_IGNORE_COMM_ERROR	不	—
B.220	XMTR_IGNORE_COMM_STATUS	不	—
B.221	XMTR_IGNORE_DEVICE_STATUS	不	—
B.222	XMTR_IGNORE_NO_DEVICE	不	—
B.223	XMTR_IGNORE_RESPONSE_CODE	不	—
B.224	XMTR_RETRY_ON_ALL_DEVICE_STATUS	不	—
B.225	XMTR_RETRY_ON_ALL_RESPONSE_CODE	不	—
B.226	XMTR_RETRY_ON_ALL_RESPONSE_CODES	不	—
B.227	XMTR_RETRY_ON_COMM_ERROR	不	—
B.228	XMTR_RETRY_ON_COMM_STATUS	不	—
B.229	XMTR_RETRY_ON_DATA	不	—
B.230	XMTR_RETRY_ON_DEVICE_STATUS	不	—
B.231	XMTR_RETRY_ON_NO_DEVICE	不	—
B.232	XMTR_RETRY_ON_RESPONSE_CODE	不	—
B.233	YearMonthDay_to_Date	不	—
B.234	Return Code	是	—

D.3.3 EDDL 形式定义行规

引 用	标 题	存在	限制
A.1	EDDL 预处理器	是	
A.2	约定	是	
A.3	运算符	是	
A.4	关键词	是	
A.5	结束符	是	
A.6	形式 EDDL 语法	是	

D.4 关于 HART® 通信基金会的行规(HCF)[3)]

D.4.1 EDDL 行规

表 D.8 是关于第 7 章中所指定的词法结构构成和由 HART® 通信基金会协会所采用的元素选择。

表 D.8 EDDL 中 HCF 元素选项

引用	基本结构	属 性	存在	限制条件
7.2.2.1	DD_REVISION		是	一字节
7.2.2.2	DEVICE_REVISION		是	一字节
7.2.2.3	DEVICE_TYPE		是	一字节
7.2.2.4	EDD_PROFILE		不	—
7.2.2.5	EDD_VERSION		不	—
7.2.2.6	MANUFACTURER		是	两字节
7.2.2.7	MANUFACTURER_EXT		不	—
7.3	AXIS		是	—
7.3.2.1		MAX_VALUE	是	—
7.3.2.2		MIN_VALUE	是	—
7.3.2.3		SCALING	是	—
7.3.2.4		CONSTANT_UNIT	是	—
7.4.1	BLOCK_A		不	—
7.4.2	BLOCK_B		不	—
7.5	CHART		是	—
7.30.4		MEMBERS	是	—
7.5.2.1		CYCLE_TIME	是	—
7.5.2.2		HEIGHT	是	—
7.30.2		HELP	是	—
7.30.3		LABEL	是	—

3) HART® 是一个 HART 通信基金会协会(HCF)(非赢利性组织)的注册商标，本信息是为本部分的用户提供方便，不构成欧洲电工技术委员会对商标或任何它的产品的认可，如果类似产品可导致相同的结构被表示，它们都可被采用。

表 D.8（续）

引用	基本结构	属　性	存在	限制条件
7.5.2.4		LENGTH	是	—
7.5.2.5		TYPE	是	—
7.5.2.3		WIDTH	是	—
7.6	COLLECTION			
7.6.2		item-type	是	只有：COLLECTION，COMMANDS，EDIT_DISPLAY，MENU，METHOD，REFERENCE_ARRAY，REFRESH，RESPONSE_CODES，UNIT，VARIABLE WRITE_AS_ONE
7.30.4		MEMBERS	是	—
7.30.2		HELP	是	—
7.30.3		LABEL	是	—
7.7	COMMAND		是	—
7.7.2.1		OPERATION	是	只有：READ，WRITE，COMMAND，无条件
7.7.2.2		TRANSACTION	是	无条件
7.7.2.3		INDEX	不	—
7.7.2.4		BLOCK_B	不	—
7.7.2.5		NUMBER	是	不条件
7.7.2.6		SLOT	不	—
7.7.2.7		CONNECTION	不	—
7.7.2.8		HEADER	不	—
7.7.2.9		MODULE	不	—
7.30.5		RESPONSE_CODES	是	只有：embedded RESPONSE_CODES，无条件
7.8	CONNECTION		不	—
7.9	DOMAIN		不	—
7.9.2		HANDLING	是	—
7.30.5		RESPONSE_CODES	是	只有：referenced RESPONSE_CODES
7.10	EDIT_DISPLAY		是	—
7.10.2.1		EDIT_ITEMS	是	只有：VARIABLE，WRITE_AS_ONE
7.30.3		LABEL	是	—
7.10.2.2		DISPLAY_ITEMS	是	只有：VARIABLE
7.10.2.3		POST_EDIT_ACTIONS	是	除了：DEFINITION
7.10.2.4		PRE_EDIT_ACTIONS	是	除了：DEFINITION

表 D.8（续）

引用	基本结构	属性	存在	限制条件
7.11	FILE		是	—
7.30.4		MEMBERS	是	—
7.30.2		HELP	是	—
7.30.3		LABEL	是	—
7.12	GRAPH		是	—
7.30.4		MEMBERS	是	—
7.12.2.1		HEIGHT	是	—
7.12.2.2		WIDTH	是	—
7.12.2.3		CYCLE_TIME	不	—
7.30.2		HELP	是	—
7.30.3		LABEL	是	—
7.12.2.4		X_AXIS	是	—
7.13	GRID		是	—
7.13.2.1		VECTORS	是	—
7.13.2.2		HANDLING	是	—
7.13.2.3		HEIGHT	是	—
7.13.2.4		WIDTH	是	—
7.30.2		HELP	是	—
7.30.3		LABEL	是	—
7.13.2.5		ORIENTATION	是	—
7.13.2.6		VALIDITY	是	—
7.14	IMAGE		是	—
7.14.2.1		PATH	是	—
7.30.2		HELP	是	—
7.30.3		LABEL	是	—
7.14.2.2		LINK	是	—
7.14.2.3		VALIDITY	是	—
7.15	IMPORT		是	—
7.16	LIKE		是	—
7.17	LIST		是	—
7.17.2.1		TYPE	是	—
7.17.2.2		CAPACITY	是	—
7.17.2.3		COUNT	是	—
7.30.2		HELP	是	—
7.30.3		LABEL	是	—

表 D.8(续)

引用	基本结构	属性	存在	限制条件
7.18	MENU		是	—
7.18.2.1		ITEMS	是	除了:BLOCK_A 参数,BLOCK_A 参数的元素;没有 HIDDEN 标识
7.30.3		LABEL	是	—
7.18.2.2		ACCESS	不	—
7.18.2.3		ENTRY	不	—
7.18.2.3		HELP	是	—
7.18.2.4		POST_EDIT_ACTIONS	不	—
7.18.2.5		POST_READ_ACTIONS	不	—
7.18.2.6		POST_WRITE_ACTIONS	不	—
7.18.2.7		PRE_EDIT_ACTIONS	不	—
7.18.2.8		PRE_READ_ACTIONS	不	—
7.18.2.9		PRE_WRITE_ACTIONS	不	—
7.18.2.10		PURPOSE	不	—
7.18.2.11		ROLE	不	—
7.18.2.12		STYLE	是	—
7.18.2.13		VALIDITY	是	—
7.19	METHOD		是	—
7.19.2.1		ACCESS	不	—
7.19.2.2		CLASS	是	除了:ALARM,CONTAINED,DYNAMIC,LOCAL,OPERATE,OUTPUT,TUNE
7.30.1		DEFINITION	是	—
7.30.3		LABEL	是	—
7.30.2		HELP	是	—
7.19.2.4		VALIDITY	是	—
7.20	PROGRAM		不	—
7.21	RECORD		不	—
7.22	REFERENCE_ARRAY		是	混合语法:ARRAY
7.6.2		item-type	是	—
7.22.2		ELEMENTS	是	—
7.30.2		HELP	是	—
7.30.3		LABEL	是	—
7.23.2	REFRESH		是	—
7.23.3	UNIT		是	—

表 D.8（续）

引用	基本结构	属性	存在	限制条件
7.23.4	WRITE_AS_ONE		是	—
7.24	RESPONSE_CODES		不	—
7.25	SOURCE		是	—
7.30.4		MEMBERS	是	—
7.25.2.1		EMPHASIS	是	—
7.30.2		HELP	是	—
7.30.3		LABEL	是	—
7.25.2.2		LIN_COLOR	是	—
7.25.2.3		LINT_TYPE	是	—
7.25.2.4		Y_AXIS	是	—
7.25.2.5		EXIT_ACTIONS	是	—
7.25.2.6		INIT_ACTIONS	是	—
7.25.2.7		REFRESH_ACTIONS	是	—
7.26	VALUE_ARRAY		是	混合语法：ARRAY
7.30.2		LABEL	是	—
7.26.2.1		NUMBER_OF_ELEMENTS	是	—
7.26.2.2		TYPE	是	—
7.30.2		HELP	是	—
7.30.5		RESPONSE_CODES	是	—
7.27	VARIABLE		是	—
7.27.2.1		CLASS	是	每个VARIABLE有且仅有下列类之一：ANALOG_OUTPUT，COMPUTATION，SENSOR_CORRECTION，DEVICE，DISCRETE，FREQUENCY，HART，INPUT，LOCAL_DISPLAY 可选的其他类：DIAGNOSTIC，DYNAMIC，LOCAL，SERVICE
7.30.2		LABEL	是	
7.27.2.2		TYPE	是	只有：ASCII，BITSTRING，BIT ENUMERATED，DATE_AND_TIME，DATE，DURATION，DOUBLE，ENUMERATED，FLOAT，INTEGER，INDEX，PASSWORD，PACKED_ASCII，TIME，UNSIGNED_INTEGER。无条件类型。无 INITIAL_VALUE
7.27.2.3		CONSTANT_UNIT	是	—

表 D.8（续）

引用	基本结构	属性	存在	限制条件
7.27.2.5		HANDLING	是	—
7.30.2		HELP	是	—
7.27.2.6		POST_EDIT_ACTIONS	是	除了:DEFINITION
7.27.2.8		POST_READ_ACTIONS	是	除了:DEFINITION
7.27.2.9		POST_WRITE_ACTIONS	是	除了:DEFINITION
7.27.2.10		PRE_EDIT_ACTIONS	是	除了:DEFINITION
7.27.2.11		PRE_READ_ACTIONS	是	除了:DEFINITION
7.27.2.12		PRE_WRITE_ACTIONS	是	除了:DEFINITION
7.27.2.14		READ_TIMEOUT	是	—
7.27.2.13		REFRESH_ACTIONS	是	—
7.30.5		RESPONSE_CODE	是	—
7.27.2.15		STYLE	是	—
7.27.2.16		VALIDITY	是	—
7.27.2.14		WRITE_TIMEOUT	是	—
7.28	VARIABLE_LIST		不	—
7.29	WAVEFORM		是	—
7.29.2.1		TYPE	是	—
7.29.2.2		EMPHASIS	是	—
7.29.2.3		EXIT_ACTIONS	是	—
7.29.2.4		HANDLING	是	—
7.30.2		HELP	是	—
7.29.2.5		INIT_ACTIONS	是	—
7.29.2.6		KEY_POINTS	是	—
7.30.3		LABEL	是	—
7.29.2.7		LIN_COLOR	是	—
7.29.2.8		LINE_TYPE	是	—
7.29.2.9		REFRESH_ACTIONS	是	—
7.29.2.10		Y_AXIS	是	—
7.31	OPEN		不	—
7.31	CLOSE		不	—
7.32	Conditional expressions		是	—
7.33	Reference		是	除了:引用 EDD 实例的 HELP 和 LABEL 属性(见 7.34.5)
7.34	Strings		是	字符串操作(见 7.34.6)不可能

表 D.8（续）

引用	基本结构	属　　性	存在	限制条件
7.35	Expressions		是	除了：ARRAY_INDEX（见表 204）和以下 VARIABLE 的属性值不可能：SCALING _ FACTOR，INITIAL _ VALUE，VARIABLE _ STATUS（见表 205）
7.36	Text dictionary		是	—
注：文本只能是除了日文（|kt|）外的 ISO Latin-1，语言按罗马字输入并且是一串英文字符，每个日文符号占 2～3 个字符。				

D.4.2　内置程序行规

表 D.9 是在附录 B 中所指定和被 HART® 通信基金会（HCF）所采用的内置程序的选择。

内置程序按字母顺序列出。

表 D.9　关于 HCF 的内置程序行规

引用	内置程序名	存在	限　　制
B.3	abort	是	—
B.4	abort_on_all_comm_errors	不	—
B.5	ABORT_ON_ALL_COMM_STATUS	是	—
B.6	ABORT_ON_ALL_DEVICE_STATUS	是	—
B.7	ABORT_ON_ALL_RESPONSE_CODES	是	—
B.8	abort_on_all_response_codes	不	—
B.9	abort_on_comm_error	不	—
B.10	ABORT_ON_COMM_ERROR	是	—
B.11	ABORT_ON_COMM_STATUS	是	—
B.12	ABORT_ON_DEVICE_STATUS	是	—
B.13	ABORT_ON_NO_DEVICE	是	—
B.14	ABORT_ON_RESPONSE_CODE	是	—
B.15	abort_on_response_code	不	—
B.16	abs	是	—
B.17	ACKNOWLEDGE	是	—
B.18	acknowledge	是	—
B.19	acos	是	—
B.20	add_abort_method (version A)	是	—
B.21	add_abort_method (version B)	不	—
B.22	asin	是	—
B.23	assign	不	—
B.24	assign_double	是	—
B.25	assign_float	是	—

表 D.9（续）

引用	内置程序名	存在	限　　制
B.26	assign_int	是	—
B.27	assign_var	是	—
B.28	atan	是	—
B.29	ATOF	是	—
B.30	atof	不	—
B.31	ATOI	是	—
B.32	atoi	不	—
B.33	BUILD_MESSAGE	是	—
B.34	cbrt	是	—
B.35	ceil	是	—
B.36	cos	是	—
B.37	cosh	是	—
B.38	dassign	是	—
B.39	Date_to_DayofMonth	不	—
B.40	Date_to_Month	不	—
B.41	Date_to_Year	不	—
B.42	DELAY	是	—
B.43	delay	是	—
B.44	DELAY_TIME	是	—
B.45	delayfor	不	—
B.46	DICT_ID	不	—
B.47	discard_on_exit	不	—
B.48	display	是	—
B.49	display_builtin_error	不	—
B.50	display_comm_error	不	—
B.51	display_comm_status	是	—
B.52	display_device_status	是	—
B.53	display_dynamics	不	—
B.54	display_message	不	—
B.55	display_response_code	不	—
B.56	display_response_status	是	—
B.57	display_xmtr_status	是	—
B.58	edit_device_value	不	—
B.59	edit_local_value	不	—
B.60	exp	是	—

表 D.9（续）

引用	内置程序名	存在	限　　制
B. 61	ext_send_command	是	—
B. 62	ext_send_command_trans	是	—
B. 63	fail_on_all_comm_errors	不	—
B. 64	fail_on_all_response_codes	不	—
B. 65	fail_on_comm_error	不	—
B. 66	fail_on_response_code	不	—
B. 67	fassign	是	—
B. 68	fgetval	是	—
B. 69	float_value	是	—
B. 70	floor	是	—
B. 71	fmod	是	—
B. 72	fsetval	是	—
B. 73	ftoa	不	—
B. 74	fvar_value	是	—
B. 75	get_acknowlegement	不	—
B. 76	get_comm_error	不	—
B. 77	get_comm_error_string	不	—
B. 78	get_date	不	—
B. 79	get_date_value	不	—
B. 80	get_dds_error	不	—
B. 81	GET_DEV_VAR_VALUE	是	—
B. 82	get_dev_var_value	是	—
B. 83	get_dictionary_string	是	—
B. 84	get_double	不	—
B. 85	get_double_value	不	—
B. 86	get_enum_string	是	—
B. 87	get_float	不	—
B. 88	get_float_value	不	—
B. 89	GET_LOCAL_VAR_VALUE	是	—
B. 90	get_local_var_value	是	—
B. 91	get_more_status	是	—
B. 92	get_resolve_status	不	—
B. 93	get_response_code	不	—
B. 94	get_response_code_string	不	—
B. 95	get_signed	不	—

表 D.9（续）

引用	内置程序名	存在	限　制
B.96	get_signed_value	不	—
B.97	get_status_code_string	是	—
B.98	get_status_string	不	—
B.99	get_stddict_string	不	—
B.100	get_string	不	—
B.101	get_string_value	不	—
B.102	GET_TICK_COUNT	不	—
B.103	get_unsigned	不	—
B.104	get_unsigned_value	不	—
B.105	iassign	是	—
B.106	igetval	是	—
B.107	IGNORE_ALL_COMM_STATUS	是	—
B.108	IGNORE_ALL_DEVICE_STATUS	是	—
B.109	IGNORE_ALL_RESPONSE_CODES	是	—
B.110	IGNORE_COMM_ERROR	是	—
B.111	IGNORE_COMM_STATUS	是	—
B.112	IGNORE_DEVICE_STATUS	是	—
B.113	IGNORE_NO_DEVICE	是	—
B.114	IGNORE_RESPONSE_CODE	是	—
B.115	int_value	是	—
B.116	is_NaN	不	—
B.117	isetval	是	—
B.118	ITEM_ID	不	—
B.119	ITOA	是	—
B.120	itoa	不	—
B.121	ivar_value	是	—
B.122	lassign	是	—
B.123	lgetval	是	—
B.124	Builtin_ListDeleteElementAt	是	—
B.125	Builtin_ListInsert	是	—
B.126	log	是	—
B.127	log10	是	—
B.128	log2	是	—
B.129	LOG_MESSAGE	不	—
B.130	long_value	是	—

表 D.9（续）

引用	内置程序名	存在	限　制
B.131	lsetval	是	—
B.132	lvar_value	是	—
B.133	MEMBER_ID	不	—
B.134	Builtin_MenuDisplay	是	—
B.135	method_abort	不	—
B.136	ObjectReference	不	—
B.137	pow	是	—
B.138	process_abort	是	—
B.139	put_date	不	—
B.140	put_date_value	不	—
B.141	put_double	不	—
B.142	put_double_value	不	—
B.143	put_float	不	—
B.144	put_float_value	不	—
B.145	PUT_MESSAGE	是	—
B.146	put_message	是	—
B.147	put_signed	不	—
B.148	put_signed_value	不	—
B.149	put_string	不	—
B.150	put_string_value	不	—
B.151	put_unsigned	不	—
B.152	put_unsigned_value	不	—
B.153	ReadCommand	不	—
B.154	read_value	不	—
B.155	remove_abort_method (version A)	是	—
B.156	remove_abort_method (version B)	不	—
B.157	remove_all_abort_methods	是	—
B.158	resolve_array_ref	不	—
B.159	resolve_block_ref	不	—
B.160	resolve_param_list_ref	不	—
B.161	resolve_param_ref	不	—
B.162	resolve_record_ref	不	—
B.163	retry_on_all_comm_errors	不	—
B.164	RETRY_ON_ALL_COMM_STATUS	是	—
B.165	RETRY_ON_ALL_DEVICE_STATUS	是	—

表 D.9（续）

引用	内置程序名	存在	限 制
B. 166	RETRY_ON_ALL_RESPONSE_CODES	是	
B. 167	retry_on_all_response_codes	不	
B. 168	RETRY_ON_COMM_ERROR	是	
B. 169	retry_on_comm_error	不	
B. 170	RETRY_ON_COMM_STATUS	是	
B. 171	RETRY_ON_DEVICE_STATUS	是	
B. 172	RETRY_ON_NO_DEVICE	是	
B. 173	RETRY_ON_RESPONSE_CODE	是	
B. 174	retry_on_response_code	不	
B. 175	round	是	
B. 176	rspcode_string	是	
B. 177	save_on_exit	不	
B. 178	save_values	是	
B. 179	SELECT_FROM_LIST	是	
B. 180	select_from_list	是	
B. 181	select_from_menu	不	
B. 182	send	是	
B. 183	send_all_values	不	
B. 184	send_command	是	
B. 185	send_command_trans	是	
B. 186	send_on_exit	不	
B. 187	send_trans	是	
B. 188	send_value	不	
B. 189	SET_NUMBER_OF_RETRIES	是	
B. 190	sin	是	
B. 191	sinh	是	
B. 192	sqrt	是	
B. 193	strcmp	是	
B. 194	strlen	是	
B. 195	strlwr	是	
B. 196	strmid	是	
B. 197	strstr	是	
B. 198	strtrim	是	
B. 199	strupr	是	
B. 200	tan	是	

表 D.9（续）

引用	内置程序名	存在	限制
B. 201	tanh	是	—
B. 202	To_Datc_and_Time	不	—
B. 203	trunk	是	—
B. 204	VARID	是	—
B. 205	vassign	是	—
B. 206	WRITE_COMMAND	不	—
B. 207	XMTR_ABORT_ON_ALL_COMM_STATUS	是	—
B. 208	XMTR_ABORT_ON_ALL_DEVICE_STATUS	是	—
B. 209	XMTR_ABORT_ON_ALL_RESPONSE_CODES	是	—
B. 210	XMTR_ABORT_ON_COMM_ERROR	是	—
B. 211	XMTR_ABORT_ON_COMM_STATUS	是	—
B. 212	XMTR_ABORT_ON_DATA	是	—
B. 213	XMTR_ABORT_ON_DEVICE_STATUS	是	—
B. 214	XMTR_ABORT_ON_NO_DEVICE	是	—
B. 215	XMTR_ABORT_ON_RESPONSE_CODE	是	—
B. 216	XMTR_IGNORE_ALL_COMM_STATUS	是	—
B. 217	XMTR_IGNORE_ALL_DEVICE_STATUS	是	—
B. 218	XMTR_IGNORE_ALL_RESPONSE_CODES	是	—
B. 219	XMTR_IGNORE_COMM_ERROR	是	—
B. 220	XMTR_IGNORE_COMM_STATUS	是	—
B. 221	XMTR_IGNORE_DEVICE_STATUS	是	—
B. 222	XMTR_IGNORE_NO_DEVICE	是	—
B. 223	XMTR_IGNORE_RESPONSE_CODE	是	—
B. 224	XMTR_RETRY_ON_ALL_DEVICE_STATUS	是	—
B. 225	XMTR_RETRY_ON_ALL_RESPONSE_CODE	是	—
B. 226	XMTR_RETRY_ON_ALL_RESPONSE_CODES	是	—
B. 227	XMTR_RETRY_ON_COMM_ERROR	是	—
B. 228	XMTR_RETRY_ON_COMM_STATUS	是	—
B. 229	XMTR_RETRY_ON_DATA	是	—
B. 230	XMTR_RETRY_ON_DEVICE_STATUS	是	—
B. 231	XMTR_RETRY_ON_NO_DEVICE	是	—
B. 232	XMTR_RETRY_ON_RESPONSE_CODE	是	—
B. 233	YearMonthDay_to_Date	不	—
B. 234	Return Code	是	—

D.4.3 EDDL 形式定义行规

引用	标　　题	存在	限　制
A.1	EDDL 预处理器	是	—
A.2	约定	是	—
A.3	运算符	是	—
A.4	关键词	是	—
A.5	结束符	是	—
A.6	形式 EDDL 语法	是	—

D.5 数据类型

D.5.1 METHOD DEFINITIONS 数据类型

在 VARIABLR TYPE 的括号中指定的长度要保证上溢出或下溢出都不能发生。表 D.10 指定了 METHOD DEFINITIONS 数据类型，表 D.11 指定了 VARIABLE TYPES 数据类型。

表 D.10　METHOD DEFINITIONS 数据类型

数据类型	最小值	最大值	备　注
字符	−128	+127	—
字符[长度]	对每个字符可为−128	对每个字符可为+127	—
字符[]	对每个字符可为−128	对每个字符可为+127	未指定一个字符串的长度
短/整型	−32 768	+32 767	—
长整型	−2 147 483 648	+2 147 483 647	—
无符号字符	0	+255	—
无符号短/无符号整型	0	+65 535	—
无符号长整型	0	+4 294 967 295	—
浮点	−3.402 823 466e+38	+3.402 823 466e+38	—
双精度	−1.797 693 134 862 315 7e+308	+1.797 693 134 862 315 7e+308	—
DD_STRING	—	—	任意长度的字符串
DD_ITEM	0	+4 294 967 295	在 EDD 中的任何项的 ID

表 D.11　VARIABLE TYPES

变量类型	最　小　值	最　大　值
双精度	−1.797 693 134 862 315 7e+308	+1.797 693 134 862 315 7e+308
浮点	−3.402 823 466e+38	+3.402 823 466e+38
整型数(1)	−128	+127
整型数(2)	−32 768	+32 767
整型数(3)	−8 388 608	+8 388 607

表 D.11（续）

变量类型	最　小　值	最　大　值
整型数(4)	−2 147 483 648	+2 147 483 647
无符号整型数(1)	0	+255
无符号整型数(2)	0	+65 535
无符号整型数（3）	0	+16 777 215
无符号整型数(4)	0	+4 294 967 295
日期	见表	见表
日期和时间	见表	见表
持续时间	见表	见表
时间	见表	见表
时间值	见表	见表
位枚举(1)	0	+255
位枚举(2)	0	+65 535
位枚举(3)	0	+16 777 215
位枚举(4)	0	+4 294 967 295
枚举(1)	0	+255
枚举(2)	0	+65 535
枚举(3)	0	+16 777 215
枚举(4)	0	+4 294 967 295
索引(1)	0	+255
索引(2)	0	+65 535
索引(3)	0	+16 777 215
索引(4)	0	+4 294 967 295
对象引用	见 7.27.2.2.4	见 7.27.2.2.4
ASCII(长度)	0	对每个字符可为+255
位字符串(长度)	0	对每个字符可为+255
EUC(长度)	0	对每个字符可为+255
字节(长度)	0	对每个字符可为+255
压缩 ASCII 码	见表	见表
口令(长度)	0	对每个字符可为+255
VISIBLE(长度)	0	对每个字符可为+255

D.5.2 数据 DATE 的编码

表 D.12 指定 DATE 编码。

表 D.12 DATE 编码

字节	位								描 述
	8	7	6	5	4	3	2	1	
1	2^7	2^6	2^5	2^4	2^3	2^2	2^1	2^0	每月的 1…31 天
2	2^7	2^6	2^5	2^4	2^3	2^2	2^1	2^0	1…12 月
3	2^7	2^6	2^5	2^4	2^3	2^2	2^1	2^0	1…255 年（实际年份减 1 900）

D.5.3 数据 DATE_AND_TIME 的编码

表 D.13 指定 DATE_AND_TIME 编码。

表 D.13 DATE_AND_TIME 编码

字节	位								描 述
	8	7	6	5	4	3	2	1	
1	2^{15}	2^{14}	2^{13}	2^{12}	2^{11}	2^{10}	2^9	2^8	0…59 999 毫秒
2	2^7	2^6	2^5	2^4	2^3	2^2	2^1	2^0	
3	R		2^5	2^4	2^3	2^2	2^1	2^0	0…59 分钟
4	S	R		2^4	2^3	2^2	2^1	2^0	0…23 小时
5	2^2	2^1	2^0	2^4	2^3	2^2	2^1	2^0	位 6-8：每星期中的 1…7 天（1=星期一，7=星期日） 位 1-5：每月的 1…31 天
6	R		2^5	2^4	2^3	2^2	2^1	2^0	1…12 月
7	R	2^6	2^5	2^4	2^3	2^2	2^1	2^0	1…255 年（实际年份减 1 900）
R 指保留给未来使用；S=0 指标准时；S=1 指夏令时									

D.5.4 数据 DURATION 的编码

表 D.14 指定 DURATION 编码。

表 D.14 DURATION 编码

字节	位								描 述
	8	7	6	5	4	3	2	1	
1	0	0	0	0	2^{27}	2^{26}	2^{25}	2^{24}	从午夜开始的微秒数
2	2^{23}	2^{22}	2^{21}	2^{20}	2^{19}	2^{18}	2^{17}	2^{16}	
3	2^{15}	2^{14}	2^{13}	2^{12}	2^{11}	2^{10}	2^9	2^8	
4	2^7	2^6	2^5	2^4	2^3	2^2	2^1	2^0	
5	2^{15}	2^{14}	2^{13}	2^{12}	2^{11}	2^{10}	2^9	2^8	天数（可选的）
6	2^7	2^6	2^5	2^4	2^3	2^2	2^1	2^0	

D.5.5 数据 TIME 的编码

表 D.15 指定 TIME 编码。

表 D.15 TIME 编码

字节	位								描　述
	8	7	6	5	4	3	2	1	
1	0	0	0	0	2^{27}	2^{26}	2^{25}	2^{24}	从午夜开始的微秒数
2	2^{23}	2^{22}	2^{21}	2^{20}	2^{19}	2^{18}	2^{17}	2^{16}	
3	2^{15}	2^{14}	2^{13}	2^{12}	2^{11}	2^{10}	2^{9}	2^{8}	
4	2^{7}	2^{6}	2^{5}	2^{4}	2^{3}	2^{2}	2^{1}	2^{0}	
5	2^{15}	2^{14}	2^{13}	2^{12}	2^{11}	2^{10}	2^{9}	2^{8}	从 1984.01.01 开始的天数
6	2^{7}	2^{6}	2^{5}	2^{4}	2^{3}	2^{2}	2^{1}	2^{0}	

D.5.6 数据 TIME_VALUE 的编码

表 D.16 指定 TIME_VALUE 编码。

表 D.16 TIME_VALUE 编码

字节	位								描　述
	8	7	6	5	4	3	2	1	
1	SN	2^{62}	2^{61}	2^{60}	2^{59}	2^{58}	2^{57}	2^{56}	1/32 毫秒的数目
2	2^{55}	2^{54}	2^{53}	2^{52}	2^{51}	2^{50}	2^{49}	2^{48}	
3	2^{47}	2^{46}	2^{45}	2^{44}	2^{43}	2^{42}	2^{41}	2^{40}	
4	2^{39}	2^{38}	2^{37}	2^{36}	2^{35}	2^{34}	2^{33}	2^{32}	
5	2^{31}	2^{30}	2^{29}	2^{28}	2^{27}	2^{26}	2^{25}	2^{24}	
6	2^{23}	2^{22}	2^{21}	2^{20}	2^{19}	2^{18}	2^{17}	2^{16}	
7	2^{15}	2^{14}	2^{13}	2^{12}	2^{11}	2^{10}	2^{9}	2^{8}	
8	2^{7}	2^{6}	2^{5}	2^{4}	2^{3}	2^{2}	2^{1}	2^{0}	
SN：0＝数据为正；1＝数据为负，并用二进制补码表示									

D.5.7 PACKED_ASCII(6 位 ASCII)数据格式的编码

一些由协议传递的字母数字数据是按 PACKED_ASCII 传输到或来自设备的。PACKED_ASCII 是一个由删除每个 ASCII 字符的两个最重要的位所产生的 ASCII 子集。它允许四个 ASCII 字符放在三个 ASCII 字符的空间中，典型的是四个 ASCII 字符通过 PACKED_ASCII 字符串被按照三个字节的偶数倍定义。

PACKED_ASCII 字符的结构：

- 截去每个 ASCII 字符的第 6 位和第 7 位
- 压缩 4 个 6 位 ASCII 字符进三字节

重构的 ASCII 字符：

- 未压缩的 4 个 6 位 ASCII 字符
- 把每个未压缩 6 位 ASCII 字符的 #5 位的补码放入 #6 位
- 设置每个未压缩 ASCII 字符的 #7 位为 0

表 D.17 表示了 PACKED_ASCII 字符的编码。

表 D.17 PACKED_ASCII 编码

字符	代码	字符	代码	字符	代码	字符	代码
@	00	P	10	Space	20	0	30
A	01	Q	11	!	21	1	31
B	02	R	12	“	22	2	32
C	03	S	13	#	23	3	33
D	04	T	14	$	24	4	34
E	05	U	15	%	25	5	35
F	06	V	16	&	26	6	36
G	07	W	17	‘	27	7	37
H	08	X	18	(	28	8	38
I	09	Y	19	)	29	9	39
J	0A	Z	1A	*	2A	:	3A
K	0B	[	1B	+	2B	;	3B
L	0C	\	1C	,	2C	<	3C
M	0D	]	1D	—	2D	=	3D
N	0E	ˆ	1E	.	2E	>	3E
O	0F	_	1F	/	2F	?	3F

附 录 E
(资料性附录)
历 史 背 景

GB/T 21099 的本部分包含了 IEC 61804-2:2004 中所指定的 EDDL 和在 DD 互操作[4] 文档 FF-644:对第一版进行补充后的 1.2 版 EDDL 规范中所定义的补充内容,IEC 61804-2:2004 中的4.1、4.2 和第 5 章、第 6 章、第 7 章、第 8 章对 FB 的处理在 GB/T 21099.2—2007 中未进行改变,第 3 章被分成了两章,包括术语和定义(新版的第 3 章)和约定(新版的第 5 章)。

与 IEC 61804-2:2004 相比较,本部分包括了下列改进:

- 图表——允许来自于设备的实时数据可以图形化显示
  ——构建新的 CHART 来定义显示特征;
  ——构建新的源来允许在一个 CHART 具有多条曲线;
  ——新的 AXSI 结构。
- 制图——允许静态的 Y-t 和 XY 数据图形化显示
  ——构建新的 CHART 来定义显示特征;
  ——构建新的 WAVEFORM 来允许在一个 GRAPG 上有多条曲线;
  ——新的 AXSI 结构。
- 提高数据的存储——使得 DD 开发者可以放心地将数据存在主机上
  ——新的 FILE 结构描述可被存储的参数;
  ——FILE 采用新的 LIST 结构来访问特殊的参数。
- 增强用户接口(UI)——DD 开发者可以分层描述屏幕
  ——增强具有屏幕分层属性的 MENU 结构(例如,对话框)。
- 新的 METHOD 内置程序——支持图形化、图表化、存储和用户接口的改进
  ——新的 PlotCreate 可以手工创建一幅图形或图表;
  ——新的 PlotDisplay 显示一个图形或图表;
  ——新的 PlotEdit 允许用户编辑一幅图形或图表;
  ——新的 PlotRefresh 引起所画的图形被重新显示;
  ——新的 PlotDestroy 删除一幅图形或图表;
  ——新的 ListInsert 插入一个元素到一个表中;
  ——新的 ListDeleteElementAt 从一个表中删除一个元素。

EDDL 是制造业和流程工业中最重要和最广泛使用的数字通信描述语言。

---

4) DD 合作是在现场总线基金会、HART 通信基金会和 PROFIBUS 用户组织之间的合作,2006 年,OPC 基金也加入进来。EDDL 的第二版扩展了 IEC 61804-2:2004 设备描述语言(EDDL)的性能,并为智能设备信息的高级可视化提供工业的标准解决方案,同时保持与 IEC 61784-1 CPF1、CP3/1 和 CP3/2、CPF9 三种通信技术相关的已有 EDD 技术的完整性。

参 考 文 献

[1] GB/T 2900.56—2008 电工术语 控制技术(IEC 60050-351:2006,IDT)

[2] GB/T 5271 信息技术 词汇(ISO 2382,IDT)

[3] GB/T 15969.3—2005 可编程序控制器 第3部分:编程语言(IEC 61131-3:2002,IDT)

[4] GB/T 19659.1—2005 工业自动化系统与集成 开放系统应用集成框架 第1部分:通用的参考描述(ISO 15745-1—2003,IDT)

[5] GB/T 21099.2—2007 过程控制用功能块 第2部分:功能块概念及电子设备描述语言的规范(IEC/CDV 61804-1:2003,IDT)

[6] GB/T 21099.4 过程控制用功能块(FB) 第4部分:EDD互操作指南(GB/T 21099.4—2010,IEC/TR 61804-4:2006)

[7] IEC 61804-2:2004 Function blocks (FB) for process control-Part 2:Specification of FB concept and Electronic Device Description Language (EDDL)

[8] ISO/AFNOR Dictionary of Computer Science

ICS 25.040.40;35.240.50
N 10

中华人民共和国国家标准

GB/T 21099.4—2010/IEC/TR 61804-4:2006

过程控制用功能块(FB) 第4部分:EDD互操作指南

Function blocks(FB) for process control—Part 4:EDD interoperability guideline

(IEC/TR 61804-4:2006,IDT)

2011-01-14 发布 2011-06-01 实施

中华人民共和国国家质量监督检验检疫总局
中国国家标准化管理委员会 发布

前　言

GB/T 21099《过程控制用功能块(FB)》分为以下4部分：

——第1部分：系统方面的总论；

——第2部分：功能块概念和电子设备描述语言规范；

——第3部分：电子设备描述语言(EDDL)；

——第4部分：EDD互操作指南。

本部分为GB/T 21099的第4部分。

本部分等同采用IEC/TR 61804-4:2006《过程控制用功能块(FB)　第4部分：EDD互操作指南》(英文版)。

根据GB/T 1.1—2000，对IEC/TR 61804-4:2006做了下列编辑性修改：

——“本技术报告”一词改为“本部分”；

——删除IEC/TR 61804-4:2006的前言；

——对文中明显错误的编号进行了纠正；

——按照汉语习惯对一些编排格式进行了修改；

——用小数点“.”代替作小数点的逗号“,”；

——将一些适用于国际标准的表述改为适用于我国标准的表述。

本部分的附录A为资料性附录。

本部分由中国机械工业联合会提出。

本部分由全国工业过程测量和控制标准化技术委员会(SAC/TC 124)归口。

本部分负责起草单位：西南大学。

本部分参加起草单位：中国四联仪器仪表集团有限公司、上海自动化仪表股份有限公司、机械工业仪器仪表综合技术经济研究所。

本部分主要起草人：陈映萍、张渝。

本部分参加起草人：钟秀蓉、吕静、刘进、包伟华、欧阳劲松。

引　言

本部分包含：

——使用 EDDL 的概述；

——提供 EDDL 示例，并示范其使用方法；

——说明如何实现用例；

——对每个例子说明正确的 EDD 应用交互。

本部分不是一个 EDDL 指南，也不用来代替 EDDL 规范。

本部分提供了用于 EDD 应用的指令，这些指令描述了在没有规定主机实现所用到的技术时将执行的内容。例如，FILE 结构描述了代理 EDD 的 EDD 应用将要存储的数据。FILE 结构不指定如何存储数据。EDD 应用能使用它选择的数据库、无格式文件或任何其他实现。

过程控制用功能块(FB)
第4部分:EDD互操作指南

1 范围

GB/T 21099的本部分是支持EDD互操作的指南,本部分用来确保现场设备开发者一致地使用EDDL结构,也用来确保EDD应用对EDD具有同样的解释,它补充了EDDL规范,以促进EDDL应用互操作并提高EDDL应用间的EDD可移植性。

2 规范性引用文件

下列文件中的条款通过GB/T 21099的本部分的引用而成为本部分的条款。凡是注日期的引用文件,其随后所有的修改单(不包括勘误的内容)或修订版均不适用于本部分,然而,鼓励根据本部分达成协议的各方研究是否可使用这些文件的最新版本。凡是不注日期的引用文件,其最新版本适用于本部分。

GB/T 2900.56 电工术语 控制技术(GB/T 2900.56—2008,IEC 60050-351:2006,IDT)

GB/T 21099.2 过程控制用功能块 第2部分:功能块概念及电子设备描述语言的规范(GB/T 21099.2—2007,IEC/CDV 61804-2:2003,IDT)

GB/T 21099.3 过程控制用功能块(FB) 第3部分:电子设备描述语言(EDDL)(GB/T 21099.3—2010,IEC 61804-3:2006,IDT)

ISO/IEC 15948:2004 信息技术 计算机图形与图像处理 可移植的网络图像文件格式(PNG)功能规范

3 术语、定义、缩略语和缩写

3.1 术语和定义

GB/T 2900.56确立的以及下列术语和定义适用于GB/T 21099的本部分。

3.1.1

EDD开发者 EDD developer

开发EDD的个人和团队。

3.1.2

EDD应用 EDD application

使用EDD去指导应用操作的软件和程序。

注:这些应用包括配置工具、校准器、仪表管理包和仪表模拟器。

3.1.3

最终用户 end user

使用现场设备和EDDL应用的人员。

3.2 缩略语和缩写

CP 通信行规 communication profile

CPF 通信行规簇 communication profile family

EDD 电子设备描述 electronic device description。一个平台和应用无关的模型或使用EDDL编写的现场设备描述。一个EDD描述与设备相关的属性,标准过程和状态。

EDDL 电子设备描述语言 electronic device description language

FF 现场总线基金会 fieldbus foundation;见 www.fieldbus.org

HCF HART 通信基金会 HART communication foundation;见 www.hartcomm.org

OPC 开放连接 open connectivity;OPC 基金会;见 www.opcfoundation.org

PC 个人计算机 personal computer

PNO PROFIBUS 用户组织 PROFIBUS nutzerorganisation;见 www.profibus.com

4 用户界面支持

4.1 概述

大多数 EDD 应用可被刻画为个人计算机(PC)应用或手持设备应用。由于手持式设备的屏幕相对较小,在任一特定时间,手持式设备应用只能显示少量的信息。另一方面,由于 PC 具有更大的屏幕,其应用能提供更有利的用户界面。

为了支持 PC 应用的能力,与 GB/T 21099.2 相比,GB/T 21099.3 对菜单结构进行了扩充。由于 PC 应用和手持设备应用的用户界面不同,许多设备要求定义两种菜单层次,一个针对手持设备应用,另一个针对 PC 应用。一些菜单会被用于两种层次中。因此,不必对整体层次规定两次。

不同的应用类型可能采用不同的菜单结构。本指南可用于在 EDD 中创建菜单结构,这些菜单结构能够被不同的应用以确定的方式解释。为提高应用之间的互操作性,极力推荐所有的 EDD 应用都遵循本指南。

4.2 手持设备应用的菜单约定

现存一些用于手持设备应用菜单的解决方案,并且这些菜单可以被使用。本部分不对手持设备应用作特定的约定。

4.3 基于 PC 应用的菜单约定

4.3.1 概述

EDD 应用使用 EDD 中特定的菜单来展示设备的用户界面。这些菜单是针对诊断、过程变量、设备性质和离线配置而定义。已定义标识符被定义用于不同的根菜单。其他子菜单能置于这些根菜单下。

4.3.2 诊断

诊断菜单包括显示设备状态、详细诊断信息的视图,也可能包括图形视图,如显示阀门信号的图形视图。

4.3.3 过程变量

过程变量菜单包括视图,这些视图可以为过程操作者显示过程测量、设定点及其品质和重要信息,例如显示量程。

4.3.4 设备特征

设备特征菜单包括设备支持的特征。这些特征能被分成过程相关和设备特定特征两种。如果特征的数量小得无法划分,则不需要这种结构。描绘任一结构的子菜单可置于设备特征菜单里。对这种子菜单,其下面的菜单能被分成过程相关和设备特定两种特征。

4.3.5 离线配置

该菜单层次包括离线配置的参数、变量和方法。它专门包含设备的所有应用特定的参数并也可能包含重要的只读和可写变量。关于应用特定参数的更多信息见 4.4。该菜单可以有离线方法,如配置助手。

4.3.6 定义的标识符概述

表 1 列出了定义的菜单标识符。

表 1 定义的菜单标识符列表

菜单标识符	简短描述
diagnostic_root_menu	诊断视图(诊断主菜单)
process_variables_root_menu	过程变量视图
device_root_menu	设备特征视图
offline_root_menu	离线配置的菜单层次

4.3.7 EDD 菜单结构示例

这是一个附加菜单的示例，该附加菜单能添加到 PC 应用的 EDD 中。这些菜单是对应用现存菜单的补充。该示例是 HART 特定的。FF[1] 和 PROFIBUS[2] 的示例与此非常相似。

```
MENU diagnostic_root_menu
{
    LABEL "Diagnostics";
    STYLE MENU;
    ITEMS
    {
        status_window,/ * menu: style = window * /
        self_test/ * method * /
    }
}
MENU status_window
{
    LABEL "Status";
    STYLE WINDOW;
    ITEMS
    {
        standard_diagnostics_page,/ * menu: style = page * /
        devspec_diagnostics_page/ * menu: style = page * /
    }
}
MENU standard_diagnostics_page
{
    LABEL "Standard";
    STYLE PAGE;
    ITEMS
    {
        device_status/ * variable * /
```

1) 符合 IEC 61784-1:2003 的通信行规簇 CPFI,《测量和控制用数字数据通信　第 1 部分:与工业控制系统用总线相关的连续和不连续制造用线型控》。

2) 通信行规簇 CPF3 的 CP3/1 和 CP3/2 参照 IEC 61784-1。

```
    }
}
MENU devspec_diagnostics_page
{
    LABEL "Device Specific";
    STYLE PAGE;
    ITEMS
    {
        xmtr_specific_status_1,/* variable */
        xmtr_specific_status_2/* variable */
    }
}
METHOD self_test
{
    LABEL "Self Test";
    DEFINITION
    {
        /* elided */
    }
}
MENU process_variables_root_menu
{
    LABEL "Process Variables";
    STYLE MENU;
    ITEMS
    {
        overview_window,/* menu: style=window */
        primary_vars_window/* menu: style=window */
    }
}
MENU overview_window
{
    LABEL "Overview";
    STYLE WINDOW;
    ITEMS
    {
        process_vars_page/* menu: style=page */
    }
}
MENU process_vars_page
{
```

```
    LABEL "Process Variables";
    STYLE PAGE;
    ITEMS
    {
        pressure_group,/ * menu: style = group * /
        temperature_group/ * menu: style = group * /
    }
}
MENU pressure_group
{
    LABEL "Pressure";
    STYLE GROUP;
    ITEMS
    {
        pv_digital_value,/ * variable * /
        pv_upper_range_value,/ * variable * /
        pv_lower_range_value/ * variable * /
    }
}
MENU temperature_group
{
    LABEL "Temperature";
    STYLE GROUP;
    ITEMS
    {
        sv_digital_value,/ * variable * /
        sv_upper_range_value,/ * variable * /
        sv_lower_range_value/ * variable * /
    }
}
MENU primary_vars_window
{
    LABEL "Primary Variables";
    STYLE WINDOW;
    ITEMS
    {
        pressure_chart_page,/ * menu: style = page * /
        temperature_chart_page/ * menu: style = page * /
    }
}
MENU pressure_chart_page
```

```
{
    LABEL "Pressure";
    STYLE PAGE;
    ITEMS
    {
        pressure_chart/* chart */
    }
}
CHART pressure_chart
{
    /* elided */
}
MENU temperature_chart_page
{
    LABEL "Temperature";
    STYLE PAGE;
    ITEMS
    {
        temperature_chart/* chart */
    }
}
CHART temperature_chart
{
    /* elided */
}
MENU device_root_menu
{
    LABEL "Device";
    STYLE MENU;
    ITEMS
    {
        process_related_window,/* menu: style=window */
        device_specific_window,/* menu: style=window */
        master_reset/* method */
    }
}
MENU process_related_window
{
    LABEL "Process Related";
    STYLE WINDOW;
    ITEMS
```

```
    {
        identification_page,/* menu: style=page */
        output_info_page/* menu: style=page */
    }
}
MENU identification_page
{
    LABEL "Identification";
    STYLE PAGE;
    ITEMS
    {
        tag,/* variable */
        manufacturer,/* variable */
        device_type,/* variable */
        device_revision,/* variable */
        descriptor,/* variable */
        message/* variable */
    }
}
MENU output_info_page
{
    LABEL "Output Information";
    STYLE PAGE;
    ITEMS
    {
        range_values_group,/* menu: style=group */
        sensor_limits_group/* menu: style=group */
    }
}
MENU range_values_group
{
    LABEL "Range Values";
    STYLE GROUP;
    ITEMS
    {
        pv_units,/* variable */
        pv_urv,/* variable */
        pv_lrv/* variable */
    }
}
MENU sensor_limits_group
```

```
{
    LABEL "Sensor Limits";
    STYLE GROUP;
    ITEMS
    {
        sensor_units,/ * variable * /
        upper_sensor_limit,/ * variable * /
        lower_sensor_limit/ * variable * /
    }
}
MENU device_specific_window
{
    LABEL "Device Specific";
    STYLE WINDOW;
    ITEMS
    {
        identification_page,/ * menu: style = page * /
        calibration_page/ * menu: style = page * /
    }
}
MENU calibration_page
{
    LABEL "Calibration";
    STYLE PAGE;
    ITEMS
    {
        sensor_limits_group,/ * menu: style = group * /
        sensor_trim_group/ * menu: style = group * /
    }
}
MENU sensor_trim_group
{
    LABEL "Sensor Trim";
    STYLE GROUP;
    ITEMS
    {
        upper_sensor_trim_point,/ * variable * /
        lower_sensor_trim_point,/ * variable * /
        sensor_trim/ * method * /
    }
}
```

```
METHOD master_reset
{
    LABEL "Master Reset";
    DEFINITION
    {
        /* elided */
    }
}
```

4.3.8 用户界面

4.3.8.1 诊断

图 1 给出了一个用于诊断的 EDD 应用的示例。

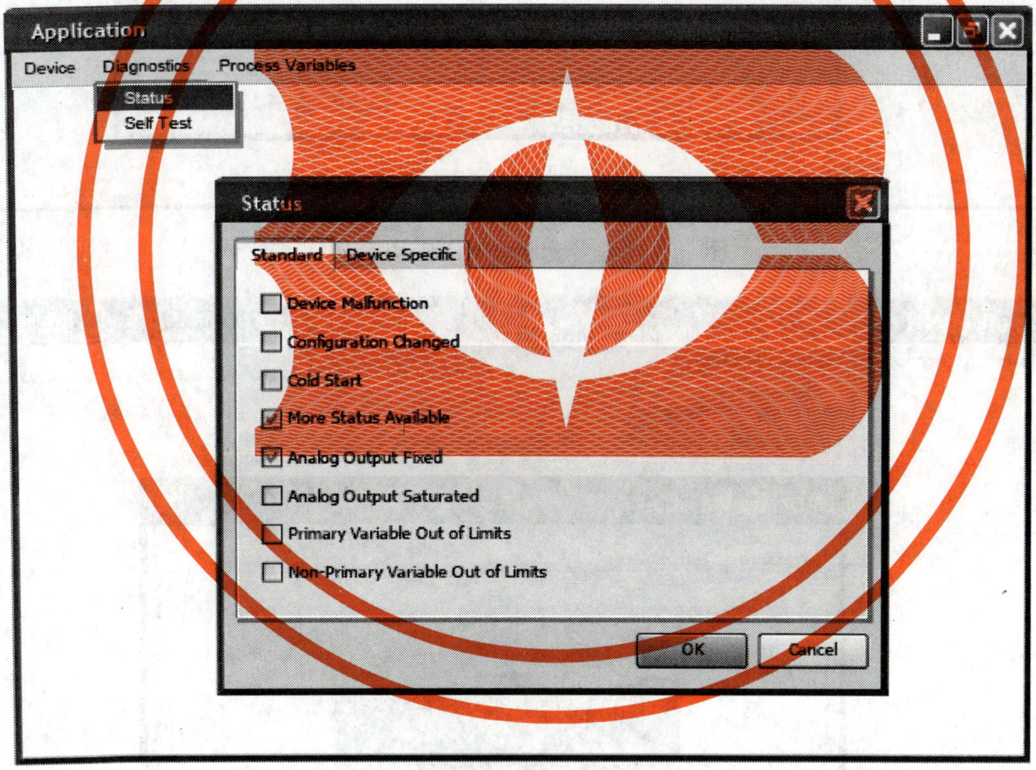

图 1 诊断的 EDD 应用示例

4.3.8.2 过程变量

图 2 和图 3 给出了过程变量的 EDD 应用的示例。

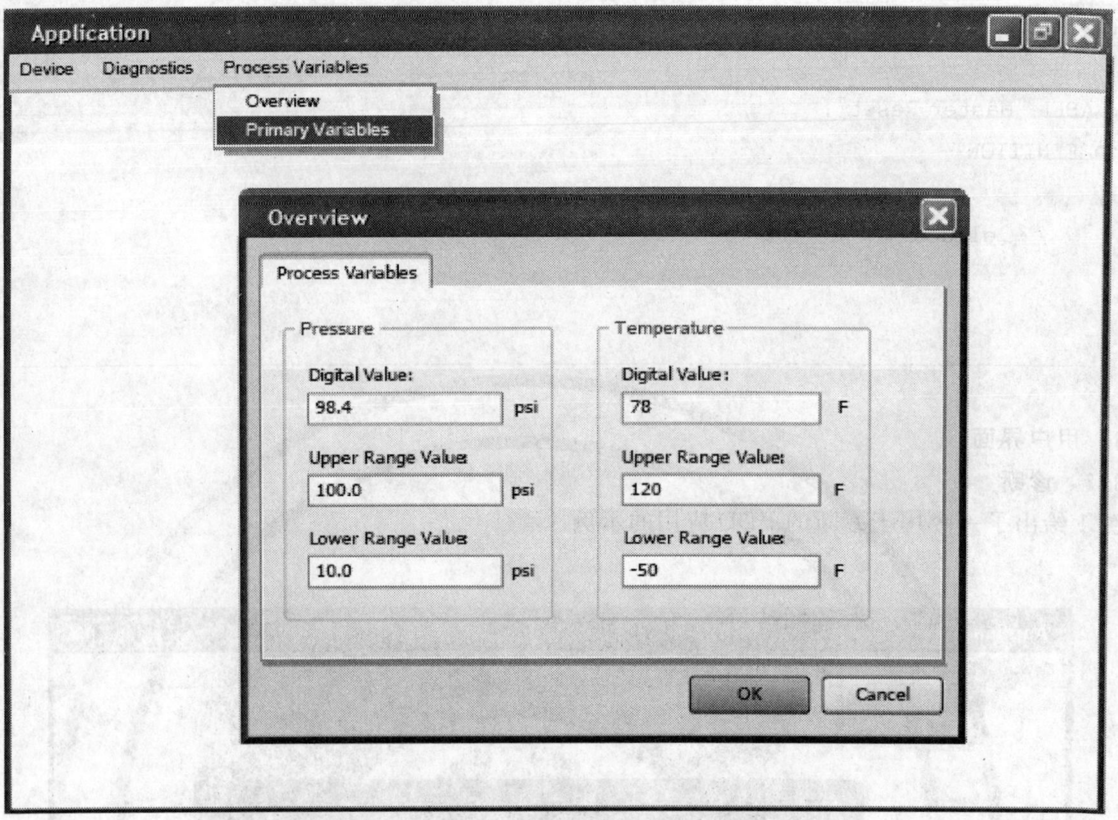

图 2　过程变量的 EDD 应用示例

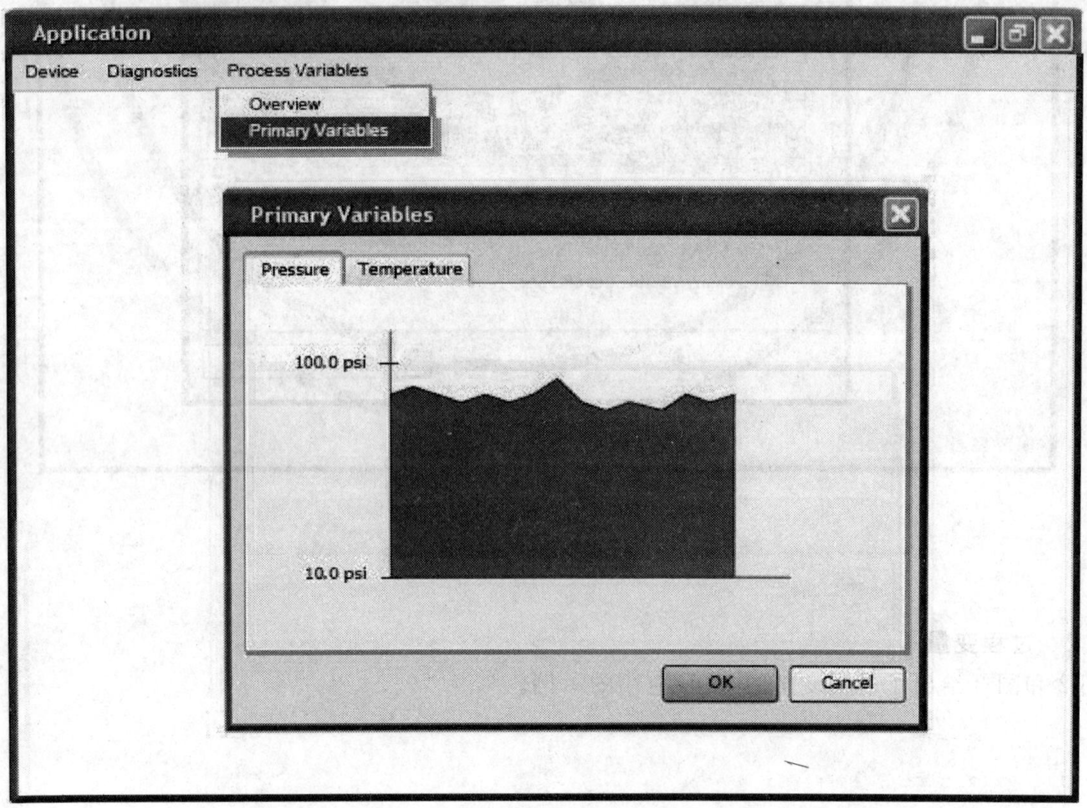

图 3　主变量的 EDD 应用示例

4.3.8.3 设备特征

图 4 和图 5 给出了设备特征的 EDD 应用的示例。

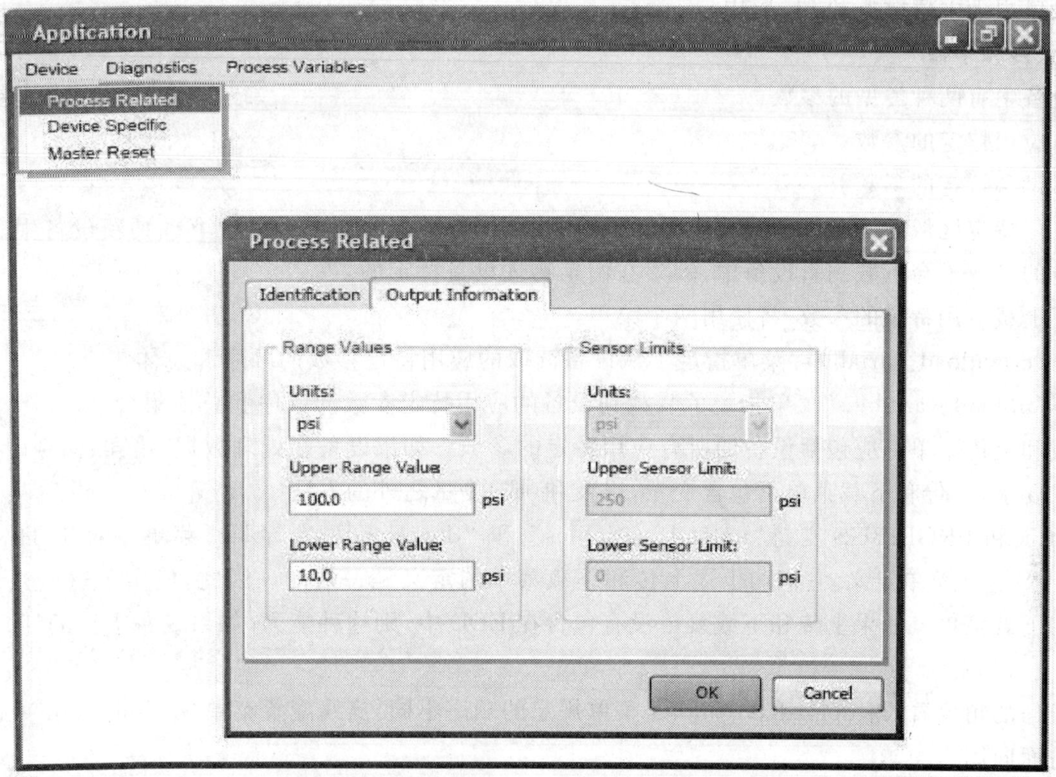

图 4 过程相关的设备特征 EDD 应用示例

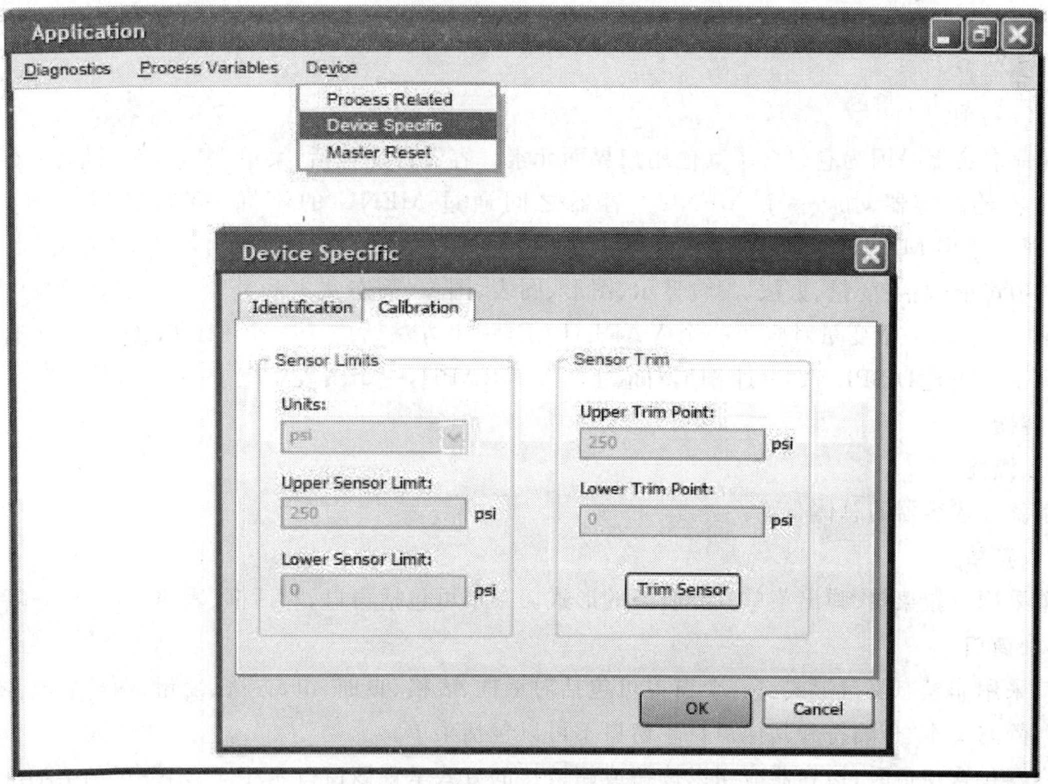

图 5 设备特征的 EDD 应用示例

4.4 所有应用的菜单约定

4.4.1 概述

该菜单用于手持设备和 PC 应用。

4.4.2 上传和下载

在设备中有两种类型的参数：

——应用特定的参数；

——设备特定的参数。

当工厂特定区域的一个设备被替换时，与应用相关的参数应该从旧设备中下载到新设备中。但是，设备特定的参数不会下载到新设备中，因为它们是物理设备特定的。

为了上载应用特定的参数，将使用两个菜单。

——“download_variables”菜单指定了从设备读取的应用特定参数的顺序和总体集合；

——“upload_variables”菜单指定了装载到设备的应用特定参数的顺序和总体集合。

下载和上传菜单都应包括设备的所有应用特定的参数。如果设备在处理数据、错误、命令时序等方面有特殊要求，上传和下载菜单可包含变量，以及和(或)变量之外的方法。

HART 和 PROFIBUS 支持“upload_variables” 和 “download_variables”菜单。对于 HART 和 PROFIBUS 这些菜单定义，它们与上述上传和下载菜单的定义是一致的。因此，使用了这些众所周知的上传和下载菜单。如果上传和下载菜单没有包含在 EDD 中，则这种能力(如果设备支持的话)是应用特定的。

从通信的角度看，与 upload/download 菜单规定的顺序不同，离线配置菜单(offline_root_menu)中的顺序是面向用户的。

4.5 用户界面扩展

4.5.1 概述

用户界面扩充基于一种简单的用户界面模型。该模型包括两个概念：

——容器；

——容器项。

如此命名容器是因为它包含了其他用户界面元素。容器可能包括：菜单、窗口、对话框、表格、页面、组和其他容器。容器对应一个 MENU。容器之间通过 MENU 的不同 STYLE 属性相互区别。STYLE 属性指出 MENU 如何显示。用户界面组件的 EDD 结构除了显示之外与 MENU 相同。

容器项可能包括：变量、方法、编辑显示、图形、图表、图像、静态文本和分隔符。容器项对应于各种 EDD 结构。例如，一个变量对应于一个 VARIABLE，一个方法对应于一个 METHOD，一个编辑显示对应于一个 EDIT_DISPLAY，一个图形对应于一个 GRAPH，一个图表对应于一个 CHART。

4.5.2 容器

4.5.2.1 概述

本条款描述容器的总体布置。

4.5.2.2 菜单

菜单采用下拉菜单、弹出菜单或导航条的形式。菜单可包括窗口、对话框、表格、方法和分隔符。

4.5.2.3 窗口

窗口采用非模态窗口形式。一个窗口可包括对话框、表格、页面、组、方法、变量、编辑显示、图形、图表、图像、静态文本、分隔符和其他窗口。窗口不可以包括菜单。

当容器包含窗口时，该容器应当以按钮或超链接的方式呈现该窗口。相应 MENU 的 LABEL 应显示在按钮上或作为链接文本。当按钮或超链接被按下，相应的窗口应在调用对话框或窗口上方打开。

4.5.2.4 对话框

对话框采用模态窗口形式。它可能包括窗口、表格、页面、组、方法、变量、编辑显示、图形、图表、图像、静态文本、分隔符和其他对话框。对话框可以不包括菜单。

当容器包括了对话框时，该容器应当以按钮或超链接的方式呈现该对话框。相应 MENU 的 LABEL 应显示在按钮上或显示为链接文本。当按钮或超链接被按下，相应的窗口应在调用的对话框或窗口上方打开。如果从窗口调用对话框，除非关闭对话框，否则不能进行交互。

4.5.2.5 表格

表格采用网格形式。一个表格可能包括变量、方法和其他菜单。以层次结构创建子菜单，能将设备以简洁的方式展现给用户，例如，在一个表格里，每行是一个变量、方法或菜单。

4.5.2.6 页面

在容器中的页面形成为带标签的对话框。一个页面可能包括窗口、对话框、表格、组、方法、变量、编辑显示、图形、图表、图像、静态文本和分隔符。页面不可以包括 STYLE MENU 的菜单或其他页面。

换行符、分栏符和页面间的分页符将被 EDD 应用忽略。

4.5.2.7 组

组采取分组框的形式。一个组可能包括包括窗口、对话框、方法、变量、编辑显示、图形、图表、图像、静态文本、分隔符和其他组。为了维持用户界面上清晰排列，采用下列限定规则：

GROUP 声明的嵌套层次限定为两级。也即是说，一个 GROUP 可包括深一层的 GROUPs，但深层的这些组不能包含更深层的 GROUPs。

在一个 GROUP 里面，通常逻辑相关的变量和方法被组合在一个 GROUP 内。GROUP 的名称表明这种关系，例如，“AnalogInput 1”。相同的字符串经常用于 GROUP 项目标签中，如：“AnalogInput1_StaticRevision”或“AnalogInput1_Blockmode”。为避免这种信息重复，EDD 编辑器可将 GROUP 的项目装配在 COLLECTION 中以替代初始标签。如果变量在 GROUP 中被引用，则这些变量能用 COLLECTION 引用；在其他情况下，特别是没有附加语义上下文时，变量能被直接引用。

在 GROUP 样式的 MENU 中使用 COLLECTION 的例子：

```
VARIABLE ai1_strev
{
    LABEL "Analog Input 1: Static Revision";
    TYPE INTEGER(4);
}
VARIABLE ai1_blomo
{
    LABEL "Analog Input 1: Block Mode";
    TYPE INTEGER(1);
}
MENU ai1_group_double/ * Leads to double display of * /
"Analog_Input1" label
{
    LABEL "Analog Input 1";
    STYLE GROUP;
    ITEMS
    {
```

```
        ai1_strev,
        ai1_blomo
    }
}
COLLECTION ai1_groupcol
{
MEMBERS
    {
        strev,ai1_strev,"Static Revision";
        blomo,ai1_blomo,"Block Mode";
    }
}
MENU ai1_group_single/ * Leads to single display of * / "Analog_Input1"
label
{
    LABEL "Analog Input 1";
    STYLE GROUP;
    ITEMS
    {
        ai1_groupcol.strev,
        ai1_groupcol.blomo
    }
}
```

4.5.3 容器项

4.5.3.1 概述

本条款描述容器如何呈现容器项。所有的容器都以相同的方式呈现容器项。像方法、变量和其他项目这样的容器项有一个 LABEL 属性。为了不打乱 EDD 应用布局，例如：对于具有超大按钮的方法，EDD 开发者不应给 LABELs 用太长的字符串。由于这个原因，一些 EDD 应用可能会截断这些标签。

4.5.3.2 方法

方法应呈现为一个按钮或一个超链接。与 METHOD 相应的 LABEL 应显示在按钮上或显示为链接文本。当按钮或超链接被按下时，应执行相应的 METHOD。

4.5.3.3 变量

变量的标签、值和单位(如果有定义)将与相应的 VARIABLE 定义以一致的方式显示。

变量的一般处理方式如下：

——HANDLING＝READ 或菜单项属性为 READ_ONLY，变量值应不可编辑；

——CLASS＝DYNAMIC，值应随着设备当前读取值而不断更新。

4.5.3.3.1 BIT_ENUMERATED 类型变量

多个位能封装在一个位枚举变量中。每位都能有明确的含义。能够分别显示每个位，而且也能显示整个 BIT_ENUMERATED 变量。

在这种情况下，使用方括号内的掩码能扩展变量引用，但不能显示变量的 LABEL。

例：显示 BIT_ENUMERATED 变量的每个位。

```
VARIABLE var1
{
    LABEL "Var 1";
    TYPE BIT_ENUMERATED
    {
        {1, "Bit 0"},
        {2, "Bit 1"},
        {4, "Bit 2"}
    }
}
MENU diagnostic_info
{
    LABEL "Diagnostic";
    ITEMS
{
        var1[2],// Bit 2
        var1[4]// Bit 3
    }
}
```

BIT_ENUNMERATED 变量总是以复选框的形式显示，无论显示一个比特还是显示所有比特。

例：下面的 EDD 展示了完整显示 BIT_ENUMERATED 变量和显示所有比特位都被明确编址的变量之间的不同。

```
VARIABLE var1
{
    LABEL "Var 1";
    TYPE BIT_ENUMERATED
        {
        {1, "Bit 0"},
        {2, "Bit 1"},
        {4, "Bit 2"}
    }
}
MENU var1_group
{
    LABEL var1.LABEL;
    STYLE GROUP;
    ITEMS
    {
        var1[1],// Bit 0
        var1[2],// Bit 1
        var1[4]// Bit 2
```

```
    }
}
MENU diagnostic_info
{
    LABEL "Diagnostic";
    STYLE PAGE;
    ITEMS
    {
        var1,// all bit should be shown
        COLUMNBREAK,
        var1[1],// Bit 0
        var1[2],// Bit 1
        var1[4],// Bit 2
        COLUMNBREAK,s
        var1_group
    }
}
```

这个 EDD 将产生图 6 所示的 EDD 应用。

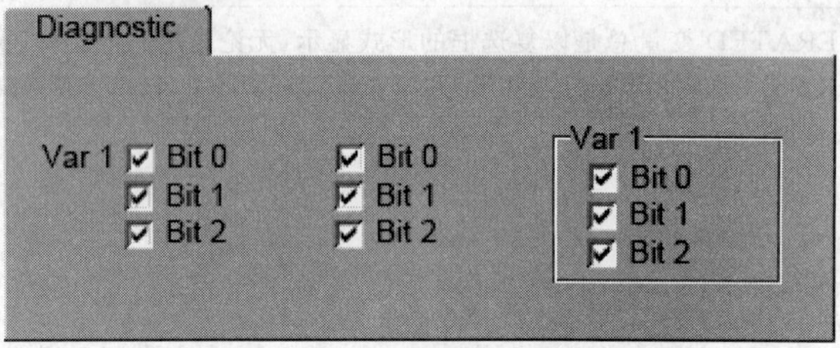

图 6　BIT_ENUMERATED 类型变量的 EDD 应用示例

4.5.3.3.2　INDEX 类型变量

当一个 INDEX 类型变量呈现给用户时，与数组索引相关的文本也应显示出来。如果变量可编辑，它应以组合框的形式显示。

4.5.3.4　编辑显示

当容器包括了一个编辑显示时，容器应该以按钮或超链接的形式呈现编辑显示。与 EDIT_DISPLAY 相应的 LABEL 应显示在按钮上或显示为链接文本。当按钮或超链接被按下，相应的对话框被打开。

4.5.3.5　图形

图形应按照相应 GRAPH 定义一致的方式显示。对于 GRAPH 布局的 WIDTH 属性信息，可参考 5.2.3 定义的布局规则。

4.5.3.6　图表

图表应按照相应 CHART 定义一致的方式显示。对于 CHART 布局的 WIDTH 属性信息，可参考 5.2.2 定义的布局规则。

4.5.3.7 图像

应显示 MENU 引用的图像。图像的宽度应适合对话框、窗口、页面或组的宽度。利用菜单项属性 INLINE,将使图像的宽度适应于在同一分栏中的项目宽度。如果是没有 INLINE 属性的图像,EDD 应用产生一个隐含的行分隔栏。

4.5.3.8 静态文本

应显示 MENU 引用的文本。如果文本比对话框、窗口、页面、组或栏的宽度更长,它将被封装成几行。

4.5.3.9 网格

首先显示网格的 LABEL,然后在网格区域的下方,以对话框、窗口、页面、组或栏所需宽度和高度所确定的区域显示屏幕上的数据或存在的内容。如果宽度和高度太小不能显示全部数据,则使用滚动条滚动显示网格区域。

4.6 布局规则

4.6.1 概述

容器的一般布局已在上面描述。本子条款更加详细地描述如何显示容器的内容。

每个容器定义了容器边框。这是可显示其内容的容器区域。比如,一个窗口或对话框的边界框就是除去边界线和标题栏的整个窗口。

容器的内容从容器的左上角开始显示。项目在容器的左边垂直向下显示。当遇到分隔符,将产生新的一栏。紧接分隔符的项目应在下一栏里从页面顶部开始显示。这一过程一直持续到所有的项目都被显示。只有遇到分隔符时才使用分栏,也就是说,EDD 应用自身不应引入分栏。

前面章条里定义的布局规则有一个例外。如果图形或图表的 WIDTH 属性等于 LARGE、X_LARGE 和 XX_LARGE,则它们应横跨整个容器宽度显示。紧接图形或图表的项目应从容器的左边开始显示(实际上,从图形或图表下面重新开始一栏)。

如果静态文本包括回车和换行,若文本较长,则显示为多行。

4.6.2 布局的示例

4.6.2.1 单栏布局

最简单的布局就是一列变量、方法、编辑显示、静态文本、图形和图表。

```
MENU overview_window
{
    LABEL "Overview";
    STYLE WINDOW;
    ITEMS
    {
        primary_variable, /* variable */
        upper_range_value, /* variable */
        lower_range_value, /* variable */
        master_reset, /* method */
        self_test /* method */
    }
}
```

图 7　总揽菜单的 EDD 示例

图 7 中 EDD 将项目垂直地显示在窗口中。项目从屏幕的左边开始,并按需要占据窗口显示,见图 8。

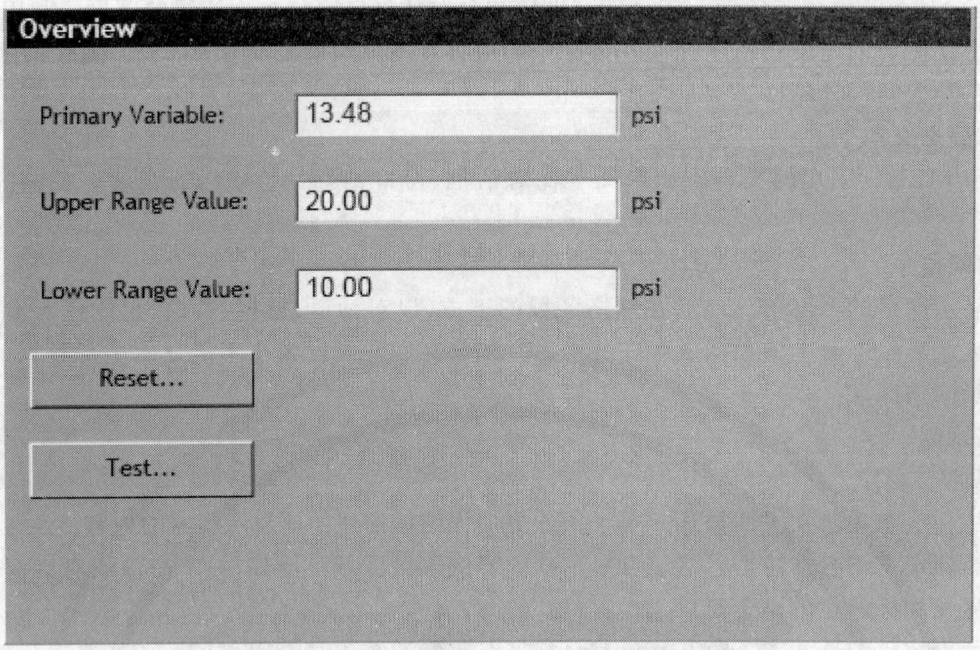

图 8　总揽窗口的 EDD 应用示例

4.6.2.2　多栏多行的布局

可以使用多栏的变量、方法、组、图像、图形和图表。

图 9 中的 COLUMNBREAK 用来表明一个分栏。在 COLUMNBREAK 前面的所有元素将放在一栏里，COLUMNBREAK 后面的元素将放在下一栏里，见图 10。

```
MENU overview_page
{
    LABEL "Overview";
    STYLE PAGE;
    ITEMS
    {
        upper_range_value, /* variable */
        lower_range_value, /* variable */
        upper_sensor_limit, /* variable */
        lower_sensor_limit, /* variable */
        COLUMNBREAK, /* column break */
        tag, /* variable */
        units, /* variable */
        damping, /* variable */
        transfer_function /* variable */
    }
}
```

图 9　使用 COLUMNBREAK 的 EDD 示例

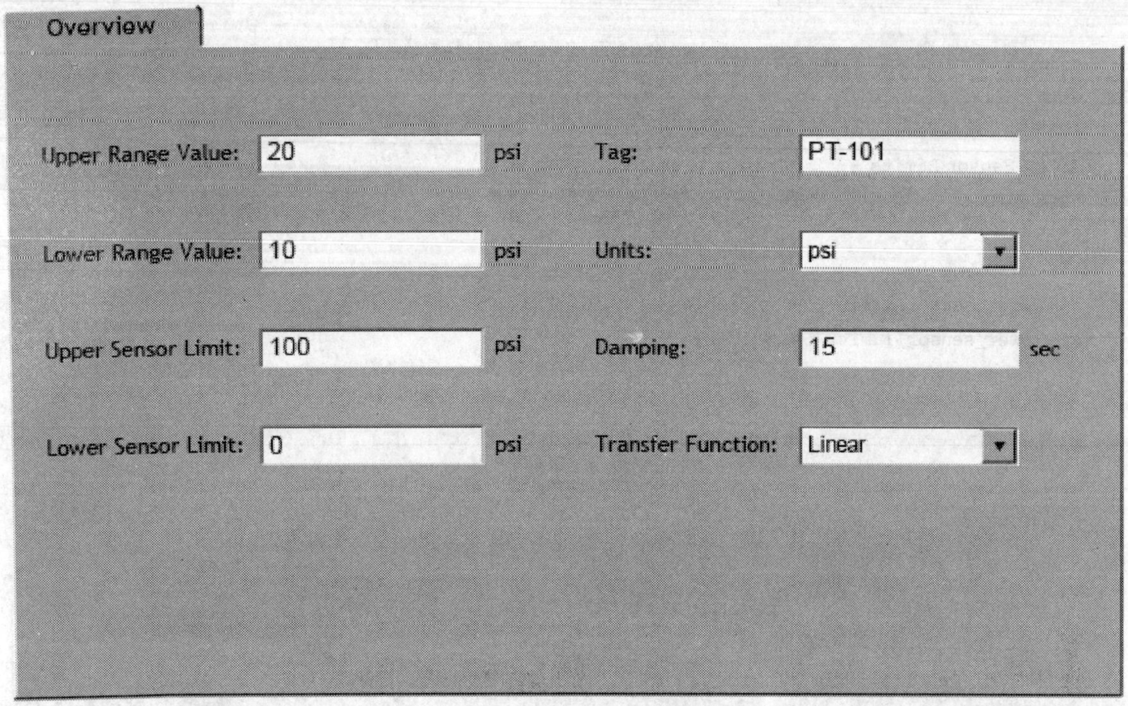

图 10　总揽窗口 EDD 应用示例 1

图 11 中的 ROWBREAK 用来从左边开始放置下面的菜单项，见图 12。

```
MENU overview_page
{
    LABEL "Overview";
    STYLE PAGE;
    ITEMS
    {
        tag, /* variable */
        ROWBREAK,
        range_values, /* group */
        COLUMNBREAK,
        sensor_limits, /* group */
        ROWBREAK,
        units, /* variable */
        damping, /* variable */
        transfer_function /* variable */
    }
}
MENU range_values
{
        LABEL "Range Values";
    STYLE GROUP;
    ITEMS
    {
        upper_range_value, /* variable */
        lower_range_value, /* variable */
```

图 11　总揽窗口 EDD 应用示例 2

```
    }
}
MENU sensor_limits
{
    LABEL "Sensor Limits";
    STYLE PAGE;
    ITEMS
    {
        upper_sensor_limit, /* variable */
        lower_sensor_limit, /* variable */
        }
}
```

图 11（续）

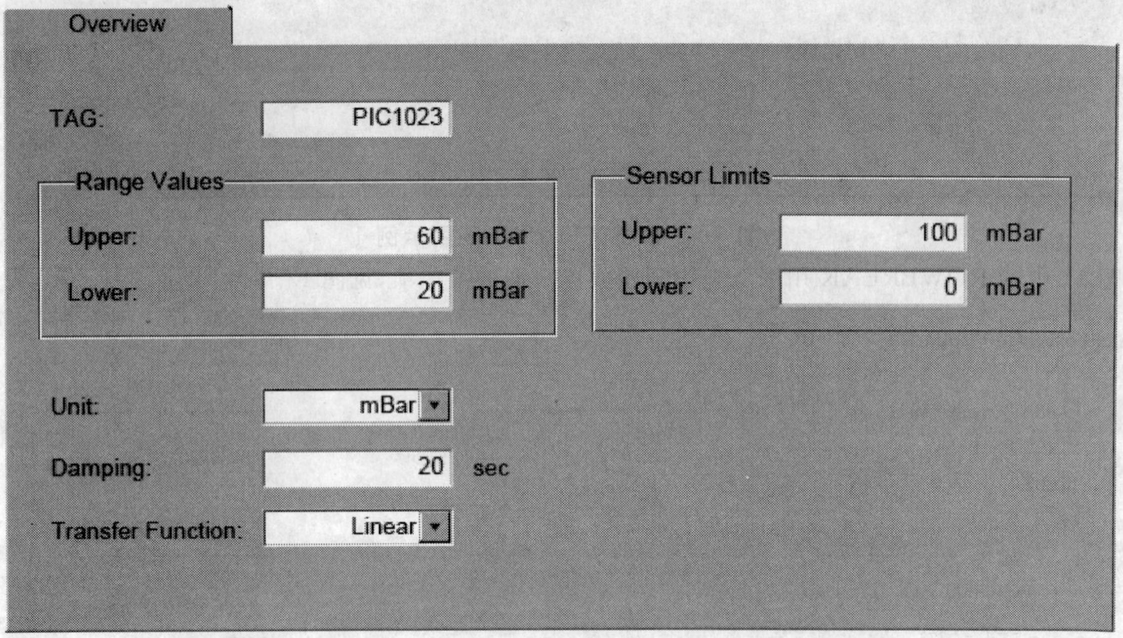

图 12　总揽窗口 EDD 应用示例 3

4.6.2.3　内嵌的图形和图表

图形和图表可以像变量和方法一样出现在分栏里面，见图 13 和图 14。

```
MENU overview_page
{
    LABEL "Overview";
    STYLE PAGE;
    ITEMS
    {
        primary_variable, /* variable */
        upper_range_value, /* variable */
        lower_range_value, /* variable */
        SEPARATOR, /* column break */
        pv_graph /* graph */
    }
}
```

图 13　嵌入图形和图表 EDD 示例

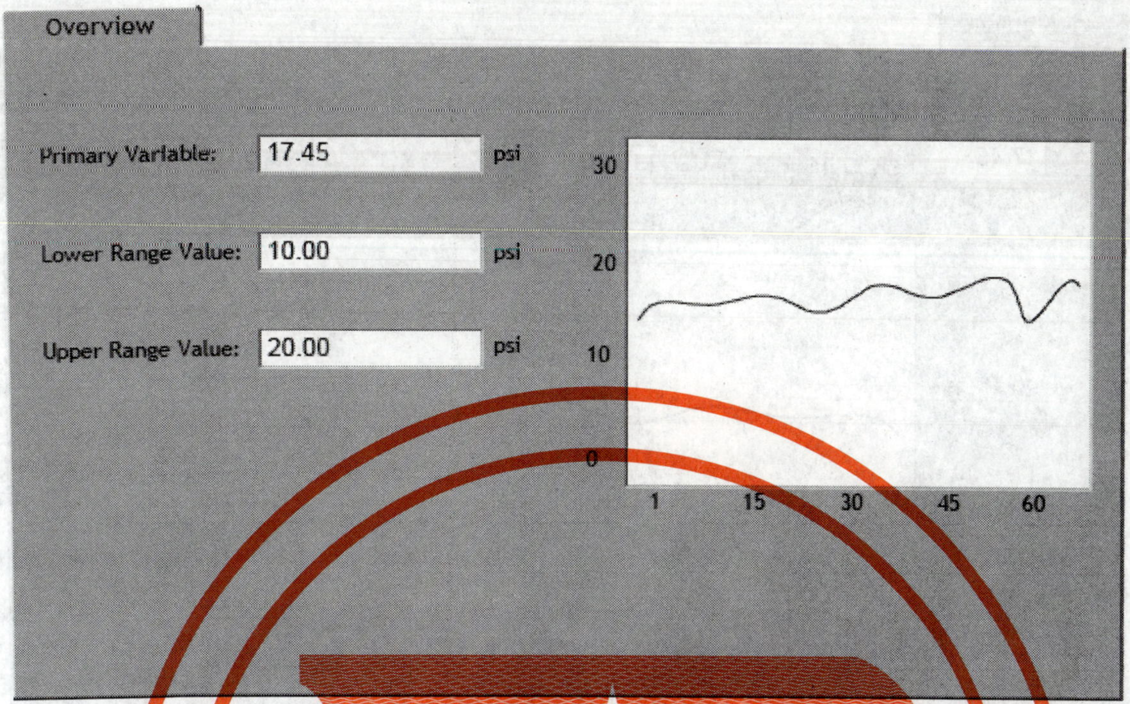

图 14　嵌入图形 EDD 应用示例

如果图形和图表的 WIDTH 属性等于 XX_SMALL、X_SMALL、SMALL 或 MEDIUM，它将显示在分栏里面。4.6.2.4 描述了当 WIDTH 等于 LARGE、X_LARGE 或 XX_LARGE 时的情况。

4.6.2.4　全宽度图形和图表

图形和图表也可横跨几栏，见图 15 和图 16。

```
MENU overview_page
{
    LABEL "Overview";
    STYLE PAGE;
    ITEMS
    {
        primary_variable, /* variable */
        SEPARATOR, /* column break */
        upper_range_value, /* variable */
        SEPARATOR, /* column break */
        lower_range_value, /* variable */
        pv_graph, /* graph */
        reload_pv_graph, /* variable */
        SEPARATOR, /* column break */
        save_pv_graph /* variable */
    }
}
```

图 15　全宽度图形和图表 EDD 应用示例

如果图形或图表的 WIDTH 属性等于 LARGE、X_LARGE 或 XX_LARGE，它将横跨窗口、对话框、页面或组的宽度。在图形的前后有其他元素的情况下，图形或图表前的元素会分成多栏，之后的元素分成另一些栏。

注：在图形之前有三栏，之后有两栏。

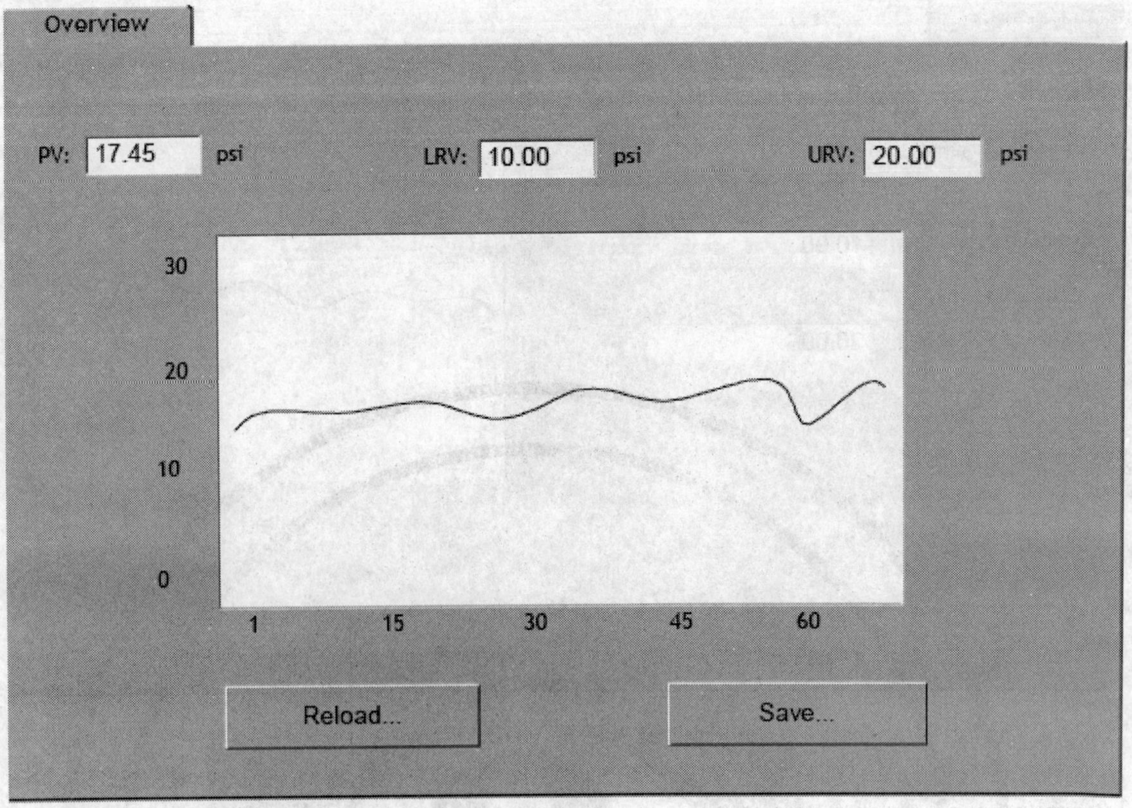

图 16　全宽度图形 EDD 应用示例

4.6.2.5　嵌套的容器

容器能嵌套其他容器。图 17 和图 18 显示了一个嵌套在窗口中的页面和嵌套在页面中的两个组的示例。

```
MENU overview_window
{
    LABEL "Device Overview";
    STYLE WINDOW;
    ITEMS
    {
        overview_page /* page */
    }
}
MENU overview_page
{
    LABEL "Overview";
    STYLE PAGE;
    ITEMS
    {
        range_values, /* group */
        sensor_limits, /* group */
        SEPARATOR, /* column break */
```

图 17　嵌套容器的 EDD 示例

```
        tag, /* variable */
        units, /* variable */
        damping, /* variable */
        transfer_function /* variable */
    }
}
MENU range_values
{
    LABEL "Range Values";
    STYLE GROUP;
    ITEMS
    {
        upper_range_value, /* variable */
        lower_range_value /* variable */
    }
}
MENU sensor_limits
{
        LABEL "Sensor Limits";
    STYLE GROUP;
    ITEMS
    {
        upper_sensor_limit, /* variable */
        lower_sensor_limit /* variable */
    }
}
```

图 17（续）

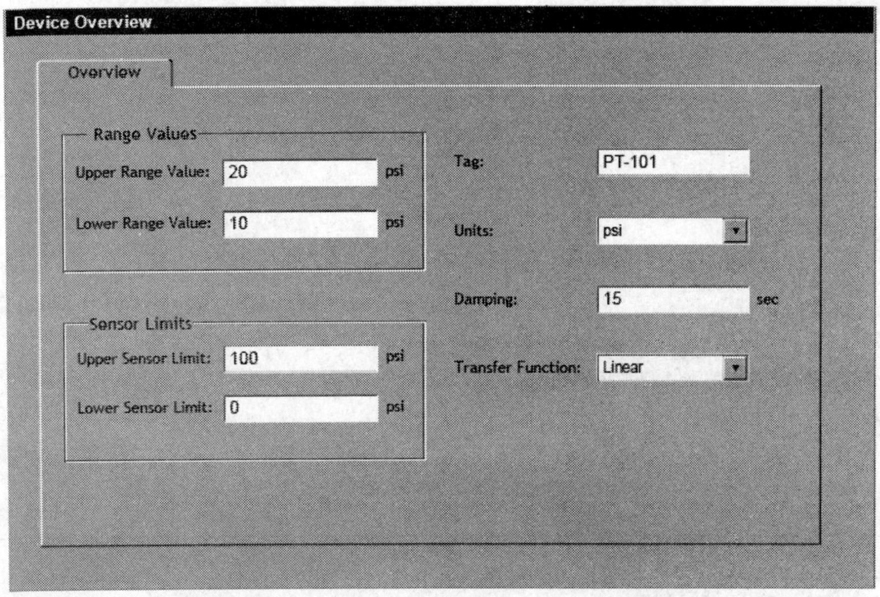

图 18　嵌套容器的 EDD 应用示例

4.6.2.6 编辑显示

EDIT_DISPLAYS 可放于容器中。当在容器中出现编辑显示时，它显示为一个按钮。当按钮被按下，将出现一个显示 Edit_Display 内容的对话框，见图 19 和图 20。

```
MENU overview_window
{
    LABEL "Device Overview";
    STYLE WINDOW;
    ITEMS
    {
        overview_page /* page */
    }
}
MENU overview_page
{
    LABEL "Overview";
    STYLE PAGE;
    ITEMS
    {
        tag, /* variable */
        units, /* variable */
        damping, /* variable */
        transfer_function, /* variable */
        range_values /* edit display */
    }
}
EDIT_DISPLAY range_values
{
    LABEL "Range Values";
    DISPLAY_ITEMS
    {
        upper_sensor_limit, /* variable */
        lower_sensor_limit /* variable */
    }
    EDIT_ITEMS
    {
        upper_range_value, /* variable */
        lower_range_value, /* variable */
        units /* variable */
    }
}
```

图 19　EDIT_DISPLAYS 的 EDD 示例

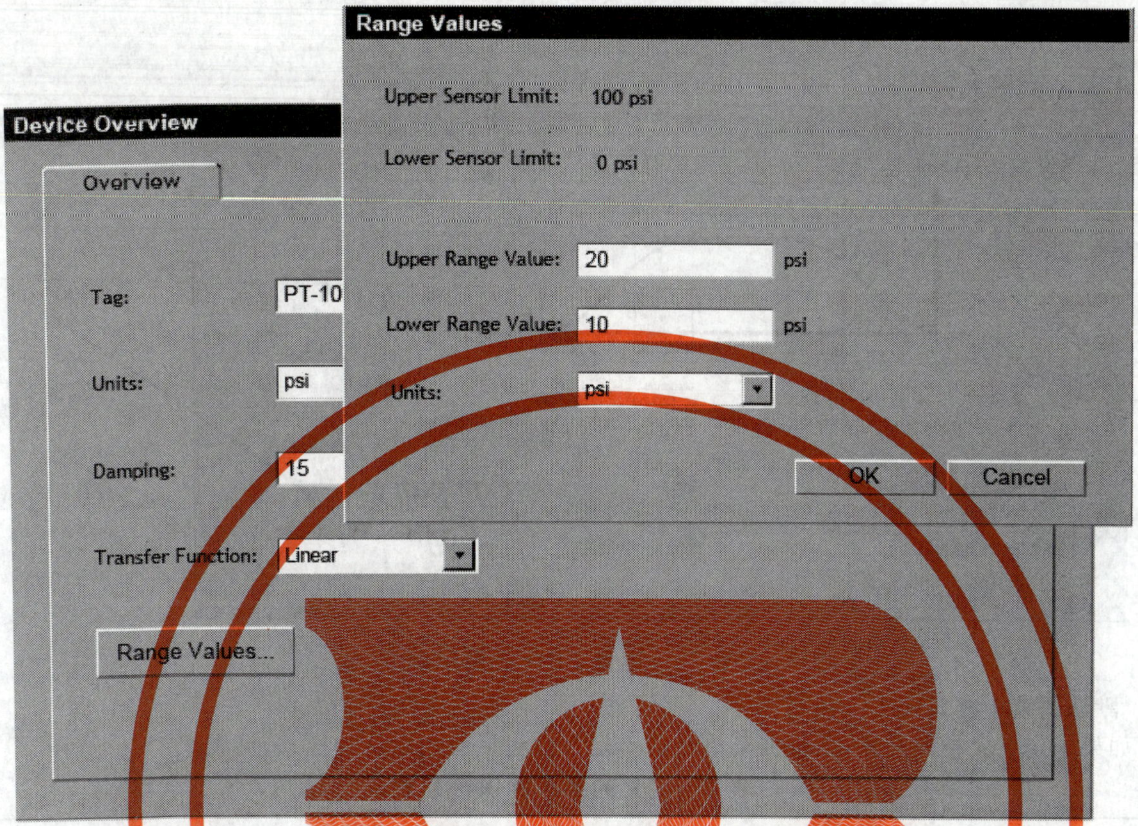

图 20　EDIT_DISPLAYS 的 EDD 应用示例

4.6.2.7　图像

图像能置于容器中。如果引用图像时使用了限定词 INLINE，则在容器当前栏显示该图像，见图 21 和图 22。否则，图像将跨越容器的整个宽度显示。图像以其原始尺寸显示时，EDD 应用不能对图像实施缩放操作。因此，设备生产厂家应注意他们包括在 EDD 中的图像的尺寸。

```
MENU overview_page
{
    LABEL "Overview";
    STYLE PAGE;
    ITEMS
    {
        spannung, /* Reference to an image */
        anfangsverrundung, /* variable */
        endverrundung, /* variable */
        logo(INLINE) /* Reference to an image which is displayed inline */
    }
}
```

图 21　图像 EDD 示例

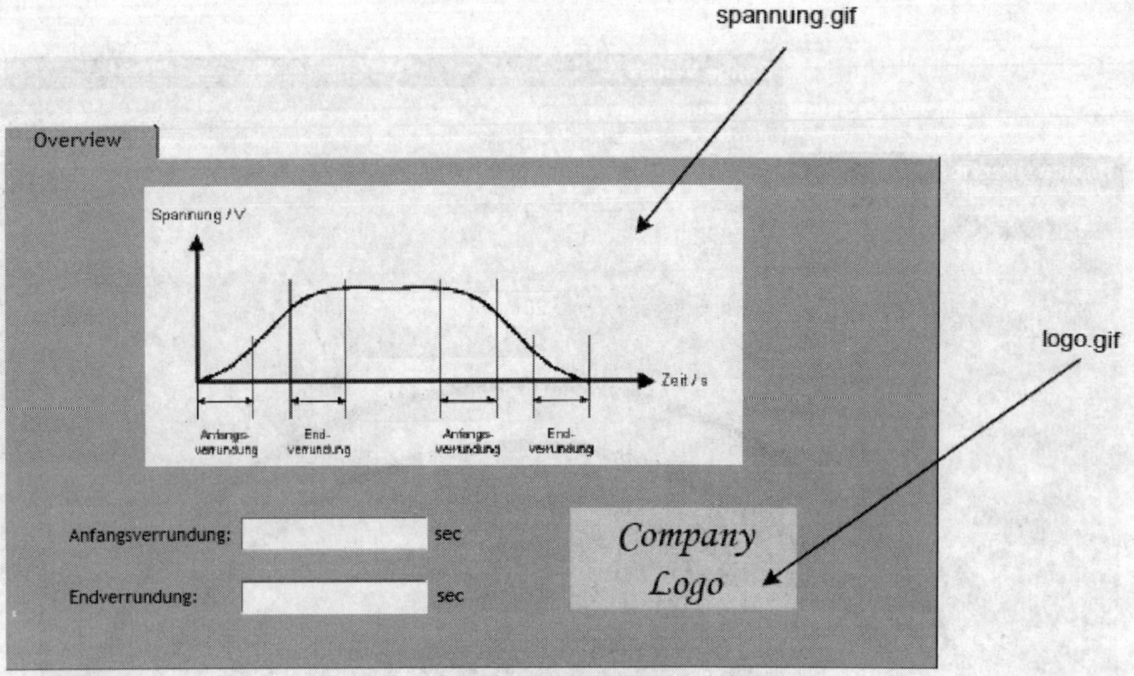

图 22　图像 EDD 应用示例

4.7　默认的菜单样式

如果未定义菜单的样式，则根据菜单及菜单是否被包括使用默认的样式，见表 2。

表 2　定义的菜单标识符列表

父菜单样式	子菜单缺省样式
DIALOG，WINDOW	PAGE
PAGE	GROUP
GROUP	如果父组的父组件不是 GROUP 样式，则为 GROUP，否则样式为 DIALOG 组可能还有子组。组嵌套限制为一级
TABLE	TABLE
MENU	MENU，如果菜单里无变量 DIALOG，如果菜单里有变量

不被任何菜单包含的菜单的默认样式为 TABLE 样式。HART 的 root_menu 显示为参数表。

5　其他的用户界面元素

5.1　概述

基于微处理器的智能现场设备越来越复杂。在一些情况下，过去不现实的或需要多块装置的测量设备或控制器已组合成单个设备。EDDL 支持这些非常复杂的设备。

当然，这些结构能用于许多其他类型设备中。EDD 开发者可以完全控制 EDD 的内容，最终决定使用什么 EDDL 结构。

为了满足这些设备的需求，增加支持以下功能：

——绘制图形；

——绘制图表；

——有可选图示内容的选项卡窗口；

——EDD 应用存储的数据的访问。

在所有的情况中，附加的功能保持 EDDL 的精髓。换句话说，为 EDD 应用提供了独立于主机实现技术的指令，这些指令描述了要执行的内容。比如，FILE 结构描述了代理 EDD 的 EDD 应用存储数据。FILE 结构不规定如何存储数据。EDD 应用能使用数据库、无格式文件或它选择的其他实现方式。

EDDL 支持两种类型的图形数据的可视化。它们是图形和图表。图表用于显示实际的值，图形用于显示从设备或持久存储库读取的存储数据。一个常见用法就是将设备波形与参考波形或存储在 EDD 应用中特定日期/操作的波形进行比较。两个结构的主要不同点在于，EDD 应用处理图表的数据，而对于图形，EDD 则自己去定义、读取和更新数据。对于图表，数据处理方法是可选的，而对于图形，它们是典型必需的方法。

图形包括了一系列描绘在一起的 WAVEFORM。图表可被菜单或方法引用。WAVEFORM 仅有最少量的强制属性，以便 EDD 开发者能较容易地生成图形。对于那些需要更多控制的开发者，可采用大量的可选属性（显示大小、轴、关键点等）。

这些结构对于绘制阀门信号和雷达信号特别有用。来自现场设备和存储在 EDD 应用中的数据能被绘制在同一图形中。比如，来自现场设备的数据指定于一个 WAVEFORM 中，而来自文件的持续数据绘制在另一 WAVEFORM 中。这两个 WAVEFORM 绘制在同一图形中。

当图形是设备或过程特性的一个快照时，CHART 提供随时间变化的趋势视图。图表有周期性采样的 SOURCE。支持带状，扫描和示波器样式的绘制以显示趋势图。水平、垂直和标尺类型使得单个瞬时值能以图形化表示。

对于某些设备，其状况和性能不能由经验确定。对于这些设备，相关性能是设备状况的指示器。FILE 结构允许访问 EDDL 应用存储的现场设备数据。DD 按照 COLLECTION 相似的语法规范将被存储的数据。EDD 开发者以 VARIABLE、ARRAY、COLLECTION、或 LIST 的任意组合定义将被存储的数据。

当规范存储在 FILE 中的持久数据时，可增加 LIST 结构以提高语言的灵活性。LIST 是一个变长的数组。数据可随时间添加到列表中或从列表中移出。每一个在 LIST 中的条目与 EDD 开发者指定的条目是同种类型。

COLLECTION 结构支持成员类型的任意组合。以前 COLLECTION 仅允许包括一种类型的引用（VARIABLE、ARRAY、COLLECTION、MENU）。

第 5 章提供了使用和支持用于图形化描述的 EDDL 结构的指南和要求。

5.2 图形和图表

5.2.1 通用属性

5.2.1.1 尺寸

HEIGHT 和 WIDTH 属性定义了相对于 EDD 应用呈现窗口的图形和图表尺寸。HEIGHT 和 WIDTH 不对图形窗口提供绝对的值，而是提供从 XX SMALL 到 XX LARGE 这个范围内的值。EDD 应用可以自由建立实际的图形窗口尺寸。EDD 应用应参照相同比例的相同 HEIGHT 或 WIDTH 值呈现图表和图形。HEIGHT 和 WIDTH 的缺省设置为 MEDIUM（见图 23）。EDD 应用应以相同比例的 HEIGHT 或 WIDTH 呈现图表和图形。

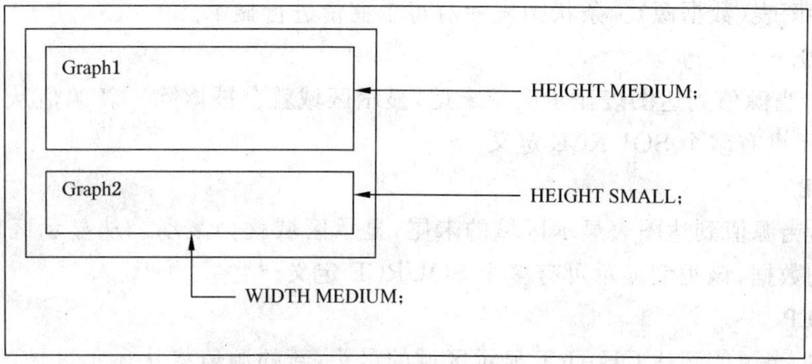

图 23 图表和图形的 HEIGHT 和 WIDTH 属性

5.2.1.2 线条特征

LINE_TYPE 属性定义图形所呈现的 WAVEFORM 以及图表所呈现的 SOURCE 的显示属性种类。这些显示属性可能包括颜色和线条样式(点划线、虚线等)。EDD 应用可对每一个 LINE_TYPE 提供用户可配置的属性。具有相同 LINE_TYPE 属性的 WAVEFORM 和 SOURCE 应呈现为相同的特性。数据、上下限和 TRANSPARENT 都存在分类,用 DATA1 到 DATA9 对数据进行分类,其中 TRANSPARENT 只提供显示值而不提供连接线。

EMPHASIS 属性用于区别给定图表和图形上一个或多个 SOURCE 或 WAVEFORM。缺省情况下 EMPHASIS 属性设置为 TRUE 的波形和数据源应以较大的磅显示(见图 24)。EDD 应用向用户提供 EMPHASIS 的可配置属性。

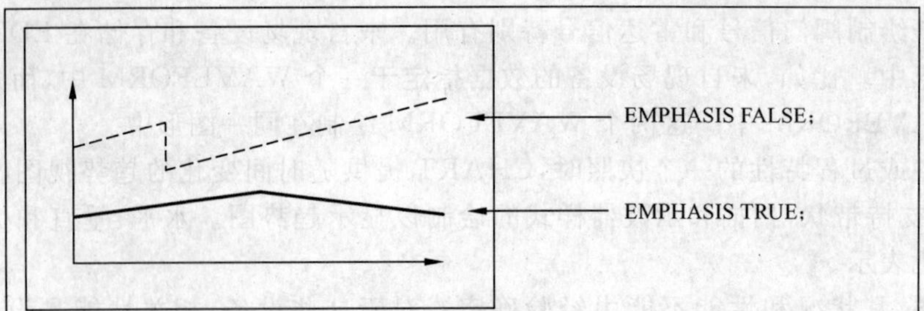

图 24 区别一个或多个数据源或波形的 EMPHASIS 属性

5.2.2 图表

5.2.2.1 概述

与用于显示数据集的 GRAPH 相反,CHART 用于显示连续的数据值。图表支持多个数据源和多个 Y 轴。可定义支持数据检索、滚动和缩放的方法。

图表显示的背景颜色由 EDD 应用决定。为提供相同的视觉和感觉效果,推荐使用白色的背景。推荐 EDD 应用至少支持同时显示 6 条曲线。

图表的元素是数据源(它定义数据的来源)、可视化元素、图表类型和动作。

5.2.2.2 图表类型

5.2.2.2.1 概述

图表能以不同的方式显示。它可显示为水平或垂直棒图,它也显示为不断更新的波形图或显示为一个标尺。如果没有定义类型,默认为 STRIP。

5.2.2.2.2 GAUGE

标准尺实际的可视元素由 EDD 应用来决定。具有 GAUGE 类型的图表仅有一个数据源。

5.2.2.2.3 HORIZONTAL_BAR

显示的实际格式(可视元素)由 EDD 应用决定。该类型规定一个水平条线图类型的显示。该类型显示能有多个条状图表(数据源)。条状图表针对每个变量进行显示。

5.2.2.2.4 SCOPE

在 SCOPE 中,当源值到达图表显示区域末尾,显示区域就会被擦除。新源值从显示区域的开始重新显示,该类型显示可有多个 SOURCE 定义。

5.2.2.2.5 STRIP

在 STRIP 中,当源值到达图表显示区域的末尾,显示区域就会滚动。从显示区域删除最陈旧的源数据并增加最新的数据,该类型显示可有多个 SOURCE 定义。

5.2.2.2.6 SWEEP

在 SWEEP 中,当源值到达 CHART 显示区域的尽头,新的源值将从显示区域的开始处重新显示。和 SCOPE 不同的是只有需要显示新源值的显示区域才被擦除。该类型显示可有多个 SOURCE 定义。

5.2.2.2.7 **VERTICAL_BAR**

显示的实际的格式(可视元素)由 EDD 应用决定。该类型规定棒图类型的显示。该显示类型能有多个条状图表。条状图表对各个变量进行显示。

5.2.2.3 **不支持完全图表的 EDDL 应用**

不支持图表、图形化视图的 EDDL 应用应将相关的变量以标准的数字形式显示。比如,数据可以按列表的形式显示。应由 EDD 开发者来选择显示的格式。

5.2.2.4 **长度和周期**

显示在时间轴上时间间隔由 LENGTH 属性决定。周期时间定义为 EDD 应用读出变量之间的毫秒级的时间间隔。如果应用不能按照周期定义那么快读取数据,它将尽可能快速读取数据。

5.2.2.5 **图表的数据源**

图表可显示一条或多条曲线。每一条曲线各对应一个变量。为了支持该功能,图表引用一个或多个数据源。数据源能引用一个或多个变量。

图 25 显示了对话框中具有一条曲线的图表。曲线以 1 秒的周期进行刷新。

```
MENU measuring_values
{
    LABEL "Measuring Values";
    STYLE DIALOG;
    ITEMS
    {
        primary_value_view
    }
}
MENU primary_value_view
{
    LABEL "Primary Measuring Value";
    STYLE PAGE;
    ITEMS
    {
        primary_value_chart
    }
}
VARIABLE primary_value
{
    LABEL "Primary Value";
    CLASS DYNAMIC;
    TYPE FLOAT;
    CONSTANT_UNIT "Bar";
}
SOURCE primary_value_source
    {
    MEMBERS
    {
        PRIM_VAL, primary_value;
```

图 25 对话框中具有一条曲线的图表示例

```
    }
}
CHART primary_value_chart
{
    LABEL "Primary Value";
    MEMBERS
    {
        CHART1, primary_value_source;
    }
}
```

图 25（续）

5.2.2.6 曲线的图例

EDD 应用可为图表建立图例。SOURCE 的 LABEL 定义该图例。如果在 SOURCE 的 MEMBER 里面引用多个变量，他们仅有一个图例。如果每个曲线需要一个图例，应定义不同的源。SOURCE 的 LABEL 是可选属性；如果没有定义 LABEL，EDD 应用将不会为那个 SOURCE 数据源显示图例。

5.2.2.7 缩放和滚动

EDD 应用支持缩放和滚动，因此 EDD 不需要支持。EDD 应用读取图表的变量并以自已的存储方式存储它们。当缩放和滚动时，EDD 应用仅在显示区域内显示存储数据的更少的、更多的或其他点。

5.2.2.8 方法

在 SOURCE 中可以定义可选的 INIT_ACTIONS 和/或 REFRESH_ACTIONS。SOURCE 引用的变量应置于方法中。通过使用设备变量和/或局部变量计算它的值。

如果定义了 INIT_ACTIONS，EDD 应用就会调用这些方法而不是读取变量。

如果定义了 REFRESH_ACTIONS，EDD 应用就会在 CYCLE_TIME 间隔内循环调用这些方法而不是读取变量。

在 INIT_ACTIONS 和 REFRESH_ACTIONS 方法列表里可引用相同的方法。

5.2.2.9 显示了一个如何使用图表中方法的示例。该示例给出了一个对话框中的图表。

5.2.2.9 对话框中的图表的示例

```
MENU measuring_values
{
    LABEL "Measuring Values";
    STYLE DIALOG;
    ITEMS
    {
    primary_value_view
    }
}
MENU primary_value_view
{
    LABEL "Primary Measuring Value";
    STYLE PAGE;
    ITEMS
    {
    primary_value_chart
```

```
    }
}
VARIABLE primary_value
{
    LABEL "Primary Value";
    CLASS DYNAMIC;
    TYPE FLOAT;
}
SOURCE primary_value_source
{
    LABEL "Primary";// this label is used in the legend
    LINE_TYPE DATA1;
    EMPHASIS TRUE;
    Y_AXIS measuring_values_axis;
    MEMBERS
    {
    PRIM_VAL, primary_value;
    }
}
METHOD CalculationMethod
{
    LABEL "";
    DEFINITION
    {
    calculated_value = primary_value * 0.12345;
    }
}
AXIS measuring_values_axis
{
    LABEL "measurement value";
    MIN_VALUE 0;
    MAX_VALUE 100;
}
VARIABLE primary_value_unit
{
    LABEL "Primary Value Unit";
    CLASS CONTAINED;
    TYPE ENUMERATED(1)
    {
    {32, [degC], [degC_help]},
    {33, [degF], [degF_help]},
    {35, [Kelvin], [Kelvin_help]}
    }
```

```
}
UNIT_RELATION
{
    primary_value_unit:
    primary_value,
    calculated_value,
    measuring_values_axis
}
SOURCE calculated_value_source
{
    LABEL "calculated";// this label is used in the legend
    LINE_TYPE DATA2;
    Y_AXIS measuring_values_axis;
    MEMBERS
    {
    CALC_VAL, calculated_value;
    }
    INIT_ACTIONS {CalculationMethod}
    REFRESH_ACTIONS {CalculationMethod}
}
CHART primary_value_chart
{
    LABEL "Primary Value";
    LENGTH 600000;
    TYPE SCOPE;
    WIDTH LARGE;
    HEIGTH SMALL;
    MEMBERS
    {
    GRAPH1, primary_value_source;
    GRAPH2, calculated_value_source;
    }
}
```

5.2.3 GRAPH

5.2.3.1 概述

EDDL 应用使用波形和轴定义支持可升级的 GRAPH 方案。基于一条或多条 Y 轴，并且一条 X 轴可定义多条波形。方法可用于数据检索、滚动和缩放。

图形显示的背景色由 EDD 应用定义。为提供相同的视觉和感觉效果，推荐使用白色的背景。EDD 应用至少支持同时显示 6 条曲线。

一个图形由两个主要元素组成，一个是波形，另一个是轴。当初始化或重新刷新时，WAVEFORM 提供数据来源和类型、将要提供的着重点、可视化元素和将要执行的任何动作。单个图形可有多条波形。包括数据和图形上显示界限和标记的线条。在图形中的波形的数量没有上限。波形也包含一个 Y 轴定义的引用。当使用多条的波形时，应引用相同的 Y 轴。当波形使用不同轴时，每个波形有不同的缩放比例和单元。

图 26 截取了一个由 EDDL 语言定义的结构提供的图形及其可见元素。各个元素将在相应的部分进行更详细的说明。

5.2.3.2 类型

GRAPH 结构具有 WAVEFORM 属性，它定义显示在图形里的数据。WAVEFORM 能用于绘制显示内的边限值或边框。**HORIZONTAL** 和 **VERTICAL** 类型用于此处（用于实现该功能）。**WAVEFORM** 结构从 **XY**，**YT**，**HORIZONTAL** 或 **VERTICAL** 中选择提供 **TYPE** 属性。

XY 类型提供 X 和 Y 点的列表集。DD 和设备开发者应确保 X 列表中 X 值的位置和 Y 列表中相应 Y 值的位置相同。在结构中也定义了点的数量。如果没定义数量，应用将它设置为列表中点的个数。这对点的数量未知的情况很有用。

具有 YT 类型的波形提供 Y 值集。定义初始 X 值和增量以产生下面的 X 值。通常，这应用于表示周期性的采样波形，以便 X 以规则的间隔重复。在波形中定义了点的数量。若无点的数量，EDD 应用将 Y 值的个数作为点的数量。

HORIZONTAL 类型的波形允许用户在图形显示上绘制水平线。通常，这用于表明最大或最小的边界或边框。该结构有一系列 Y 值，用每一个 Y 值规范一条水平线。

VERTICAL 类型的波形允许用户在图形显示上绘制垂直线。通常，这用于表明最大或最小的边界或边框。该结构有一系列 X 值，用每一个 X 值规范一条垂直线。

波形的可见特征由 LINE_TYPE 属性指定。当 LINE_TYPE 属性指定为 TRANSPARENT，波形显示为一系列的点。

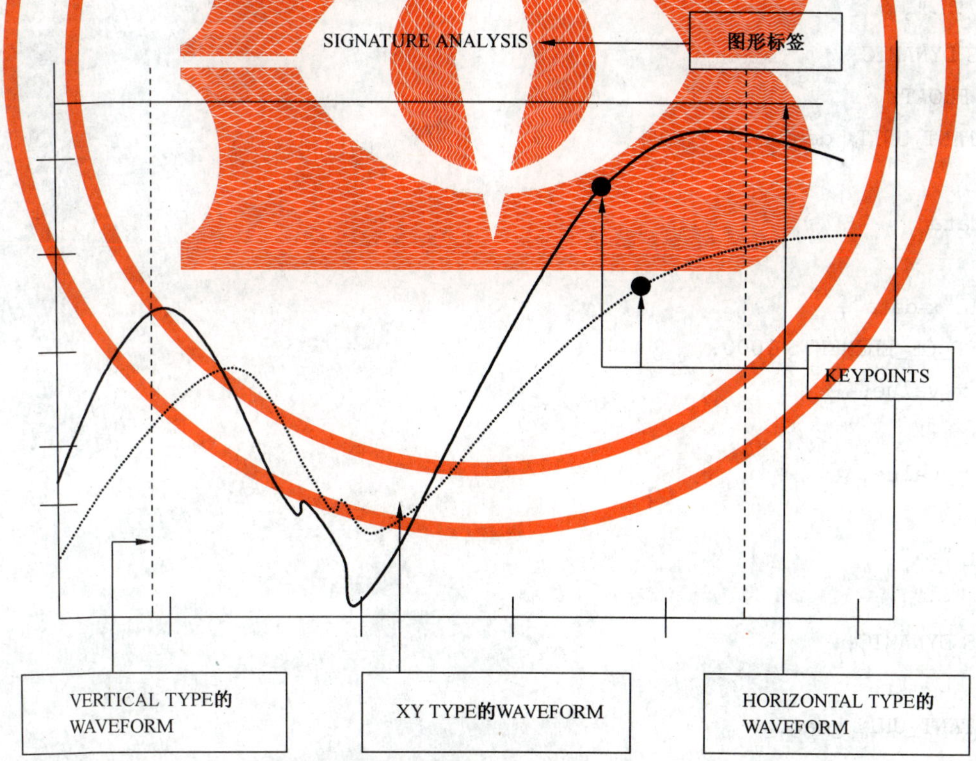

图 26 图形及其可见元素

5.2.3.3 线条显示元素

HANDLING

该属性定义了能在 WAVEFORM 执行的操作类型（读取、读取/写或写）。

KEYPOINTS

该属性定义了在图形上某些着重点。在波形中提供关键点的 X 值和 Y 值。EDD 应用需要在显示时强调这些点。如何提供强调则留给 EDD 应用来决定。

5.2.3.4 动作

5.2.3.4.1 **INIT_ACTIONS**

这个属性定义 WAVEFORM 初始化显示之前执行的动作集。当 METHOD 实例需要以特定顺序调用,这个属性被指定作为 METHOD 实例的引用。如果由于某些原因 METHOD 失败或异常中断,那么波形显示也会异常中断。该结构能用于从设备或文件波形读取初始值,也用于显示之前进行的处理(比如,求平均值或者数据的过滤)。

5.2.3.4.2 **REFRESH_ACTION**

当 X 或 Y 轴发生变化时,更新动作提供了将要执行方法的引用。这些方法按照定义的顺序执行。如果方法执行失败或异常中断,不再执行后续的方法,GRAPH 也返回到以前的显示。

如果数据量大得不能一次性传送,这个方法可以分区读取数据。

在这个方法中,可见区域能被计算,并能用坐标 VIEW_MIN 和 VIEW_MAX 来设置。所有与波形相关,具有相同轴的方法将在图形的同一区域内显示。

5.2.3.4.3 给出了一个图形的简单用法。

5.2.3.4.3 图形的示例

```
VARIABLE x_value
{
    LABEL "…";
    HELP "…";
    CLASS DYNAMIC;
    TYPE FLOAT;
    CONSTANT_UNIT [degC];
}
ARRAY x_data
{
    LABEL "x-data";
    NUMBER_OF_ELEMENTS 1000;
    TYPE x_value;
}
VARIABLE y_value
{
    LABEL "…";
    HELP "…";
    CLASS DYNAMIC;
    TYPE FLOAT;
    CONSTANT_UNIT [degC];
}
ARRAY y_data
{
    LABEL "y-data";
    NUMBER_OF_ELEMENTS 1000;
```

```
TYPE y_value;
}
COMMAND read_data
{
    SLOT 1; INDEX 33;
    OPERATION READ;
    TRANSACTION
    {
    REPLY
    {
    x_data, y_data,
    device_x_min_value, device_x_max_value,
    device_y_min_value, device_y_max_value
    }
    }
}
COMMAND write_data_area
{
    SLOT…; INDEX…;
    OPERATION WRITE;
    TRANSACTION
    {
    REQUEST
    {
    x_min_value, x_max_value,
    y_min_value, y_max_value
    }
    }
}
VARIABLE x_min_value
{
    LABEL "…";
    HELP "…";
    CLASS LOCAL;
    TYPE FLOAT;
}
WAVEFORM value_signature1
{
    TYPE XY;
    {
    X_VALUES {x_data},
    Y_VALUES {y_data}
    }
```

```
INIT_ACTIONS {refresh_signature}
}
x_max_value LIKE x_min_value;
device_x_min_value LIKE x_min_value;
device_x_max_value LIKE x_min_value;
y_min_value LIKE x_min_value;
y_max_value LIKE x_min_value;
device_y_min_value LIKE x_min_value;
device_y_max_value LIKE x_min_value;
METHOD refresh_signature
{
    DEFINITION
    {
    // read data from the device depending of the current MIN_VALUE and MAX_VALUE
    // of the x axis
    x_min_value = x_axis_signature.MIN_VALUE;
    x_max_value = x_axis_signature.MAX_VALUE;
    y_min_value = y_axis_signature.MIN_VALUE;
    y_max_value = y_axis_signature.MAX_VALUE;
    write_command (write_data_area);
    read_command (read_data);
    if x_device_min_value > min_value
    x_axis_signature.MIN_VALUE = x_device_min_value;
    if x_device_max_value < maxn_value
    x_axis_signature.MAX_VALUE = x_device_max_value;
    if y_device_min_value > min_value
    y_axis_signature.MIN_VALUE = y_device_min_value;
    if y_device_max_value < maxn_value
    y_axis_signature.MAX_VALUE = y_device_max_value;
    }
}
GRAPH
{
    MEMBERS
    {
    VAL_SIG, value_signature1;
    }
}
```

5.2.3.4.4 **EXIT_ACTIONS**

如果波形从屏幕消失，则调用的 EXIT_ACTIONS。

退出动作允许当 EDD 需要时，获取并处理已编辑的波形数据。

同样，如果设备需要以特殊(如，诊断)模式提供波形数据，关闭图形时，模式需要取消。

5.2.3.5 轴

Y_AXIS 定义由波形结构提供，而 X_AXIS 定义由图形结构自己提供。

Y_AXIS

这个属性提供 AXIS 的引用。显示时，这个 AXIS 和波形一起绘制。如果没定义这个属性，EDD 应用基于最大值、最小值以及其他其可能具有的内部规则构造这个 AXIS。

X_ΛXIS

AXIS 结构定义如何构造显示在 GRAPH 或 CHART 中的 X 或 Y 轴。AXIS 的属性定义它最大和最小值。另外，还有“SCALING”属性，该属性定义轴是否以“LINEAR” 或 “LOGARITHMIC”缩放比例。对数缩放的基数为 10。

DD 开发者能定义与轴一起显示的标签和指定单位的字符串，数值按照这个单位显示在图形中。

示例：下面的 EDD 展示了应用如何为 WAVEFORM W1 和 W2 产生共同的轴，并为波形 W3 产生第二个轴的例子。

```
AXIS x1 {}
AXIS y1 {}
AXIS y2 {}
GRAPH graph1
{
    MEMBERS
    {
    W1, w1;
    W2, w2;
    W3, w3;
    }
    X_AXIS x1;
}
WAVEFORM w1
{
    Y_AXIS y1;
    TYPE XY
    {
    Y_VALES {w1_values}
    X_INCREMENT 1
    X_INITIAL 0
    }
}
WAVEFORM w2
{
    Y_AXIS y1;
    TYPE XY
    {
    Y_VALES {w2_values}
    X_INCREMENT 1
```

```
    X_INITIAL 0
    }
}
WAVEFORM w3
{
    Y_AXIS y2;
    TYPE XY
    {
    Y_VALES {w3_values}
    X_INCREMENT 1
    X_INITIAL 0
    }
}
```

5.2.3.6 无图形支持的 EDDL 应用

如果 EDDL 应用不支持图表图形化视图，相关的变量值能显示在表格中。

5.2.3.7 标准用法

菜单或方法调用 GRAPH。一个 GRAPH 引用一个或多个 WAVEFORM，每个波形描绘 GRAPH 中唯一的曲线。每个波形描述数据点的来源。EDD 应用在显示 GRAPH 的 WAVEFORM 之前执行 INIT_ACTIONS。这允许呈现图形之前进行数据计算。EDD 应用执行 REFRESH_ACTIONS 以便指定允许缩放的可视化图形的可见区域。

5.2.3.8 集成

EDD 应用通过菜单或方法提供图形。

一个 MENU 可能包括一个或多个图形。图形可以集成到所有可见的菜单中。一个或多个曲线可以与一个菜单里的输入和输出域一起使用。EDD 应用在绘制 GRAPH 之前执行 INIT_ACTIONS。

图形通过内置方法绘制。内置的 MenuDisplay() 用于绘制 GRAPH。显示菜单之前调用 GRAPH 的 INIT_ACTIONS。

5.2.3.9 多波形和图例

EDD 应用显示图例以区别一个图形中的不同波形。各个波形的标签来源于波形的标签属性。无标签属性的波形不能显示在图例中。

5.2.3.10 可编辑的图形

WAVEFORM 的 HANDLING 属性决定了用户是否可对波形进行编辑。EDD 应用应给用户提供修改波形(直接拖动和点击，表格入口等)的机制和表明波形修改已完成的机制。对于由菜单产生的 GRAPH，EDD 应用应提供给用户开始编辑波形的机制。当用户指示波形修改已经完成(例如保存按钮)，EDD 应用应该更新波形数据。

EDD 应用应给用户提供恢复原始波形的机制(例如取消按钮)。

5.2.3.10.1 变量的 POST_EDIT_ACTIONS

更改每次图形波形都将调用 POST_EDIT_ACTIONS。能够检查数据输入，并可根据数据输入变化来修改任何数据。

5.2.3.11 设备支持的缩放和滚动

即使 EDD 内不支持缩放和滚动，EDD 应用也能支持缩放和滚动。EDD 应用在显示区域内显示 WAVEFORM 数据的更少、更多的点或者其他点。除此之外，EDD 中的 REFRESH_ACTIONS 支持滚动和缩放。如果用户滚动至未保存在波形数据里的区域，EDD 应用将调用 REFRESH_ACTIONS。

如果用户正在缩放并需要显示更多的点，这时也会调用 REFRESH_ACTIONS。可从 VIEW_MIN 和 VIEW_MAX 属性里读取位置和缩放的信息。

5.2.3.12 支持缩放和滚动的设备 EDD

```
VARIABLE y_value
{
    LABEL "…";
    HELP "…";
    CLASS DYNAMIC;
    TYPE FLOAT;
    CONSTANT_UNIT [degC];
}
ARRAY y_data
{
    NUMBER_OF_ELEMENTS 1000;
    TYPE y_value;
}
COMMAND read_data
{
    SLOT…; INDEX…;
    OPERATION READ;
    TRANSACTION
    {
    REPLY
    {
    device_t_min_value, device_t_max_value,
    device_y_min_value, device_y_max_value,
    y_data
    }
    }
}
COMMAND read_current_data
{
SLOT…; INDEX…;
    OPERATION READ;
    TRANSACTION
    {
    REPLY
{
    device_t_min_value, device_t_max_value,
    device_y_min_value, device_y_max_value,
    y_data
```

```
    }
    }
}
COMMAND write_data_area
{
    SLOT…; INDEX…;
    OPERATION WRITE;
    TRANSACTION
    {
    REQUEST
    {
    t_min_value, t_max_value,
    y_min_value, y_max_value
    }
    }
}
VARIABLE y_increment
{
    LABEL "…"; HELP "…";
    CLASS LOCAL;
    TYPE TIME;
}
VARIABLE current_date_time1
{
    LABEL "…"; HELP "…";
    CLASS LOCAL;
    TYPE DATE_TIME;
}
VARIABLE t_min_value
{
    LABEL "…"; HELP "…";
    CLASS LOCAL;
    TYPE DATE_TIME;
}
t_max_value LIKE t_min_value;
t_device_min_value LIKE t_min_value;
t_device_max_value LIKE t_min_value;
VARIABLE y_min_value
{
    LABEL "…"; HELP "…";
    CLASS LOCAL;
    TYPE FLOAT;
}
```

```
y_max_value LIKE min_value;
device_y_min_value LIKE min_value;
device_y_max_value LIKE min_value;
AXIS y_axis_signature
{
    LABLE "…";
    HELP "…";
    MIN_VALUE y_min_value;
    MAX_VALUE y_max_value;
    SCALING LINEAR;
}
AXIS t_axis_signature
{
    LABLE "…";
    HELP "…";
    MIN_VALUE t_min_value;
    MAX_VALUE t_max_value;
    SCALING LINEAR;
}
WAVEFORM value_signature1
{
    LABEL "…";
    HELP "…";
    HANDLING READ;// alternative READ & WRITE
    LINE_TYPE DATA1;
    EMPHASIS TRUE;
    TYPE XY
    {
    X_INITIAL current_date_time1;// starting time in milliseconds
    X_INCREMENT y_increment;// time between two points in ms
    Y_VALUES y_data;
    }
X_AXIS t_axis_signature;
Y_AXIS y_axis_signature;
INIT_ACTIONS {init_signature}
REFRESH_ACTIONS {refresh_signature}
}
METHOD init_signature
{
    DEFINITION
    {
    // read current data and storde area t_device_min_value,
// t_ device_max_value, y_ device_min_value, y_ device_max_value
```

```
    read_command (read_current_data);
    // calculation of the waveform data
    value_signature1.X_INITIAL = t_device_max_value;
    value_signature1.X_INCREMENT = (t_device_max_value-t_device_min_value)/
    (y_data.NUMBER_OF_ELEMENTS-1);
    // set the visible area to the area from the device
    t_axis_signature.MIN_VALUE = t_device_min_value;
    t_axis_signature.MAX_VALUE = t_device_max_value;
    y_axis_signature.MIN_VALUE = y_device_min_value;
    y_axis_signature.MAX_VALUE = y_device_max_value;
    }
}
METHOD refresh_signature
{
    DEFINITION
    {
    // read data from the device depending of the current
    // MIN_VALUE and MAX_VALUE of the time axis
    t_min_value = t_axis_signature.MIN_VALUE;
    t_max_value = t_axis_signature.MAX_VALUE;
    y_min_value = y_axis_signature.MIN_VALUE;
    y_max_value = y_axis_signature.MAX_VALUE;
    // writing requested t_min_value, t_max_value, y_min_value, y_max_value
    write_command (write_data_area);
    // reading points and area t_device_min_value, t_ device_max_value,
    // y_ device_min_value, y_ device_max_value from the
    device
    read_command (read_data);
    // reduce the visible area to the from the device supported area
    if t_device_min_value > t_min_value
    t_axis_signature.MIN_VALUE = t_device_min_value;
    if t_device_max_value < t_max_value
    t_axis_signature.MAX_VALUE = t_device_max_value;
    if y_device_min_value > y_min_value
    y_axis_signature.MIN_VALUE = y_device_min_value;
    if y_device_max_value < y_max_value
    y_axis_signature.MAX_VALUE = y_device_max_value;
    }
}
```

5.2.4 轴

轴用于图表和图形。在有曲线的图表里,EDD 应用控制 *X* 轴。在图形里,只能参照一条 *X* 轴。

在 SOURCE 中参照图表的 *Y* 轴。在 WAVEFORM 中参照图形的 *Y* 轴。如果在一个图表或图形中数据源或波形参照相同的 *Y* 轴,EDD 应用只绘制一次 *Y* 轴。

MIN_VALUE 和 MAX_VALUE 是可选属性。如果没有在轴里定义它们，将由 EDD 应用来设定它们。在图形里，EDD 应用能建立数组最小和最大的 X 和 Y 值。在图表里，EDD 应用能读取一些值并建立初始最小和最大值。如果值超出了范围，EDD 应用能重新计算轴。

VIEW_MIN 和 VIEW_MAX 是包括当前视图区域的属性。EDD 应用在调用 INITIAL_ACTIONS 之前，和在用户已经改变缩放或布局之后对它们进行设置。在方法中，能读取和修改 VIEW_MIN 和 VIEW_MAX，若用户将它的位置设置在可用数据的区域之外，方法能将它设置为现存的值。

标签用来给出轴图例。如果定义了 CONSTANT_UNIT，将使用这个单位。然而，如果轴关联在 UNIT_RELATION 中，将使用这个单位。否则轴没有单位。

轴的 SCALING 可以是 LINEAR 或 LOGARITHMIC。缺省的 SCALING 是 LINEAR。

EDD 应用在图表的 X 轴上显示绝对或相对时间戳。

5.3 IMAGE

图像基本结构用来在窗口、对话框、页面和组内显示图像。如果 EDD 应用由于所需求显示空间的问题而不能显示图像，EDD 应用将显示标签来代替图像。

例：下面是 EDD 的图像定义。

```
IMAGE Sensor_Diagram
{
    LABEL "Sensor Diagram";
    HELP "This Diagram shows the sensor characteristic";
    PATH "|en|SenDiaEn.jpg|de|SenDiaDe.jpg";
}
```

IMAGE 定义可对方法、子对话框或子窗口进行图形可视化。在这种情况下，菜单可以引用图像，在图像中，方法、子对话框或子窗口可通过可选属性 LINK 来引用。

例：下面为 EDD 图像 LINK 属性的用法。

```
MENU
{
    ITEMS
    {
    ...,
    Self_Test_Image (INLINE),
    ...
    }
}
IMAGE Self_Test_Image
{
    LABEL "Self Test";
    HELP "This Method execute the self test function of the device which needs some time";
    PATH "SelfTestImage.jpg";
    LINK Self_Test_Menu;
}
MENU Self_Test_Menu
{
    ...
}
```

在图像中可使用表 3 中的图像格式。

表 3 图像格式

JPG	ISO 规范的 JPEG(联合图像专家组) 文件交换格式 (JFIF)
PNG	可移植的网络图像文件格式
GIF	可交换的图像文件格式

当指定文字字符串时,用相同的定位技术可以指定图像用于多个位置。

例:|en|english.gif|de|german.gif

当应用采用英语时,指定一个将被使用的图像文件;当采用德语时,指定其他图像。

5.4 GRID

GRID 描述来源于设备的、将被 EDD 应用显示的数据矩阵。网格用于一起显示数据向量和这个向量数据的标题或描述。ORIENTATION 属性指定向量的水平(行)或垂直(列)显示。

例:

```
VARIABLE PeakType
{
    LABEL "Peak Type";
    CLASS DEVICE;
    TYPE ENUMERATED
    {
    {1, "False Echo"},
    {2, "Button Echo"},
    {3, "Unkown"}
    }
ARRAY arrPeakType
{
    NUMBER_OF_ELEMENTS 10;
    TYPE PeakType;
}
VARIABLE PeakDistance
{
    LABEL "Peak Distance";
    CLASS DEVICE;
    TYPE FLOAT
    {
    DEFAULT_VALUE 1.0;
    }
}
ARRAY arrPeakAmplitude
{
    LABEL "Peak Amplitudes";
    NUMBER_OF_ELEMENTS 10;
    TYPE PeakDistance;
}
```

```
VARIABLE PeakAmplitude
{
    LABEL "Device Amplitude";
    CLASS DEVICE;
    TYPE FLOAT
    {
    DEFAULT_VALUE 1.0;
    }
ARRAY arrPeakAmplitude
{
    LABEL "Peak Amplitudes";
    NUMBER_OF_ELEMENTS 10;
    TYPE PeakAmplitude;
}
MENU DeviceEcho
{
    LABEL "Device Echo";
    ITEMS
    {
    EchoCurve,
    FoundEcho,
    FalseEchos
    }
}
MENU FoundEcho
{
    LABEL "Found Echo";
    STYLE PAGE;
    ITEMS
    {
    GridFoundEcho,
    RegisterFalseEchoes
    }
}
GRID GirdFoundEchoes
{
    LABEL "All detected echoes are displayed below";
    VALIDITY IF (varModelCode == 4711) {TRUE;} ELSE {FALSE;}
    VECTORS
    {
    {"Type", arrPeakType},
    {"Distance", arrPeakDistance},
```

```
    {"Amplitude", arrPeakAmplitude}
    }
}
```

图 27 展示了上面 EDD 示例结果的硬拷贝。

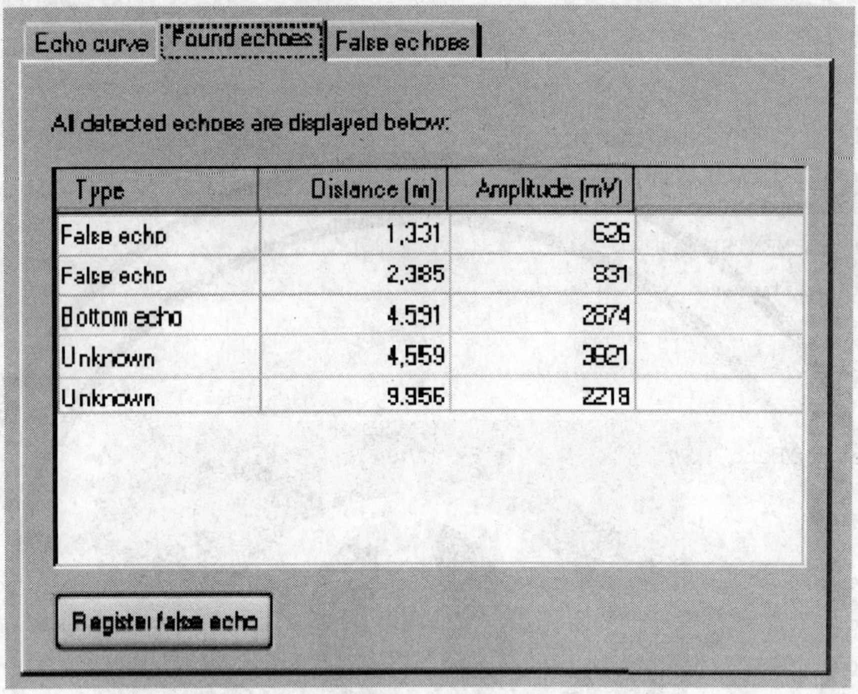

图 27 **EDD 示例的结果**

6 EDDL 数据描述

6.1 变量

6.1.1 BIT_ENUMERATED 类型变量

多个位可包装为一个位枚举变量。每位可能有不同的含义。如果需要强制，应使用 ENUMERATED 而不是使用 BIT_ENUMERATED。

例：EDD 中 BIT_ENUMERATED 变量的错误用法：

```
VARIABLE Measuring_Mode
{
    LABEL " Measuring Mode";
    TYPE BIT_ENUMERATED
    {
    {0x08, "Massflow"},
    {0x10, "Flow"}
}
```

对这个示例，推荐使用 ENUMERATED 类型，因为不允许同一时间有两个可择。

例：具有 BIT_ENUMERATED 类型变量的 EDD：

```
VARIABLE Measuring_Mode
{
    LABEL " Measuring Mode";
    TYPE ENUMERATED
    {
    {8, "Massflow"},
    {16, "Flow"}
    }
}
```

6.1.2 **VARIABLE ACTIONS**

PRE_EDIT_ACTIONS 用于向用户显示信息或警告。它不能用于变量的任何操作。只有当用户需要编辑变量时才会调用这个方法。

POST_EDIT_ACTIONS 用来显示信息、警告或操作变量。在变量的值改变之后调用这个方法。

REFRESH_ACTIONS 用于利用其他变量来操作变量自身。它不能用于显示任何信息。每次显示或刷新变量都会调用这个方法。

6.2 EDDL 应用存储的设备数据

6.2.1 概述

大量复杂类型设备需要访问历史性能相关数据以评定当前运行情况。这两个例子描述了这些类型的设备:阀门定位器和雷达测位计。

对于阀门定位器,安装完成时使用一个基线信号。在随后时间里,这个信号将与当前信号进行比较。若信号有很大的差异则表明需要维护了。

对于雷达测位仪,在不同条件下,可能记录大量返回信号(如,不同的容器液位,或操作中使用不同的设备)。检查或比较这些信号将优化计量操作,或探测运行状态中不可预测的变化。

EDD 开发者能指定将被 EDDL 应用存储的数据。用来后期再次调用这些数据来评定设备的运作或情况。

6.2.2 文件

文件结构允许 EDD 开发者规范存储数据以备后用。与 COLLECTION 相似,直接使用数据和使用文件引用两者间无区别。两种情况都是访问相同的数据。FILE 与 COLLECTION 的不同在于 FILE 引用的数据是被存储起来的数据。

持久数据仅仅与一个设备实例相关。假设一个有 4 个同样的阀门定位器的系统。同一个 EDD 用于 4 个设备。但存在 4 个不同的示例数据集,每个阀门定位器都有一个示例数据集。当采用 FILE 结构时,EDD 应用存储持久数据,这些数据也和各个设备相关联。如果用 FILE 结构来存储设备阀门信号,那么那个信号可以在以后获取。当 EDD 正在和 #1 阀门定位器一起使用时,不能获得 #2 阀门定位器的信号。

FILE 结构仅规范存储数据结构。它没规范 EDD 应用如何存储数据或者什么时候载入数据到本地存储器。当实例化设备时 EDD 应用能载入文件数据,当 EDD 有要求时 EDD 应用能提供数据。持久数据能存储于闪存或硬盘中,存储于运行 EDD 应用的计算机或文件服务器中。FILE 能以无格式文件的形式存储在操作系统文件结构中或者嵌入到 EDD 应用数据库中。在任何情况下,一旦实例化 EDD,就能访问 FILE 的所有数据。不需要 EDD 调用底层的打开、关闭、读取或写文件命令。

EDD 开发者定义文件数据表单(纲要)和文件结构。文件有一系列成员,它们可以是 VARIABLEs、ARRAYs、RECORDs COLLECTIONs,或者 LISTs 的任意组合。这种灵活性使得 EDD 开发者仅使用 VARIABLEs、ARRAYs、RECORDs 和 COLLECTIONs 就能存储固定的数据集。EDD 开发者也可使用

LIST 结构(以及 VARIABLE、ARRAY、RECORD 和 COLLECTION 结构)存储大量的数据。

图 28 是一个 FILE 声明的简单例子。在这个情况下,需要 EDDL 应用支持名为"reference_valve_signature"的文件。

```
VARIABLE valve_position
{
    TYPE FLOAT;
}
ARRAY valve_stroke
{
    TYPE valve_position;
    NUMBER_OF_ELEMENTS 1000;
}
VARIABLE valve_signature_comment
{
    TYPE ASCII(64);
}
FILE reference_valve_signature
{
    MEMBERS
    {
        COMMENT, valve_signature_comment;
        STROKE, valve_stroke;
    }
}
```

图 28 文件声明的示例

这个文件包含一个信号及其本身("valve_stroke")的简要注释("valve_signature_ comment")。这个信号是一个有 1000 个相等间隔阀门位置采样值的数组。

这是一个简单的例子。在实际应用中,位置采样值可能没有相等的间隔,因此需要采样时间。如果那样的话,就需要另一个采样时间数组。也可添加上日期、时间、操作员等额外的信息。

与引用 COLLECTION 成员相似,文件的成员通过点符号访问。因此

reference_valve_signature. STROKE[10];

将访问信号数组里的第 10 个值或者 valve_stroke[10]。绘制信号和将其与当前信号比较也较容易。虽然这通常通过方法来实现,也是能通过菜单来显示它。

在图 29 的例子中,采样于阀门最新行程期间的数据存储于"current_stroke"中,采样间隔(采样率的反面)指出采样点间的时间间隔。有两个波形和一个图形以及一个包括 GRAPH 的 MENU 被声明。当访问菜单时,EDD 应用将显示这个 GRAPH。

```
ARRAY current_stroke {TYPE valve_position; NUMBER_OF_ELEMENTS 1000;}
VARIABLE sample_interval {TYPE FLOAT; CONSTANT_UNITS "ms";}
WAVEFORM stroke_now
{
    TYPE YT
```

图 29 比较阀门信号的示例

```
        {
        X_INITIAL 0;
        X_INCREMENT sample_interval;
        Y_VALUES {current_stroke};
        }
}
WAVEFORM ref_stroke
{
        TYPE YT
        {
        X_INITIAL 0;
        X_INCREMENT sample_interval;
        Y_VALUES {valve_stroke};
        }
}
GRAPH compare_stroke
{
        MEMBERS
        {
        NOW, stroke_now;
        THEN, ref_stroke;
        }
}
MENU compare_strokes
{
        LABEL "CompStrokes";
        ITEMS
        {
        compare_stroke
        }
}
```

图 29（续）

当显示图形时，EDD 应用认为"valve_stroke"是 FILE 的一个成员。相应地，当显示图形时，应从"reference_valve_signature" FILE 自动提供数据。

6.2.3 列表

列表是一个变长、可插入的数组。存储在列表的每个元素具有相同的结构。该结构用强制的 TYPE 属性来指定。TYPE 属性可引用任意合法的数据结构（如，VARIABLE，ARRAY，RECORD，COLLECTION，LIST）。用方括号访问 LIST 内的单个元素，就像访问数组元素一样。

一个展示 FILE 中的 LIST 的使用的例子如下所示。在这个例子中，LIST（也即是 FILE）能随着附加的相关雷达波形而变大，这些波形记载液位计的操作并存储下来。

在图 30 的例子中，关于液位计的基本信息（“gauge_location”，“tag”）和一系列雷达信号（“**recorded_signals**”）一起存储起来。在这个例子中，用“signal_info”作为列表的类型定义。引用 EDD 中"**signal_info**"，将不用访问列表。列表只能通过方括号访问。下面两个引用引用相同的数据。

stored_signals. SIGNALS[10]

recorded_signals[10]

```
VARIABLE gauge_location {TYPE ASCII(32);}
VARIABLE tag {TYPE ASCII(32);}
VARIABLE date_taken {TYPE DATE;}
VARIABLE operator {TYPE ASCII(32);}
VARIABLE operating_conditions {TYPE ASCII(64);}
VARIABLE sample_interval {TYPE FLOAT; CONSTANT_UNITS "ms";}
VARIABLE sample {TYPE UNSIGNED_INTEGER(2);}
ARRAY echo_signal {TYPE sample; NUMBER_OF_ELEMENTS 4096;}
COLLECTION signal_info
{
    MEMBERS
    {
    DATE_STAMP, date_taken;
    TAKEN_BY, operator;
    NOTES, operating_conditions;
    DT, sample_interval;
    SIGNAL, echo_signal;
    }
}
LIST recorded_signals {TYPE signal_info};
FILE stored_signals
{
    MEMBERS
    {
    LOCATION, gauge_location;
    INSTR_TAG, tag;
    SIGNALS, recorded_signals;
    }
}
```

图 30　更复杂的文件声明示例

但是，下面的引用不访问相同的信息。

stored_signals. SIGNALS[10]. SIGNAL

echo_signal;

“echo_signal”定义部分列表元素结构，在两种情况下，引用的数据量是相同的（在两种情况下都是4096个两字节无符号整型的数组）。但是，“echo_signal”将放入无效的空值数据（如，用来自现场设备的数据载入它）。

图31展示了一个用于回顾存储雷达信号方法的例子。在例子中，存储波形的LIST会顺序地显示。变量“i”用于在整个列表中按步长移动，就像一个迭代算子。

```
WAVEFORM one_echo
{
    TYPE YT
    {
    X_INITIAL 0;
```

图 31　回顾存储的雷达信号的示例

```
    X_INCREMENT sample_interval;
    Y_VALUES {echo_signal};
    }
}
GRAPH review_radar_signal
{
    MEMBERS
    {
    PING, one_echo;
    }
}
MENU review_radar_signal_menu
{
    LABEL "Radar Signal";
    STYLE WINDOW;
    ITEMS
    {
    review_radar_signal
    }
}
/*
***************************************************************************
* now for a method that reviews the stored radar signals (ping).
*
*/
METHOD reviewStoredPings
{
    LABEL "SignalHistory";
    DEFINITION
    {
    int i,
    ans; /* The users answer to select from list */
long selection;
long varid[5]; /* used in the acknowledge builtin calls */
i = 0;
varid[0] = VARID(date_taken);
varid[1] = VARID(operator);
varid[2] = VARID(operating_conditions);
varid[3] = VARID(sample_interval);
varid[4] = VARID(echo_signal);
do
    {
/* get the current record so we can display it */
```

图 31（续）

```
date_taken = stored_signals.SIGNALS[i].DATE_STAMP;
operator = stored_signals.SIGNALS[i].TAKE_BY;
operating_conditions = stored_signals.SIGNALS[i].NOTES;
sample_interval = stored_signals.SIGNALS[i].DT;
echo_signal = stored_signals.SIGNALS[i].SIGNAL;
/* display the graph and the annotations. */
MenuDisplay (review_radar_signal_menu,"OK", selection);
acknowledge ("Radar Signal by %{1} \nDescription %{2}" varid);
ans = select_from_list ("do you want to see the next radar signal",
"Yes;No");
if (ans ! = 0)
{
    break;
    }
    i++;
    } while (i < recorded_signals.COUNT);
}
}
```

图 31(续)

这个例子有大量值得注意的特征。首先,内嵌 MenuDisplay 允许在方法中使用 STYLE WINDOW 或 DIALOG 菜单。

每次迭代又称为"acknowledge()"。在方法中,图形对象被分开并异步显示。像在 METHOD 方法中常用的相同的方式一样,允许 EDD 开发者使用内置函数 acknowledge (delay 和 put_message)与用户交互。

应答调用向操作员显示并评论已记录的信号。日期通常不显示。经过一些工作可以实现日期的显示,但本例没有给出这种实现。

最后,应注意"recorded_signals. COUNT" COUNT (以及 FIRST, LAST, AND CAPACITY)是所有列表固有的属性。COUNT 可用于探测什么时候到达列表的末端。对列表末端之外的引用总是返回最后的列表元素。对空列表的访问将会返回空值。

如果 COUNT 在列表中已被指定,它定义列表在设备数据示例创建时间的大小。如果它没有被定义,则列表为空。

在一个方法内调用 ListInsert 内嵌方法或者用一个具有索引信息变量的命令读取可以填充一个列表。在方法内调用 ListDeleteElementAt 可以删除列表的元素。

列表的索引从 0 开始并且总是连续的。如果列表的一个元素被删除,接下来的元素的索引将依次减少。如果插入了一个元素,接下来的元素的索引将依次增加。

COUNT 可用于获取列表元素的当前数量。如果 EDD 应用操作了 ListInsert 或 ListDeleteElementAt,它将自动更新。

6.2.4 中的例子更复杂。它获取一个测量并读回雷达信号以便操作员回顾。128 号命令启动一个测量,129 号命令从现场设备读取信号。一旦这些完成,信号就会显示给用户。如果用户不满意这个测量结果,用户可进行另一个读取。

一旦发现一个值得注意的读取,它可添加入"stored_signals" 文件,并代替已存储在"stored_signals" 中的信号,或将目前读取与存储的信号进行比较。在多数情况下,存储的信号像前面的例子一样从头到尾迭代。

在插入的情况下,用户可将包括在文件"stored_signals"中的新数据插入到列表的顶端、后面或者中部。这部分代码显示 COUNT 属性 和 ListInsert() 内嵌函数的用法。

实现替换功能部分命令列表去查找将被替代的元素。**ListDeleteElementAt()**内嵌方法调用之后紧跟着 **ListInsert()**调用可以实现替换。

在例子的最后部分,当前雷达信号与存储的信号进行比较。列表从头到尾迭代,并且"**compare_radar_signals**"**GRAPH** 在同一图形上显示两个信号。

6.2.4 插入、替换或比较雷达信号的 EDD 示例

```
VARIABLE ping_index {type INDEX ping_data;}
ARRAY ping_data {TYPE sample; NUMBER_OF_ELEMENTS 4096;}
VARIABLE today {TYPE DATE;}
VARIABLE user {TYPE ASCII(32);}
VARIABLE conditions {TYPE ASCII(64);}
COLLECTION liveSig
{
    MEMBERS
    {
        DATE_STAMP, today;
        TAKEN_BY, user;
        NOTES, conditions;
        DT, sample_interval;
        SIGNAL, pind_data;
    }
}
COMMAND ping
{
    NUMBER 128;
    OPERATION COMMAND;
    TRANSACTION
    {
        REQUEST {}
        REPLY {response_code, device_status}
    }
    RESPONSE_CODES {…}
}
COMMAND read_ping_data
{
    NUMBER 129;
    OPERATION READ;
    TRANSACTION
    {
        REQUEST {ping_index (INFO, INDEX)}
        REPLY
        {
```

```
            response_code, device_status, ping_index,
            ping_data[ping_index + 00], ping_data[ping_index + 01]
            ping_data[ping_index + 02], ping_data[ping_index + 03],
            ping_data[ping_index + 04], ping_data[ping_index + 05],
            ping_data[ping_index + 06], ping_data[ping_index + 07],
            ping_data[ping_index + 08], ping_data[ping_index + 09],
            ping_data[ping_index + 10], ping_data[ping_index + 11],
            ping_data[ping_index + 12], ping_data[ping_index + 13],
            ping_data[ping_index + 14], ping_data[ping_index + 15]
        }
}
RESPONSE_CODES {…}
}
WAVEFORM new_echo
{
    TYPE YT
    {
      X_INITIAL 0;
      X_INCREMENT sample_interval;
      Y_VALUES {echo_signal};
    }
}
GRAPH new_radar_signal
{
    MEMBERS
    {
        PING, new_echo;
    }
}
GRAPH compare_radar_signals
{
    MEMBERS
    {
        PING1, new_echo;
        PING2, one_echo;
    }
}
/*
****************************************
* pings the radar and captures the echo waveform into ping_data
*/
#define PING_COMPLETE 0x10;
METHOD newPing
```

```
{
    LABEL "Ping";
    DEFINITION
    {
    int i,
    ans;/ * The users answer to select from list * /
    long selector;
    long varid[5];/ * used in the acknowledge builtin calls * /
    i = 0;
    varid[0] = VARID(date_taken);
    varid[1] = VARID(operator);
    varid[2] = VARID(operating_conditions);
    varid[3] = VARID(sample_interval);
    varid[4] = VARID(echo_signal);
    / *
     * ping once to get a radar signal
     * /
    do {
        select_from_list ("Ready to make a measurement","Yes;No",ans);
        while (ans == 0) {
        send(128);/ * ping * /
        do {/ * check the status of the ping * /
        send(48);
    } while(GET_VAR_VALUE (xmtr_specific_status4) & PING_COMPLETE);
    / *
     * ping complete, read the signal
     * /
    for (ping_index = 0; ping_index < 4096; ping_index + = 16)
    {
        send (129);
    }
    MenuDisplay (new_radar_signal_menu, "OK", selector);
    / *
     * assumes the graph is displayed until I destroy it
     * /
    select_from_list ("Take more radar data","Yes;No",ans);
    }
    / *
     * radar signal looks good. save it?
     * /
    select_from_list("what now?", "save the signal;" \
    "replace a stored signal; compare signals;" \
    "get new signal; quit", ans);
```

```
switch (ans)
{
    case 0:/* save the signal */
    get_dev_var_value (conditions);
    select_from_list("save where?","front of list; end of list;
    insert into list", ans);
    switch (ans) {
    case 0: i=0; break;/* begining */
    case 1: i=recorded_signals.COUNT; break;/* end */
    default:/* insert */
    i=0;
    do {
        /* get the current record so we can display it */
        operator=stored_signals.SIGNALS[i].TAKE_BY;
        operating_conditions =
        stored_signals.SIGNALS[i].NOTES;
        sample_interval=stored_signals.SIGNALS[i].DT;
        echo_signal=stored_signals.SIGNALS[i].SIGNAL;
        /* display the graph and the annotations. */
        MenuDisplay (review_radar_signal_menu,
        "OK", selector);
        acknowledge ("Radar Signal by %{1} \n" \
        "Description %{2}" varid);
        select_from_list ("Insert here?","Yes;No",ans);
    }
/*
 * radar signal looks good. save it?
 */
select_from_list("what now?", "save the signal;" \
"replace a stored signal; compare signals;" \
"get new signal; quit", ans);
switch (ans)
{
    case 0:/* save the signal */
    get_dev_var_value (conditions);
    select_from_list("save where?","front of list; end of list;
    insert into list", ans);
    switch (ans) {
    case 0: i=0; break;/* begining */
    case 1: i=recorded_signals.COUNT; break;/* end */
    default:/* insert */
    i=0;
    do {
```

```
    /* get the current record so we can display it */
    operator = stored_signals.SIGNALS[i].TAKE_BY;
    operating_conditions =
    stored_signals.SIGNALS[i].NOTES;
    sample_interval = stored_signals.SIGNALS[i].DT;
    echo_signal = stored_signals.SIGNALS[i].SIGNAL;
    /* display the graph and the annotations. */
    MenuDisplay (review_radar_signal_menu,
    "OK", selector);
    acknowledge ("Radar Signal by %{1} \n"\
    "Description %{2}" varid);
    select_from_list ("Insert here?","Yes;No",ans);
    if (ans == 0) {
    break;
    }
    i ++ ;
} while (i < recorded_signals.COUNT);
break;
}
ListInsert (storedSignals.SIGNALST, i, liveSig);
break;
case 1:/* replace a stored signal */
i = 0;
do {
    /* get the current record so we can display it */
    operator = stored_signals.SIGNALS[i].TAKE_BY;
    operating_conditions = stored_signals.SIGNALS[i].NOTES;
    sample_interval = stored_signals.SIGNALS[i].DT;
    echo_signal = stored_signals.SIGNALS[i].SIGNAL;
    /* display the graph and the annotations. */
    MenuDisplay (review_radar_signal_menu, "OK", selector);
    acknowledge ("Radar Signal by %{1} \n
    Description %{2}" varid);
    select_from_list ("replace signal?","Yes;No",ans);
    if (ans == 0) {
    ListDeleteElement (storedSignals.SIGNALST, i);
    ListInsert (storedSignals.SIGNALST, i, liveSig);
    break;
    }
    i ++ ;
} while (i < recorded_signals.COUNT);
acknowledge("no signals replaced");
break;
```

```
case 2:/ * compare signals * /
i = 0;
do {
    / * get the current record so we can display it * /
    operator = stored_signals. SIGNALS[i]. TAKE_BY;
    operating_conditions =  stored_signals. SIGNALS[i]. NOTES;
    sample_interval = stored_signals. SIGNALS[i]. DT;
    echo_signal = stored_signals. SIGNALS[i]. SIGNAL;
    / * display the graph and the annotations.  * /
    MenuDisplay (review_radard_signal_menu, "OK", selector);
    acknowledge ("Radar Signal by %{1} \
    nDescription %{2}" varid);
    select_from_list ("compare with this signal?",
    "Yes;No",ans);
    if (ans == 0) {
    MenuDisplay (compare_radar_signal_menu, "OK", selector);
    select_from_list ("compare with another
    signal?","Yes;No",ans);
    if (ans == 0) {
    continue;
    }
    break;
    }
    i ++ ;
 } while (i < recorded_signals. COUNT);
 acknowledge("no signals compared");
 break;
 case 3:/ * get new signal * /
 continue;
 default:/ * quit * /
 process_abort ();
 break;
 }
 } while (1);
}
}
```

7 EDDL 内置函数库

7.1 用户界面内置函数

7.1.1 菜单显示

内置 MenuDisplay 能近似地模型化为内置程序 select_from_list/select_from_menu，select_from_list/select_from_menu 在方法中向用户提供一组选择。内置程序 MenuDisplay 将显示指定的菜单并添加用户选择的选项作为按钮(或相似的)，而不是显示文本字符串。一旦用户选择了选项，菜单会消失，控制返回给方法。

用户选择通过选择参数返回,这个选择参数以元素在选项列表中的位置为基数。用分号来定界选择。推荐选择列表包含 3 个或更少的入口。

返回值从 0 开始选择。比如,如果选项列表包括"BACK;NEXT",选择 BACK 会返回 0,选择 NEXT 会返回 1。如果选择项是一个空串且用户选择了这个空串,EDD 应用将附加上一个缺省按钮并返回 0。

如果 EDD 应用不能显示菜单,内嵌方法将返回一个错误状态。

除了指定的选项外,EDD 应用也应提供一个取消按钮(或相似的)以便强制菜单消失并调用方法的异常终止程序。

通过 MenuDisplay 调用的菜单是 DIALOG 或 WINDOW 类型。方法和编辑显示不能作为菜单项(包括引用的子菜单,即使被 MenuDisplay 调用)。

例:下面的 EDD 演示了一个三步的设置向导。

```
IMAGE deviceimage
{
    PATH "device_image.jpg"
}
MENU wizard_step0
{
    LABEL "Wizard Step1";
    STYLE DIALOG;
    ITEMS
    {
        "Welcome to the device setup wizard. ",
        deviceimage
    }
}
MENU wizard_step1
{
    LABEL "Wizard Step2";
    STYLE DIALOG;
    ITEMS
    {
        "Enter the setup values",
        devicevar1,
        devicevar2
    }
}
MENU wizard_step2
{
    LABEL "Wizard Step3";
    STYLE DIALOG;
    ITEMS
```

```
    {
        "Wizard Complete",
    }
}
METHOD setup_wizard
{
    CLASS INPUT;
    LABEL "Device Setup Wizard";
    DEFINITION
    {
        long select = 0;
        long step = 0;
        do
        {
            switch (step)
            {
            case 0:
                MenuDisplay(wizard_step0, "NEXT", select);
                step ++ ;
                break;
            case 1:
                MenuDisplay(wizard_step1, "BACK;NEXT", select);
                if (select == 0) step = 0;
                if (select == 1) step = 2;
                break;
            case 2:
                MenuDisplay(wizard_step2, "FINISH", select);
                step ++ ;
                break;
            }
    }
    while (step<3);
    }
}
```

附 录 A
（资料性附录）
技术特定的指南—PROFIBUS

A.1 角色

在 EDD 中可以存在多个根菜单。这些菜单有不同的角色，如，“MAINTENANCE”角色或“SPECIALIST”角色。EDD 应用允许用户从已有的角色中选择一个，或通过把用户和某个角色相关联从而自动地选择。

A.2 入口

利用菜单的 ENTRY 属性，可将有父菜单的菜单定义为根菜单。这菜单也可能有（例如）专门的用途，（例如）PURPOSE DIAGNOSE。

A.3 GRAPH 或 CHART 在方法中的数据准备

如果从设备读取的数据已经规范化、缩放或折衷处理，方法能将这些来自一个或多个设备的特定数据转换为在 GRAPH 中 WAVEFORM 的数据数组，或转换成 CHART 中 SOURCE 的数据数组。